Rainer Schach · Peter Jehle · René Naumann

Transrapid und Rad-Schiene-Hochgeschwindigkeitsbahn

Rainer Schach · Peter Jehle · René Naumann

Transrapid und Rad-Schiene-Hochgeschwindigkeitsbahn

Ein gesamtheitlicher Systemvergleich

Mit 70 Abbildungen

Springer

Prof. Dr.-Ing. Rainer Schach
Prof. Dr.-Ing. Peter Jehle
Dipl. Ing. René Naumann
TU Dresden
Fak. Bauingenieurwesen
Inst. Baubetriebswesen
Nürnberger Str. 31 A
01187 Dresden, Germany
Rainer.Schach@tu-dresden.de
Peter.Jehle@tu-dresden.de
mj@rcs.urz.tu-dresden.de

Bibliografische Information der Deutschen Bibliothek
Die deutsche Bibliothek verzeichnet diese Publikation in der deutschen Nationalbibliografie; detaillierte bibliografische Daten sind im Internet über <http://dnb.ddb.de> abrufbar.

ISBN 10 3-540-28334-X Springer Berlin Heidelberg New York
ISBN 13 978-3-540-28334-8 Springer Berlin Heidelberg New York

Springer ist ein Unternehmen von Springer Science+Business Media
springer.de

Umschlaggestaltung: medionet AG, Berlin
Satz: Digitale Druckvorlage der Autoren
Herstellung: medionet AG, Berlin

Gedruckt auf säurefreiem Papier 68/3020 /m 5 4 3 2 1 0

Geleitwort

Die Investitionen sowohl in Bildung und Forschung als auch in die Infrastruktur bestimmen in hohem Maße den Lebensstandard der Menschen eines Landes. Diese mittel- und langfristig wirkenden Investitionen sind Aufgabe der Gemeinschaft aller Menschen eines Staates, somit der Gesellschaft. Deshalb sind die Bildungs-, Forschungs- und Verkehrspolitik besonders wichtige Felder sowohl in der politischen Willensbildung als auch in den Institutionen unserer Verwaltung. Entscheidungen in diesen Bereichen sind oft mit beträchtlichen Ausgaben verbunden und werden entsprechend ausführlich und häufig auch lange diskutiert.

Auch wenn der Verfasser zu den erforderlichen bildungs- und forschungspolitischen Fragen eine dezidierte Meinung hat, soll im Folgenden der verkehrspolitische Aspekt im Vordergrund stehen.

Da nicht nur die Auswirkungen von infrastrukturellen Maßnahmen über einen sehr langen Zeitraum zu spüren sind (im positiven wie im negativen Sinne), sondern auch schon die Umsetzung von infrastrukturellen Entscheidungen einen beträchtlichen Zeitraum umfasst, der sich teilweise über Jahrzehnte erstrecken kann, sind derartige Entscheidungen zunächst sorgfältig abzuwägen, schließlich zu treffen und anschließend im Sinne einer für alle Mitglieder eines Staates erforderlichen Planungssicherheit auch durchzuhalten. Dabei hat sich in den vergangenen 150 Jahren gezeigt, dass es für den Erfolg einer Infrastrukturmaßnahme nicht ausreicht, eine gute Idee zu haben und diese eventuell auch auszuprobieren. Besonders wichtig ist es in diesem Zusammenhang, dass bei einem erwarteten Erfolg die Umsetzung soweit gehen muss, dass in einem Wettbewerb ohne verzerrende Maßnahmen ein Vergleich zwischen neuen und vorhandenen Systemen durchgeführt werden kann.

Die Geschichte ist voll von (positiven und negativen) Beispielen, von denen einige im vorliegenden Buch beschrieben werden. Eine Erfolgsgeschichte handelt von den Hochgeschwindigkeitsfahrten der französischen Eisenbahnen, die am 29. März 1955 mit einer Rekordgeschwindigkeit von 331 km/h einen ersten Höhepunkt erreichte, mit der Geschwindigkeit von 515,3 km/h im Jahr 1990 kulminierte und heute zu einem der besten Hochgeschwindigkeitsnetze der Welt geführt hat. Weniger ruhmreich wurden die Hochgeschwindigkeitsfahrten in Deutschland fortgeführt, die im Herbst 1903 mit der sensationellen Geschwindigkeit von 210 km/h für Elektrolokomotiven begannen und dann nur sehr zögerlich fortgesetzt wurden. Mittlerweile existiert zwar auch ein Hochgeschwindigkeitsnetz in Deutschland, das allerdings erst deutlich später als in Frankreich entstanden ist und dessen Produkte auf dem Weltmarkt weniger gute Verkaufschancen besitzen als das französische Pendant.

Das zögerliche Verhalten im vergangenen Jahrhundert in Deutschland in Bezug auf hohe Geschwindigkeiten bei der Eisenbahn weist leider Parallelen zu einer anderen Entwicklung auf, die ebenfalls in Deutschland begann, nun aber im Ausland zu wirken beginnt. Gemeint ist der Transrapid.

Im vorliegenden Buch werden Technik, Ökonomie und Ökologie dieses gar nicht so neuen Verkehrssystems beschrieben und mit vorhandenen Systemen verglichen. Nahezu alle Bereiche der Ingenieurwissenschaften werden berührt: der Maschinenbau, die Elektrotechnik und das Bauwesen. Auf allen Gebieten wurden neue Ideen entwickelt, neue und innovative Wege zur Lösung der anstehenden Probleme gefunden und sehr oft völliges Neuland beschritten. In der Bautechnik wurden beispielsweise Fahrbahnträger entwickelt, die die besonderen Anforderungen hinsichtlich Genauigkeit und Verformungsunempfindlichkeit erfüllen.

Eine Umsetzung der Transrapid-Idee in Deutschland würde auf vielen Feldern einen großen Know-How-Vorsprung sichern und ausbauen. Ein Land wie Deutschland, in dem der menschliche Geist die wichtigste Ressource ist, braucht neben der Idee auch die Umsetzung seiner Ideen.

Die Gesellschaft Bautechnik des Vereins Deutscher Ingenieure (VDI) unterstützt die Bestrebungen, eine Referenzstrecke für den Transrapid in Deutschland zu bauen, wobei es im Sinne der VDI-Gesellschaft Bautechnik wäre, wenn diese Strecke Teil eines europäischen Hochgeschwindigkeitsnetzes wäre.

Dresden, Juli 2005

Prof. Dr.-Ing. Manfred Curbach
Vorstandsvorsitzender der VDI-Gesellschaft Bautechnik

Vorwort

Seit 2001 findet an der TU Dresden in jährlichem Rhythmus die Dresdner Fachtagung Transrapid statt. Diese Tagung hat sich mittlerweile zu einem Podium entwickelt, auf dem Fachleute, Politiker, leitende Mitarbeiter der Ministerien, Wissenschaftler und alle Interessierten Gelegenheit haben, neueste Entwicklungen zum Transrapid auszutauschen. Die Tagung wurde maßgeblich initiiert von Prof. Dr.-Ing. R. Schach, der an der Fakultät Bauingenieurwesen der TU Dresden die Professur Baubetriebswesen inne hat. Prof. Dr.-Ing. P. Jehle ist am selben Institut für die Professur Bauverfahrenstechnik berufen, Herr Dipl.-Ing. R. Naumann ist am Institut für Baubetriebswesen als wissenschaftlicher Mitarbeiter tätig.

Bereits vor der 1. Dresdner Fachtagung Transrapid gab es an verschiedenen Instituten der TU Dresden, insbesondere an der Fakultät Verkehrswissenschaften „Friedrich List", vielfältige Aktivitäten zu Hochgeschwindigkeitsbahnen und zum Transrapid. Im Jahr 2003 wurde das „Kompetenzzentrum Hochleistungsbahnen und Magnetbahnsysteme" gegründet. Dieses Zentrum bietet unterschiedliche Möglichkeiten zur Forschung und Diskussion und steht auch externen Personen und Institutionen offen.

Planung und Bau von Neubautrassen für Hochgeschwindigkeitsverkehrssysteme stellen sehr komplexe Fälle der Projektentwicklung dar. Die Planfeststellung ist mit vielen Schwierigkeiten verbunden, die Planungs- und Genehmigungszeiträume sind lang. Die Vertragsgestaltung, insbesondere mit den bauausführenden Firmen, kann als vielschichtig und schwierig bezeichnet werden. Alle Stufen der Kostenermittlungen sind mit großen Unsicherheiten verbunden. Die Bauverfahrenstechnik spielt sowohl beim Erdbau, beim Tunnelbau, beim Bau von Großbrücken aber auch bei der Festen Fahrbahn eine bedeutende Rolle. All diese Gebiete sind zentrale Aufgaben des Baubetriebswesens. Es ist somit nur verständlich, dass sich die drei Autoren seit Jahren intensiv mit dem Rad-Schiene-System und dem Transrapid beschäftigen.

Baubetriebliche Fragen können nur dann kompetent beantwortet werden, wenn alle Systemparameter von Rad-Schiene-Hochgeschwindigkeitsbahnen und des Transrapid einbezogen werden. Alle Entscheidungskriterien sind auf vielfältige Weise miteinander verbunden und beeinflussen sich gegenseitig. So stellt sich z. B. die Frage, ob der Transrapid besser in aufgeständerter oder ebenerdiger Trasse geführt werden soll. Die Entscheidung hat nicht nur Einfluss auf die Baukosten. Noch schwieriger ist die Frage, welches Verkehrssystem das bessere ist. Eine Begrenzung auf eine technisch-wirtschaftliche Fragestellung ist nicht ausreichend, da z. B. auch ökologische, industriepolitische und volkswirtschaftliche Zusammenhänge in die Entscheidung einzubeziehen sind. Nicht zuletzt besteht die Frage, wie eine Entscheidung für oder gegen ein Verkehrssystem fällt.

In den vergangenen Jahren sind einige Veröffentlichungen erschienen, die sich mit der Vorteilhaftigkeit des Transrapid und der Eisenbahn beschäftigt haben. Im Vordergrund standen insbesondere technisch-wirtschaftliche Vergleiche. Viele Aussagen müssen jedoch kritisch hinterfragt werden. Roland Schleier hat in seiner Diplomarbeit erste Antworten auf einen vertieften Vergleich von Transrapid und Eisenbahn gegeben. Die vielen, zum Teil sehr widersprüchlichen Aussagen zur Vorteilhaftigkeit der beiden Verkehrssysteme haben uns bestärkt, eine ingenieurgemäße Antwort auf die Frage nach der gesamtheitlichen Vorteilhaftigkeit zu finden. Aus vielen Gesprächen auch im Zusammenhang mit ihrer Forschungstätigkeit war uns jedoch bekannt, dass viele Sachverhalte nicht eindeutig mit ja und nein, gut und schlecht zu beantworten sind. Persönliche Prägungen sind häufig entscheidend. Trotzdem haben wir uns zum Ziel gesetzt, die Untersuchung so neutral wie möglich durchzuführen.

An dieser Stelle gilt unser Dank Herrn Lehnert vom Springer-Verlag, der unsere Idee, ein Fachbuch über dieses nicht ganz unpolitische Thema zu schreiben, sofort sehr positiv aufgenommen und uns in unserer Arbeit bestärkt hat. Danken möchten wir Herrn Prof. Dr.-Ing. W. Fengler vom Institut für Verkehrsanlagen, Herrn Prof. Dr.-Ing. B. Zastrau vom Institut für Mechanik und Flächentragwerke der TU Dresden und Herrn Prof. Dr.-Ing. A. Stephan vom Institut für Bahntechnik für die angeregten Diskussionen und die vielfältige Unterstützung. Unser Dank gilt außerdem Herrn Dipl.-Ing. D. Rogg, Herrn Dipl.-Wirtsch.-Ing. M. Witt und Herrn Dipl.-Ing. R. Kretzschmar für die wertvollen Hinweise und Anregungen.

Besonders bedanken wir uns bei Frau Radloff, die in der zuverlässigen Weise Abbildungen, Tabellen und Verzeichnisse angefertigt und den Satz vorgenommen hat sowie bei Frau Scharmer für die Korrekturlesung. Nicht zuletzt möchten wir uns bei unseren Frauen und Familien bedanken, die besonders in den letzten Wochen sehr viel Geduld aufgebracht haben.

Dresden, Juli 2005

Rainer Schach
Peter Jehle
René Naumann

Inhaltsverzeichnis

Abkürzungs- und Indexverzeichnis

Abkürzung	Text
AFB	Automatisches Fahren und Bremsen
B	Betriebskosten
BaSt	Bundesanstalt für Straßenwesen
Beschl	Beschleunigung
BHO	Bundeshaushaltsordnung
BMBF	Bundesministerium für Bildung, Wissenschaft, Forschung und Technologie
BMFT	Bundesministerium für Forschung und Technik
BMG	Bayerische Magnetbahnvorbereitungsgesellschaft mbH
BMV	Bundesministerium für Verkehr
BMVBW	Bundesministerium für Verkehr, Bau- und Wohnungswesen
BR	Baureihe
BVU	Beratergruppe Verkehr und Umwelt
BVWP	Bundesverkehrswegeplan(ung)
C25/30	Betonfestigkeitsklasse mit spezifischer Druckfestigkeit
CPS	Contactless Power Supply
DB	Deutsche Bundesbahn
DB AG	Deutsche Bahn AG
DIW	Deutsches Institut für Wirtschaftsforschung
Dkm	Doppelkilometer
Dm	Doppelmeter
e	spezifischer Energieverbrauch
e	Entwurf
EBA	Eisenbahn-Bundesamt
EBO	Eisenbahn Bau- und Betriebsordnung
EDS	Elektrodynamisches Schweben
EMS	Elektromagnetisches Schweben
EN	Europäische Norm
Ene	Energie
Ent	Entfernung
ET	Bezeichnung einer Zugreihe
EU	Europäische Union
EW	Bezeichnung eines Weichentyps
F	für fugal bei Fugalkraft
FAZ	Frankfurter Allgemeine Zeitung

FFH	Flora, Fauna, Habitat
FFH-VE	FFH-Verträglichkeitseinschätzung
G	für Gewicht bei Gewichtskraft
GC	Großcontainer
ges	gesamt
Gl	Gleichung
GOK	Geländeoberkante
G_R	Gleitreibung
GVFG	Gemeindeverkehrsfinanzierungsgesetz
HGrG	Gesetz über die Grundsätze des Haushaltsrechts des Bundes und der Länder
H_R	Haftreibung
HOAI	Honorarordnung für Architekten und Ingenieure
HSB	Hochleistungs-Schnellbahn
HSST	High Speed Surface Transport
HTE	Highspeed Train Europe
I	Investition
ICE	InterCityExpress
ICE S	InterCityExperimental Schnellfahrten
ICE T	ICE Neige-Technik-Zug
ICE TD	ICE-Dieseltriebwagen mit Neigetechnik
Indusi	Induktive Zugsicherung
IPS	Inductive Power Supply
JR	Japan Rail
K	Kuppe
KEB	Kostenermittlungshandbuch DB AG
KGK	Kostengruppenkatalog DB AG
KGr	Kostengruppe
kin	kinetisch
KKK	Kostenkennwertekatalog DB AG
KNA	Kosten-Nutzen-Analyse synonym: Nutzen-Kosten-Analyse
KWA	Kosten-Wirksamkeits-Analyse
LCC	Life-Cycle-Costs
LGV	Ligne à Grande Vitesse
L_w	Luftwiderstand
L_{wz}	Luftwiderstandsbeiwert Zug
LZB	Linienförmige Zugbeeinflussung
Mag	magnetisch
MEM	Minimale Endogene Mortalität
MVP	Versuchs- und Planungsgesellschaft für Magnetbahnsysteme mbH
N	Normal
NBS	Neubaustrecke
NEAT	Neue Alpentransversale
NKV	Nutzen-Kosten-Verhältnis
N_L	Nutzlast

NRW	Nordrhein-Westfalen
NWA	Nutzwertanalyse
OCS	Operation Control System
OK	Oberkante
ÖPNV	Öffentlicher Personennahverkehrs
p	Druckpegel
PAN	Paneuropäisches Netz
Pkm	Personenkilometer
Pl	Platz
PMS	Permanentmagnetisches Schweben
R	Reibung
r	radial
R+L	Roll- und Lagerreibung
RAMS	Risk Analysis and Management System
RVU	Raumverträglichkeitsuntersuchung
RWA	Raumwirksamkeitsanalyse
Schw	Schweben
SNCF	Société Nationale des Chemins de fer Français (Staatliche französische Eisenbahngesellschaft)
SO	Schienenoberkante
SPFV	Schienenpersonenfernverkehr
SPNV	Schienenpersonennahverkehr
T	Tesla
tkm	Tonnenkilometer
TEN	Transeuropäisches Netz
TGV	train à grande vitesse (französischer Hochgeschwindigkeitszug)
TR	Transrapid
Trans	Transrapid
TSI	Technische Spezifikationen für die Interoperabilität
TVE	Transrapid Versuchsanlage Emsland
UIC 60	Schienensystem der Bahn
UITP	Union Internationale des Transport Publics
UK	Unterkante
URE	Umweltrisikoeinschätzung
UVPG	Gesetz über die Umweltverträglichkeitsprüfung
UVS	Umweltverträglichkeitsstudie
VCS	Vehicle Safety Computer
VDI	Verein Deutscher Ingenieure
VOB/A	Verdingungsordnung für Bauleistungen Allgemeine Bestimmungen für die Vergabe von Bauleistungen
VOB/B	Verdingungsordnung für Bauleistungen Allgemeine Vertragsbedingungen für die Ausführung von Bauleistungen
VOFI	Vollständiger Finanzierungsplan
VSL	Value of a Statistical Life
vk	vertikal charakteristisch
w	Leistungspegel

W	Wanne
WTP	Willingness to Pay
Zkm	Zugkilometer
ZSG	Zugsteuergerät

Formelzeichen

Formelzeichen	Bezeichnung	Dimension	Anmerkung
θ	Tangentendrehwinkel	[rad]	
ρ	Dichte	[kg/m³]	
μ	Koeffizient	[-]	Für Gleit-, Haft- und Rollreibung
μ	Permeabilität	[-]	
τ_p	Polteilung	[m]	
A	Fläche	[m²]	
A	Außergewöhnliche Last	[-]	
a	Beschleunigung	[m/s²]	
å	Ruck	[m/s³]	
B	magnetische Induktion	[V · s/m²]	
c	Widerstandskonstante	[-]	
D	Korrekturfaktor		
d	Dicke	[mm]	
e	Gleisabstand	[mm], [m]	
E	Energie	[J]	
f	Frequenz	[Hz]	
F	Kraft	[N]	
g	Erdbeschleunigung	[m/s²]	9,80665
H	magnetische Feldstärke	[A/m]	
I	Neigung	[%], [‰]	
k	Faktor		
k	Kosten	[€]	
K	Kapitalwert	[€]	
L	Druckpegel	[db]	
m	Masse	[kg], [t]	
n	Anzahl	[-]	
p	Zinssatz	[%]	
P	Leistung	[W], [N · m/s], [kg · m²/s³], [J/s]	
Q	Verkehrseinzellast	[kN]	
q	Verkehrslinienlast	[kN/m]	
R	Versperrmaß		
r	Radius	[m]	
s	Spurweite	[mm]	
s	Strecke	[m], [km]	

T	Zeitraum	
t	Zeit	[sec], [min], [h]
u	Überhöhung	[mm]
v	Geschwindigkeit	[m/s], [km/h]
w	Widerstandsbeiwert	[-]

1 Einführung

Der Wettlauf mit der Zeit! Wirft man einen Blick auf die Entwicklung der elektrischen Eisenbahnen und vergleicht die wesentlichen Entwicklungsstadien mit denen der Magnetschwebebahnen, so gewinnt die Diskussion um die Realisierung einer Transrapid-Strecke in Deutschland besondere Bedeutung. Waren es nicht auch die Deutschen, die vor einem Jahrhundert den ersten elektrischen Schnellbahnen nicht die notwendige Aufmerksamkeit schenkten?

Bereits 1835, etwa in der gleichen Zeit, als die elektrische Induktion entdeckt wurde, wurden erste Versuche zur Entwicklung elektrischer Bahnantriebe durchgeführt. Erst am 31. 05. 1879 wurde dann ein erstes elektrisches Triebfahrzeug auf der Berliner Gewerbeausstellung vorgeführt. 1894 folgte eine erste elektrische Rangierlokomotive in Potsdam. Mit der Elektrifizierung wurde in Deutschland erst nach dem Ersten Weltkrieg ernsthaft begonnen. Zwischen den ersten Versuchen mit elektrischen Antrieben und dem Beginn der technischen Nutzung, dem elektrischen Streckenausbau, waren insgesamt 86 Jahre vergangen. Jahre später, 1960 waren in Deutschland ungefähr 3.700 Bahnkilometer elektrifiziert, wogegen die Schweizer Bundesbahn mit cirka 5.000 km ihre Arbeiten bereits abschlossen hatte.

Vergleichbare Zeiträume sind bei der Entwicklung des Transrapid zu beobachten. Mit der Anmeldung des grundlegenden Patentes zur Magnetschnellbahn im Jahre 1934 durch Hermann Kemper wurden die Grundlagen für eine komplett neuartige Antriebstechnik gelegt. 41 Jahre später hatte Krauss-Maffei ein erstes funktionsfähiges Modell einer Elektro-Magnetschwebebahn gebaut, das später Transrapid 01 (TR 01) genannt wurde. 1971 stellte Messerschmidt-Bölkow-Blohm (MBB) ein erstes personenförderndes Prinzipfahrzeug auf einer 660 m langen Versuchsstrecke bei München vor. [1] Rund 70 Jahre nach der Erfindung von Hermann Kemper wird das System der Magnetschwebetechnik durch die Inbetriebnahme der Transrapid-Strecke in Shanghai endlich kommerziell genutzt.

Der technische Vorsprung der deutschen Firmen bei der Magnetschwebetechnik ist durchaus vergleichbar mit den Errungenschaften beim elekt-

[1] Götzke: Transrapid. Seite 30

rischen Schnellbahnantrieb vor rund 100 Jahren. Am 10. 10. 1899 wurde in Berlin die Studiengesellschaft für elektrische Schnellbahnen gegründet. Neben den führenden Elektrokonzernen AEG und Siemens & Halske waren z. B. Friedrich Krupp, Philipp Holzmann und die Banken Delbrück Leo & Co., die Nationalbank für Deutschland sowie Jakob S. H. Stern unter der Führung der Deutschen Bank zu einem Konsortium zusammengetreten. Zusammen wollten die Beteiligten Erfahrungen mit den elektrischen Antrieben sammeln und darüber hinaus klären, ob auch bei hohen Geschwindigkeiten eine Oberleitung als Stromzuführung geeignet sei. Im Frühjahr 1901 wurde damit begonnen, eine 23 km lange Strecke zwischen Marienfelde und Zossen, ein Teilstück der Königlich Preußischen Militäreisenbahn, für Versuchsfahrten auszubauen. Erste Fahrten mit Geschwindigkeiten bis zu 160 km/h zeigten, dass hierfür der Oberbau nicht geeignet war. Es wurde aber auch festgestellt, dass bei den bezeichneten Geschwindigkeiten von dem Inhalt eines im Wagen frei aufgestellten, ganz gefüllten Wasserglases nichts verschüttet wurde. [2]

Die Strecke wurde damals von Soldaten in kürzester Zeit nochmals weiter ausgebaut und mit schweren Schienen versehen. Im Herbst 1903 fanden dann die eigentlichen Schnellfahrversuche statt. Zwei Triebwagen der Kölner Firma van der Zypen & Charlier fuhren auf der mit drei Oberleitungsdrähten ausgestatteten Strecke mit einer Höchstgeschwindigkeit von über 210 km/h.

Bereits 1904 stellten insbesondere die beiden Elektrofirmen AEG und Siemens & Halske in einer Denkschrift eine Schnellbahnstrecke zwischen Berlin und Hamburg vor. Auf der Weltausstellung in St. Louis im selben Jahr wurden eine große Fotografie der Bahn gezeigt und die Versuchsfahrten eingehend beschrieben. Die Aufträge waren aber leider ausgeblieben und die Studiengesellschaft beschloss im Dezember 1905 ihre Liquidation. Die Stilllegungen und der Abbau der Versuchsstrecke der Militärbahn erfolgte 1920.

Obwohl das deutsche Konsortium bei der Entwicklung der elektrischen Eisenbahn unter technischen Gesichtspunkten die Führung übernommen hatte, waren es später ausländische Unternehmen, die den Wettlauf mit der Geschwindigkeit gewannen. Bereits mit der Elektrifizierung der Eisenbahnstrecken waren die Deutschen zu zögerlich. Während sich die deutschen Staatsbahnen in einem Übereinkommen erst 1912/1913 zur Elektrifizierung entschlossen, begannen diese Ausbauarbeiten in Italien bereits 1899 und in Holland 1908. Heute sind es der in Frankreich entwickelte TGV oder der in Japan gebaute Shinkansen, die die Geschwindigkeitsrekorde beim Rad-Schiene-System halten. Bemerkenswert dazu ist, dass Ja-

[2] Pohl: Eilige Elektriker. Seite 5

pan bereits 1964 zur Olympiade über eine erste kommerzielle Anwendungsstrecke verfügte und Frankreich 1981 die erste TGV-Strecke zwischen Paris und Lyon eröffnete. In Deutschland begann die Nutzung des Hochgeschwindigkeitsnetzes mit der Freigabe der ICE-Strecken Hannover-Würzburg und Mannheim-Stuttgart im Jahr 1991.

Das auf einer innovativen Technologie beruhende und einen Paradigmenwechsel darstellende Magnetschnellbahnsystem Transrapid ist seit Jahren Gegenstand einer kontrovers geführten Diskussion. Während die Befürworter in ihm das Verkehrssystem der Zukunft und eine Bestätigung für die Qualität und Leistungsfähigkeit des Standortes Deutschland sehen, stellt er für seine Gegner lediglich eine neue Dimension von High-Tech-Wahnsinn dar. So formierte sich sofort ein heterogenes Bündel von Widerständlern gegen die Magnetschnellbahn, als der Bau der Anwendungsstrecke Berlin-Hamburg 1994 vom Deutschen Bundestag beschlossen wurde. Zu ihnen gehörten Bürgerinitiativen, Industrielle, Ministerialbeamte, Politiker, Bahnmanager, Naturideologen, Journalisten und auch Ökonomen. [3]

In den Beurteilungen zum System Transrapid beschränken sich die Kontrahenten allerdings zumeist auf einzelne, rein technische Aspekte und vernachlässigen die wirtschaftlichen, verkehrspolitischen, volkswirtschaftlichen und industriepolitischen Dimensionen. Wenig Beachtung findet auch die Tatsache, dass sich der Erfolg des Transrapid vor allem durch seine strategische Positionierung im nationalen und internationalen Verkehrsmarkt und die davon abhängige Akzeptanz in der Gesellschaft aktiv beeinflussen lässt. Die bisherige, nur wenige relevante Aspekte umfassende Diskussion ist weiter zu fassen und durch eine erweiterte kunden-, konkurrenz- und gesellschaftsorientierte Herangehensweise zu ersetzen. Bei den Magnetschnellbahnsystemen besitzt die deutsche Systemindustrie noch einen beachtlichen Vorsprung. Es bleibt zu hoffen, dass diesem Technologievorsprung durch die nationale Zurückhaltung und ständig neu vorgebrachte Vorbehalte nicht wieder der Rang abgelaufen wird.

Die Autoren teilen aus den genannten Gründen die Empfehlung des VDI, bald eine Transrapidstrecke in Deutschland zu bauen. Ausschlaggebend für einer Entscheidung sind dabei nicht nur die technologischen und verkehrlichen Vorteile des Transrapid, sondern insbesondere die Wirtschaftlichkeit, der volkswirtschaftliche Nutzen und die sich ergebenden Exportchancen. Mit einer Referenzstrecke in Deutschland können die Vorteile des Transrapid verdeutlicht werden. Dies wird die Innovationskraft und die Umsetzungsstärke fördern und sich positiv auf Standort- und Investitionsentscheidungen in- und ausländischer Unternehmen auswirken. [4]

[3] Raschbichler: Die Auswirkungen von Hochgeschwindigkeitsverkehr. Seite 69

[4] Loos: Transrapid als „Viertes Verkehrssystem". Seite 92

Das vorliegende Fachbuch soll dazu beitragen, die zum Teil sehr emotional geführte Diskussion um „Transrapid oder Eisenbahn“ zu versachlichen und einen gesamtheitlichen Systemvergleich anzuregen. Dabei setzen sich die Autoren auch kritisch mit der Argumentation des gleichnamigen Buches von Breimeier[5] auseinander, um letztendlich dem Leser neue Gesichtspunkte nahe zu bringen.

Mobilität und Infrastruktur sind grundlegende Voraussetzungen für eine funktionsfähige und leistungsfähige Volkswirtschaft und damit unverzichtbar für die Gemeinschaft. Die Erhaltung und der bedarfsgerechte Ausbau von Verkehrsinfrastruktur sowie die Etablierung moderner Verkehrssysteme beanspruchen in der Summe erhebliche Investitionen. Sie sind jedoch Investitionen in die Zukunft, weil die Verflechtungen zwischen Staaten und Volkswirtschaften weiter zunehmen und Unternehmen global agieren. Für die Menschen bedeutet dies, immer größere Entfernungen in immer kürzeren Zeiten zurückzulegen.

Im Personenverkehr existieren vier bedeutende Verkehrssysteme, die hinsichtlich ihrer Vor- und Nachteile unterschiedlich zu bewerten sind:

- das Rad-Schiene-System mit den Untersystemen Nahverkehr (S-Bahn) und Hochgeschwindigkeitsbahn (z. B. ICE, TGV, Shinkansen),
- der Verkehr auf der Straße (Individualverkehr als Nah- und Fernverkehr sowie öffentliche Personenbusse),
- Magnetschnellbahnsysteme (Transrapid, japanisches System) sowie
- der Flugverkehr.

Eine Analyse und Diskussion aller vier Systeme und deren Gegenüberstellung wäre sicherlich wünschenswert, würde den gesetzten Rahmen dieses Buches aber bei weitem übersteigen. Die Betrachtungen konzentrieren sich deshalb auf leistungsfähige, zukunftsorientierte Beförderungssysteme für den Personentransport im Mittel- und Langstreckenbereich sowie die Verbindung von Metropolen und Ballungsräumen, sowohl national als auch auf europäischer Ebene.

International wurden und werden immer wieder attraktive Streckenvarianten für das Magnetschnellbahnsystem Transrapid untersucht, in Deutschland streitet man aber nach wie vor um die Realisierung einer ersten Anwendungsstrecke dieser deutschen Entwicklung. Der Transrapid steht in starker Konkurrenz mit anderen Verkehrssystem, aufgrund seiner spurgebundenen Funktionsweise insbesondere mit dem Rad-Schiene-System. Die Autoren haben sich deshalb auf den Vergleich der beiden Hochgeschwindigkeitssysteme Rad-Schiene-Bahn und Magnetschnellbahn beschränkt. Die Betrachtungen konzentrieren sich in den meisten Fällen

[5] Breimeier: Transrapid oder Eisenbahn.

auf das deutsche Rad-Schiene-System InterCityExpress (ICE). Untersuchungen zum Güterverkehr mit Hochgeschwindigkeitsbahnen sollen nur angerissen, jedoch nicht vertieft werden.

Nach einer Einführung zur historischen Entwicklung der Eisenbahnen, insbesondere der Entwicklungslinie der elektrischen Antriebe, und zu aktuellen Entwicklungstendenzen im Verkehrswesen in Kapitel 2 werden das Funktionsprinzip und die Besonderheiten der Magnetschwebetechnik und des Transrapid in Kapitel 3 zusammengestellt. Das nationale und internationale Interesse an der deutschen Magnetschnellbahn Transrapid dokumentieren ausgewählte Projektstudien im In- und Ausland, die auszugsweise in Kapitel 4 vorgestellt werden.

Ein Vergleich des Transrapid und mit der Rad-Schiene-Hochgeschwindigkeitsbahn erfordert eine intensive Auseinandersetzung mit den technisch-physikalischen Merkmalen der beiden Verkehrssysteme. Diese werden im Kapitel 5 herausgearbeitet und gegenübergestellt. Für einen gesamtheitlichen Systemvergleich reicht dieser Bezug jedoch noch nicht aus. In Kapitel 6 werden daher die wirtschaftlichen Aspekte diskutiert. Es schließen sich in Kapitel 7 die verkehrspolitischen, volkswirtschaftlichen und industriepolitischen Betrachtungen an. Dies schafft die Voraussetzungen für einen gesamtheitlichen Systemvergleich in Kapitel 8 zwischen dem Transrapid und der Rad-Schiene-Hochgeschwindigkeitsbahn.

2 Das Rad-Schiene-System

Das Rad-Schiene-System, bekannt als Eisenbahn, hat seinen Ursprung im 17. Jahrhundert. Bereits 1630 wurden Bohlenbahnen als Fahrwege genutzt. Eiserne Schienen wurden erstmals 1767 in einem Werk eines britischen Eisenfabrikanten eingesetzt. Die Entwicklung der Fahrzeuge hatte ihren Anfang im Jahr 1690 mit der Erfindung der Dampfmaschine durch Papin. Fast 80 Jahre später, 1769, wurde die Dampfmaschine von James Watt patentiert. Die erste Dampflokomotive wurde 1801 konstruiert. Bis zur ersten brauchbaren Lokomotive vergingen nochmals 13 Jahre.

In Deutschland wurde 1835 die sechs Kilometer lange Strecke zwischen Nürnberg und Fürth eröffnet. Auf die Initiative von Friedrich List (1789 bis 1846) [6] realisierte man zwischen 1835 und 1839 die erste deutsche Fernbahn zwischen Leipzig und Dresden durch eine Aktiengesellschaft. Bedingt durch die Kleinstaaten entstanden in Deutschland viele kleine Bahngesellschaften, z. B. die Preußische, die Sächsische oder die Bayerische Eisenbahn. 1886 wurde die bedeutende Rheinische Eisenbahngesellschaft vom preußischen Staat übernommen. Damit waren fast alle Eisenbahnstrecken in den Ländern des 1871 gegründeten Deutschen Reiches verstaatlicht. Einige bedeutende Etappen bei der Entwicklung der Eisenbahn, des Fahrwegs einerseits und der Fahrzeuge andererseits, sind in Tabelle 2.1 zusammengestellt.

Tabelle 2.1 Entwicklung des Fahrwegs und der Fahrzeuge [7]

Entwicklung des Fahrwegs		der Fahrzeuge	
1630	Bohlenbau mit Querhölzern, später Bohlen mit eisernen Bändern beschlagen	1690	Erste Dampfmaschinen von Papin
1767	Britischer Eisenfabrikant verwendet in seinem Werk erstmals eiserne Schienen	1769	Dampfmaschine von James Watt patentiert
		1801	Erste Dampflokomotive

[6] List: Über ein sächsisches Eisenbahn-System.

[7] Matthews: Bahnbau. Seite 10

1776 Gusseiserne Schienenform von Curr

1789 Jesop entwickelt Schiene mit pilzförmigem Kopf

1834 Breitfußschiene von Robert Stevens

1850 Breitfußschiene allgemein in Deutschland eingeführt

1972 Teststrecken mit schotterlosem Oberbau in Rheda und Oelde

1984 Inbetriebnahme der Transrapid-Teststrecke im Emsland

1990 Gesamtdeutsches Schiennetz 41.112 km

1803 Erstes Dampfmaschinenfahrzeug von Treventhik
v = 8 km/h, Schlepplast: 45 t

1814 Stephenson baut erste brauchbare Lokomotive Schlepplast: 45 t

1832 Amerikanische Lokomotive erreicht erstmals v = 128 km/h

1838 Bau der ersten deutschen Lokomotive

1892 Dieselmotor patentiert

1990 Geschwindigkeitsweltrekord 515 km/h der SNCF

2.1 Das Rad-Schiene-Prinzip

Bei der Eisenbahn kommt bei den Zügen, die in Deutschland ab 1835 zuerst nur zwischen Nürnberg und Fürth fuhren, bis hin zum heutigen ICE das Rad-Schiene-System zum Einsatz. Für einen sicheren Betrieb spurgeführter Bahnen ist es erforderlich, die auftretenden Kräfte sicher abzutragen. Das Rad-Schiene-System überträgt die auftretenden Stütz- und Führungskräfte im Wesentlichen durch Formschluss und die Anfahr- und Bremsbeschleunigungen durch Reibung. In Abb. 2.1 ist das Prinzip dargestellt. Die Räder werden dazu bei den Hochgeschwindigkeitsbahnen aus einem Guss gefertigt und müssen nach der Eisenbahn Bau- und Betriebsordnung (EBO) mit der Achse fest verbunden sein. Zwei Räder und eine starre Achse bilden zusammen einen Radsatz. Charakteristisch ist das Profil der Räder. Das Profil besteht aus einem innenliegenden Spurkranz und einer mehr oder weniger geneigten Lauffläche.

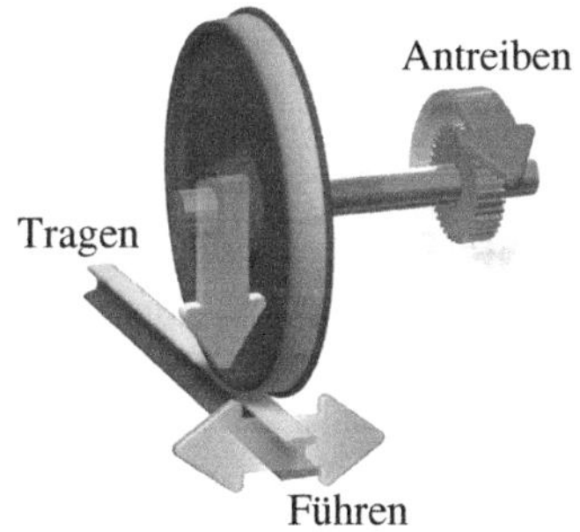

Abb. 2.1 Prinzip der Rad-Schiene-Systeme [8]

Bei Fahrzeugen mit Differenzialgetriebe, wie es bei allen Straßenfahrzeugen üblich ist, können die einzelnen Räder unterschiedlich lange Wege zurücklegen. Einzelradaufhängungen oder sog. Loseradlaufwerke für die Eisenbahn sind bereits entwickelt und befinden sich in der Betriebserprobung. [9] Ein starrer Radsatz kann sich dagegen lediglich nur als Ganzes drehen. Die Räder drehen sich mit gleichem Abstand und gleicher Winkelgeschwindigkeit um ihre Eigendrehachse. Dabei ist es unumgänglich, dass es zu Reibung zwischen Rad und Schiene kommt. Dies wiederum hat einen Verschleiß zur Folge. Je nach Einsatzgebiet der Fahrzeuge stellen sich dabei typische Verschleißformen ein. Zu unterscheiden ist zwischen dem Laufflächenverschleiß und dem Spurkranzverschleiß.

Um die Kurvenfahrt der Eisenbahn zu ermöglichen, sind die Bandagen der Räder kegelstumpfförmig ausgeführt. Die Schienenachse ist im gleichen Verhältnis gegen die Gleisachse geneigt. Bei einer Kurvenfahrt wird das äußere Rad nach außen gedrückt und läuft auf einem größeren Durchmesser als das innere Rad, das dann zwangsläufig auf dem kleineren Durchmesser läuft. Durch diese Durchmesserunterschiede und die daraus resultierenden Wegdifferenzen gelingt es bei gleicher Drehzahl der Räder einer Achse, die Wegdifferenz zwischen äußerer und innerer Schiene wenigstens zum Teil auszugleichen und somit den Verschleiß durch unmittelbare Reibung zwischen Rad und Schiene zu minimieren.

Ein grundlegender Nachteil des Rad-Schiene-Systems ist, dass bei Geradeausfahrt die Radsätze nicht der Ideallinie folgen, sondern eine Pendelbewegung ausführen. Systembedingt kommt es durch das Spurspiel $s = 7$ mm bis 10 mm zwischen Spurkranz und Schiene zu sinusförmigen seitlichen Ausweichbewegungen der Radsatzachse gegenüber der Gleisachse.

[8] Transrapid International GmbH & Co KG, Berlin

[9] Matthews: Bahnbau. Seite 29

Die Wellenlänge dieser Pendelbewegung ist abhängig vom Anstieg des Kegelstumpfes der Radbandagen. Je flacher der Anstieg der Radbandage ist, um so größer ist auch die Wellenlänge der Pendelbewegung. Diese Pendelbewegung wird auch als Sinuslauf bezeichnet. Mit zunehmender Geschwindigkeit wird diese Pendelbewegung zum Problem, da die Spurkränze beginnen, an den Innenseiten der Schienen anzulaufen. Das hat zur Folge, dass sich der Energieaufwand erhöht und sich der Verschleiß an der Lauffläche und am Spurkranz verstärkt.

In der Vergangenheit hat man sich damit beholfen, die Laufflächen immer wieder abzudrehen, um somit einen flachen Kegelstumpf zu erzeugen. Dazu wurden je nach Land Steigungen der Kegelflächen von 1 : 20 und 1 : 40 angewendet. Die Amplituden der Pendelbewegungen blieben damit bei Geschwindigkeiten bis zu 140 km/h kleiner als das Spurspiel und die Radsätze liefen mit ihren Spurkränzen bei der Geradeausfahrt nicht gegen die Schienen an.

Allerdings wurde bald festgestellt, dass sich das aufgedrehte Profil bei Geschwindigkeiten von 160 km/h und darüber hinaus sehr stark veränderte, also einem sehr großen Verschleiß ausgesetzt war. Viele Untersuchungen und Optimierungsversuche folgten. Beobachtungen an den Radsätzen haben aber auch gezeigt, dass die Profile charakteristische Verschleißformen annahmen, die sich nicht weiter verschlechterten. Diese je nach Anwendung verschleißangepassten Profile wurden ausgemessen und erfasst. Das bekannteste ist das Radprofil UIC-ORE S1002 (DIN 5573), welches in Deutschland genormt ist und zur Anwendung empfohlen wird.

Da sich mit der Steigerung der Geschwindigkeiten insbesondere bei den Hochgeschwindigkeitsbahnen auch die Zentripedalkräfte in den Kurven erhöhen und damit der Verschleiß an den Spurkränzen zunimmt, ist es erforderlich, bei der Trassierung die Gleisebene in den Kurven nach innen zu kippen. Auf diese Querneigung der Gleise (auch Überhöhung des Außengleises in Bezug auf das Innengleis) und die dazu alternative Neigetechnik, bei der sich der Zug in die Kurve neigt, wird ausführlich in Kapitel 5 eingegangen. Die physikalischen Grenzen des Rad-Schiene-Systems sind erreicht, wenn die aus dem Eigengewicht resultierenden Kräfte mit den fahrdynamischen Kräften nicht mehr im Gleichgewicht stehen.

2.2 Die Bedeutung der Eisenbahn in Vergangenheit und Zukunft

Da sich das Automobil und das Flugwesen vor dem Ersten Weltkrieg noch in einem sehr frühen Entwicklungsstadium befanden, war die Eisenbahn für die breiten Schichten der Bevölkerung damals das einzige zur Verfügung stehende Transportmittel. Über die flächenerschließenden Seitenbahnen, oft in Schmalspurausführung, konnten Berufspendler relativ einfach zu ihren Arbeitsplätzen gelangen. Gütertransporte bis hin zum Transport von lebendem Vieh konnten zu den Knotenpunkten der Hauptstrecken durchgeführt werden. Die Hauptstrecken waren entsprechend des höheren Transportaufkommens in Normalspur ausgeführt. Durch die Kriegseinwirkungen des Ersten Weltkrieges und die im Wesentlichen durch die Deutsche Reichsbahn finanzierten Reparationsleistungen wurde die Eisenbahn stark geschwächt. Die Siegermächte beanspruchten 8.000 Lokomotiven, 13.000 Personen- und 280.000 Güterwagen sowie eine jährliche Zahlung von ca. 660 Mio. Goldmark. So wurden der Deutschen Reichsbahn bis 1932 ca. 4,6 Mrd. Mark Kapital entzogen. [10]

In den 1930er Jahren wurde unter den damaligen politischen Verhältnissen das Kraftfahrzeug sehr stark gefördert. Die Ironie des Schicksals ist es, dass ausgerechnet die Deutsche Reichsbahn ihr Know-how für den Autobahnbau zur Verfügung stellen musste und so zum Geburtshelfer ihres heute größten Konkurrenten wurde. Der größte Nachteil der Eisenbahn gegenüber dem Lkw-Verkehr bestand – und besteht immer noch – darin, dass die Waren nicht direkt zum Verbraucher transportiert werden können. Die Güter müssen am Bahnhof aufwendig umgeladen werden. Um den Grad der Flächenerschließung der Eisenbahn zu erhöhen, wurden deshalb in den 1930er Jahren vom Reichsbahnrat Culemeyer, einem ehemaligen Bauingenieur der Reichsbahn, die nach ihm benannten Schwerlastfahrzeuge entwickelt. Diese sollten ursprünglich dazu dienen, beladene Eisenbahnwaggons auf der Straße zu den Kunden, die keinen eigenen Bahnanschluss besaßen, zu transportieren. [11]

Rund 60 Jahre später wurde durch die Bahnstrukturreform zum 01. 01. 1994 die Deutsche Bahn AG (DB AG) gegründet. Unter anderem wurden ihr folgende Zielstellungen auferlegt:

- strikte unternehmerische Ausrichtung,
- Wahrnehmung staatlicher Aufgaben durch Bund und Länder,
- Öffnung des Schienenetzes für den Wettbewerb,
- Harmonisierung des Wettbewerbs [12] zwischen Schiene und anderen Verkehrsträgern.

Erklärtes Ziel bleibt es, die DB AG in eine privatrechtliche Aktiengesellschaft umzuwandeln. Der ursprünglich für 2006 vorgesehene Börsen-

[10] Büllingen: Die Genese der Magnetbahn Transrapid. Seite 81

[11] Culemeyer: Die Eisenbahn ins Haus. Seite 6

[12] Eppendorfer: Die staatliche Transrapid-Förderung. Seite 19

gang der DB AG wurde vorerst verschoben. Zuerst soll die wirtschaftliche Stabilisierung der DB AG abgesichert werden.

Der DB AG unterstehen neben der Infrastruktur (Gleisnetz und Bahnhöfe) auch das „Rollende Material". [13] Inwieweit künftig die Bahn als Holding weiterhin den Unternehmensbereich Fahrweg beibehalten soll, wird unterschiedlich diskutiert. Obwohl das Bahnnetz der DB AG gehört, nutzen heute etwa 60 Transportunternehmen den prinzipiell freien Zugang auf das Schienennetz gegen eine Gebühr. Durch die Regulierungsbehörde soll sichergestellt werden, dass ein diskriminierungsfreier Zugang zum Netz möglich ist. Inwieweit sich dieser zunehmende Wettbewerb auf die Entwicklung der DB AG auswirkt, ist nicht einfach zu beantworten.

Die DB AG verweist dagegen auf ihre zunehmende Bedeutung im Personen- und Güterverkehr. Dabei werden Steigerungsraten innerhalb der Jahre 1993 bis 2003 im Personenverkehr von 62,7 Mrd. Pkm auf 69,5 Mrd. Pkm (+ 10,8 %) angegeben und im Güterverkehr innerhalb des gleichen Zeitraums von 64,5 Mrd. tkm auf 74,0 Mrd. tkm (+ 14,7 %). [14] Es bedarf jedoch einer tiefergehenden Analyse dieser Zahlen, um daraus Rückschlüsse auf mögliche Perspektiven für die Zukunft ableiten zu können. Auch für eine Analyse und Diskussion der Forderungen an Hochgeschwindigkeitsbahnen sowie deren bedeutsame Einsatzfelder ist diese weitergehende Untersuchung der angegebenen Zahlen von besonderer Bedeutung. Dazu sollen zuerst die Perspektiven des Güterverkehrs und im Anschluss die des Personenverkehrs näher betrachtet werden.

Die Bedeutung der Eisenbahn für den Güterverkehr hat in den vergangenen Jahren trotz massiver politischer Unterstützung der DB AG fortwährend abgenommen. Zwar steigt die Transportleistung der Eisenbahn, die Steigerungsraten stehen aber in keinem Verhältnis zu den stark angewachsenen Gütermengen, die heute auch unter dem Einfluss der Osterweiterung der EU und der allgemeinen Globalisierung zu transportieren sind. Der größte Anteil der Güter, nämlich 48,9 %, werden auf der Straße befördert. Im betrachteten Zeitraum 1993 bis 2003 weist die DB AG eine Steigerung bei den Gütertransporten von 15 % aus. In diesem Zeitraum hat der Güterverkehr absolut um ca. 34 %, das sind insgesamt 132,9 Mrd. tkm, zugenommen. Davon entfallen ca. 14,2 Mrd. tkm (15 %) auf die Schiene, wobei lediglich ca. 9,5 Mrd. tkm von der DB AG transportiert wurden. Der weitaus größte Teil der Steigerungen entfiel auf den LKW-Transport. Es wurden ca. 118,5 Mrd. tkm auf die Straße verlagert. Der Gütertransport auf

[13] Mit Stand 01. 01. 2005 ist die DB AG in fünf Unternehmensbereiche aufgeteilt: Personenverkehr, Transport und Logistik, Personenbahnhöfe, Fahrweg und Dienstleistungen.

[14] DB AG: Die Bahn mit Zukunft. Seite 5

der Straße nahm im Zeitraum 1993 bis 2003 um insgesamt ca. 47 % zu. Absolut betrachtet, partizipierte die Schiene an den Steigerungen mit ca. 10,7 %, die DB AG nur mit ca. 7,1 %. Wie in Abb. 2.2 leicht zu erkennen ist, hat der Güterverkehr auf der Schiene seit 1950 zwar absolut zugenommen, bleibt aber seit 1964 weit hinter den Steigerungsraten der LKW-Transporte zurück.

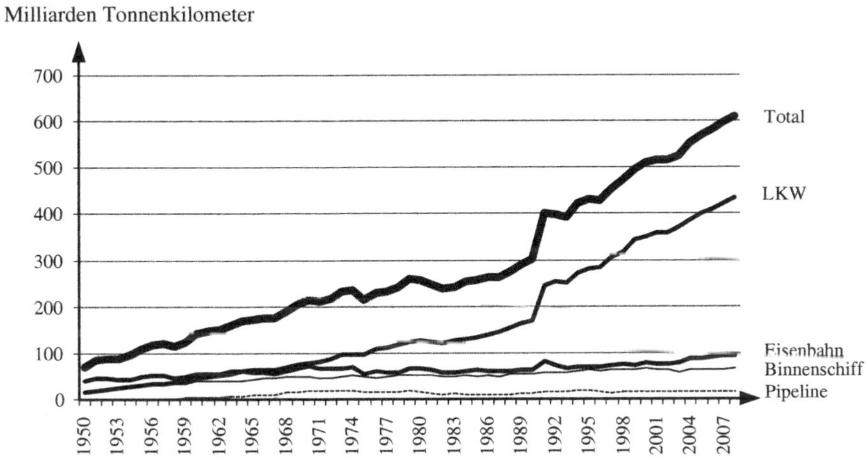

Abb. 2.2 Tansportleistung der Verkehrsträger 1950-2008 [15]

Es grenzt fast an Ironie, dass die DB AG zwischenzeitlich eines der größten Straßentransportunternehmen ist. Mit Übernahme von Stinnes und Schenker hat sich die DB AG über das traditionelle Bahntransport-Unternehmen, heute in der Railion gebündelt, zum global agierenden Logistik-Unternehmen entwickelt, das auch in der See- und Luftfracht zu Hause ist. Alle Geschäftsfelder agieren eigenverantwortlich, so dass z. B. Schenker ein starker Konkurrent der Railion ist.

Es ist durchaus davon auszugehen, dass sich die von den Straßenfahrzeugen erreichte wirtschaftliche Überlegenheit gegenüber der Eisenbahn in Zukunft noch weiter ausbauen wird. Mit dieser Tendenz beschäftigen sich auch unterschiedliche Institutionen und Einrichtungen. Beispielsweise haben Untersuchungen des IFEU [16] und der SGKV [17] bei der vergleichenden Analyse von Energieverbrauch und CO_2-Emissionen im Straßengüterver-

[15] Bundesverband Güterkraftverkehr Logistik und Entsorgung (BGL) e.V.
[16] Institut für Energie- und Umweltforschung Heidelberg GmbH
[17] Studiengesellschaft für kombinierten Verkehr e. V.

kehr und kombiniertem Verkehr Straße/Schiene [18] aufgezeigt, dass es auch aus umweltpolitischer Sicht keinen umweltfreundlichen Verkehrsträger per se gibt. Bei der Untersuchung von 19 sog. europäischen „Rennstrecken" des kombinierten Verkehrs, das heißt überwiegend direkte Punkt-zu-Punkt-Schieneverbindungen mit hoher Zugauslastung, schnitt die Schiene gegenüber den Transporten auf der Straße zwar meist besser ab, jedoch lagen in drei Fällen der Primärenergieverbrauch und in zweien die CO_2-Emissionen des kombinierten Verkehrs über denen des Straßentransports. Bei derartigen Untersuchungen wird aber regelmäßig der Transport zwischen Absender und Startbahnhof sowie Endbahnhof und Empfänger außer Acht gelassen. Im Unterschied zu den vielen anderen Berechnungen werden in der bezeichneten Arbeit der Vor- und Nachlauf (Transport zwischen Start/Ziel und dem jeweiligen Verladebahnhof), der Materialumschlag sowie der Einfluss der Zugauslastung erfasst. Berücksichtigt man beim reinen Schienentransport beispielsweise auch den Vor- und Nachlauf, das heißt die Zubringer- und Verteilerverkehre, sind die gegenüber einem reinen Straßentransport zurückzulegenden Entfernungen wesentlich größer und damit unter Umweltaspekten absolut betrachtet im Ergebnis schlechter gestellt.

Aber noch ein weiterer Umstand wird häufig bei einem Vergleich der Verkehrssysteme unterschlagen. Die vergleichsweise bessere Umwelteffizienz des Rad-Schiene-Systems wird über die eingerechneten Stromanteile erkauft. Insbesondere beim Vergleich internationaler Studien oder beim Vergleich grenzüberschreitender Strecken ist die Umwelteffizienz vom jeweiligen nationalen Stromerzeugungsmix abhängig, das heißt dem jeweiligen Anteil an Wasserkraft, Kernenergie und fossiler Energie. Je höher der Atomstromanteil im Bahnstrom ist, desto geringer fällt der CO_2-Ausstoß aus. Beispielsweise wird der Strom in Frankreich zu 90 % aus Atomenergie, also ohne Freisetzung von CO_2, gewonnen, der Strom in Tschechien dagegen zu über 80 % aus fossilen Brennstoffen. Bei absolut betrachtetem gleichen Energieverbrauch ist der CO_2-Ausstoß eines Bahntransports in Tschechien um mehr als 12-mal höher als in Frankreich.

Auch wenn die Befürworter der Eisenbahn immer wieder von moderaten Steigerungen im Güterumschlag sprechen, darf dies nicht über die realen Entwicklungen hinwegtäuschen. In Tabelle 2.2 ist der Modal-Split im Güterverkehr für den Zeitraum von 1950 bis 2008 veranschaulicht. Hatte die Schiene 1950 noch einen bedeutenden Marktanteil von ca. 56 % gegenüber dem Modal-Split-Anteil der Straße von ca. 20,3 %, so haben sich die Anteile komplett zugunsten der Straße verschoben. 2003 wurden nur

[18] IRU, Bundesverband Güterkraftverkehr Logistik und Entsorgung (BGL) e.V.: Energieverbrauch und CO_2-Emissionen.

noch ca. 15,2 % auf der Schiene, aber ca. 70,6 % auf der Straße befördert. [19] An diesen Verschiebungen zugunsten der weitaus mobileren und flexibleren Straßentransporte wird auch ein Zeitgewinn zwischen einzelnen Umschlagbahnhöfen nichts ändern können. Deshalb wird beim Vergleich der alternativen Hochgeschwindigkeitsbahnen in dem vorliegenden Fachbuch der Gütertransport nicht weiter verfolgt.

Tabelle 2.2 Modal-Split im Güterverkehr von 1950 bis 2008 [20]

		Verkehrsträger	
Jahr	LKW [1)]	Eisenbahn [2)]	Binnenschiff [3)]
1950	20,3 %	56,0 %	23,7 %
1955	28,1 %	45,3 %	26,6 %
1960	32,0 %	37,4 %	28,5 %
1965	36,1 %	33,6 %	25,2 %
1970	36,2 %	33,2 %	22,7 %
1975	44,9 %	25,9 %	22,3 %
1980	48,9 %	25,3 %	20,1 %
1985	52,0 %	25,0 %	18,8 %
1990	56,4 %	20,9 %	18,2 %
1995	64,9 %	16,3 %	14,8 %
2000	68,7 %	15,2 %	13,0 %
2005 [4)]	70,3 %	15,6 %	11,1 %
2008 [4)]	71,1 %	15,4 %	10,7%

1) Bis 1990 ohne LKW im Werkfernverkehr bis 4 t Nutzlast und Zugmaschinen bis 40 kW; ab 1991 ohne deutsche LKW bis 6 t zulässiges Gesamtgewicht oder 3,5 t Nutzlast; bis 1990 ohne grenzüberschreitenden Güternahverkehr und ohne freigestellten Nahverkehr; ab 1999 mit bisher nicht erfassten Transporten wie Abfall, lebende Tiere usw.

2) Ohne Dienstgutverkehr

3) Incl. Seeverkehr der Binnenhäfen mit Häfen außerhalb des Bundesgebietes

4) Schätzungen

Der Personenverkehr steht im Mittelpunkt der weiteren Betrachtungen insbesondere auch in den Kapiteln 7 und 8. Deshalb sollen an dieser Stelle nur einige grundlegende Aussagen getroffen werden. So zeichnet sich der Individualverkehr mit dem PKW im Vergleich zum spurgebundenen Verkehr insbesondere durch folgende Vorteile aus:

---

19 Bundesverband Güterkraftverkehr Logistik und Entsorgung (BGL) e.V.: Modal-Split im Güterverkehr 1959-2008.

20 Bundesverband Güterkraftverkehr Logistik und Entsorgung (BGL) e.V.: Modal-Split im Güterverkehr 1959-2008.

- beliebige Punkt-zu-Punkt-Verbindung,
- kein Umsteigen notwendig,
- Fahrtantritt zu beliebiger Zeit,
- Mitnahme auch von relativ viel Reisegepäck problemlos möglich,
- hoher Komfort möglich,
- insbesondere bei Mitnahme mehrerer Personen mit relativ geringen Kosten verbunden.

Dem stehen aber auch beträchtliche Nachteile des PKW-Verkehrs im Vergleich zum schienengebundenen Verkehr gegenüber:

- anstrengend, da selbst gefahren werden muss,
- höheres Unfallrisiko,
- insbesondere in der kalten Jahreszeit stark wetterabhängig (Schnee, Eis),
- Fahrtzeit nur bedingt planbar, da Verkehrseinflüsse nur bedingt vorhersehbar sind (Stau).

Tabelle 2.3 Personenverkehr, Anteil am Konzernumsatz der DB AG [21]

	Konzernumsatz	
	[in %]	[in Mrd. €]
DB Fernverkehr	11	3,0
DB Regio	23	6,4
DB Stadtverkehr	6	1,8
DB Personenverkehr gesamt	40	11,2

Im Personenverkehr wurden 2003 ca. 40 % des Jahresumsatzes der DB AG erbracht (siehe Tabelle 2.3). Dabei entfielen ca. 11 % auf den Fernverkehr mit im Mittel 270 km Reiseentfernung und ca. 6 % auf den Nahverkehr mit im Mittel 21 km Reiseentfernung. Mehr als die Hälfte des Personenverkehrs wurde vom Regionalverkehr eingenommen. Der Frauenanteil lag im Fern- und Nahverkehr bei über 50 %. Die Altersverteilung war über alle Altersklassen nahezu gleich.

In den Jahren 1994 bis 2003 hat die DB AG nach eigenen Angaben 79 Mrd. € [22] insbesondere in die Infrastruktur und in neue Fahrzeuge investiert, somit im Mittel 7,5 Mrd. €/a. Dies sind im Wesentlichen Gelder zur Verbesserung des Fernverkehrs. Bei einem Gesamtumsatz von ca. 3 Mrd. €/a im Fernverkehr drängt sich die Frage auf, ob die Eisenbahn in

[21] DB AG: Die Bahn mit Zukunft. Seite 33
[22] DB AG: Die Bahn mit Zukunft. Seite 4

diesem Verkehrssegment ausreichend attraktiv ist und die Investitionen sich jemals amortisieren.

2.3 Geschwindigkeit und Entfernung

Alle Verkehrssysteme haben in bestimmten Entfernungsbereichen besondere Stärken. Der Fernverkehr mit Hochgeschwindigkeitszügen erfordert möglichst große freie Streckenabschnitte und große Haltestellenabstände. Dann hat der spurgebundene Hochgeschwindigkeitsverkehr besonders im Bereich von Reisestrecken zwischen Metropolen und Ballungsräumen im Abstand von ca. 200 km bis 500 km Wettbewerbsvorteile gegenüber dem Individualverkehr und dem Flugverkehr.

Aus diesem Grund hat die DB AG inzwischen das Konzept der SNCF [23] übernommen, dass Hochgeschwindigkeitsstrecken ausschließlich für den Personenverkehr vorgesehen sind und nicht mit langsamen Güterzügen „blockiert“ werden dürfen. Die DB AG beabsichtigt deshalb, Güter- und Hochgeschwindigkeitsverkehr generell zu trennen. [24]

In Abb. 2.3 sind typische Fahrzeitbänder der verschiedenen Transportmittel angegeben. Dabei werden bei der Eisenbahn Fixzeiten für die Fahrt von und zum Bahnhof von ca. 0,5 h bis 1,0 h und mittlere Fahrgeschwindigkeiten zwischen 110 km/h [25] und 150 km/h [26] bei Höchstgeschwindigkeiten von bis zu 300 km/h angenommen. Bei günstiger Streckenführung und wenigen Halten sind in Deutschland durchaus auch höhere Durchschnittsgeschwindigkeiten bis 200 km/h erreichbar. Da solche Strecken in Deutschland aber vorerst kaum vorhanden sein werden, sollen die Untersuchungen mit dem angegebenen Geschwindigkeitsband vorgenommen werden. Für das Flugzeug werden mittlere Fluggeschwindigkeiten zwischen 500 km/h (Turboprop) und 700 km/h (Jet) berücksichtigt. Die Zeiten für die Abfertigung sowie für die Fahrt zum und vom Flughafen werden zwischen 1,0 h und 2,5 h unterstellt. Für den PKW wurden mittlere Fahr-

---

[23] SNCF Société Nationale des Chemins de Fer (Nationale Eisenbahngesellschaft Frankreichs)

[24] Gers et al.: Zur Ressourcenproduktivität von spurgeführten Hochgeschwindigkeitsverkehrssystemen. Seite 12

[25] Nach dem aktuellen Fahrplan benötigt der ICE für die 495 km lange Strecke zwischen Frankfurt und Dresden 4 h und 27 Min. Daraus ergibt sich eine mittlere Geschwindigkeit von rund 111 km/h.

[26] Nach dem Fahrplan 2004/2005 benötigt der ICE für die 219 km lange Strecke zwischen Frankfurt und Köln 1 h und 10 min. Daraus ergibt sich eine mittlere Geschwindigkeit von ca. 188 km/h.

geschwindigkeiten zwischen 80 km/h und 130 km/h angenommen. Daraus ergibt sich, dass der PKW bis etwa 50 km das Transportmittel mit der kürzesten Fahrzeit ist und darüber hinaus einen örtlich und zeitlich frei wählbaren Reisestart erlaubt. Die Fahrzeitbänder von PKW und Eisenbahn überlappen sich in weiten Bereichen, so dass sich daraus keine eindeutige Präferenz für das eine oder das andere Verkehrsmittel ergibt. Hier zeigt sich jedoch eindeutig, dass sich selbst der ICE mit Höchstgeschwindigkeiten von 300 km/h nur sehr schwer gegen den PKW durchsetzen kann. Der Geschwindigkeitsvorsprung gegenüber einer Reiselimousine ist im Rahmen solcher Betrachtungen nie dominant. Eindeutig vorn liegt das Flugzeug bei Entfernungen ab ca. 500 km, auch wenn nur eine Reisegeschwindigkeit von 500 km/h unterstellt wird. [27]

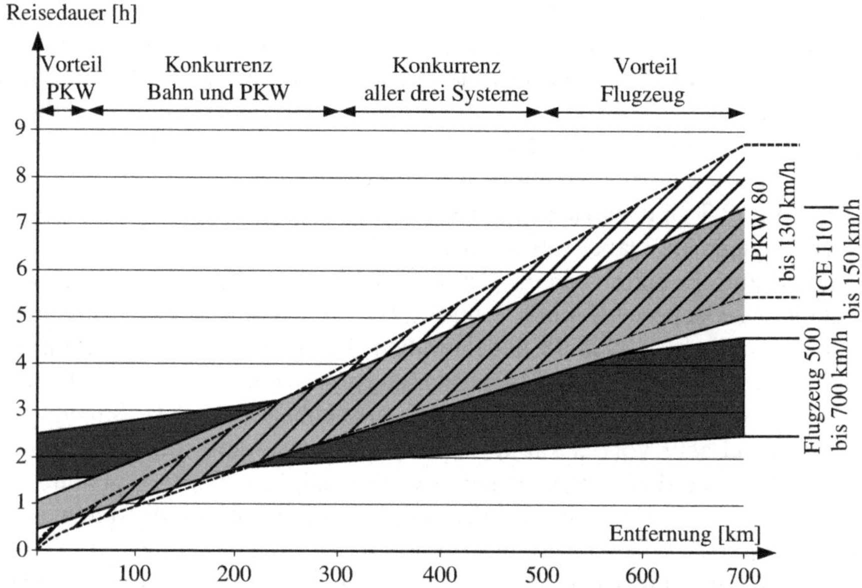

Abb. 2.3 Fahrzeitbänder von PKW, Eisenbahn und Flugzeug in Abhängigkeit der Entfernung

Aus diesen Untersuchungen wird deutlich, dass ein spurgebundenes Verkehrssystem bis annähernd 500 km/h schnell sein sollte, um gegenüber dem PKW eindeutige Präferenzen entwickeln zu können. Es ist ein neues System erforderlich mit hohen Beschleunigungen und hohen Endge-

[27] Holmer: Faster than a speeding Bullet Train. Holmer gibt an, dass der Transrapid bis zu Entfernungen von 1.000 km mit Flugzeugen konkurrieren kann.

schwindigkeiten, damit eine signifikante Steigerung der Durchschnittsgeschwindigkeiten erzielt wird.

2.4 Der ICE

Die DB AG setzte 2003 in ihrem Streckennetz 1.302 Züge im Fernverkehr ein. Damit wurden täglich ca. 320.000 Personen befördert. Dies ergab eine jährliche Transportleistung von ca. 31,6 Mrd. Pkm. Zum Vergleich wurden im Nahverkehr ca. 4,3 Mio. Personen täglich befördert, wozu insgesamt 29.889 Züge im Nahverkehr mit einer Gesamttransportleistung von ca. 37,9 Mrd. Pkm eingesetzt waren.

Mit den in Tabelle 2.4 zusammengestellten 196 ICE-Zügen werden täglich ca. 290.000 km zurückgelegt, das entspricht ca. 106 Mio. Zkm/a. Nach Angaben der DB AG befördert die ICE-Flotte jährlich ca. 56,5 Mio. Reisende. Die mittlere Reiseentfernung beträgt ca. 309 km. Rechnerisch ergeben sich mittlere tägliche Fahrgastzahlen von ca. 155.000 Personen, denen eine Sitzplatzkapazität von ca. 95.000 Sitzplätzen in den ICE-Zügen zur Verfügung stehen. Jeder Sitzplatz wäre also 1,6 mal belegt, für eine Auslastung von 100 % wäre allerdings eine Belegung von 4,8 Personen pro Sitzplatz erforderlich. Die ICE-Flotte ist somit nur etwa zu einem Drittel ausgelastet. Von den ca. 31,6 Mrd. Pkm/a im Fernverkehr übernimmt die ICE-Flotte ca. 17,5 Mrd. Pkm/a. Dies entspricht einem Anteil von 55 %.

Heute sind an das ICE-Netz 100 Städte in Deutschland und 24 Städte in der Schweiz, Österreich, Belgien und den Niederlanden angeschlossen. [28] Das ICE-Netz umfasst ca. 5.000 km und erlaubt Geschwindigkeiten bis 300 km/h.

Tabelle 2.4 Die ICE-Flotte der DB AG [29]

ICE	
ICE 1	59
ICE 2	44
ICE 3	50
ICE T	43
Gesamt	149

Die Entwicklung der ICE-Züge, ursprünglich Intercity-Experimental und heute InterCityExpress genannt, begann mit der Gründung einer Forschungsgruppe Rad-Schiene in den 1970er Jahren. In München-Freimann

[28] DB AG: Die Bahn mit Zukunft. Seite 34

[29] DB AG: Die Bahn mit Zukunft. Seite 34

wurde dazu ein Rollenprüfstand installiert, mit dem Geschwindigkeiten bis 500 km/h bei unterschiedlichen Streckenbedingungen simuliert werden konnten. Die Forschungsarbeiten waren bereits 1982 mit dem Ergebnis abgeschlossen, dass Hochgeschwindigkeitsverkehr über 200 km/h Realität werden könnte. [30] Noch im selben Jahr beschloss der damalige Vorstand der Deutschen Bundesbahn, sich an der Finanzierung des ersten Intercity-Experimental zu beteiligen. Gefördert durch das BMFT mit 61 %, einem Beitrag der DB in Höhe von 17 % und einem Eigenanteil der Industrie von 22 % entstand bis zur Indienststellung 1985 eine neues Zugkonzept, bestehend aus zwei Triebköpfen und drei Mittelwagen. Beteiligt waren die Firmen Krupp, Krauss-Maffei und Thyssen-Henschel für die Fertigung der Triebköpfe der Baureihe 410 und Messerschmidt-Bölkow-Blohm (MBB) für die Herstellung von zwei Zwischenwagen der Baureihe 810. Ein zusätzlicher dritter Mittelwagen wurde von der DB bei den Firmen Duewag in Krefeld-Uerdingen und Linke-Hofmann-Busch in Salzgitter gefertigt.

Dieser Triebzug mit der internen Bezeichnung RS-VD, Rad/Schiene-Versuchs- und Demonstrationsfahrzeug, diente der Erprobung und Demonstration des neuen Hochgeschwindigkeitskonzeptes. Die Triebköpfe mit jeweils 78 t Eigengewicht und 3.640 kW Leistung waren eine Weiterentwicklung der DB-E-Lokomotive der Baureihe 120, die mit Drehstrom-Asynchronmotoren ausgerüstet war. Die äußere Form, insbesondere die neue Kopfform der Triebköpfe, wurde im Windkanal entwickelt. [31] Mit diesem neuen Zug, der von dem damals üblichen Corporate Idendity (ozeanblau-beige) abwich, wurden nach der Indienststellung Fahrten im In- und Ausland durchgeführt. Darunter auch zahlreiche Rekordfahrten einschließlich des deutschen Rekords in der Geschichte der Eisenbahn auf der Neubaustrecke Würzburg-Fulda am 01. 05. 1988 mit 406,7 km/h. Diesen Geschwindigkeitsrekord brach der französische TGV-A ein Jahr später mit 513,3 km/h. Das Lastenheft für die serienmäßige Fertigung von Hochgeschwindigkeits-Triebzügen wurde Ende 1985 vorgelegt. Ende 1987 begannen die Entwicklung und der Bau der Serientriebköpfe der Baureihe 401, dem ICE 1. Dazu hatten sich die Firmen AEG, ABB und Siemens für den elektrischen Teil und die Firmen Krauss-Maffei, Krupp und Thyssen-Henschel für den mechanischen Teil zusammengeschlossen.

---

[30] LOK Report: ICE-Reihungen, Versuchs-ICE. Seite 1

[31] Walter: ICE InterCityExpress. Seite 35

2.4.1 Der ICE 1

Die DB beschaffte ab 1990 insgesamt 120 Triebköpfe und 694 dazugehörige Mittelwagen, aus denen 60 ICE-Garnituren gebildet wurden. Als Baureihenbezeichnungen wurden gewählt:

- 401 – Triebköpfe
- 801 – 1. Klasse-Wagen (Avmz)
- 802 – 2. Klasse-Wagen (Bvmz)
- 803 – 2. Klasse mit Serviceabteilen (BSmz)
- 804 – Bordrestaurant-Wagen (WSmz)

Der ICE 1 wird als Triebkopfzug aus zwei Triebköpfen und zwölf, maximal 14 Mittelwagen zu einer betrieblichen Einheit zusammengestellt. Die Serien-Triebköpfe wurden mit jeweils 4.800 kW Leistung und neuen Bauteilen der Leistungselektronik (GTO-Stromrichter) ausgestattet. Auch die Aerodynamik und die Schallabstrahlung bei dem auf 280 km/h ausgelegten Zug wurden weiter verfeinert und verbessert. Der Betrieb wurde wesentlich begünstigt durch den Fortschritt der elektronischen Systeme. So ermöglicht der Einsatz von je einem Zugsteuergerät (ZSG) in jedem Triebkopf die digitale Leistungssteuerung der Antriebe. Die beiden ZSG sind über einen Lichtwellenleiter miteinander gekoppelt, wobei jeweils ein Gerät aktiv ist. Eine Zusammenstellung der technischen Parameter enthält Tabelle 2.5.

Tabelle 2.5 Technische Angaben zum ICE 1

Zug-/ Baureihenbezeichnung	ICE 1 / 401 (Einsystem)
Hersteller:	AEG, ABB, Krauss-Maffei, Krupp, Siemens, Thyssen-Henschel
Herstellungskosten pro Zug:	25,6 Mio. €
Anzahl der Züge:	ursprünglich 60 Züge, 2005: 59
Anzahl der Wagen:	2 Triebköpfe, 12 (max. 14) Mittelwagen
Sitzplätze 1./2. Klasse/Restaurant:	144/501/40
Baujahre:	1989 bis 1993
Stromsystem:	15 kV/16 2/3 Hz
Zugleitsysteme:	AFB, Indusi, LZB (Deutschland)
Maximal erreichte Geschwindigkeit:	328 km/h
Technisch zugelassene Höchstgeschwindigkeit:	280 km/h
Höchstgeschwindigkeit im regulären Betrieb:	280 km/h (250 km/h im Tunnel)

Bremssysteme Triebkopf:	elektrische Nutzbremse, Scheibenbremse
Bremssysteme Mittelwagen:	Scheibenbremse, Schienenmagnetbremse
Anfahrzugkraft:	2 x 200 kN
Anzahl der Achsen/davon angetrieben:	56/8
Anzahl und Art der Motoren:	8 Drehstrom-Asynchron
Motorenleistung max. / dauer:	2 x 4.800 kW / 2 x 3.400 kW
Wagenfederung:	Stahlfederung
Länge/Breite/Höhe Triebkopf:	20.560/3.070/3.840 mm
Länge/Breite/Höhe Wagen:	26.400/3.020/3.840 mm
Gewicht Triebkopf:	78 t
Achslast, Triebkopf	19,5 t bei 12 Wagen
Leergewicht Zug:	795 t bei 12 Wagen
Länge des Zuges insgesamt:	358 m

Von den 60 Triebkopfzügen der ICE 1-Serie sind derzeit noch 59 im Bestand der DB AG. Einen Triebzug verlor die DB AG am 03. 06. 1998 bei der Katastrophe von Eschede, als zuerst ein Wagen wegen eines defekten Radreifens entgleiste, der fünfte Wagen gegen eine Brücke geschleudert wurde, der vordere Triebkopf abriss und der hintere Triebkopf die restlichen Mittelwagen mehr oder weniger auf die durch den Aufprall eingestürzte Überführung zusammenschob. Es verloren damals 101 Menschen ihr Leben.

2.4.2 Der ICE 2

Am 10. 01. 1998 wurde der Betrieb mit dem ab 1992 entwickelten zweiten Serienzug, dem ICE 2, aufgenommen. Eine Projektstudie hatte ergeben, dass die sinnvollste und wirtschaftlichste Variante im Hochgeschwindigkeitsverkehr aus Halbzügen besteht. Die Halbzüge werden aus Triebkopf, fünf Mittelwagen und Steuerwagen gebildet. Darüber hinaus sollen weiterhin Langzüge, bestehend aus 2 Triebköpfen und 14 Mittelwagen, gereiht werden können. Die neuen Steuerwagen wurden dazu aus den Mittelwagen des ICE 1 entwickelt und mit einem Bug des Triebkopfes versehen. Der Kopf ist somit baugleich zu den Triebköpfen und ermöglicht die Kopplung mehrerer Halbzüge mittels der Scharfenberg-Kupplung. Im Steuerwagen befindet sich der Führerstand und ein Geräteraum. Die verbleibende Fläche ist für Fahrgäste vorgesehen. Als Baureihenbezeichnungen für die ICE 2 wurden festgelegt:

- 402 – Triebköpfe
- 805 – 1. Klasse-Wagen (Apmz)
- 806 – 2. Klasse-Wagen (Bpmz)
- 807 – Bordrestaurant-Service-Wagen (WRmz)
- 808 – 2. Klasse-Steuerwagen (Bpmzf)

Derzeit hat die DB AG noch alle 44 Triebkopfzüge komplett im Bestand. Es versteht sich von selbst, dass die weiterentwickelten Züge neben zahlreichen technischen Neuerungen auch wesentliche Verbesserungen in der Ausstattung und im Komfort aufweisen. Die Beschreibung all dieser Details würde den gesetzten Rahmen dieser Arbeit sprengen. Auf Komfortparameter wird in den nachfolgenden Kapiteln nur soweit Bezug genommen, wie diese systembedingt sind. In Tabelle 2.6 sind die technischen Parameter für den ICE 2 zusammengestellt.

Tabelle 2.6 Technische Angaben zum ICE 2, Halbzug

Zug-/ Baureihenbezeichnung	ICE 2 / 402 (Einsystem)
Hersteller:	Siemens, AEG, DWA
Herstellungskosten pro Zug:	18,2 Mio. €
Anzahl der Züge:	44 Züge
Anzahl der Wagen:	1 TK, 6 Mittel-, 1 Steuerwagen
Sitzplätze 1./2. Klasse/Restaurant:	105/263/23
Baujahr:	1995 bis 1997
Stromsystem:	15 kV/16 2/3 Hz
Zugleitsysteme:	Indusi, LZB, SiFa (Deutschland)
Maximal erreichte Geschwindigkeit:	310 km/h
Technisch zugelassene Höchstgeschwindigkeit:	280 km/h
Höchstgeschwindigkeit im Planeinsatz:	260 km/h / 280 km/h in Traktion 250 km/h im Tunnel
Bremssysteme Triebkopf:	elektrische Nutzbremse, Scheibenbremse
Bremssysteme Wagen:	Scheibenbremse, Scheibenmagnetbremse
Anfahrzugkraft:	1 x 200 kN
Anzahl d. Achsen/davon angetrieben:	32/4
Anzahl/Art der Motoren:	4 Drehstrom-Asynchron
Motorenleistung max.:	1 x 4.800 kW
Wagenfederung:	Luftfederung
Länge/Breite/Höhe Triebkopf:	20.560/3.070/3.840 mm

Länge/Breite/Höhe Wagen:	26.400/3.020/3.856 mm
Gewicht Triebkopf:	77,5 t
Achslast, Triebkopf	19,5 t
Leergewicht Zug, Halbzug:	412 t
Länge des Zuges insgesamt, Halbzug:	205 m

2.4.3 Der ICE 3

Nachdem die Deutsche Bundesbahn Ende 1993 die ICE 2-Generation bestellt hatte, orderte die DB AG 1994 die dritte Seriengeneration. Der ICE 3 ist ein echter Triebzug und hat somit keine separaten Triebköpfe. Der Triebzug erhält Unterflur angeordnete Antriebs- und Steuerungseinrichtungen, die über die einzelnen Wagen verteilt sind. Dabei wurde die installierte Leistung insgesamt auf 20 kW/t erhöht (der ICE 1 wurde auf nur 10 kW/t ausgelegt), um auch auf Ausbaustrecken bessere Beschleunigungen und damit deutliche Fahrzeitgewinne zu erzielen. [32] Die Spitzengeschwindigkeiten liegen bei dieser Generation bei über 300 km/h. Das bei der ICE 2-Serie eingeführte Konzept der Halbzüge wurde hier weiterentwickelt.

Beim ICE 3 stellen jeweils vier Wagen eine elektrische Einheit dar, zusammengereiht aus den Wagen der Baureihen

- 403.0 / 403.5 – Endwagen
- 403.1 / 403.6 – Trafowagen
- 403.2 / 403.7 – Stromrichterwagen
- 403.3 / 403.8 – Mittelwagen

Die 4-teiligen Grundeinheiten werden zu 8-teiligen Halbzügen fest gekuppelt. Die Trafowagen sind dann untereinander durch eine im Dachbereich verlaufende Hochspannungsleitung verbunden. [33] Die 8-teiligen Halbzüge können zu 16-teiligen Vollzügen zusammengekuppelt werden.

Eine wesentliche Neuerung ist, dass der ICE 3 neben der herkömmlichen generatorischen Bremse mit Rückspeisung und der Druckluft-Scheibenbremse zusätzlich eine leistungsfähige Wirbelstrombremse erhält. Zusammen mit der höheren Antriebsleistung ist der Triebzug so für den Einsatz auf steileren Strecken und auf höhere Geschwindigkeiten ausgelegt.

[32] Walter: ICE InterCityExpress. Seite 25
[33] LOK Report: ICE-Reihungen, Versuchs-ICE.

Neben der Baureihe 403 wurden Mehrsystemzüge der Baureihe 406 für den Betrieb auf Bahnanlagen außerhalb von Deutschland gebaut. Hat der 403 nur zwei Stromabnehmer (15 kV/16,7 Hz) je Halbzug auf den Trafowagen für das DB-Netz, so werden beim 406 zusätzlich zwei Gleichstrom-Stromabnehmer (1,5 und 3 kV) für das NS-, das SNCB- und das SNCF-Netz auf den Stromrichterwagen und letztlich zwei weitere Wechselstrom-Stromabnehmer (25 kV/50 Hz) für das SBB, das SNCB- und das SNCF-Netz auf den Mittelwagen aufgesetzt. Somit hat ein Halbzug der Baureihe 406 sechs Stromabnehmer. Dem Vorteil dieser Mehrsystemzüge, in mehreren europäischen Netzen zum grenzüberschreitenden Einsatz zu kommen, stehen Einbußen in der Aerodynamik gegenüber.

Die Inbetriebnahme des ICE 3 war mit zahlreichen Neuerungen in der Ausstattung verbunden. Markant sind die Endwagen, in denen der Führerstand nur noch durch eine Glasscheibe von der anschließenden Lounge getrennt ist. In Tabelle 2.7 sind die technischen Parameter des ICE 3-Halzuges dargestellt.

Tabelle 2.7 Technische Angaben zum ICE 3-Halbzug

Zug-/ Baureihenbezeichnung	ICE 3 / 403 (Einsystem) / 406 (Mehrsystem)
Hersteller:	Siemens, Adtranz
Herstellungskosten pro Zug:	18,92 Mio. €
Anzahl der Züge:	Baureihe 403: 37 (8-teilige Halbzüge) Baureihe 406: 13 + 4 (8-teilige Halbzüge)
Anzahl der Wagen:	2 Endwagen, 6 Mittelwagen
Sitzplätze 1./2. Klasse/Restaurant:	nach Umbau: BR 403: 98/343/- BR 406: 93/338/-
Baujahr:	1997 bis 2000
Stromsystem:	15 kV/16 2/3 Hz (403) 15 kV/16 2/3 Hz, (406) 25 kV 50 Hz, (406) 1,5 kV Gleichspannung, (406) 3 kV Gleichspannung (406)
Zugleitsystem(e) 403 und	LZB 80, Indusi PZB 90, SiFa (Deutschland), LZB 80, Indusi PZB 90, SiFa (Deutschland) ZUB 121, Integra (Schweiz)
Zugleitsystem(e) 406:	TVM 430 (Frankreich): nur 1 Zug ATBL (Frankreich / Belgien / Niederlande) Eurobalise (Transitionsbalise)

Maximal erreichte Geschwindigkeit:	368 km/h (03.09.2001 NBS Hannover-Berlin)
Technisch zugelassene Höchstgeschwindigkeit:	330 km/h
Höchstgeschwindigkeit im Planeinsatz:	300 km/h
Bremssysteme Zug:	Generatorische Nutzbremse
	Pneumatische Scheibenbremse
	Wirbelstrombremse an antriebslosen Wagen
Beschleunigung, maximal:	0,86 m/s²
Anfahrzugkraft:	300 kN
Anzahl d. Achsen / davon angetrieben:	32 / 16
Anzahl/Art der Motoren:	16 Drehstrom-Asynchron
Motorenleistung max.:	8.000 kW
Traktionsfähig:	Ja
Wagenfederung:	Luftfederung
Länge/Breite/Höhe Endwagen:	25.835/2.950/3.890 mm
Länge/Breite/Höhe Mittelwagen:	24.775/2.950/3.890 mm
Achslast:	16 t
Leergewicht Halbzug:	409 t (403) / 435 t (406)
Länge des Halbzuges insgesamt:	200 m

In Tabelle 2.8 sind die wesentlichen technischen Daten und Größen aller drei Baureihen zum besseren Verständnis nochmals gegenübergestellt. Dabei ist allerdings zu beachten, dass die Daten des ICE 1 auf den Vollzug und die Angaben zu den ICE 2- und ICE 3-Zügen sich jeweils auf die Halbzüge beziehen.

Tabelle 2.8 Gegenüberstellung ICE 1, ICE 2 und ICE 3

	ICE 1 Vollzug	**ICE 2** Halbzug	**ICE 3** Baureihe 403 Halbzug	**ICE 3** Baureihe 406 Halbzug
Länge	305,12 m (10 Wagen) 357,9 m (12 Wagen) 410,72 m (14 Wagen)	205,36 m	200,36 m	200,36 m
Leergewicht	690,2 t (10 Wagen) 798,2 t (12 Wagen) 906,2 t (14 Wagen)	418 t	409 t	435 t
Sitzplätze	685	391	441	431
Leistung	9.600 kW	4.800 kW	8.000 kW	8.000 kW (AC) 4.300 kW (DC)
Höchstge- schwindigkeit	280 km/h	280 km/h	330 km/h	330 km/h (AC) 220 km/h (DC)
Gewicht/m	2,23 t/m	2,04 t/m	2,04 t/m	2,17 t/m
Gewicht/ Sitz- platz	1,24 t/Sitz	1,13 t/Sitz	0,99 t/Sitz	1,08 t/Sitz
Leistung/t	12,02 kW/t	11,96 kW/t	19,56 kW/t	18,39 kW/t (AC) 9,89 kW/t (DC)
Leistung/ Sitz- platz	14,88 kW/Sitz	13,51 kW/Sitz	20,46 kW/Sitz	21,05 kW/Sitz (AC) 11,32 kW/Sitz (DC)
Nutzfläche (12 Wagen)	866 m²	502 m²	509 m²	509 m²
Fahrgastraum (12 Wagen)	653 m²	366 m²	342 m²	342 m²

2.4.4 Der ICE T

Für den Betrieb auf bestehenden Strecken und Ausbaustrecken wurde mit der Neigetechnik beim ICE-T eine Alternative entwickelt. Durch die sog. Neigetechnik sind in Kurven generell höhere Geschwindigkeiten möglich.

Der ICE-T für den Geschwindigkeitsbereich bis 230 km/h ist elektrisch angetrieben und mit den Drehgestellen des italienischen Pendolino von Fiat Ferroviaria ausgestattet. Das modulare Halbzugkonzept der ICE 2- und ICE 3-Züge wurde bei diesen Triebzügen weiter verfeinert, so dass auf unterschiedliche Nachfrage flexibel reagiert werden kann. Die Triebzüge des T-Modells gibt es in den Varianten:

- Triebzug als siebenteiliger 411,
- Triebzug als fünfteiliger 415,
- Koppelzüge aus der Kupplung zweier gleichartiger Triebzüge,
- Kombination eines 411 und eines 415,
- Reihung von drei 415.

Damit realisiert die DB AG die Bestrebungen, durch das Flügelzugkonzept [34] die Fläche besser bedienen zu können. Mit dieser Konzeption wird die Eisenbahn ihrer Netzstruktur gerecht und kann eine deutlich größere Fläche mit den modernen Zügen erreichen. Jedoch nimmt der ICE-T wegen der mit $v_{max} = 230$ km/h eher geringen Geschwindigkeit im Hochgeschwindigkeitsverkehr nur eine untergeordnete Rolle ein. Der ICE-T bleibt deshalb im weiteren Vergleich als Alternative der Hochgeschwindigkeitszüge unberücksichtigt.

2.4.5 Weitere Züge

Für nichtelektrifizierte Strecken wurde eine zusätzliche Dieselvariante ICE-TD entwickelt, deren Betrieb aber nach einer Serie von Ausfällen und Pannen, insbesondere bei der Neigetechnik, wieder eingestellt wurde. So führte der Weg des ICE-TD auf das Abstellgleis, da auch Versuche die ICE-TD-Züge, z. B. nach Iran oder nach Österreich zu verkaufen, scheiterten. [35]

Im Jahr 2005 soll in Spanien die über 600 km lange Strecke zwischen Barcelona und Madrid in Betrieb genommen werden. Für diese Strecke haben die Spanier eine modifizierte Version des ICE 3 bestellt, der auf eine Höchstgeschwindigkeit von 350 km/h im Planeinsatz ausgelegt wird. Dazu wurde die Leistung um 10 % auf 8.800 kW erhöht und auch die Leistung der Klimaanlage wegen der höheren Außentemperaturen in Spanien

[34] Flügelzugkonzept bedeutet, dass mehrere Halbzüge zu einem Vollzug zusammengestellt werden können, das heißt einzelne Halbzüge treffen sich auf Hauptstrecken, fahren zeitweise im Verband und trennen sich dann wieder auf in verschiedene Zweige. Beim ICE 2 und ICE 3 können zwei Zweige angefahren werden, beim ICE-T sogar drei.

[35] FAZ: ICE auf Eis. 12. 07. 2005

um 25 % gesteigert. Auf Wirbelstrombremsen wurde dagegen verzichtet. Die ersten fünf Fahrzeuge der insgesamt 26 Züge wurden am 09. 06. 2005 ausgeliefert. Siemens vermarktet den Zug unter dem Namen Velaro E. In Spanien wird er unter der Baureihenbezeichnung „AVE S 103“ laufen. Wegen Schwierigkeiten im Baugrund ist die Strecke für den Hochgeschwindigkeitsverkehr aber noch nicht freigegeben. Die wesentlichen Daten zum Velaro E sind in Tabelle 2.9 aufgelistet.

Tabelle 2.9 Technische Angaben zum 8-teiligen Velaro E

Zug-/ Baureihenbezeichnung	Velaro E / S 103
Hersteller:	Siemens
Herstellungskosten pro Zug:	25,2 Mio. €
Anzahl der Züge:	Bestellung 2001: 16 Züge Bestellung 2004: 10 Züge
Anzahl der Wagen:	2 Endwagen, 6 Mittelwagen (1 Club, 2 Preferente, 1 Cafeteria, 4 Turista)
Sitzplätze Club/Preferente/Tourista:	37/103/264
Baujahr:	2001 bis 2004
Spurweite:	1.435 mm
Stromsystem:	25 kV / 50 Hz
Zugleitsysteme:	LZB 80 E ETCS Level 2
Maximal erreichte Geschwindigkeit:	—
Technisch zugelassene Höchstgeschwindigkeit:	350 km/h
Höchstgeschwindigkeit im Planeinsatz:	350 km/h
Bremssysteme Zug:	Generatorische Nutzbremse Pneumatische Scheibenbremse Elektrische Widerstandsbremse
Anfahrzugkraft:	283 kN
Anzahl d. Achsen/davon angetrieben:	32/16
Anzahl / Art der Motoren:	16 Drehstrom-Asynchron
Motorenleistung max.:	8.800 kW
Traktionsfähig:	Ja
Wagenfederung:	Luftfederung
Länge/Breite/Höhe Endwagen:	25.675/2.950/3.890 mm
Länge/Breite/Höhe Mittelwagen:	24.775/2.950/3.890 mm

Achslast:	16 t
Leergewicht Zug:	425 t
Länge des Zuges insgesamt:	200 m

Festzuhalten bleibt, dass über diese Weiterentwicklung hinaus auch bei der Entwicklung des europäischen Hochgeschwindigkeitszuges HTE oder dem Forschungsprogramm ICE 21 keine nennenswerten Neuerungen zu erwarten sind.

3 Das Magnetschnellbahn-System

In der Bundesrepublik Deutschland und in Japan werden seit nunmehr drei Jahrzehnten Magnetbahnsysteme entwickelt. Weder in Japan noch in Deutschland wurden neben unterschiedlichen Versuchsanlagen und Versuchsstrecken jedoch bisher kommerzielle Anwendungsstrecken realisiert. In Deutschland wurde das 1994 in Planung gehende Vorhaben zwischen Berlin und Hamburg aufgegeben, in Japan hat man die Verlängerung der Teststrecke zu einer Anwendungsstrecke zwischen Tokio und Osaka weiter verschoben. Obwohl die deutsche Entwicklung wesentliche Vorteile gegenüber der japanischen Alternative aufweisen kann, fehlt es an einem Vorzeigeprojekt innerhalb Deutschlands. Die in Rekordzeit erstellte, weltweit erste Anwendungsstrecke in China zwischen dem Pudong International Airport und der Metrostation Long Yang Road, von der aus die Innenstadtziele von Shanghai zu erreichen sind, ist der Beweis für die Reife des deutschen Magnetschnellbahnsystems Transrapid. Dennoch ist es zwingend erforderlich, diese Hochtechnologie auch im Land der Entwicklung vorzuführen.

3.1 Entwicklung der Magnetschnellbahn

Die Technik des magnetischen Schwebens basiert auf einem Patent des deutschen Ingenieurs Hermann Kemper aus dem Jahr 1934. Bereits damals hatte er die Vision, die Städte Basel und Berlin durch eine Hochgeschwindigkeitsbahn zu verbinden. In einer evakuierten Röhre wollte er die Magnetbahn auf Geschwindigkeiten bis 1.000 km/h beschleunigen, um die Städte mit einer Reisezeit von nur 41 Minuten zu verbinden. Hermann Kemper war sich bereits damals der Bedeutung seiner wichtigen Erfindung bewusst. Seine Vision wurde 1988 bei den Studien zur Swissmetro aufgegriffen. [36]

Die Japaner nahmen sich dem magnetischen Schweben 1962, die deutsche Firma MBB 1965 an und begannen mit ersten Untersuchungen. Die

---

[36] Cassat, Espanet: Swissmetro. Seite 747

Entwicklung erster Fahrzeuge verlief in beiden Ländern nebeneinander. Erst die in Deutschland 1971 vorgelegte Studie über ein Schnellverkehrssystem (HSB-Studie) war Anlass, ein umfassendes und vom BMBF bis heute gefördertes Forschungs-, Entwicklungs- und Erprobungsprogramm zu initiieren. Dabei sollten neben der Erforschung der technischen und wirtschaftlichen Grenzen des Rad-Schiene-Systems alternative, berührungsfreie Trag-, Führ- und Antriebstechniken entwickelt und erprobt werden.[37] Auf Interventionen von Kritikern aus dem Eisenbahnbereich hin wurde jedoch in Deutschland ab 1971 nicht nur die Magnetschwebetechnik, sondern auch eine Forschungsförderung für die Rad-Schiene-Technologie aufgenommen. Die Entwicklungsstufen der Magnetschwebetechnik sind in Tabelle 3.1 zusammengestellt.

Tabelle 3.1 Historie der Magnetfahrtechnik und Magnetschwebetechnologie

Jahr	Entwicklungsschritt
1934	Patent zur Schwebebahn (DRP 643 316 vom 14. August 1934) für Hermann Kemper.
1971	Prinzipfahrzeug (MBB) auf einer 660 m langen Versuchsstrecke.
1972	Beginn der Entwicklung des elektrodynamischen Schwebesystems (EDS - abstoßendes Prinzip) mit supraleitenden Spulen durch eine Projektgruppe von AEG-Telefunken, BBC und Siemens. Bau einer 900 m langen Erprobungsstrecke als Rundkurs in Erlangen und Bau des „Erlangener Erprobungsträgers“ (EET 01) durch MAN mit v_{max} = 401,3 km/h.
1973	Inbetriebnahme des Transrapid 04 durch Krauss Maffei.
1974	Thyssen Henschel beginnt zusammen mit der Technischen Universität Braunschweig die Entwicklungsarbeiten an der Langstator-Magnetfahrtechnik, einem zur damaligen Entwicklungslinie alternativen Konzept.
1976	Inbetriebnahme des weltweit ersten personentragenden Langstator-Versuchsfahrzeuges HMB 2 bei Thyssen Henschel.
1977	Systementscheid des Bundesministers für Forschung und Technologie (BMFT) zugunsten des Langstator-Antriebs und des elektromagnetischen Schwebesystems (EMS). Die Entwicklung des elektrodynamischen Schwebesystems (EDS/„Erlangener Erprobungsträger“) wird eingestellt.

[37] Heilmeier, Rogg: Magnetschwebebahnsysteme für hohe Geschwindigkeiten in Deutschland und Japan. Seite 331

1979	Inbetriebnahme der weltweit ersten für den Personenverkehr zugelassenen Magnetbahn mit Langstatorantrieb (Transrapid 05) zur Internationalen Verkehrsausstellung (IVA 79) in Hamburg.
1983	Inbetriebnahme des Versuchsfahrzeuges Transrapid 06, das aus zwei Sektionen bestand und für eine Geschwindigkeit von 400 km/h ausgelegt war.
1984	Fertigstellung und Inbetriebnahme des ersten Bauabschnittes der Transrapid Versuchsanlage Emsland (TVE).
1988	Aufnahme des anwendungsnahen Dauerbetriebs mit dem Transrapid 06 auf der TVE. Dabei übertrifft das Fahrzeug seine Auslegungsgeschwindigkeit und stellt mit 412,6 km/h einen Weltrekord für personenbesetzte Magnetbahnen auf.
1989	Der Transrapid 07 erreicht eine Geschwindigkeit von 436 km/h.
1993	Unter normalen Betriebsbedingungen stellt der Transrapid 07 auf der TVE mit 450 km/h einen neuen Geschwindigkeitsrekord auf.
1999	Lieferung des Vorserienfahrzeuges Transrapid 08 an die Transrapid Versuchsanlage Emsland (TVE)
2001	Baubeginn des Projektes Shanghai.
2002	31. 12. 2002: VIP-Fahrt der Magnetschwebebahn Transrapid auf der weltweit ersten für den kommerziellen Betrieb gebauten Strecke von der Long Yang Road Station in Shanghai zur Station Pudong International.
2003	Der Transrapid stellt in Shanghai mit 501 km/h einen neuen Weltrekord für kommerzielle Bahnsysteme auf. 29. 12. 2003: Die weltweit erste kommerzielle Transrapid-Strecke hat in Shanghai ihren Betrieb aufgenommen.
2005	Transrapid für automatischen Betrieb zugelassen: Mit der Genehmigung zum automatischen Betrieb der TVE hat europaweit erstmals ein Hochgeschwindigkeitsbahnsystem die Zulassung für einen automatischen Betrieb nach Fahrplan erhalten.

In Frankreich wurde ab 1965 parallel zur Magnetschwebetechnik die Luftkissentechnik von Jean Bertin untersucht. Bereits 1974 konnte er mit seiner Aérotrain-Entwicklung nachweisen, dass ein Fahrzeug mit 80 Sitzplätzen auf eine Geschwindigkeit von 428 km/h sicher beschleunigt werden und ohne wesentliche Probleme fahren konnte. 1976 hatte es auf der Versuchsstrecke 60.700 km zurückgelegt und 14.500 Fahrgäste befördert. Das Projekt wurde aber wegen der hohen Schallemissionen zugunsten der TGV-Entwicklung aufgegeben.

3.2 Der Antrieb

Berührungsfreie elektromagnetische Magnetfelder ersetzen bei den Magnetschnellbahnen das Rad-Schiene-System. Die Trag-, Führ- und Antriebsfunktionen (siehe Abb. 3.1) übernimmt eine verschleißarme Elektronik statt der üblichen Mechanik. Dabei sind drei grundlegende Techniken zu unterscheiden:

- EMS – elektromagnetisches Schweben, beim Transrapid eingesetzt,
- EDS – elektrodynamisches Schweben, beim japanischen eisenlosen System angewandt, und
- PMS – permanentmagnetisches Schweben.

Beim EMS beruht das Schweben auf anziehenden Kräften. Magnetfelder unterhalb des Fahrweges heben die unter den Fahrweg greifende Führ- und Tragkonstruktion an. Gleichzeitig wird das Fahrzeug über den Langstator-Antrieb linear bewegt. Beim EDS wird das Fahrzeug abgestoßen und schwebt quasi auf einem Magnetfeld, beim PMS werden die elektrischen Tragmagnete durch Permanentmagnete ausgetauscht.

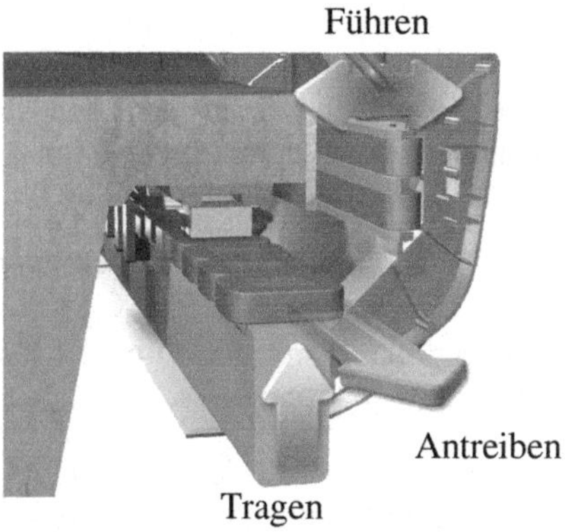

Abb. 3.1 Prinzip des magnetischen Tragen und Führens, hier EMS [38]

Zum allgemeinen Verständnis sollen an dieser Stelle einige grundlegende Gesetzmäßigkeiten und Abhängigkeiten in Magnetfeldern, insbesondere zu Kraft und Strom, erläutert werden. Es ist jedoch nicht beabsichtigt, die komplexen Vorgänge des elektromagnetischen Schwebens und deren Steuerung im Detail umfassend und ausführlich zu behandeln.

[38] Transrapid International GmbH & Co. KG, Berlin

3.2.1 Das Magnetische Feld

Elektrische Ströme erzeugen magnetische Felder. Die Fließrichtung und die Stromstärke beeinflussen dabei die magnetischen Kräfte in Betrag und Richtung. In Abb. 3.2 sind die Magnetfelder eines Stabmagneten (Permanentmagneten) und eines geraden, stromdurchflossenen Leiters dargestellt.

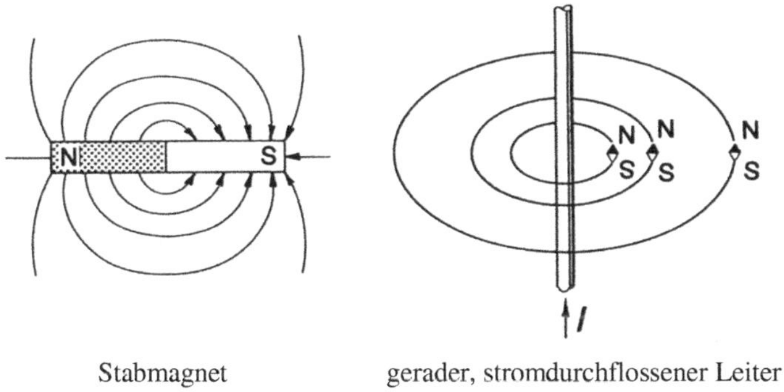

Abb. 3.2 Magnetfelder eines Stabmagneten und eines stromdurchflossenen Leiters [39]

Magnetfelder besitzen zwei Pole, es gibt keine magnetischen Monopole. Gleiche Pole stoßen sich ab, ungleiche ziehen sich an. Außerhalb eines Permanentmagneten sind die Feldlinien von Nord nach Süd ausgerichtet, im Inneren des Magneten von Süd nach Nord. Die Feldlinien in Magnetfeldern sind in sich geschlossen. Die Kraftrichtung entspricht der Tangente an die Feldlinie. Magnetische Feldlinien schneiden sich nicht und können eindeutig bestimmt werden.

Beim stromdurchflossenen Leiter entsteht ein Magnetfeld um den Leiter, das aus konzentrischen Kreisen besteht. Die Kraftrichtung, das heißt die Ausrichtung der Feldlinien, folgt einem Rechtssystem. Nimmt man die rechte Hand und richtet den Daumen in Stromrichtung aus, zeigen die gekrümmten Finger in Feldrichtung. Die magnetische Feldstärke ist abhängig von der Stromstärke I und dem Abstand r_0. Für die magnetische Feldstärke H [A/m] um einen geraden Leiter gilt:

$$H = \frac{I}{2 \cdot \pi \cdot r_0} \tag{3.1}$$

mit

I elektrische Stromstärke [A]

[39] Hering, Martin, Stohrer: Taschenbuch der Mathematik und Physik. Seite 325

r_0 Abstand zum Leiter [m]

Dies hat für den Entwurf und den Betrieb von Magnetschnellbahnen unmittelbare Konsequenzen. Mit zunehmendem Abstand der Magnete zueinander steigt der Kraftbedarf zum Tragen und Führen eines Fahrzeugs. Der Abstand muss deshalb so gering wie möglich eingestellt und gehalten werden.

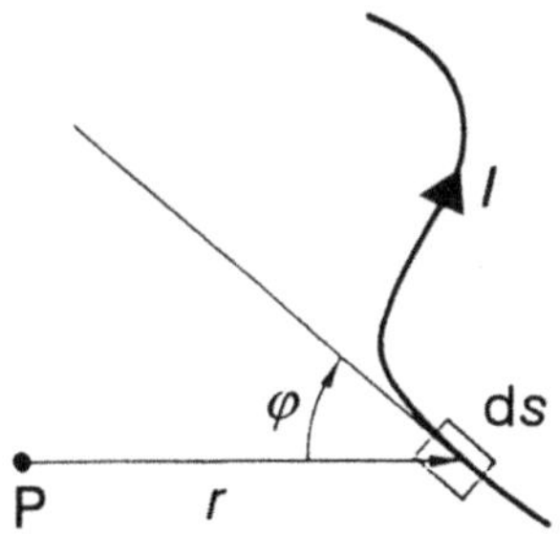

Abb. 3.3 beliebige Leitergeometrie [40]

Der Ansatz in Gl. (3.1) muss in der praktischen Umsetzung auf beliebige Leitergeometrien, wie in Abb. 3.3 dargestellt, erweitert werden. Nach dem Biot-Savartschen-Gesetz lässt sich die magnetische Feldstärke in jedem Punkt P im Abstand *r* zum Leiter berechnen. Jedes Leiterstück *ds* liefert in einem Punkt P einen Beitrag *dH* zum magnetischen Feld.

$$dH = \frac{I \cdot ds}{4 \cdot \pi \cdot r^2} \cdot \sin\varphi \tag{3.2}$$

mit

I elektrische Stromstärke [A]
r Abstand zum Leiter [m]
φ Winkel zwischen Abstandsvektor zum Raumpunkt *P* und stromdurchflossenem Leiter

Die Betrachtungen und Erläuterungen am geraden beziehungsweise beliebig gekrümmten einzelnen Leiter sind deshalb signifikant, da die Statorwicklung beim Transrapid ebenfalls aus einzelnen stromdurchflossenen Leitern anstatt Spulen mit einer Vielzahl von Wicklungen besteht (siehe Abb. 3.8).

Die tragende Wirkung der Kräfte in den Magnetfeldern resultiert aus der Gesetzmäßigkeit, dass sich magnetische Feldlinien nicht schneiden. Dies

[40] Hering, Martin, Stohrer: Taschenbuch der Mathematik und Physik. Seite 326

soll in Abb. 3.4 anhand zweier paralleler Leiter veranschaulicht werden. In Bildmitte sind die Feldlinien der jeweiligen Leiter mit ihren Drehrichtungen für jeden Leiter prinzipiell dargestellt.

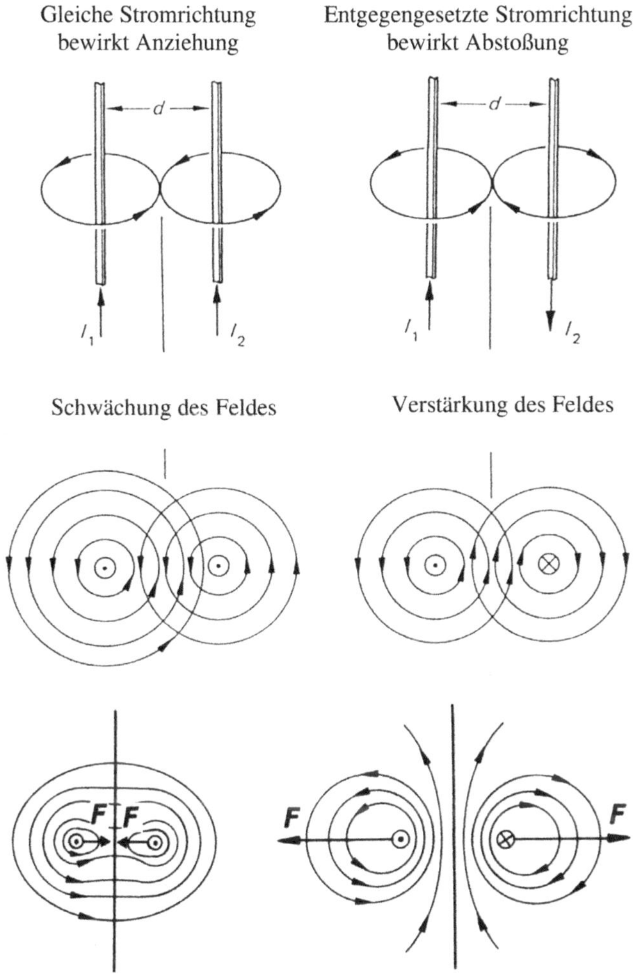

Abb. 3.4 Kraft zwischen zwei parallelen Leitern [41]

Tatsächlich schneiden sich die Feldlinien aber nicht. Es kommt zu einer gegenseitigen Beeinflussung und Überlagerung, wie im unteren Bildteil gezeichnet. Werden die benachbarten Leiter von einem Strom I_1 und I_2 in gleicher Richtung durchflossen, ist die Drehrichtung gleich und das Feld zwischen den Leitern wird geschwächt, das heißt die Leiter ziehen sich

[41] Hering, Martin, Stohrer: Taschenbuch der Mathematik und Physik. Seite 329

gegenseitig an. Bei entgegengesetzter Fließrichtung der Ströme durch die Leiter wird das Magnetfeld verstärkt, die Leiter stoßen sich gegenseitig ab.

Die zwischen zwei Leitern wirkenden Kräfte lassen sich mit Hilfe der Feldstärke im Abstand r [m] zum Leiter und der magnetischen Induktion B_0 [V · s/m²] ermitteln.

$$B_0 = \mu_0 \cdot H \tag{3.3}$$

$$\mu_0 = 4 \cdot \pi \cdot 10^{-7}$$

Für die zwischen den beiden Leitern 1 und 2 wirkende Kraft F_{12} [N] gilt dann folgende Beziehung in Abhängigkeit der jeweiligen Stromstärke I_1 und I_2:

$$F_{12} = \frac{\mu_0 \cdot I_1 \cdot I_2 \cdot l}{2 \cdot \pi \cdot d} \tag{3.4}$$

mit

I_1, I_2	Stromstärke in den Leitern 1 und 2 [A]
μ_0	magnetische Feldkonstante im Vakuum $\mu_0 = 4 \cdot \pi \cdot 10^{-7}$ [V · s/(A · m)]
d	Abstand der Leiter [m]
l	Länge des Leiters [m]

Folgendes Beispiel soll verdeutlichen, welche wichtige Rolle der Abstand im Magnetfeld spielt. Durch zwei parallele Leiter der Länge l soll ein Strom von 500 A fließen. Bei einem Leiterabstand von d = 1 m kann man die Kraft, die zwischen den Leitern wirkt, ermitteln zu:

$$F_{12} = \frac{\mu_0 \cdot I_1 \cdot I_2 \cdot l}{2 \cdot \pi \cdot d} = \frac{2 \cdot \pi \cdot 10^{-7} \cdot 500 \cdot 500 \cdot l}{2 \cdot \pi \cdot 1} = 0{,}025 \cdot l \frac{N}{m} \tag{3.5}$$

Zwischen den parallel geführten Leitern wirkt somit eine Kraft von 0,025 N/m. Durch die Verkleinerung des Abstandes d zwischen den Leitern steigt die Kraft umgekehrt proportional zum Abstand an. Bei einem Abstand von 1 mm = 0,001 m steigt die Kraft um den Faktor 1.000. Im Beispiel sind es dann bereits 25 N. Diese Kraft ist, gemessen an der erforderlichen Stromstärke, relativ klein. Die wirkenden Kräfte im Magnetfeld nehmen ab, wenn Luft die Leiter umgibt. Physikalisch ändert sich die magnetische Induktion von B_0 auf B. Die magnetische Induktion ändert sich, sobald ein Medium (eine Materie) die Leiter umgibt. Je nachdem, welches Medium die Leiter umgibt, kann es zu einer zusätzlichen Polarisation und damit zu einer Magnetisierung der umgebenden Materie kommen.

Die magnetischen Eigenschaften der unterschiedlichen Materialien werden durch die Permeabilitätszahl μ [-] beschrieben.

$$B = \mu \cdot H = \mu_r \cdot \mu_0 \cdot H \tag{3.6}$$

mit

H magnetische Feldstärke [A/m]
B magnetische Induktion [V · s/m²]

Ist $\mu > 1$, handelt es sich um ferromagnetisches Materialverhalten, das heißt, das Material (beispielsweise Fe, Ni, Co) lässt sich polarisieren und verstärkt die magnetische Induktion (μ_r kann je nach Werkstoff Werte von bis zu 10^5 annehmen). Paramagnetisches Materialverhalten liegt vor, wenn $\mu \cong 1$ ist, das Magnetfeld nur noch im Promille-Bereich verstärkt wird, und diamagnetisches Verhalten, wenn das Magnetfeld geschwächt wird (Cu, Bi, Pb). Das magnetische Werkstoffverhalten wird durch die Suszeptibilität χ_m beschrieben, wobei $\mu = 1 + \chi_m$ ist. Die Kenngrößen sind dimensionslos.

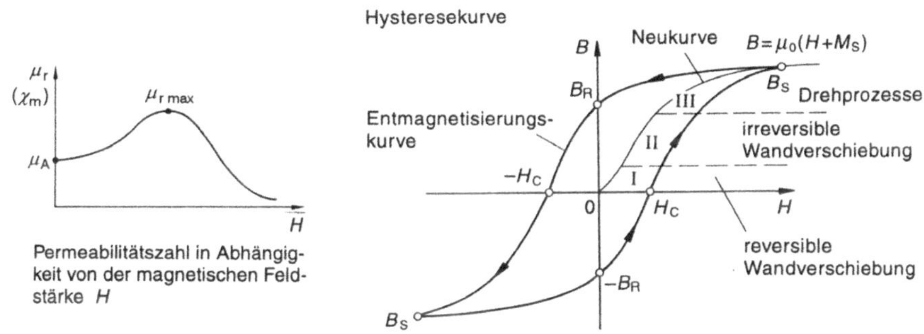

Abb. 3.5 Hystereseschleife [42]

Die magnetische Suszeptibilität bzw. die Permeabilitätszahl ist eine nichtlineare Funktion der Feldstärke *H*. Die Zusammenhänge lassen sich nicht durch einfache Abhängigkeiten abbilden, da das ferromagnetische Materialverhalten bei der Magnetisierung und Entmagnetisierung einem typischen Hystereseverlauf *B(H)* folgt. Der Kurvenverlauf in Abb. 3.5 zeigt, dass sich das gewählte Material durch eine Feldstärke *H* magnetisieren lässt. Je nach Stärke der aufgebrachten Feldstärke *H* sind dabei drei Bereiche zu unterscheiden. Im Bereich I, geringe Feldstärken, ist die Polarisation (Magnetisierung) reversibel, das heißt nach Abschaltung des Fel-

[42] Hering, Martin, Stohrer: Taschenbuch der Mathematik und Physik. Seite 333

des ist das Material wieder unmagnetisch. Im Bereich II ist die durch das angelegte Feld erzwungene Polarisation irreversibel, das heißt bei Abschaltung des Feldes das Material nicht wieder vollständig unmagnetisch. Durch ein angelegtes Gegenfeld der Größe H_C gelingt dann wieder eine vollständige Entmagnetisierung. Im Bereich III werden die magnetischen Bereiche im Material komplett in Richtung des Feldes ausgerichtet. Oberhalb der Sättigungsinduktion B_S kommt es zu keiner weiteren Steigerung, das heißt die scheinbare Änderung der magnetischen Feldstärke eines stromführenden Leiters durch das ferromagnetische Materialverhalten kann nicht beliebig gesteigert werden.

Technisch ist diese Magnetisierung von Bedeutung, weil damit die magnetischen Feldstärken verstärkt werden können. Die Magnetisierung bzw. die Polarisierung ist abhängig vom eingesetzten Material und der magnetischen Feldstärke des stromführenden Leiters. Die Tragkräfte des Magneten sind abhängig vom Volumen des Magneten und der Fläche, durch die das Magnetfeld dringt (siehe Abb. 3.6) .

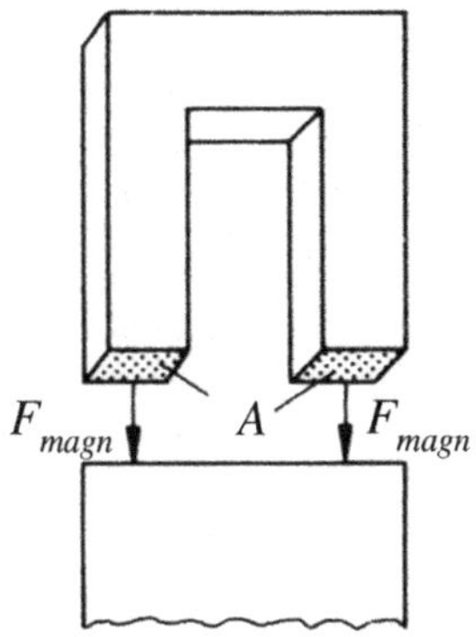

Abb. 3.6 Tragkraft eines Magneten [43]

Für die Tragkraft eines Magneten F_{magn} [N] gilt:

$$F_{magn} = \frac{\mu \cdot H_m^2 \cdot A}{2} \tag{3.7}$$

mit

A	Fläche des Magneten [m²]
H_m	magnetische Feldstärke [A/m]
μ	Permeabilität [-]

[43] Hering, Martin, Stohrer: Taschenbuch der Mathematik und Physik. Seite 335

Mit dieser Näherungsformel lassen sich bei kleinen Spaltweiten die Tragkräfte an der Magnetfläche ermitteln. H_m ist die an einem ferromagnetischen Werkstoff durch Anlegen einer Spule mit einem Strom I erzeugte Feldstärke. Die magnetische Feldstärke des durchflossenen Leiters wird bei einem Eisenwerkstoff um einen Faktor 1.000 durch die Polarisierung erhöht, wobei die Sättigung (Endpunkt der Hysteresekurve) bei einer magnetischen Induktion von ca. 1,8 T erreicht ist.

Beim Transrapid werden diese Effekte sowohl beim fahrwegseitigen Stator als auch bei den Tragmagneten an den Fahrzeugen genutzt, während beim japanischen System lediglich supraleitende eisenlose Leiterschleifen zum Einsatz kommen. Im Ergebnis ist der Energiebedarf beim japanischen Maglev-System wesentlich größer.

3.2.2 Schweben und Antrieb beim Transrapid

In Abb. 3.7 sind unterschiedliche Linearmotortypen dargestellt. Prinzipiell kann jede Rotationsmaschine in die Translation (lineare Streckung) abgewickelt und als Linearmotor betrieben werden.[44]

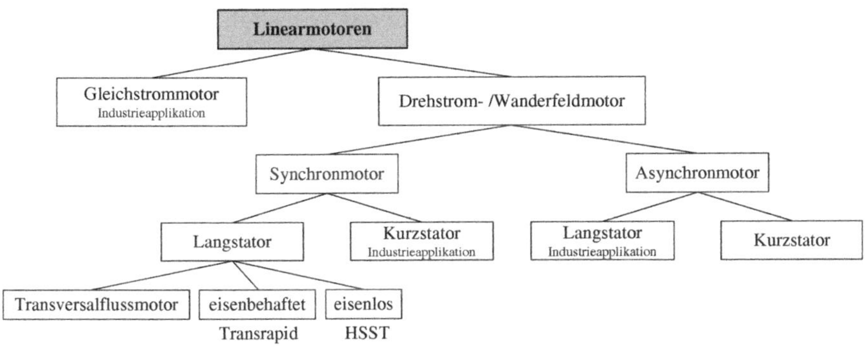

Abb. 3.7 Einteilung der Linearmaschinen[45]

In Deutschland wird beim Transrapid seit 1977 der eisenbehaftete Langstator-Synchronmotor weiterentwickelt, während in Japan der eisenlose Langstator-Synchronmotor weiter verfolgt wird. Der asynchrone Kurzstator, der wirtschaftlicher ist, technisch aber sehr schnell an seine Grenzen stößt, wurde in Japan am HSST-100L eingesetzt.

Gleichstromlinearmotoren sind für den zu untersuchenden Anwendungsbereich ungeeignet. Für die erforderliche Traktionsleistung müssten

[44] Hering, Schröder: Springer Ingenieurtabellen. Seite F/27

[45] Institut für Bahntechnik GmbH

sehr große Ströme fließen. Damit würden aber auch die Verlustleistungen überproportional zunehmen.

Bei Motoren mit elektromagnetischen Wechselfeldern, den Drehstrommaschinen, wird zwischen den synchronen und den asynchronen Maschinen unterschieden. Bei den Synchronmaschinen ist die Drehzahl Synchrondrehzahl und hängt streng von der Netzfrequenz ab. Der Motor kann nur über Frequenz-Umrichter geregelt werden.

Die Leistung eines Motors ist beeinflussbar durch die Anordnung der Magnete und Spulen. Bei Drehstrommotoren der unteren Leistungsbereiche dient ein Magnet als Stator (stehendes Teil) und eine Spule als Rotor (bewegtes Teil). Bei großen Leistungen wird ein Magnet als Rotor und eine Spule als Stator verwendet. [46] Diese Konstruktionsprinzipien wurden bei der Entwicklung des Transprapid-Antriebs umgesetzt.

3.2.2.1 Der Antrieb im Fahrweg

Bei der Kurzstatorvariante ist der Kurzstator im Gegensatz zum Langstator im Fahrzeug untergebracht, das heißt der Antrieb ist fahrzeugseitig eingebaut. Bei der Langstatorvariante ist dagegen quasi eine „Drehstrommaschine aufgerollt" und der Stator am Fahrweg befestigt.

Abb. 3.8 Statorwicklungen am Fahrweg [47]

Der Rotor wird im Fahrzeug untergebracht und ist als Magnet ausgebildet. Es sind dies die elektronisch geregelten Tragmagnete, die auf beiden Seiten entlang des gesamten Fahrzeugs installiert werden. Sie ziehen das Fahrzeug von unten an die ferromagnetischen Statorpakete im Fahrweg heran. Somit muss keine Antriebsleistung ins Fahrzeug übertragen werden.

[46] Hering, Martin, Stohrer: Taschenbuch der Mathematik und Physik. Seite 349

[47] Buethe et al.: New long stator winding (LSW). Seite 776

Der Antrieb sitzt am Fahrweg und bedarf keiner aufwendigen, wartungsintensiven und störanfälligen Stromschienen, die die erforderliche Leistung aus dem Netz in das Fahrzeug übertragen müssen. In Abb. 3.8 ist der Langstator des Transrapid, das heißt eine „ausgerollte bzw. auseinandergezogene“ Spule, dargestellt.

Da es sich um einen Synchronmotor handelt, wird über die Frequenz der angelegten Spannung die Geschwindigkeit des Wanderfeldes und damit die Geschwindigkeit des Fahrzeugs bestimmt. Die lineare Fortbewegung des Wanderfeldes am Fahrweg entspricht der Winkelgeschwindigkeit des Rotors (Drehzahl) bei der Drehstrommaschine. Die Geschwindigkeit des Fahrzeugs ist der synchronen Wanderfeldfrequenz v_{syn} [m/s] proportional. Es gilt:

$$v_{syn} = 2 \cdot \tau_p \cdot f_s \tag{3.8}$$

mit

τ_p Polteilung [m]
f_s Ständerfrequenz [1/s]

Die Polteilung τ_p wird bestimmt durch den Abstand zwischen „Nord“- und „Süd“-Pol des Wanderfeldes im Statorpaket und entspricht bei einer einphasigen Wicklung dem Abstand der in den Stator eingelegten Leiterschleifen. Bei der dreiphasigen Wicklung (Drehstrom) werden drei Leiter L1, L2 und L3 im Wechsel hintereinander in den Stator eingeklemmt. Der in den Leitern L1 bis L3 fließende Strom hat eine Phasenverschiebung von 120 °, was einer Polteilung von 1/3 τ_p entspricht. Beim Stator des Transrapid-Fahrweges, die Statorwicklung ist in Abb. 3.8 dargestellt, wurde ein Abstand zwischen den einzelnen Leiterschleifen von im Mittel 86 mm realisiert, das heißt die Polteilung ergibt sich zu $\tau_p = 3 \cdot 86\text{mm} = 258$ mm.

Während der Fahrt müssen die Lage, die Geschwindigkeit und die Stärke des Wanderfeldes an die Strecken- und Fahrplanbedingungen permanent angepasst werden. Dies wird durch eine vollautomatische Regelung von Frequenz und Stromstärke erreicht, wobei die Genauigkeit der Regelung einer geometrischen Längenabweichung von ca. 12 mm entspricht. Damit nimmt die theoretische Polteilung Werte zwischen 254 mm und 266 mm an.

Der Antrieb des Transrapid ist vollständig im Fahrweg integriert. Der Vortrieb erfolgt also allein mit dem fahrwegseitig angebrachten Linearmotor. Über die Änderung der Stromstärke in den ferromagnetischen Statorpaketen wird die Leistung (Zug- und Bremskraft) bestimmt. Beim Transrapid werden die Frequenzen in einem Bereich von 0 bis 270 Hz und die Stromstärke zwischen 0 bis 1.200 A geregelt. Eine Frequenz von 270 Hz entspricht nach der Gl. (3.8) und bei einer angenommenen Polteilung von 258 mm einer Geschwindigkeit von rund 500 km/h. Unterwerksseitig könnte technisch die Frequenz auf 300 Hz gesteigert werden. Damit wäre eine Maximalgeschwindigkeit von ca. 550 km/h ohne weiteren technischen Ausbau möglich. Bei den Umrichtern werden dabei drei Leistungsklassen unterschieden (low, medium und high power), wobei im high-power-Betrieb eine Leistung von ca. 15,6 MVA abgegeben wird.

Die erforderliche Antriebsenergie muss mit der Unterbringung des kompletten Antriebs am Fahrweg weder im Fahrzeug mitgeführt, noch in das Fahrzeug übertragen werden. Einerseits ergeben sich hieraus kleinere Eigengewichte und andererseits Vorteile beim berührungslosen Betrieb, beispielsweise geringerem Verschleiß und geringere Emissionen, was ausführlich im Kapitel 5 erläutert und diskutiert wird. Unabhängig vom Antrieb wird das Schweben fahrzeugseitig durch ein Bordnetz sichergestellt. Das Fahrzeug ist damit beispielsweise auch bei Stromausfällen in der Lage vorgegebene sichere Halteplätze zum Be- und Entsteigen anzufahren.

3.2.2.2 Das Schweben

Das Schweben des Transrapid-Fahrzeuges wird durch Elektromagnete realisiert, die unter den Fahrweg greifen und das Fahrzeug anheben. Diese Elektromagnete bestehen aus einzelnen Magnetpolen, die neben der Polwicklung zusätzlich eine Generatorwicklung enthalten. In Abb. 3.9 ist ein aufgeschnittener Magnetpol in der Isometrie dargestellt. Zu erkennen sind die Polwicklung, der Polkern und die Generatorwicklung.

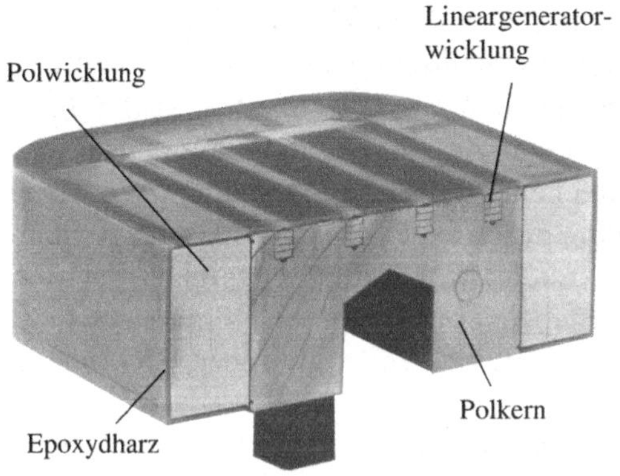

Abb. 3.9 Tragmagnetpol mit Generatorwicklung [48]

[48] Lobach, Köb: Transrapid-Fahrzeuge für Shanghai. Seite 68

Zwölf solcher Tragmagnetpole werden nebeneinander auf sogenannte Schweberahmen montiert und bilden zusammen ein Magnetmodul. In Abb. 3.10 ist ein Magnetmodul (Schweberahmen) eines TR 08 dargestellt.

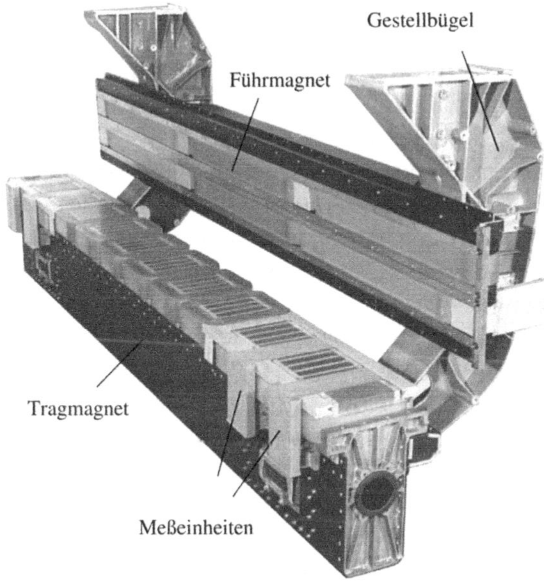

Abb. 3.10 Magnetmodul des Transrapid TR 08 [49]

Zu erkennen sind neben den Tragmagneten zusätzliche Messeinheiten. Die seitlich am Rahmen ebenfalls angebrachten Führungsmagnete übernehmen die Seitenführung des Fahrzeuges.

Diese Magnetmodule sind beiderseitig am Fahrzeug befestigt und über die gesamte Zuglänge verteilt. Aufgrund der abgewinkelten Konstruktion umschließen die Module zangenförmig den äußeren Fahrwegrand. Die Tragmagnete befinden sich somit unterhalb der Statorpakete und heben beim Schweben das Fahrzeug um ca. 150 mm an. Die bereits angeführten Messeinheiten regeln den Abstand zwischen Tragmagnet und Stator auf eine Spaltweite von < 10 mm. In einem Schweberahmen sind dafür jeweils vier autonome Magnetregelkreise mit je zwei Trag- und zwei Führungsrichtungen zusammengefasst. Die Regelkreise bestehen aus Spaltmesseinheit, Regler und Steller und sichern in allen Betriebszuständen die Berührungsfreiheit zwischen Fahrweg und Fahrzeug. [50]

[49] Lobach, Köb: Transrapid-Fahrzeuge für Shanghai. Seite 62

[50] Raschbichler: Magnetschnellbahn Berlin-Hamburg. Seite 734

Vereinfacht kann man sich die Regelung so vorstellen, dass die elektrischen Tragmagnete ständig ein- und ausgeschalten werden. Damit wird verhindert, dass sich Tragmagnet und Stator gegenseitig berühren. Die Abtastrate der Messeinheiten sowie die Schaltvorgänge des Ein- und Ausschaltens nehmen Frequenzen von bis zu 1 GHz an. Dies ist auch deshalb von besonderer Bedeutung, da durch die hohen Schaltfrequenzen keine wesentlichen Vibrationen durch das An- und Ausschalten der Elektromagnete wahrgenommen, das heißt die resultierenden Auf- und Abbewegungen sehr klein gehalten werden. Damit ist aber auch der jeweilige Energieverbrauch für das Schweben und für den Antrieb (siehe hierzu Abschnitt 3.2.1) minimiert. Mit den durch den geringeren Abstand kleineren notwendigen Magnetfeldstärken verringert sich außerdem auch die Magnetfeldstreuung in der Umgebung.

Anders als beim Antrieb muss die im Fahrzeug benötigte Energie zum Schweben aber auch für die Beleuchtung, die Heizung, die Lüftung und die Kühlung im Fahrzeug mitgeführt werden oder während der Fahrt ins Innere des Fahrzeugs übertragen werden. Im Fahrzeug sind dafür Pufferbatterien untergebracht, deren Kapazität z. B. beim TR 08 ausreicht, das Fahrzeug etwa 20 min im Stand ohne Stromzuführung von außen am Schweben zu halten. Normalerweise wird die notwendige Energie aber von außen bereitgestellt. Damit die Übertragung berührungslos erfolgen kann, nutzt man technisch das Prinzip der elektromagnetischen Induktion. Durch die Relativbewegung zwischen einem elektrischen Leiter und einem Magnetfeld wird im Leiter eine Spannung induziert, die einen Stromfluss bewirkt. Diese Leiterschleifen, in Form der sogenannte Generatorwicklung, sind in die Tragmagnete eingebaut. Die zur Stromgenerierung notwendige physikalische Arbeit wird ermittelt aus der entgegen der Fortbewegung wirkenden Induktionskraft multipliziert mit dem vom Transrapid zurückgelegten Weg.

3.2.2.3 Energieversorgung

In Phasen der Langsamfahrt oder im Stand kann naturgemäß durch dieses Prinzip der Induktion keine Energie übertragen werden. Daher ist der Transrapid in Shanghai und auf der TVE mit Stromabnehmern ausgestattet, die bei Langsamfahrt ausschwenken und so von fest am Fahrweg installierten Stromschienen aus die benötigte Energie abgreifen. Ab Fahrgeschwindigkeiten von 20 km/h wird von den Lineargeneratoren Energie ins Bordnetz übertragen. [51]

[51] Lobach, Köb: Transrapid-Fahrzeuge für Shanghai. Seite 62

Mit der Entwicklung einer berührungslosen Energieversorgung („IPS – inductive power supply" auch „CPS – Contactless Power Supply" genannt) sollen künftig für den Bereich von 0 bis 100 km/h [52] unter anderem folgende Vorteile gegenüber der konventionellen berührungsbehafteten Energieeinspeisung erzielt werden: [53]

- Vermeidung einer Schallquelle durch Glättung der Oberfläche des Magnetrückens,
- Vermeidung von Betriebsrisiken bei winterlicher Fahrt,
- günstigere Stromversorgung durch höheres Spannungsniveau und damit geringeren Ohmschen Verlustleistungen,
- kein mechanischer Verschleiß und keine Korrosion von belasteten Teilen,
- keine Instandhaltungsarbeiten an beweglichen Teilen der Stromabnehmer und Stromabnehmerschuhe sowie
- Reduzierung der Investitionskosten durch günstige Stromversorgung.

Die verschiedenen Verbraucher im TR 08 werden mit drei verschiedenen Bordspannungen versorgt. An ein 440-V-Bordnetz sind die Tragmagnete, die Wirbelstrombremsen und die Klimaanlage angeschlossen. Ein 24-V-Netz speist die Sicherheitseinrichtungen wie Fahrzeugsteuerung, Betriebsleittechnik und Kommunikation. Die Verbraucher in den Fahrgasträumen, die Beleuchtung und die Anzeigen werden mit 230 V/50 Hz Wechselspannung versorgt. Das 440-V- und das 24-V-Bordnetz sind redundant ausgelegt, wozu in jeder Sektion vier unabhängige Netze installiert sind. Damit wird ein Höchstmaß an Zuverlässigkeit und Sicherheit gewährleistet

In Abb. 3.11 ist die Anordnung der Tragmagnete zum Stator dargestellt. Dabei wird auch auf die prinzipielle Energieversorgung aus dem Landesnetz hingeführt. Einerseits wird der Antrieb, das heißt die Statorwicklung, über Unterwerke und Schaltstellen aus dem Landesnetz gespeist. Die Einspeisung kann aber nicht direkt erfolgen, da dieser Hochspannungsstrom mit 110 kV und 50 Hz in eine von der Frequenz und der Stromstärke abhängige Spannung umzuwandeln ist. Andererseits wird beim Fahren eine Spannung in den Generatorwicklungen induziert, die der Stromversorgung des Fahrzeuges dient.

Das Landesnetz verfügt über eine Stromverteilung mit 110 kV und 50 Hz, nationale Verteilungsnetze bis maximal 380 kV und 50 Hz, damit die Leitungsverluste der weiten Überlandwege klein gehalten werden. Für die diversen Verbraucher aber auch für den Betrieb der Magnetschnellbah-

[52] Miller: Entwicklunsgpotential des Transrapid. Seite 51
[53] Herzberg: Das Weiterentwicklungsprogramm Transrapid. Seite 31

nen ist eine Transformation der Hochspannung in Mittelspannungen und Niederspannungen notwendig.

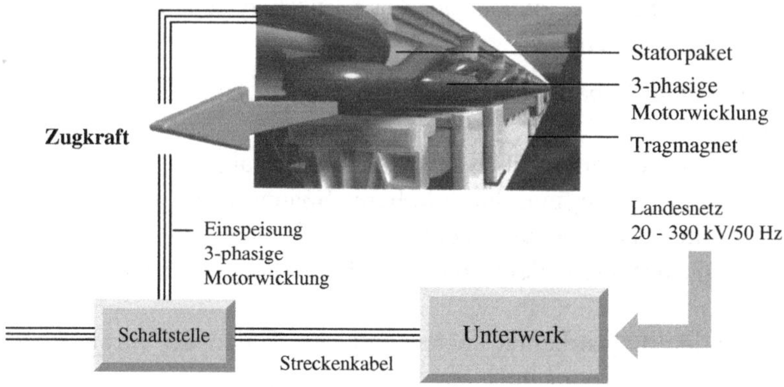

Abb. 3.11 Prinzip der Energieversorgung [54]

Hochspannungstransformatoren können die Energie aus dem öffentlichen Netz in Mittelspannungen mit 20 kV transformieren. Diese Hochspannungsschaltanlagen sind in sog. Unterwerke integriert, wobei die gesamte Trasse in mehrere Unterwerkabschnitte aufgeteilt wird. Ein Unterwerkabschnitt übernimmt die Versorgung von maximal 50 km Strecke. Diese maximale Streckenlänge ist technisch durch die mit der Entfernung zunehmenden Leistungsverluste der Mittelspannung begründet.

Den Hochspannungsschaltanlagen sind sogenannte Eingangs- oder Verteilerschaltanlagen zugeordnet, die die Verteilung der Energie auf verschieden Verbrauchergruppen [55] zulassen. In der Regel gibt es in den Unterwerken vier Verbrauchergruppen für:

- die Hilfsenergieversorgung,
- die Blindleistungskompensation,
- die Stromschienenversorgung und
- die Antriebssysteme.

Mit Ausnahme der Antriebssysteme können alle Systeme mit jeweils konstanter Frequenz angefahren werden, weshalb verbraucherabhängig lediglich eine zusätzliche Transformation in das 400 V-Niederspannungsnetz erforderlich ist. Anders verhält es sich bei der Gruppe Antriebssysteme.

Wie in Abschnitt 3.2.2.1 ausführlich erläutert, ist für den Antrieb des Fahrzeuges ein elektromagnetisches Wanderfeld erforderlich, das sowohl

[54] Raschbichler: Entwicklungslinie Magnetschnellbahn Transrapid. Seite 15
[55] Siemens: We move the future.

die strecken- und geschwindigkeitsabhängigen Kräfte durch variable Stromstärken abdecken kann, als auch die strecken- und fahrplanabhängigen Geschwindigkeiten über variable Frequenzen sicherstellen kann. Dazu wird in den Antriebsblöcken der Unterwerke mittels Netzstromrichtern die 3-phasige Mittelspannung in eine Gleichspannung umgewandelt. Diese Gleichspannung muss danach entsprechend der geforderten Fahrgeschwindigkeit und der zu überwindenden Kräfte über Motorstrom- oder Wechselrichter in die erforderliche variable Frequenz und Drehspannung umgesetzt werden. Diese Drehstromspannung wird dann über Ausgangstransformatoren auf die Strecke, das heißt die Statorwicklungen aufgeschaltet.

Damit nicht die einem Unterwerk zugehörige Strecke komplett versorgt werden muss, also hohe Leitungsverluste vermieden werden, teilt man die Unterwerksbereiche oder auch Antriebsbereiche in kurze, ca. 1 km lange Streckenabschnitte auf. Damit wird lediglich der Streckenabschnitt mit Strom versorgt, in dem sich gerade ein Fahrzeug aufhält. Dies bedeutet in der praktischen Umsetzung aber auch, dass jedem Streckenabschnitt mindestens eine Schaltstelle entlang der Strecke zuzuordnen ist.

Das erläuterte Antriebsprinzip mit den erforderlichen Schaltanlagen ist zum besseren Verständnis hier stark vereinfacht worden. Auf die erforderliche Regelungstechnik, notwendige Kühleinrichtungen, Signal- und Steueranlagen soll an dieser Stelle nicht näher eingegangen werden. Weitere Details können den Ausführungen von Lobach/Köb [56] und Blank et al. [57] entnommen werden. Ergänzend sei jedoch darauf hingewiesen, dass die einzelnen Schalt- und Regelanlagen immer redundant vorgehalten werden, wobei immer ein Anlagenteil als Master und der zweite als Slave betrieben wird.

Zugfolge und Anzahl der auf der Strecke befindlichen Züge hängen im Wesentlichen von der Aufteilung der Gesamtstrecke in Antriebsstrecken und Streckenabschnitte ab. Innerhalb einer Antriebsstrecke kann sich jeweils nur ein Zug aufhalten, wobei aus elektrotechnischen Gründen zwischen zwei sich folgenden Fahrzeugen mindestens ein Streckenabschnitt freizuhalten ist. Letzteres ist wegen der Überfahrt von einem in den nächsten Streckenabschnitt notwendig, da zum Schutz der Schaltanlegen beim Überfahren die Stromzufuhr unterbrochen wird. Damit dies beim Wechsel der Streckenabschnitte aber nicht zu Komforteinbusen im Fahrzeug führt, enden die Streckenabschnitte am Fahrweg nicht gleichzeitig. Der Streckenabschnitt, z. B. der rechten Statorwicklung, ist um eine halbe Streckenlänge gegenüber der Streckenlänge der linken Statorwicklung ver-

[56] Lobach, Köb: Transrapid-Fahrzeuge für Shanghai.

[57] Blank et al.: Antrieb und Energieversorgung des Transrapid.

setzt. In diesem Zusammenhang spricht man auch bei der Einspeisung in die Streckenabschnitte vom Wechselschritt- und Dreischrittverfahren. Weiterführende Details gibt z. B. Burkert an. [58]

3.3 Die Transrapid-Fahrzeuge

In Tabelle 3.2 sind die seit 1984 auf der Versuchsanlage im Emsland im Dauertest eingesetzten Fahrzeuge aufgeführt.

Tabelle 3.2 Gegenüberstellung der Fahrzeuge TR 06 bis TR 08

Fahrzeuggenerationen auf der TVE	TR 06	TR 07	TR 08
Auslegungsgeschwindigkeit	400 km/h	500 km/h	550 km/h
Betrieb	1983 bis 1988	1989 bis 1999	1999 bis heute
Fahrzeugbreite	3,7 m	3,7 m	3,7 m
Fahrzeuglänge	54 m	51 m	78,8 m
Gesamtgewicht	112,0 t	92,0 t	188,5 t
Sektionenanzahl	2	2	3
Sitzplätze	296		435 (bei 5 Sektionen)

Die in der Literatur angegebenen Daten sind teilweise sehr unterschiedlich und hängen offensichtlich vom jeweiligen Ausbau ab. In den letzten beiden Jahrzehnten wurden unterschiedliche Fahrzeugvarianten mit insbesondere verschiedenen Ausstattungen gebaut und getestet. Dabei sind sowohl Fahrzeuge für den Kurz- als auch für den Langstreckenverkehr konzipiert worden. Diese unterscheiden sich vornehmlich in der Innenausstattung. Seit Mitte der 1990er Jahre wird das System von Fachleuten grundsätzlich als anwendungs- und serienreif bezeichnet. Da aber bisher lediglich eine erste Anwendung in Shanghai realisiert wurde, können die besonderen Ausstattungsmerkmale nicht abschließend dargestellt und diskutiert werden.

Ein Transrapid-Fahrzeug der Bauart TR 08 besteht aus mindestens zwei Sektionen. In den einzelnen Sektionen befinden sich durchschnittlich etwa 90 Sitzplätze. Je nach Anwendungsfall und Verkehrsaufkommen können derzeit Züge mit bis zu zehn Sektionen (zwei Bug- und acht Mittelsektionen) zusammengestellt werden. In Shanghai erfolgt der Betrieb von zwei

[58] Burkert: Magnetschwebebahn Transrapid.

Fahrzeugen im Shuttle-Betrieb. Insgesamt drei fünfteilige Fahrzeuge des Typs TR 08 wurden nach China ausgeliefert. Es soll aber auch ein Betrieb mit 6-Sektionen- und mit 8-Sektionen-Fahrzeugen möglich sein. In Tabelle 3.3 sind die Fahrzeugtypen für Shanghai zusammengestellt.

Tabelle 3.3 Fahrzeugkonfigurationen Shanghai [59]

Fahrzeugtyp	Einsatzfall	Länge [m]	Leergewicht [t]	Nutzlast [t]	Gesamtgewicht [t]
3-Sektionen-Fahrzeug	VIP-Run 31.12.2002	79,2	156,1	32,4	188,5
5-Sektionen-Fahrzeug	1. Ausbaustufe	128,8	256,7	60,8	317,5
6-Sektionen-Fahrzeug	2. Ausbaustufe	153,6	307,0	75,0	382,0
8-Sektionen-Fahrzeug	Systemtest	203,2	407,6	103,4	511,0

Die aufgeführten Fahrzeuge sind für die zwischen dem Pudong International Airport und der Long Yang Road mit ca. 30 km eher kurzen Strecke als Nahverkehrsfahrzeuge ausgelegt und haben Sitzplatzkapazitäten von 190 Plätzen in der 3-Sektionen-Variante, 336 in der 4-Sektionen-Variante und 363 in der 5-Sektionen-Variante [60]. Für den Langstreckenbetrieb sind unterschiedliche Ausstattungsstandards ähnlich denen der ICE-Flotte denkbar. Wegen der relativ kurzen Fahrzeiten kann jedoch beim Transrapid in weiten Anwendungsbereichen auf Bordrestaurants sicherlich verzichtet werden. Ein typischer Grundrissplan ist in Abb. 3.12 wiedergegeben. Es ist zu erkennen, dass auch im Transrapid zwei Klassen mit unterschiedlichem Komfort angeboten werden. Vergleicht man die Sektion 2 und die Mittelsektion mit der Sektion 1, ist festzustellen, dass die Sitzreihung vergrößert und die Anzahl der Sitze deutlich reduziert wurde. Weitere Angaben zum TR 08 sind in Tabelle 3.4 zusammengetragen.

[59] Lobach, Köb: Transrapid-Fahrzeuge für Shanghai. Seite 57

[60] Götzke: Transrapid. Seite 78

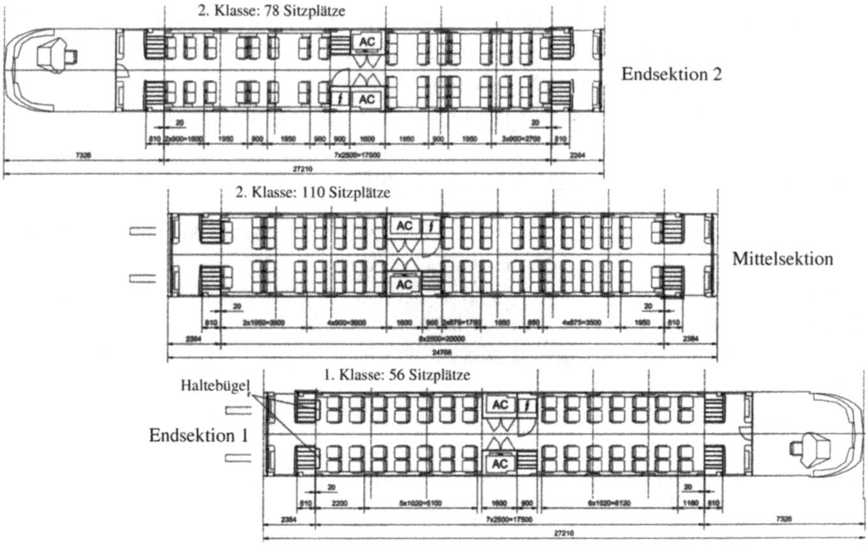

Abb. 3.12 Grundriss der Fahrzeug-Sektionen, Shanghai [61]

Tabelle 3.4 Fahrzeugdaten zum TR 08

Fahrzeugdaten Transrapid 08		
Länge	Endsektion	27,0 m
	Mittelsektion	24,8 m
	3 Sektionen-Fahrzeug	78,8 m
Breite		3,7 m
Höhe		4,2 m
Betriebliche Höchstgeschwindigkeit		500 km/h
Leergewicht Personenfahrzeug		53 t
Leergewicht Güterfahrzeug		48 t
Nutzlast Güterfahrzeug		15 t
Sitzplätze Personenfahrzeug	Endsektion	max. 92
	Mittelsektion	max. 126
Varianten	4-Sektionen	5-Sektionen
Sitzplatzkapazität	336	438
davon 1. Klasse	60	75
davon 2. Klasse	276	336
Länge	103,5 m	128,3 m
Leergewicht	198,2 t	247,3 t
Nutzlast	54,8 t	70,2 t
Gesamtgewicht	253,0 t	317,5 t

[61] Lobach, Köb: Transrapid-Fahrzeuge für Shanghai. Seite 56

3.4 Sonstige Maglev-Fahrzeuge

Der deutsche Transrapid ist derzeit weltweit das am weitesten entwickelte Fahrzeug unter Einsatz der Magnetschwebtechnik. Im Unterschied zur deutschen Entwicklung Transrapid, der seinen Fahrweg umgreift und dessen elektromagnetisches Schwebesystem ihn von unten an den Fahrweg heranzieht, wird der japanische Chuo Shinkansen in einem U-förmigen Fahrweg geführt und durch das elektrodynamische Schwebesystem seitlich in der Spur gehalten. Supraleitende Spulen im Fahrzeug erzeugen außerordentlich starke Magnetfelder, die in passiven Reaktionsspulen im Fahrweg ein entgegengerichtetes Magnetfeld induzieren. Die Spulen im Fahrzeug müssen wegen der starken Ströme mit flüssigem Helium gekühlt werden. Da die induzierten, sich abstoßenden Felder erst ab einer Geschwindigkeit von etwa 100 km/h ausreichend groß sind, um das Fahrzeug zu tragen, bewegt sich der Chuo Shinkansen bis zum Erreichen dieser Geschwindigkeit bis dahin auf Rädern.

Der Antrieb erfolgt auch beim japanischen Fahrzeug über einen fahrwegseitigen Langstator-Linearmotor. Dabei stellt sich beim Shinkansen allerdings ein Spalt von 10 cm (beim Transrapid < 10 mm) ein. Der große Spaltabstand von 10 cm erzeugt hohe magnetische Streufelder. Die japanische Technik verursacht im Vergleich zum Transrapid hohe Kosten. Darüber hinaus ist ein hoher technologischer Aufwand für Hochtemperatur-Supraleiter und die extremen Magnetfelder im Fahrzeuginneren von besonderem Nachteil. Als Vorteil gilt jedoch die hohe Erdbebensicherheit des Shinkansen.

Ergänzend soll an dieser Stelle noch erwähnt werden, dass die ebenso in Deutschland getestete Kurzstatorvariante, das heißt, der Antrieb ist im Fahrzeug angeordnet, in Japan als High Speed Surface Transport (HSST) weiterentwickelt wurde. Dieses System ist wegen der geringen erreichbaren Geschwindigkeiten allerdings nur als Nahverkehrssystem geeignet.

4 Die Transrapidprojekte

Im folgenden Abschnitt sollen verschiedene Transrapid-Projekte, die in der Vergangenheit im Gespräch waren oder noch sind, vorgestellt werden. Wie Raschbichler [62] anführt, wurden seit der ersten Entscheidung zum Bau einer Transrapid-Strecke in Deutschland im Jahr 1989 bislang insgesamt mehr als 10 Strecken untersucht. Dies waren unter anderem:

- das „Große C“
- Essen-Bonn,
- Köln-Düsseldorf (Großflughafen NRW),
- Hamburg-Hannover,
- Berlin-Hamburg,
- Hannover-Leipzig,
- Berlin-Dresden,
- Stuttgart-Nürnberg-Dresden,
- Düsseldorf-Dortmund (Metrorapid)
- Frankfurt-Flughafen Hahn,
- Berlin Lehrte-Flughafen BBI,
- Groningen-Hamburg,
- München Hbf-München Flughafen.

Alle Untersuchungen beinhalteten Nutzen-Kosten-Analysen auf der Grundlage der Prognosen der gesamtwirtschaftlichen Entwicklung und der daraus zu erwartenden Fahrgastaufkommen. Die Analysen waren im Detaillierungsgrad sehr unterschiedlich. Meist kamen sie zu dem Schluss, dass eine Strecke wirtschaftlich betrieben werden könnte. Trotzdem wurde den Berechnungen häufig nicht vertraut und die Nutzen-Kosten-Verhältnisse als zu gering angesehen. Dabei berücksichtigte man jedoch die ökologischen, industriepolitischen und volkswirtschaftlichen Effekte entweder überhaupt nicht oder nur sekundär. Hätte man bei der ersten Eisenbahn-Verbindung von Nürnberg nach Fürth und den vielen nachfolgenden Strecken die gleichen Maßstäbe angesetzt, hätten wir unter Umständen heute in Deutschland keine Eisenbahn. Zumindest aber sähe unsere Wirt-

[62] Raschbichler: Die Auswirkungen von Hochgeschwindigkeitsverkehr. Seite 234

schaftsstruktur ohne die gesamtwirtschaftlich bedeutenden Unternehmen der Eisenbahnindustrie anders aus.

4.1 Die Versuchsanlage im Emsland

Ausgehend von dem von Hermann Kemper angemeldeten Deutschen Reichspatent Nr. 643.316 vom 14. August 1934 zum magnetischen Schweben wurde ein Fahrzeug auf dieser Basis entwickelt und getestet. [63]

Unter Federführung der Industrie (Thyssen-Henschel sowie Siemens) wurden mit Hilfe staatlicher Förderung Versuche mit verschiedenen Schwebeprinzipien durchgeführt. Zuerst wurden Fahrzeuge mit Stromabnehmern getestet. [64] In der Vorentwicklungsphase bis etwa 1974 stellte sich das Magnetschwebebahnsystem im Vergleich zu anderen Schwebetechnologien als überlegen heraus. Es wurde auch das auf dem Luftkissenprinzip und das auf Supraleitung beruhende Schwebeverfahren untersucht. Die Kurzstatorlösung im Fahrzeug konnte wegen der ungelösten Energiezufuhr nicht verwirklicht werden. [65]

Die Transrapid Versuchsanlage Emsland (TVE) wurde in den Jahren 1980 bis 1987 errichtet. Voraussetzung für die Einsatzreife des Schwebesystems waren die beachtlichen Entwicklungsfortschritte in den Jahren 1980 bis 1990 auf den Gebieten der Signal- und Leistungselektronik sowie der Rechentechnik. Durch das verbesserte Preis-Leistungsverhältnis dieser Produkte konnte der kommerzielle Einsatz der Magnetbahntechnologie erst ermöglicht werden. Seit 1989 wurden Prototypfahrzeuge des Transrapid 07 auf der Strecke im Emsland getestet. 1991 erfolgte durch das damalige Bundesbahnzentralamt München die Bestätigung der Einsatzreife für die Fahrzeugtechnik. 1999 konnte der „Schlussbericht Zulassung der Magnetschnellbahn Transrapid" durch die Versuchs- und Planungsgesellschaft für Magnetbahnsysteme mbH vorgelegt werden.

Seit 1999 wurde der Transrapid 08 in Vorbereitung der damals geplanten Strecke Berlin-Hamburg (siehe Abschnitt 4.3.1) getestet. Dabei wurde der Transrapid 08 in Bezug auf kostengünstige Fertigung und Fahrkomfort verbessert. Im Frühjahr 2000 erfolgte die Typzulassung durch das Eisenbahn-Bundesamt (EBA) für den öffentlichen Personenverkehr. Seit Mai 2005 ist die Versuchsanlage für den automatischen Betrieb zugelassen. Das bedeutet, dass der TR 08 nach Eingabe eines Fahrplans vollautoma-

[63] Heinrich, Kretzschmar: Magnetbahn Transrapid. Seite 111

[64] Friedrich: Die Versuchsstrecke der MVP im Emsland. Seite 20

[65] Raschbichler: Entwicklungslinie Magnetschnellbahn Transrapid. Seite 11

tisch über die Anlage geführt wird und eine Bedienung durch Personal im Regelbetrieb nicht mehr erforderlich ist.

Die Anlage (siehe Abb. 4.1) besteht aus einem insgesamt 31,5 km langen Fahrweg mit einem weitgehend geraden Mittelstück, an dessen Enden sich jeweils eine Wendeschleife befindet. Der Fahrweg ist im wesentlichen aufgeständert mit einer freien Durchfahrtshöhe von 4,7 m. Der Abstand der Stützen beträgt im Regelfall 25 m. 10 km der Strecke sind in Stahlbauweise ausgeführt, der Rest in Beton.

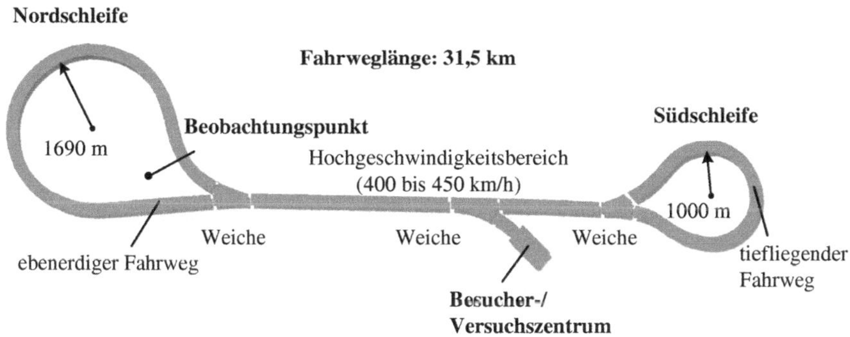

Abb. 4.1 Versuchsanlage Emsland [66]

Die nahezu 20 Jahre alte Versuchsanlage im Emsland wird seit 2003 mit einem Aufwand von ca. 30 Mio. € ertüchtigt und soll weiterhin der Erprobung und Weiterentwicklung wichtiger Systemkomponenten der Magnetschwebetechnik zur Verfügung stehen. Auf der Anlage können unter realen Bedingungen seit der Zulassung zum Automatikbetrieb Fahrpläne geplanter Strecken gefahren werden. So soll auch der Fahrplan für München betriebsnah auf der TVE getestet werden.

4.2 Das chinesische Transrapidprojekt in Shanghai

Seit Beginn des Jahres 2004 fährt in Shanghai der erste Transrapid im kommerziellen Betrieb. Das Projekt verbindet die Long Yang Road Station der Metrolinie 2 mit dem Pudong International Airport auf einer ca. 30 km langen, zweispurigen Strecke (siehe Abb. 4.2). [67]

[66] Transrapid Symposium, BMG bzw. Transrapid International GmbH & Co. KG, Berlin

[67] Käppel: Transrapid Shanghai. Seite 77

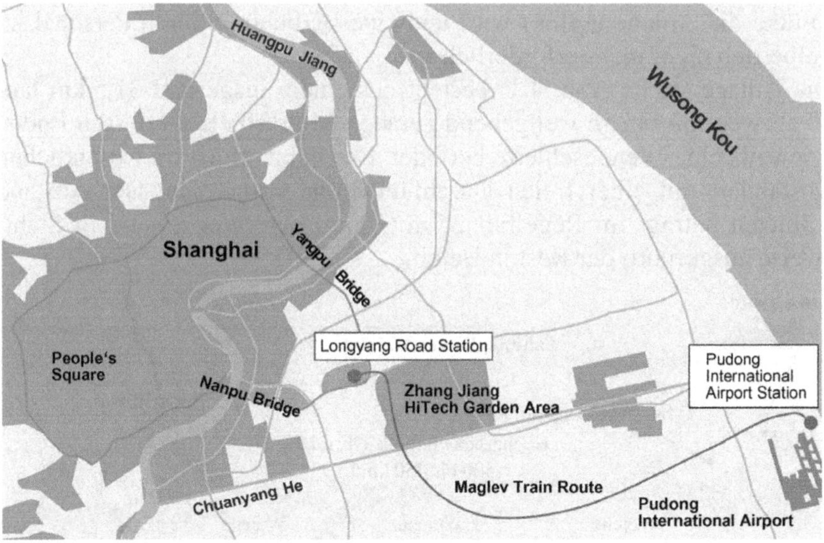

Abb. 4.2 Streckenführung des Transrapid in Shanghai [68]

Das Projekt wurde für deutsche Verhältnisse in einer unvorstellbar kurzen Zeit realisiert. Die Vertragsverhandlungen mit Siemens, ThyssenKrupp und Transrapid International wurden im Dezember 2000 aufgenommen. Zuvor war im August 2000 die Shanghai Maglev Transportation Development Co. (TMTDC) gegründet worden, eine Projektgesellschaft zur Realisierung der Strecke. [69] Am 23. 01. 2001 wurde in Shanghai der Vertrag zur Realisierung der weltweit ersten Transrapid-Anwendungsstrecke unterzeichnet. [70] Am 31. 12. 2002 fand dann in Anwesenheit von Ministerpräsident Zhu Rongji und Bundeskanzler Gerhard Schröder der sog. VIP-Run statt, rund drei Monate nach Inbetriebnahme des ersten Fahrzeugs im Maintenance Centre. [71] Im Juli 2003 begann der automatisch gesteuerte und gesicherte Betrieb mit zwei Fahrzeugen und Zugbegegnung, ab September erfolgte die Erprobung des automatischen Umlaufbetriebs mit drei Fahrzeugen.

Im November 2003 fand eine Demonstrationsfahrt mit einem 8-Sektionen-Fahrzeug statt und es wurde eine Höchstgeschwindigkeit von 501,5 km/h erreicht. Im Dezember 2003 wurde die Strecke zur Nutzung

[68] Transrapid International GmbH & Co. KG, Berlin

[69] Antlauf: Realisierung der hybriden Fahrwegtechnologie. Seite 145

[70] Nothaft: Transrapid Shanghai. Seite 95

[71] Löser: Betriebserfahrungen beim Transrapid in Shanghai. Seite 102

freigegeben. Die wichtigsten Meilensteine sind in Abb. 4.3 wiedergegeben. [72]

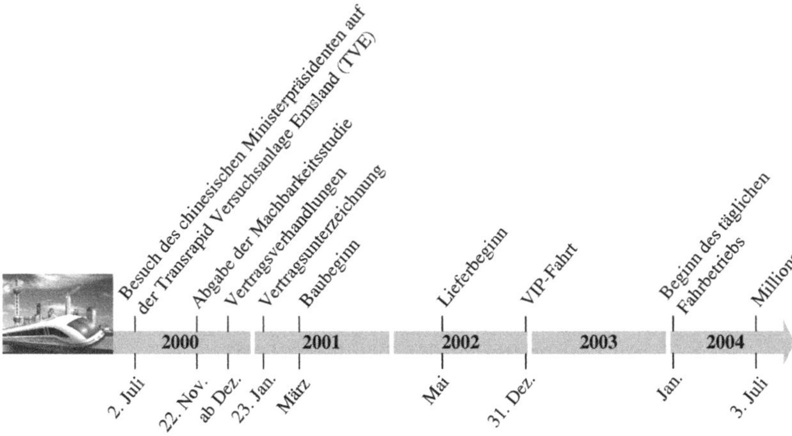

Abb. 4.3 Zeitlicher Verlauf des chinesischen Transrapidprojektes [73]

Fahrzeuge, Weichen, Unterwerke, Schaltstellen und Stromschienen für das Projekt Shanghai wurden aus Deutschland geliefert. Die Gebäude und den Fahrweg errichteten chinesische Unternehmen. Für die Herstellung der Fahrwerksträger ließ Commander Wu [74] ab Februar 2001 ein hochmodernes Fertigteilwerk mit einer Fläche von 2.000 m mal 2.000 m bauen. Ab August 2001 wurden täglich 10 bis 12 Träger hergestellt. Insgesamt benötigte man 2.600 Träger mit Längen von 24,80 m und 12,40 m. Die letzten Träger wurden im Juli 2002 hergestellt. [75]

Heute verkehrt der Transrapid wie geplant alle 10 min mit einer maximalen Geschwindigkeit von 430 km/h. Dadurch verkürzt sich die Fahrzeit von 45 min mit dem Bus auf 8 min. [76] Der Verkehr findet als Shuttlebetrieb mit zwei 5-Sektionen-Fahrzeugen statt. Bei einem Gesamtgewicht von 317,5 t können 464 Personen transportiert werden. [77] Die Höchstgeschwin-

[72] Fürst: Transrapid Shanghai. Seite 47-48

[73] Transrapid International GmbH & Co. KG, Berlin

[74] Wu Xiangming ist ein ehrgeiziger, exzellenter Ingenieur, der Zeit seines Lebens „Sonderbaumaßnahmen" für den Staat umgesetzt hat. Er ist mit allen Befugnissen ausgestattet, um solche Prestigeobjekte innerhalb der vorgegebenen Bauzeit zu realisieren. Er hat um sich eine Schar williger, junger Ingenieure und Fachleute, die ihn alle liebevoll und respektvoll „Commander" nennen.

[75] Antlauf: Realisierung der hybriden Fahrwegtechnologie. Seite 147

[76] NN.: Erfolgreiche Jungfernfahrt in Shanghai. Seite 147

[77] Lobach, Köb: Transrapid-Fahrzeuge für Shanghai. Seite 57

digkeit von 430 km/h wird nach nahezu konstanter Beschleunigung mit 0,6 m/s² nach rund 3 Minuten erreicht und etwa eine Minuten beibehalten. Danach beginnt die Bremsphase. Nach 7,7 Minuten wird das Ziel erreicht. [78]

In den Medien gab es Anfang 2004 Meldungen über Stützensetzungen in einer Größenordnung, die den Betrieb des chinesischen Projektes gefährden könnten. Der Baugrund in Shanghai ist sehr schwierig, da es sich um Schwemmland handelt. Es stehen bis zu 80 m schluffig sandige Böden an. Die eingerammten Betonpfähle sind bis zu 40 m lang. [79] Durch die flexible Lagerkonstruktion konnte den Stützensenkungen jedoch entgegengewirkt werden. Zwischenzeitlich hat sich ein zuverlässiger Betrieb der Strecke eingestellt, in der Presse wird dieser jedoch kaum erwähnt. Miller berichtete auf der 4. Dresdner Transrapidtagung, dass „die technische Verfügbarkeit 99,8 % mit weiter steigender Tendenz" beträgt. [80]

Im ersten Halbjahr 2005 sind mehrere Pressemeldungen veröffentlicht worden, dass sich die chinesische Seite in sehr intensiven Verhandlungen mit der deutschen Systemindustrie und der Bundesregierung befindet, um die bestehende Strecke um ca. 180 km bis nach Hangzhou zu verlängern. Von vielen Fachleuten wird es jedoch zurecht als Imageverlust für den Wirtschaftsstandort Deutschland empfunden, dass ein hier entwickeltes System zuerst im Ausland Anwendung finden muss.

4.3 Aufgegebene Projekte

4.3.1 Die Strecke Berlin-Hamburg

Bei der geplanten Transrapidverbindung Berlin-Hamburg handelte es sich um eine 290 km lange Strecke. [81] Bedingt durch die Wiedervereinigung ist die Bedeutung der Ost-West-Verkehrsverbindungen stark gestiegen. Dieser Tatsache wurde durch die Regierung der Bundesrepublik Deutschland im Plan „Verkehrsprojekte deutsche Einheit" Rechnung getragen.

1993 wurde die Magnetschnellbahn GmbH Berlin-Hamburg gegründet, welche die Aufgabe hatte, privatwirtschaftliche Finanzierungskonzepte zu entwickeln. [82] Bei der angedachten öffentlich-privaten Mischfinanzierung sollten von den insgesamt veranschlagten 8,9 Mrd. DM ca. 3,3 Mrd. DM

---

[78] Nothaft, Hoke: Transrapid Antrieb. Seite 159
[79] Feix, Brylka, Klinger, Antlauf: Fahrweg in Hybridbauweise. Seite 100
[80] Miller: Entwicklungspotential des Transrapid. Seite 48
[81] Eppendorfer: Die staatliche Transrapidförderung. Seite 18
[82] Raschbichler: Vortrag beim Forum Unternehmer und Wissenschaft. Seite 31

von der privaten Betreibergesellschaft aufgebracht werden. Das Konsortium sollte im Wesentlichen aus den Firmen Siemens, AEG, Preussen-Elektra, Philipp Holzmann, Dyckerhoff, Hochtief, Lufthansa, DB AG und nicht namentlich genannten Banken und Versicherungen bestehen. [83]

1996 wurde schließlich der Beschluss zum Bau der Transrapidstrecke Berlin-Hamburg gefasst, womit sich ein weiterer Streckenausbau der Eisenbahn für eine Geschwindigkeit von 200 km/h erübrigt hätte. Im Februar 2000 trafen allerdings die DB AG und das Bundesministerium für Verkehr, Bau und Wohnungswesen (BMVBW) trotz Vorliegen des Planfeststellungsbeschlusses eine Grundsatzentscheidung gegen den Transrapid und für die weitere Ertüchtigung der Eisenbahnstrecke, nachdem der Meinung gefolgt wurde, dass die ursprünglich prognostizierten Verkehrsströme nicht eintreten würden. [84] So wurde nach einer Wirtschaftlichkeitsuntersuchung der Vieregg-Rössler-Bohm GmbH für Umweltschutzorganisationen statt der ursprünglich erwarteten 15 Mio. Fahrgäste/a auf der Strecke Berlin-Hamburg nur mit 11 Mio. Fahrgästen/a gerechnet. [85] Nach dem Tagungsbericht der SPD-nahen Friedrich-Ebert-Stiftung von 1995 wäre das System ab ca. 12 Mio. Fahrgästen/a wirtschaftlich zu betreiben gewesen. [86] In Anbetracht der sehr eng beieinander liegenden prognostizierten Fahrgastaufkommen muss unterstellt werden, dass die Transrapidstrecke Berlin-Hamburg wohl aus parteiideologischen Gründen aufgegeben wurde.

4.3.2 Der Metrorapid in Nordrhein-Westfalen

Nach der Aufgabe der Strecke Berlin-Hamburg wurde vereinbart, dass die für ein Transrapidprojekt vorgesehenen Mittel bei anderen Anwendungsstrecken in Deutschland verwendet werden sollten. Nach einer Untersuchung fünf möglicher Strecken [87] wurden der Metrorapid in Nordrhein-Westfalen und der Transrapid für die Verbindung München Hauptbahnhof-München Flughafen für vertiefende Untersuchungen ausgewählt.

---

[83] Tank: Magnetschnellbahn Transrapid. Seite 31

[84] Dörries: Zukunftssicherung der deutschen Magnetschwebebahntechnik. In: 3. Dresdner Fachtagung Transrapid. Seite 18

[85] Vieregg, Rössler, Bohm: Wirtschaftlichkeitsuntersuchung. Seite 3

[86] Tank: Magnetschnellbahn Transrapid. Seite 35

[87] Diese Strecken waren die Anbindung der Großflughäfen München und Berlin-Schönefeld, der Metrorapid in Nordrhein-Westfalen, eine Verbindung von Norddeutschland in die Niederlande sowie die Verbindung der Flughäfen Frankfurt und Hahn im Hunsrück.

In Nordrhein-Westfalen sollte der Metrorapid als schnelles Regionalverkehrsmittel zwischen Dortmund und Düsseldorf mit Zwischenhalten in Bochum Hbf, Essen Hbf, Mülheim Hbf, Duisburg Hbf und Düsseldorf Flughafen eingesetzt werden. Bei einer Höchstgeschwindigkeit von 300 km/h auf der 79,6 km langen Strecke sollte eine Gesamtreisezeit von 37 Minuten erzielt werden, welche somit 20 Minuten kürzer gewesen wäre als die der verkehrenden Express-Züge. [88] Da der führerlose Zug auf der Strecke sieben Bahnhöfe ansteuern sollte, ergab sich trotz der Höchstgeschwindigkeit von 300 km/h jedoch nur eine Durchschnittsgeschwindigkeit von 128 km/h. [89]

Die Trassenführung war zu 95 % auf oder in Bündelung mit vorhandenen Bahnanlagen vorgesehen. Durch die Integration der Magnetschnellbahn in die bestehenden Bahnhöfe hätten diese als Verkehrsknotenpunkte eine wesentliche Aufwertung erfahren. Im März 2002 wurde vom nordrhein-westfälischen Landtag der Bau des Metrorapid beschlossen. Es wurde eine Projektgesellschaft gegründet, in der das Land und die DB AG vertreten waren. Die Kosten sollten zu gleichen Teilen übernommen werden. Die Fertigstellung war bis zur Fußballweltmeisterschaft 2006 geplant. Gerechnet wurde mit 35 Mio. Fahrgästen pro Jahr. [90]

Im Frühjahr 2003 zeichneten sich jedoch tiefgreifende Konflikte in der Koalition aus SPD und Bündnis90/Die Grünen in Nordrhein-Westfalen ab, an denen die Koalition zu zerbrechen drohte. Am 27. 06. 2003 wurde die Einstellung des Projektes beschlossen. [91] Als offizieller Grund für die Einstellung des Projektes wurden Probleme bei der Finanzierung des Projektes angegeben. Verschiedene Stellen betrachten jedoch den angegebenen Grund angesichts der umfassenden Förderung des Projektes durch den Bund in Höhe von ca. 2 Milliarden € sowie der sehr weitgehenden Unterstützung durch die Industrie und der Ergebnisse der Wirtschaftlichkeitsuntersuchung als vorgeschoben. Der Kölner Stadtanzeiger schrieb zu dem Thema:

„Vielleicht war das dicht besiedelte Ruhrgebiet nicht der technisch ökonomisch beste Platz für eine Metrorapid-Strecke. Aber es wäre eine phantastische Bühne für die Umsetzung einer interessanten und – höchstwahrscheinlich – auch zukunftsträchtigen Idee gewesen. Die Politiker in Berlin

[88] Hegel: Der Metrorapid. Seite 400

[89] Lindlar: Machbarkeitsstudie für Metrorapid. Seite 285

[90] Schwanhold: Der Metrorapid in der Gesamtverkehrsplanung für NRW. Seite 519

[91] Schach: Vorwort zur 3. Dresdner Fachtagung Transrapid. Seite 5

und Düsseldorf haben nicht die Kraft aufgebracht, diese Vision in Politik umzusetzen.“ [92]

4.4 Planung des Münchener Transrapidprojektes

Das Münchener Transrapidprojekt ist das zur Zeit für eine Realisierung aussichtsreichste Projekt in Deutschland. Es ist geplant, vom Münchener Hauptbahnhof zum Münchener Flughafen eine 37,4 km lange, schnelle und komfortable Transrapidstrecke mit zwei Fahrwegen als spezielles Air-Link-Produkt zu errichten.

Neue Großflughäfen werden wegen des riesigen Flächenbedarfs und um die Lärmbelästigung einzuschränken, weltweit in immer größeren Entfernungen zu den Stadtzentren geplant. Um zum Stadtzentrum zu gelangen, müssen Fluggäste deshalb lange Reisezeiten von 1 bis 2 Stunden in Kauf nehmen. [93] Neben der beschränkten Entwicklungsmöglichkeit am alten Standort des Flughafens in München-Riem war dies einer der Hauptgründe für die Verlagerung des Flughafens ins Erdinger Moos. Zur Zeit ist der Flughafen über die Autobahn und zwei S-Bahn-Strecken zu erreichen. Die Fahrt mit der S-Bahn dauert jedoch ca. 40 Minuten [94] und ist daher wenig attraktiv.

Eine schnelle Verbindung zwischen dem Flughafen und dem Hauptbahnhof ist daher notwendig. Damit würden die beiden Münchner Verkehrsknotenpunkte mit der höchsten Personenfrequenz verbunden. Zwei Varianten werden grundsätzlich untersucht und diskutiert: eine Express-S-Bahn auf separatem Gleiskörper und der Transrapid.

Für den Transrapid ist in groben Zügen folgendes Konzept vorgesehen: Es werden vier Fahrzeuge mit jeweils drei Sektionen (148 Sitzplätze und Stehplätze auf 85 m²) in der Verkehrszeit von 4:00 Uhr bis 24:00 Uhr zum Einsatz kommen, ein fünftes Fahrzeug steht für Reserve und Instandhaltungsbedarf zur Verfügung. [95] Die Fahrzeuge sollen tagsüber im 10-Minuten-Takt und in der restlichen Zeit im 20-Minuten-Takt verkehren. Nach Ruppel [96] und Merkel [97] beträgt die Fahrzeit 10 min, die Betriebsge-

[92] http://www.vcd-bochum.de/Metrorapid/

[93] Wackers: Transrapid – Verkehrsentwicklung, Anwendungsbereiche und internationale Projekte. Seite 59

[94] Kerkloh: Der Transrapid als attraktiver Flughafenzubringer. Seite 136

[95] Merkel: In 10 Minuten alle 10 Minuten vom Münchner Hauptbahnhof zum Flughafen – aktueller Planungsstand. Seite 133

[96] Ruppel: Spezielle Aspekte der Fahrdynamik. Seite 209

[97] Merkel: Projekt Flughafenverbindung München. Seite 130

schwindigkeit im Stadtbereich München 250 km/h und außerhalb 350 km/h. Durch die Nutzung aufgelassener S-Bahnstrecken und der parallelen Streckenführung zur Autobahn kann diese Strecke mit minimalen Auswirkungen auf die Umwelt realisiert werden.

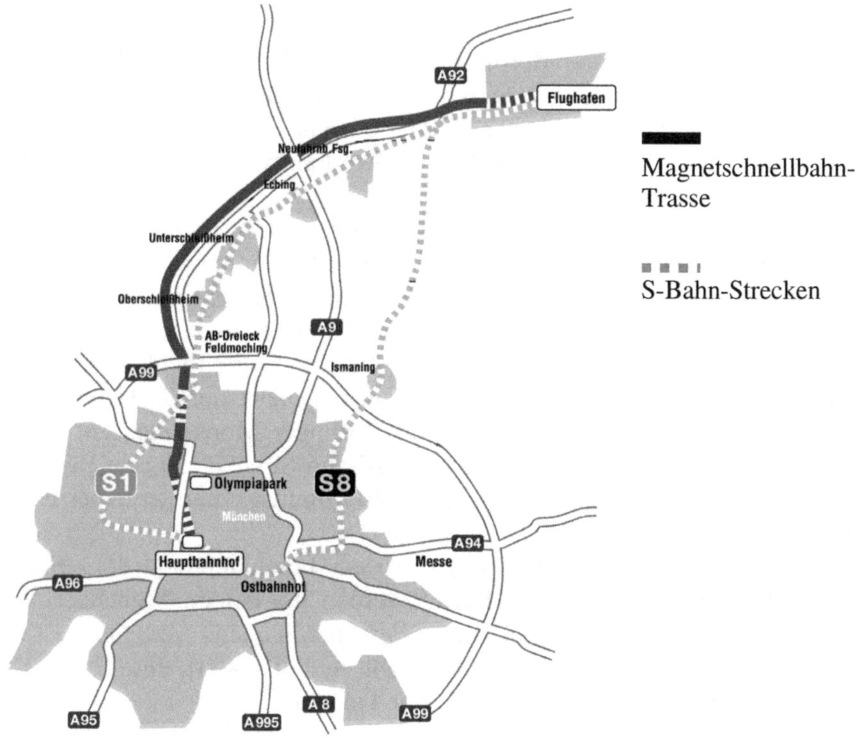

Abb. 4.4 Planung München

So sollen ca. 19 % der Strecke, das sind ca. 7,2 km, als Tunnel ausgeführt werden, so dass zusätzliche Schallschutzmaßnahmen nur auf einer Länge von ca. 3 km erforderlich sind. Ca. 12,7 km, das entspricht 34 %, der Strecke sollen in Hochlage mit einer Höhe > 2,0 m über GOK und ca. 5,2 km, das entspricht 14 %, der Strecke aufgeständert mit einer Höhe > 6,0 m über GOK ausgeführt werden. [98]

Eine wesentliche Zielstellung ist es, die stark befahrene Bundesautobahn A 9 zu entlasten. Man rechnet im Jahr 2015 mit ca. 7,9 Mio. Fahrgäs-

---

[98] Merkel: Magnetschnellbahnprojekt München Hauptbahnhof-Flughafen. Seite 188

ten. Das entspricht einer Verkehrsleistung von 291 Mio. Pkm/a, bei einem Verkehrsaufkommen des Flughafens von 50 Mio. Fluggästen/a. [99]

Um das Projekt umzusetzen, wurde vom Freistaat Bayern und der DB AG die Bayerische Magnetbahnvorbereitungsgesellschaft mbH (BMG) gegründet. Das Projekt Flughafenzubringer befindet sich zur Zeit (Anfang 2005) in der Planfeststellungsphase. Die endgültige Entscheidung über die Realisierung dieser Anwendungsstrecke soll erst mit Vorliegen der Planfeststellung erfolgen.

Wellner [100] nennt wichtige Gründe, die für eine Realisierung des Transrapidprojektes sprechen. Falls der Transrapid nicht gebaut würde, wäre alternativ die verkehrlich weniger attraktive Express-S-Bahn als Flughafen-Shuttle auf eigenen Gleisen erforderlich. Eine Express-S-Bahn würde allerdings auch über 1 Mrd. € kosten. Hiervon müsste der Freistaat rund 490 Mio. € tragen. Zusätzlich wären jährlich 23 Mio. € Bestellerentgelte aufzubringen. Der Bund hat bereits wiederholt signalisiert, dass neben der zweiten S-Bahn-Stammstrecke mittelfristig kein zweites Rad-Schiene-Großprojekt in München gefördert werden kann. Für den Transrapid stehen dagegen insgesamt Mittel in Höhe von 2,3 Mrd. € zur Verfügung. Wieviel hiervon für das Projekt München verwendet werden soll, wird intensiv diskutiert. Bei einer Express-S-Bahn ist aufgrund der wesentlich längeren Fahrzeit von knapp 20 Minuten (im Vergleich zu 10 Minuten beim Transrapid) aber mit 40 % weniger Fahrgästen zu rechnen. Der Transrapid wirft deshalb Betriebsgewinne ab, die in der Machbarkeitsstudie für das Jahr 2015 auf ca. 25,6 Mio. €/a geschätzt wurden und über 20 Jahre einem Barwert von mindestens 300 Mio. € entsprechen.

4.5 Transrapidprojekte weltweit

Es ist als sehr erfreulich anzusehen, dass der Transrapid weltweit als ein Verkehrssystem wahrgenommen wird, das durch seine systemspezifischen Eigenschaften dem traditionellen Rad-Schiene-System in fast allen Bereichen überlegen ist. Es ist somit nur konsequent, dass sich zahlreiche Projekte in intensiver Diskussion befinden. In der nachfolgenden Tabelle 4.1 sind wichtige Projekte zusammengestellt.

[99] Segerer: Systemauslegung der Magnetschnellbahn Transrapid. Seite 132-133
[100] Wellner: Die deutsche Magnetbahn. Seite 41

Tabelle 4.1 Transrapidprojekte, weltweit

Region	Streckenführung	Streckenlänge (ca.)
Asien	Peking-Shanghai	1.250 km
	Shanghai-Hangzhou	180 km
Australien	Sydney-Wollongong-Canberra	286 km
	Western Sydney	38 km
Europa	Randstad (Amsterdam-Schiphol-Den Haag-Rotterdam-Utrecht)	165 km
	Zuiderzeelijn (Schiphol-Amsterdam-Groningen)	187 km
	Groningen-Bremen-Hamburg	293 km
	London-Manchester-Newcastle-Edinburgh-Glasgow	
Nordamerika	Atlanta-Chattanooga	170 km
	Baltimore-Washington	64 km
	Chicago-Milwaukee	127 km
	Pittsburgh Airport-Pittsburgh-Greensburg	69 km
	San Diego-Los Angeles-San Francisco	1.080 km
	Las Vegas-Los Angeles	260 km
	Kalifornisches regionales Hochgeschwindigkeitsnetz	440 km
	Orlando-Port Canaveral	86 km
Südamerika	Rio de Janeiro-Sao Paulo-Campinas	550 km
Naher und Mittlerer Osten	Kuwait nach Oman	800 km
	Kuwait, Oman, Saudi-Arabien, Bahrain, Katar, Vereinigte Arabische Emirate	2.000 km

In Nordamerika ist im Transportation Equity Act für das 21. Jahrhundert (TEA-21) aus dem Jahre 1998 das Maglev Deployment Program (MDP) enthalten, das öffentliche Mittel sowohl für die „Planungsaktivitäten" für mehrere Projekte als auch für das „endgültige Design, Engineering und Konstruktionsaktivitäten" eines einzigen ausgewählten Projektes bereitstellt. [101]

[101] Wackers: Transrapid – Verkehrsentwicklungen, Anwendungsbereiche und internationale Projekte. Seite 71

Zwischen dem US-Department of Transportation und dem Bundesministerium für Verkehr, Bau- und Wohnungswesen (BMVBW) besteht seit Oktober 2000 eine Kooperationsvereinbarung über die gemeinsame Behandlung der Sicherheit, Zulassung und Umweltverträglichkeit von Maglev-Systemen sowie Informationsaustausch über Machbarkeits- und Wirtschaftlichkeitsuntersuchungen. Alle Projektaktivitäten in den Vereinigten Staaten werden durch die Transrapid International-USA, Inc., eine Tochtergesellschaft der TRI, mit Sitz in Washington D. C., abgewickelt. Zur Stärkung der Position der Transrapidindustrie und vor allem zur Vorbereitung einer Realisierungsphase in den USA wurde im Juli 2003 eine Kooperationsvereinbarung mit dem amerikanischen Unternehmen Lockheed Martin geschlossen. [102] Von insgesamt elf Planungsanträgen wurden sechs Strecken, die auf der Transrapid-Technologie basieren, hinsichtlich Systemdefinition, Umweltverträglichkeit und Wirtschaftlichkeit untersucht. Dies waren unter anderem:

- Baltimore-Washington Maglev Project
  Washington City-Flughafen Baltimore-Washington-Baltimore City mit ca. 64 km Länge und 3 oder 4 Stationen. Fahrzeit 18 Minuten, Höchstgeschwindigkeit 430 km/h, geplanter Betrieb ab 2012;
- Pennsylvania Maglev Hochgeschwindigkeitsprojekt
  Internationaler Flughafen Pittsburg-Greensburg mit ca. 87 km Länge und 5 Stationen. Fahrzeit 35 Minuten, Höchstgeschwindigkeit 400 km/h, geplanter Betrieb ab 2012;
- Las Vegas-Los Angeles
  Las Vegas Airport nach Primm, Nev. mit ca. 56 km und 2 Stationen, Fahrzeit 12 Minuten, maximale Höchstgeschwindigkeit 500 km/h;
- California-Nevada Interstate Maglev Project
  Die angedachte Magnetschwebebahn soll dabei die Städte Las Vegas und Anaheim über eine ca. 269 Meilen lange Strecke verbinden. Als Bauzeit für das äußerst ehrgeizige Projekt sind vier Jahre ins Auge gefasst. [103]

Von den untersuchten Projekten wurden zwei, Baltimore-Washington und Pennsylvania, als aussichtsreich identifiziert und für tiefergehende Untersuchungen ausgewählt.

Die Idee, in Europa ein attraktives Hochgeschwindigkeitsnetz auf der Basis des Transrapid zu erstellen, wird von unterschiedlichen Kreisen und Institutionen immer wieder vorgetragen. So berichtete Ringenberger auf

[102] Wackers: Transrapid – Verkehrsentwicklungen, Anwendungsbereiche und internationale Projekte. Seite 72

[103] Holmer: Faster than a bullet train. Seite 34

der 2. Dresdner Fachtagung Transrapid von der Idee über den stufenweisen Aufbau eines europäischen Transrapidnetzes. [104] Er hat die positiven Auswirkungen unter anderem in unmittelbaren Zusammenhang mit den Ideen von Friedrich List gebracht, die dieser mit dem Bau der ersten Eisenbahn-Ferntrasse in Deutschland zwischen Leipzig und Dresden verband.

Platzer erwähnte in seinem Vortrag auf der 4. Dresdner Fachtagung Transrapid die vom Sächsischen Ministerium des Innern beauftragte Studie einer vergleichenden Untersuchung des traditionellen Rad-Schiene-Systems mit dem Transrapid für die Strecke Berlin-Dresden-Prag-Brno-Bratislava-Wien-Budapest. [105] Besonders interessant ist, dass im Rahmen dieser Studie die unterschiedlichen Trassierungsparameter beider Systeme voll genutzt werden und man somit zu lokal unterschiedlichen Ergebnissen kommt. Die Studie erfolgt in Zusammenhang mit dem INTERREG-IIIB-Projekt SUSTRAIN Implement Corridor (SIC), in dem die verkehrlichen Auswirkungen der Erweiterung der EU um die zehn neuen Beitrittsländer untersucht werden.

In Europa wird über einige weitere Strecken für den Transrapid diskutiert. So ist z. B. die Realisierung einer Hochgeschwindigkeitsverbindung in Holland auf einer Strecke ausgehend vom Schipol International Airport über Amsterdam, Almere, Lelystad, Emmeloord, Herrenveen, Drachten bis Groningen an Erwartungen an die Deutschen hinsichtlich einer Verlängerung bis Hamburg geknüpft. Im Juni 2005 wurden Überlegungen veröffentlicht, London und Glasgow mit dem Transrapid zu verbinden. Durch ein attraktives Hochgeschwindigkeitssystem sollen das Straßennetz entlastet und eine Alternative zum Flugverkehr geboten werden.

Darüber hinaus werden gelegentlich Vorstellungen geäußert, die wünschenswert sind, aber deren Realisierung wohl ebenso in weiter Entfernung ist. So wurde z. B. vom Bundesverkehrsminister und Aufbau-Ost-Beauftragten Manfred Stolpe der Vorschlag gemacht, eine Transrapid-Langstrecke von Paris nach Berlin und einer Verlängerung bis nach Warschau zu bauen. [106] Ernsthaft belastbar scheinen solche Erklärungen vorerst aber meist nicht zu sein, da weitergehende Untersuchungen oftmals ausbleiben.

---

[104] Ringenberger: Europäisches Streckennetz für den Transrapid. Seite 43

[105] Platzer: Herausforderungen der Verkehrspolitik in Ostmitteleuropa. Seite 55

[106] Berliner Morgenpost: Stolpe schlägt vor – Im Eiltempo von Berlin nach Paris. 23. 01. 2003 http://morgenpost.berlin1.de/content/2003/01/23/berlin/ 578834.-html

5 Technischer Systemvergleich

Verschiedene Verkehrssysteme unterscheiden sich in einer Vielzahl von Parametern. In der Diskussion um die Vor- und Nachteile unterschiedlicher Systeme, wie dies der Transrapid und die Rad-Schiene-Hochgeschwindigkeitsbahn darstellen, werden häufig singulär einzelne Parameter verglichen. Generell sind solche Betrachtungen sehr wichtig, wenn spezifische Fragen zu beantworten sind. Für eine Gesamtbeurteilung der Vorteilhaftigkeit der beiden Systeme müssen die Einzelparameter in ein Gesamt-Beurteilungsmodell eingebunden werden. Dies erfolgt im vorliegenden Buch im Kapitel 8.

In den nachfolgenden Kapiteln werden jeweils Einzelaspekte der beiden Verkehrssysteme singulär miteinander verglichen. In vielen Fällen wird dabei Breimeier aus seinem Buch „Transrapid oder Eisenbahn“ zitiert. Breimeier lehnt fast kategorisch den Transrapid als neues Verkehrssystem neben der Eisenbahn ab. Hier soll jedoch versucht werden, die einzelnen Argumente weiter zu vertiefen. Der Leser soll in die Lage versetzt werden, sich selbst ein Urteil zu bilden. In einigen Fällen werden die Hintergründe so dargestellt, dass auch auf die physikalischen Grundlagen eingegangen wird. In vielen anderen Fällen müssen weiterführende Quellen zitiert werden. Eine vertiefte Überprüfung ist häufig nicht möglich. Der geneigte und interessierte Leser mag sich im weiteren Literaturstudium weiterführende Details erarbeiten.

5.1 Der Fahrweg

5.1.1 Die Trassierung

Falls eine spurgebundene Fahrbahn zwischen zwei Orten trassiert werden soll, ist die kürzeste Verbindung zwischen diesen beiden Punkten, die Gerade, vorzugsweise auszuwählen. Jedoch gibt es vielfältige Einschränkungen. So können beispielsweise Städte, Seen, Berge oder Naturschutzgebiete auf dieser Geraden liegen. Diese müssen meist umfahren werden. Bei der Trassierung sind raumordnerische, umwelt- und naturschutzrechtliche, betriebswirtschaftliche und volkswirtschaftliche Aspekte zu berücksichtigen. Unter diesen Randbedingungen soll das Ziel erreicht werden, ein günstiges fahrdynamisches Verhalten sicherzustellen und dabei die wirtschaftlichen Belange zu berücksichtigen, die sich aus den Investitions- sowie den Betriebskosten ableiten lassen und in Lebenszykluskosten-Betrachtungen (Life Cycle Cost Analysis) dargestellt werden können.

5.1.1.1 Trassierung im Lageplan beim Rad-Schiene-System

Als Trassierungselemente wurden bei der Eisenbahn ursprünglich nur die Gerade und der Kreisbogen benutzt. Bei der Befahrung einer derartig trassierten Strecke ergibt sich jedoch beim Übergang zwischen den beiden Trassierungselementen ein plötzlicher Querruck, so dass heute allgemein Übergangsbögen verwendet werden. Beim Befahren einer Kurve ergibt sich durch die Trägheit des Körpers eine Zentrifugalkraft, die durch die nach innen gerichtete Zentripetal- oder Radialkraft kompensiert werden muss. Hierzu wird die Fahrbahn geneigt.

Die Trassierungsregeln ergeben sich aus Vorgaben der Eisenbahn-Bau- und Betriebsordnung (EBO) oder aus der TSI Infrastruktur [107]. Danach sind Überhöhungen des äußeren Gleises im Vergleich zum inneren zum Ausgleich der Zentrifugalkraft erlaubt.

Die DB AG kippt nicht die Gleisebene wie international üblich in der Mitte, sondern wendet die sog. Innenranddrehung an, bei der das äußere Schiene angehoben wird, während die innere Schiene auf der ursprünglichen Höhe verbleibt. Beim Transrapid dagegen wird die Fahrbahnebene um ihre Mittelachse gedreht, so dass die Kurveninnenseite abgesenkt und die Außenseite angehoben wird. [108]

Die nach der Eisenbahn-Bau- und Betriebsordnung (EBO) maximal zulässige Überhöhung gibt Fengler mit u = 180 mm an (entsprechend einem Winkel von 6,9 °). [109] Gemäß TSI Infrastruktur [110] sind Überhöhungen mit u = 200 mm (entspricht einem Winkel von 7,7°) zulässig, wenn es sich um ein Gleis ausschließlich für den Personenverkehr handelt. Dabei dürfte weniger die Qualität und Beschaffenheit des Oberbaus begrenzend sein, sondern die im Stand wirkende Kraft quer zum Gleis:

---

[107] TSI Infrastruktur: Technische Spezifikationen für die Interoperabilität, Teilsystem Infrastruktur gemäß EU-Richtline 96/48/EG.

[108] Mnich: Trassierung von Transrapidstrecken. Seite 446

[109] Fengler: Trassierung von Hochgeschwindigkeitsstrecken. Seite 132

[110] TSI Infrastruktur: Technische Spezifikation für die Interoperabilität, Teilsystem Infrastruktur gemäß EU-Richtlinie 96/48/EG

$$F_y = \sin\alpha \cdot m \cdot g \approx 0{,}13 \cdot m \cdot g \tag{5.1}$$

Ein Stehenbleiben des Zuges in der Kurve ist betriebsbedingt nicht auszuschließen und damit insbesondere bei Speisewagen problematisch. [111] Von Jänsch wird für die Neubaustrecke Köln-Rhein/Main bei einer maximalen Gleisüberhöhung von $u = 170$ mm (entspricht 6,5°) und einem Überhöhungsfehlbetrag von 150 mm sowie bei einer Entwurfsgeschwindigkeit von v_e = 300 km/h eine freie Seitenbeschleunigung von 1 m/s² und ein Kurvenradius von r = 3.350 m für das Rad-Schiene-System genannt. [112]

Wie ergibt sich nun aus der zulässigen Überhöhung bei einer geplanten Geschwindigkeit ein minimaler, das heißt nicht zu unterschreitender, Kurvenradius? Grundlage der Berechnung bilden folgende physikalische Regeln: Die Radialbeschleunigung $a_r = a_y$ [m/s²] ist proportional zum Quadrat der Geschwindigkeit v [m/s] und umgekehrt proportional zum Kurvenradius r [m]. Somit gilt: [113]

$$a_y = \frac{v^2}{r} \tag{5.2}$$

Aus $F = m \cdot a$ ergibt sich die nach innen gerichtete Radialkraft F_r [N] und die nach außen gerichtete Zentrifugalkraft F_F [N] zu:

$$F_r = F_F = \frac{m \cdot v^2}{r} \tag{5.3}$$

Auf jeden Körper wirkt durch die Erdanziehung die Gewichtskraft F_G [N]:

$$F_G = m \cdot g \tag{5.4}$$

mit der Masse m [kg] und der Erdbeschleunigung g = 9,80665 m/s². Diese Gewichtskraft kann man bei Schrägstellung um den Neigungswinkel α [°] nach dem Kräfteparallelogramm (im globalen System – siehe Abb. 5.1) zu einer der Zentrifugalkraft entgegenstehenden Kraft von

$$F_H = F_G \cdot \tan\alpha \tag{5.5}$$

[111] Fengler: Trassierung von Hochgeschwindigkeitsstrecken. Seite 132

[112] Jänsch: Die Magnetschnellbahn aus Betreibersicht. Seite 748

[113] In den folgenden Ausführungen wird das lokale Koordinatensystem festgelegt mit x in Fahrtrichtung, y quer zur Fahrtrichtung und z senkrecht auf dem Fahrweg.

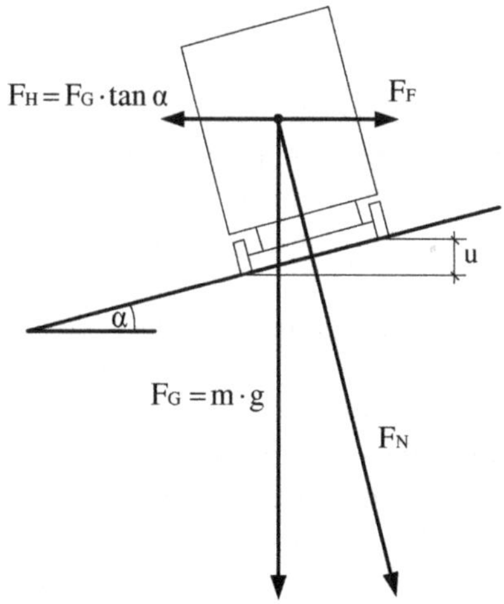

Abb. 5.1 Fahrt im Gleisbogen, globales System

und einer auf die Trasse wirkenden Kraft F_N zerlegen.

Falls am Radsatz keine zur Achse parallele Kraft aus der Lagerung auf der Schiene wirken soll, können die Zentrifugalkraft F_F und die beim Fahren in der Kurve aus der Schrägstellung entstehende Kraft F_H gleichgesetzt werden.

$$\frac{m \cdot v^2}{r} = F_G \cdot \tan\alpha \tag{5.6}$$

Durch Ersetzen von F_G folgt:

$$\frac{m \cdot v^2}{r} = m \cdot g \cdot \tan\alpha \tag{5.7}$$

Die Masse kann auf beiden Seiten der Gleichung gekürzt werden. Die Gleichung wird nach der Geschwindigkeit aufgelöst:

$$v = \sqrt{r \cdot g \cdot \tan\alpha} \tag{5.8}$$

Aus Gl. (5.8) ist der direkte Zusammenhang zwischen Geschwindigkeit und Kurvenneigung α zu erkennen. Da der Radius eine unveränderliche geometrische Größe und die Erdbeschleunigung auch als konstant angesehen werden kann, ergibt sich, dass die Neigung eine Funktion der Entwurfsgeschwindigkeit ist. Erwähnenswert ist an dieser Stelle noch, dass die Masse der Fahrzeuge herausgekürzt wurde, so dass die Kurvenneigung für unterschiedlich schwere Fahrzeuge die gleiche ist.

Im lokalen System (siehe Abb. 5.2) ist eine zulässige, fühlbare Radialbeschleunigung $a_q = a_{y,zul} = 1$ m/s² erlaubt.

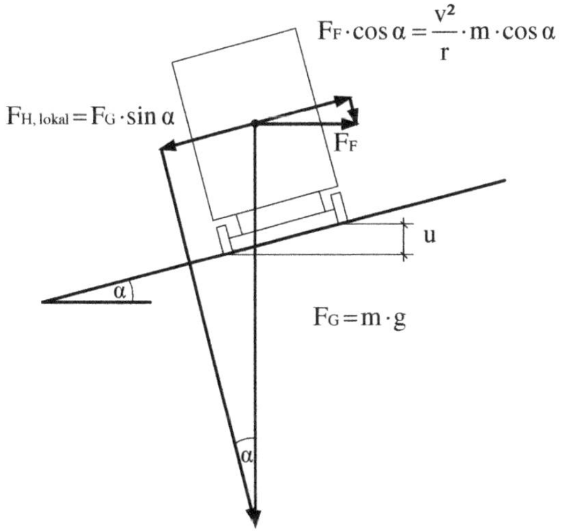

Abb. 5.2 Fahrt im Gleisbogen, lokales System

Das Kräftegleichgewicht ist erfüllt mit:

$$m \cdot a_{y,zul} + m \cdot g \cdot \sin\alpha = \frac{v^2}{r} m \cdot \cos\alpha \tag{5.9}$$

Damit kann der minimal einzuhaltende Kurvenradius r_{min} ermittelt werden [114]:

$$r_{min} = \frac{v^2 \cdot \cos\alpha}{1 + g \cdot \sin\alpha} \tag{5.10}$$

Mit $v = 300$ km/h = 83,333 m/s ergibt sich für $\alpha = 6{,}5°$ folgender minimal einzuhaltender Kurvenradius:

$$r_{min} = \frac{83{,}333^2 \cdot 0{,}9936}{1 + 9{,}80665 \cdot 0{,}1132} = 3.270 \ [m]$$

---

[114] Für kleine Neigungswinkel α gilt $\cos\alpha \approx 1$. Außerdem gilt $\sin\alpha = u/s_k$, mit u = Überhöhung und $s_k = 1\,500$ mm, als rechnerischer Abstand der Radaufstandspunkte bei Normalspur. Damit gilt überschlägig:

$$a_{y,zul} + g \cdot \frac{u}{1.500} = \frac{v^2}{r}$$

In Tabelle 5.1 sind die minimalen Radien für die verschiedenen Überhöhungen angegeben.

Tabelle 5.1 Minimal einzuhaltende Horizontal-Kurvenradien r_y bei einer Geschwindigkeit von 300 km/h

Überhöhung u [mm]	Winkel α [115] [°]	Minimaler Horizontal-Kurvenradius r_y [m]
170	6,5	3.270
180	6,9	3.165
200	7,7	2.974

Trassiert man ausschließlich mit der Geraden und dem Kreisbogen, so muss der Zug beim Befahren der Strecke einem plötzlichen Wechsel vom Radius $r = \infty$ bei der Geraden auf den Kreisradius folgen. Wie bereits erwähnt, wurde dies früher bei der Eisenbahn so praktiziert, führte jedoch zu einem heftigen Ruck. Der Fahrkomfort leidet hierdurch und wird heute durch Einschaltung von Übergangsbögen, üblicherweise einer Klothoide, erhöht. Der Ruck ist auf $\mathring{a}_y = 0{,}5$ m/s³ zu begrenzen. [116]

Neigetechnik

Will man den relativ hohen, minimal einzuhaltenden Kurvenradius beim Rad-Schiene-System verringern, ist dies durch den Einsatz der Neigetechnik möglich. Die Neigetechnik basiert auf dem Prinzip, dass der Neigungswinkel β zwischen dem Fahrzeugaufbau und dem Fahrwerk als Differenz zwischen dem Neigungswinkel α aus Abb. 5.3 und der baulich realisierten Gleisneigung berechnet und ständig automatisch nachgesteuert wird. [117] Die freie Seitenbeschleunigung a_q ergibt sich zu:

$$a_q = a_r \cdot \cos\alpha \; - g \cdot \sin\alpha \tag{5.11}$$

Nach Bongiovanni [118] errechnet sich die maximale Fahrgeschwindigkeit zu:

---

[115] Der Winkel wird überschlägig nach der Gleichung $\sin\alpha = \dfrac{u\,[m]}{1{,}5}$ errechnet.

[116] Fengler: Trassierung von Hochgeschwindigkeitsstrecken. Seite 133

[117] Kurz, Weschta: ICE T. Seite 78

[118] Bongiovanni: Das Neigesystem. Seite 72

$$v = \sqrt{a_q \cdot r + \frac{u}{s} \cdot g \cdot r} \;\; [\mathrm{m/s}] \tag{5.12}$$

Hierbei bedeuten:

a_q nicht kompensierte Beschleunigung auf Gleisebene [m/s²]
Zulassungswert für ICE T: $a_q = 2$ m/s²
v Geschwindigkeit [m/s]
r Kurvenradius [m]
u Gleisüberhöhung [mm]
g Erdbeschleunigung: 9,80665 m/s²
s Spurweite: 1.435 mm

Damit ergeben sich mit u = 170 mm, s = 1.500 mm und a_q = 1 m/s² oder 2 m/s² die in Tabelle 5.2 angegebenen Geschwindigkeitserhöhungen, abhängig vom Kurvenradius. Unabhängig vom Kurvenradius erzielt man eine Geschwindigkeitserhöhung um 21 %.

Tabelle 5.2 Geschwindigkeitserhöhungen durch Neigesysteme

Radius [m]	Geschwindigkeit ICE T [km/h]	Geschwindigkeit ohne Neigesystem [km/h]	Erhöhung der Geschwindigkeit [%]
250	100	83	21
400	127	105	21
600	156	128	21
1.000	201	165	21
1.200	220	181	21

In Abb. 5.3 ist der hierzu notwendige hohe technische Aufwand prinzipiell dargestellt. Bei den elektrisch angetriebenen Neigezügen kommt noch zusätzlich eine mechanische Einrichtung hinzu, welche den Stromabnehmer entgegen der Aufbauneigung bewegt, um zu gewährleisten, dass der Stromabnehmer unter dem Fahrdraht verbleibt. Somit sind Züge in Neigetechnik wesentlich aufwendiger konstruiert als vergleichbar ausgelegte Züge. Sie sind in der Neubeschaffung daher teurer als Vergleichsfahrzeuge. Nichts desto trotz ist ein ICE T deutlich billiger als ein ICE 3, insbesondere bedingt durch die etwa doppelt so hohe Antriebsleistung eines

ICE 3 und das wesentlich aufwendigere Bremssystem. [119] Damit erhöhen sich auch die Instandhaltungskosten.

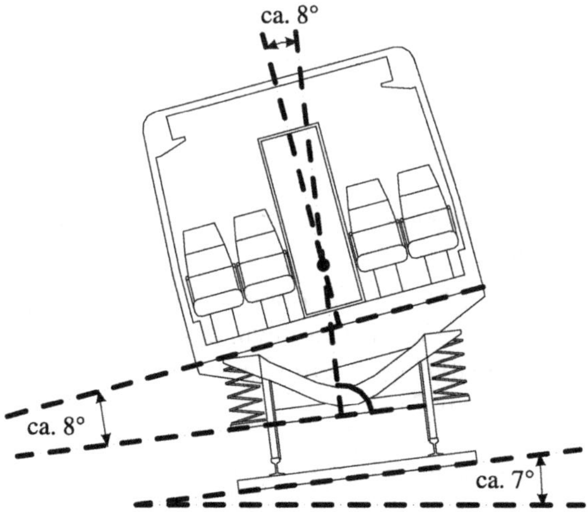

Abb. 5.3 Prinzipbild der Neigetechnik [120]

Es ist zu beachten, dass das „in die Kurve Hineinlegen" nicht so harmonisch wie beim Motorradfahren abläuft, sondern mit leichtem Rucken verbunden ist. Sensible Personen empfinden das Fahrgefühl daher als weniger angenehm.

Physikalische Gesetze lassen sich durch die Neigetechnik nicht umgehen. So muss berücksichtigt werden, dass die Kräfte, die sich aus der freien Seitenbeschleunigung ergeben durch den Unterbau aufgenommen werden müssen. Die verbleibenden Zentrifugalkräfte müssen zwischen Rad und Schiene übertragen werden. Dies führt zwangsweise zu einem überproportional hohen Verschleiß der Radsätze und der Schienen.

Außerdem ist zu berücksichtigen, dass sich durch die um 21 % erhöhte Geschwindigkeit längere Bremswege ergeben. Es ist sicherzustellen, dass trotz der erhöhten Geschwindigkeit vor Signalen rechtzeitig gehalten werden kann. Damit ist auch die gesamte Leit- und Sicherungstechnik der erhöhten Geschwindigkeit anzupassen. Es wird ersichtlich, dass nicht einfach mit Neigezügen statt normalen Zügen schneller gefahren werden kann.

---

[119] ICE 3 mit 8 Wagen als Einsystem ca. 20 Mio. €, als Mehrsystem ca. 24 Mio. €, ICE T mit 5 oder 7 Wagen ca. 15 Mio. €

[120] Kurz, Weschta: ICE T. Seite 79

Speziell mit der Dieselneigetechnik der Fahrzeugreihe VT 605, auch als ICE TD bezeichnet, hatte die DB AG trotz einer modernen Konzeption viele Probleme. So sind durch den Ausfall der Neigetechnik Züge in geneigter Stellung liegengeblieben. Zu allem Überfluss musste dann aus Sicherheitsgründen auch noch das Gleis in der Gegenrichtung gesperrt werden, um zu verhindern, dass der Zug der Gegenrichtung mit dem liegengebliebenen Zug kollidiert. Durch die Neigestellung ragte dieser in das Lichtraumprofil des Gegenzuges hinein. Wegen weiterer Probleme, unter anderem auch eines Achsbruches, wurde schließlich am 25. 07. 2003 vom Eisenbahn-Bundesamt (EBA) ein Fahrverbot für diese Fahrzeugreihe ausgesprochen. Auf Grund dieser schlechten Erfahrungen hat sich die DB AG zum Verkauf der Dieselneigetechnik der Baureihe VT 605 entschlossen.

Die Neigetechnik bei Hochgeschwindigkeitszügen setzt die DB AG auf der Strecke Dresden-Frankfurt und seit dem 12. 12. 2004 auf der Strecke Berlin-Hamburg ein. Trotz der relativ geradlinigen Trassierung der Strecke Berlin-Hamburg [121] ohne größere Höhenunterschiede muss die Neigetechnik eingesetzt werden, um die 287 km lange Strecke in 90 Minuten zurücklegen zu können. Damit wird eine mittlere Geschwindigkeit von rund 190 km/h erreicht. Die Technik scheint jedoch auch hier eher problematisch zu sein, da sich die DB AG lange Zeit hartnäckig weigerte, die Züge wegen zahlreicher Mängel zu bezahlen.

5.1.1.2 Die Trassierung im Höhenplan beim Rad-Schiene-System

Die maximale Steigung beim Rad-Schiene-System wird maßgeblich durch die folgenden Parameter beeinflusst:

- Zugkraft: Die verfügbare Zugkraft ist unter vereinfachten Bedingungen (z. B. ohne Berücksichtigung von Schlupf) von der Haftreibungszahl zwischen dem Rad und der Schiene abhängig. Diese beträgt zwischen Stahl und Stahl nur $\mu = 0{,}15$ (siehe Tabelle 5.18), so dass als Zugkraft maximal 15 % der auf die Antriebsachsen wirkenden Normalkraft zur Verfügung steht. Für trockene, gesandete Schienen wird im Eisenbahnwesen für Fahrzeitberechnungen häufig die empirische Gleichung (5.13) verwendet: [122]

[121] Diese Trasse ist eine Ausbaustrecke, die eine Sonderstellung einnimmt, da die betriebliche Höchstgeschwindigkeit von 200 km/h auf 230 km/h erhöht wurde.

[122] Curtius, Kniffler: Neue Erkenntnisse über die Haftung. Seite 201

$$\mu = \frac{7{,}5}{44 + v} + 0{,}161 \tag{5.13}$$

Bei nassen, gesandeten Schienen ist der Wert 0,161 auf 0,130 zu reduzieren. Die Geschwindigkeit v ist in [km/h] einzusetzen.

- Geschwindigkeit: In Gl. 5.13 werden die sich bei zunehmender Geschwindigkeit auswirkenden dynamischen Einflüsse nicht ausreichend berücksichtigt. Bei 300 km/h errechnet sich eine Haftreibungszahl von $\mu = 0{,}182$ (trocken) und von $\mu = 0{,}152$ (nass), die dann aber um die dynamischen Einflüsse abzumindern ist.
- Maximale Antriebsleistung: Jeder Zug führt seinen Antrieb mit sich, entweder in Form einer Lokomotive oder durch Triebköpfe, wie beim ICE 1, oder durch einen Antrieb einzelner Radsätze der Wagen, wie beim ICE 3. Bei langen Steigungen, insbesondere bei schweren Güterzügen kann die so verfügbare Antriebsleistung kritisch werden. Aus diesem Grund wird z. B. am Brenner auch heute noch die Antriebsleistung durch eine weitere Lokomotive in Doppeltraktion erhöht.

Aus diesen Gründen ist nach der EBO bei Neubauten auf freien Strecken mit Güterverkehr die Längsneigung bei Hauptbahnen auf $I_x = 12{,}5$ ‰ begrenzt. Topographisch ist Deutschland von Mittelgebirgen und hügeligen Gegenden geprägt. Dies führt in Verbindung mit den großen Radien, die bei Hochgeschwindigkeitsstrecken notwendig sind, bei der Trassierung zu einem großen Aufwand an Erdbaumaßnahmen sowie zu vielen aufwendigen Kunstbauwerken wie Brücken und Tunnel. Die Eingriffe in das Ökosystem sind beträchtlich. Daraus folgt, dass aufwendige Ausgleichsmaßnahmen erforderlich werden. Die Baukosten steigen im Allgemeinen erheblich!

Da bei einer Hochgeschwindigkeitsstrecke, die mit gemischtem Verkehr (Güter- und Personenverkehr) befahren wird, sich wegen der Geschwindigkeitsunterschiede auch betriebliche Schwierigkeiten ergeben, hat die DB AG inzwischen hieraus Konsequenzen gezogen. Künftig werden Hochgeschwindigkeitsstrecken nur noch für den Personenverkehr gebaut, so dass größere Neigungen im Höhenplan möglich sind. Diese sind nach der EBO auf freier Strecke auf $I_x = 40$ ‰ begrenzt. Dieser Wert wurde für die Schnellfahrstrecke Köln-Rhein/Main in Anspruch genommen.

Wer jedoch einmal von der über lange Strecken mehr oder weniger parallel geführten Autobahn einen Blick auf diese Neubaustrecke geworfen hat, ist überrascht, dass trotz dieser größeren zulässigen Längsneigung große Tunnel- und Erdbaumaßnahmen erforderlich waren. Dies hat schließlich auch zu den bisher festgestellten sehr hohen Gesamtkosten von rund 6 Mrd. € für die 177 km lange Strecke geführt. [123] Da unter anderem die Sanierung der Lärmschutzwände noch nicht in dieser Summe enthalten ist, sind Gesamtkosten von insgesamt 7 Mrd. € nicht unrealistisch.

Nach europäischer Übereinkunft wird nach der TSI die Längsneigung für Schnellfahrstrecken inzwischen auf $I_x = 35$ ‰ begrenzt, um den grenzübergreifenden Betrieb von Hochgeschwindigkeitszügen sicherzustellen. Im Vergleich zu der zulässigen Längsneigung von $I_x = 40$ ‰ nach der EBO stellt dies eine nicht unbeträchtliche Einengung der trassierungstechnischen Freiheitsgrade dar.

Zusätzlich zu den maximalen Steigungen ist zu beachten, dass die Steigung von 35 ‰ auf eine Länge von maximal 6 km begrenzt ist. Damit ergibt sich rechnerisch ein maximaler Höhensprung von 210 m. Darüber hinaus darf über einen gleitenden 10 km langen Abschnitt maximal eine mittlere Neigung von $I_x = 25$ ‰ vorgesehen werden. Hierdurch soll sichergestellt werden, dass wegen der bereits angesprochenen begrenzten Antriebsleistung die Höchstgeschwindigkeit nicht zu stark abfällt.

Der Übergang zwischen verschiedenen Neigungen muss mit ausreichend großen Kreisbögen ausgerundet werden. Die Wannen und Kuppen sind so zu gestalten, dass die Vertikalbeschleunigung a_z aus der Fahrdynamik maximal $a_z = 0{,}2$ m/s² bis 0,3 m/s² (in Ausnahmefällen maximal $a_{z,Kuppe} = 0{,}5$ m/s² und $a_{z,Wanne} = 0{,}6$ m/s²) beträgt. [124] Als Trassierungselement wird der Kreisbogen verwendet.

In Analogie zu Gl. (5.2) ergibt sich der Radius für die Kuppe r_K oder für die Wanne r_W zu:

$$a_z = \frac{v_e^2}{r_{k,w}} \tag{5.14}$$

Somit lässt sich der minimal zulässige Kuppen- oder Wannenradius berechnen zu:

$$r_{k,w} = \frac{v_e^2}{a_{z,zul}} \tag{5.15}$$

Die sich hieraus ergebenden minimalen Wannen- und Kuppenradien sind in Tabelle 5.3 angegeben.

[123] Heinisch: Der ICE 3 auf der NBS Köln-Rhein/Main. Seite 765

[124] Fengler: Trassierung von Hochgeschwindigkeitsstrecken. Seite 134

Tabelle 5.3 Minimale Kuppen- und Wannenradien beim Rad-Schiene-System

Entwurfsgeschwindigkeit v_e [km/h]	Zulässige Wert der Vertikalbeschleunigung $a_{z,\ zul}$ [m/s^2]	Mindestkuppen- oder -wannenradius $r_{K,\ W}$ [m]
200	0,2	15.432
	0,3	10.288
250	0,2	24.113
	0,3	16.075
300	0,2	34.722
	0,3	23.148

Selbstverständlich ergibt sich durch den plötzlichen Übergang von der Geraden in einen Kreisbogen der Wanne oder Kuppe ein Ruck $\dot{a}_z$ in Richtung der z-Achse. Dieser wird bei der Trassierung im Rad-Schiene-System aber nicht weiter verfolgt.

Unter Annahme einer maximal zulässigen Steigung von $I_{max} = 40$ ‰ gibt Fengler [125] an, dass es bei der Überwindung eines angenommenen Höhensprungs von $h = 250$ m durch die Kuppen- und Wannenradien sowie durch die Begrenzung des gleitenden Durchschnitts auf $I_{max} = 25$ ‰ zu einer Verlängerung der Trasse von $s_x = 7.450$ m auf $s_x = 10.750$ m kommt.

In einer zusammenfassenden Betrachtung der Trassierungsparameter beim Rad-Schiene-System ist festzuhalten, dass besonders die im Lageplan minimal einzuhaltenden Radien groß sind und die relativ geringen Steigungen im Höhenplan sehr beschränkend wirken. Dies führt besonders in hügeligem und bergigem Gelände zu umfangreichen Erdarbeiten und vielen Kunstbauwerken. Die Eingriffe in die Natur sind beachtlich und erfordern entsprechende Ausgleichsmaßnahmen. All diese Faktoren bewirken, dass Neubau-Hochgeschwindigkeitsstrecken schwierig zu trassieren sind und der Bau beachtlicher finanzieller Mittel bedarf.

5.1.1.3 Trassierung im Lageplan beim Transrapid

Im Vergleich zum Rad-Schiene-System ist die Trassierung beim Transrapid ausschließlich an Komfortkriterien orientiert. Wegen des lagesicheren Fahrwegs sind Querneigungen bis 12°, in Sonderfällen bis 16°, möglich. [126] Die Grundlage hierfür ist darin begründet, dass beim Transrapid ein Regelhalt auf offener Strecke nicht anzunehmen ist, da das System so geplant

[125] Fengler: Trassierung von Hochgeschwindigkeitsstrecken. Seite 133
[126] TRI: Richtlinie zum Trassieren von Magnetschnellbahnfahrwegen. Seite 0

wird, dass es in der Lage ist, fest vorgegebene Halteplätze auch in Notfällen zu erreichen. [127] Die zulässige Seitenbeschleunigung ist auf freier Strecke auf maximal a_y = 1,5 m/s² begrenzt, somit 50 % höher als beim Rad-Schiene-System.

Entsprechend Gl. (5.9), jedoch mit a_y = 1,5 m/s², können die in Tabelle 5.4 angegebenen minimalen Horizontal-Kurvenradien ermittelt werden.

Tabelle 5.4 Minimale einzuhaltende Horizontal-Kurvenradien beim Transrapid

Trassierungs-geschwindigkeit v_e [km/h]	Minimaler Horizontal-Kurvenradius r_y [m] bei a = 12°	Minimaler Horizontal-Kurvenradius r_y [m] bei a = 16°
300	1.937	1.638
350	2.637	2.231
400	3.444	2.913
450	4.360	3.686
500	5.382	4.551

Die in Tabelle 5.4 angegebenen Werte sind ohne Rundungen ermittelt worden. Schwindt [128] gibt folgende Werte an: $r_{min,\ 300\ km/h}$ = 1.920 m und $r_{min,\ 400\ km/h}$ = 3.415 m. Diese etwas günstigeren Werte ergeben sich durch entsprechende Rundungen bei den Ansätzen. Breimeier gibt dagegen einen Wert von $r_{min,\ 300\ km/h}$ = 2.250 m an. [129] Eine Quelle und ein Berechnungsweg sind nicht angegeben.

Im Vergleich mit dem Rad-Schiene-System ergeben sich somit bei gleichen Entwurfsgeschwindigkeiten beim Transrapid deutlich kleinere Radien (Beispiel bei v_e = 300 km/h: Transrapid bei 12° Querneigung r_{min} = 1.937 m; Rad-Schiene r_{min} = 3.176 m bei 180 mm Überhöhung). Soll dagegen der Transrapid mit 450 km/h fahren, so ist ein Radius von bis zu r_{min} = 4.359 m notwendig. Somit geht ein Teil des Vorteils beim Transrapid dann verloren, wenn er in schwierigem Gelände mit 450 km/h fahren soll. Bei einer Entwurfsgeschwindigkeit von 400 km/h hat der Transrapid in der Horizontalen etwa die gleichen Trassierungsparameter wie das Rad-

[127] Rausch: Systemtechnik der Magnetschnellbahn. Seite 21

[128] Schwindt: Die Systemtechnik des Transrapid-Fahrwegs. Seite 37

[129] Breimeier: Transrapid oder Eisenbahn. Seite 12

Schiene-System bei 300 km/h. Der Vorteil ist somit beachtlich! Generell ist auf das grundlegende Trassierungsprinzip hinzuweisen, dass minimale Kurvenradien nur in besonderen Fällen aneinander gereiht werden.

Ein allgemein anerkanntes Entwurfsprinzip geht von der Bündelung der Verkehrstrassen aus. So sollen möglichst Autobahn- und spurgebundene Hochgeschwindigkeitsstrecken gebündelt werden, um z. B. die Lärmauswirkungen auf einen gemeinsamen Korridor zu begrenzen. Autobahnen werden bei einer Entwurfsgeschwindigkeit von 120 km/h mit einem Kurvenmindestradius von 720 m geplant. [130] Hieraus wird ersichtlich, dass selbst bei einer Höchstgeschwindigkeit von 300 km/h der Transrapid nicht parallel zu einer Autobahn geführt werden kann. Jedoch sind die durch die beiden Verkehrswege gebildeten Inseln wesentlich kleiner als beim Rad-Schiene-System (bei Annahme gleicher Geschwindigkeiten). Außerdem werden Kreuzungsbereiche bei Autobahnauffahrten oder sonstige Verkehrswege mit dem Transrapid wesentlich leichter zu passieren sein (siehe Abschnitt 5.1.1.4).

5.1.1.4 Die Trassierung im Höhenplan beim Transrapid

Der Transrapid wird durch einen Langstator-Linearmotor angetrieben (siehe Abschnitt 3.2.2). Dieses Konzept führt dazu, dass die Antriebsleistung den Anforderungen fast beliebig angepasst werden kann. Mit einem Linearmotor könnte auch ein Aufzug in einem Hochhaus ausgestattet werden. Somit können prinzipiell alle Steigungen überwunden werden. Die Trassierungsregeln erlauben beim Transrapid Steigungen bis zu 100 ‰ (= 10 %). Dies ist ein relativ hoher Wert, wenn man bedenkt, dass Autobahnen bei einer Entwurfsgeschwindigkeit von 120 km/h mit maximal 40 ‰ trassiert werden. Selbst Passstraßen weisen meist nur über kurze Strecken Steigungen von mehr als 100 ‰ auf.

Fengler [131] erläutert, dass neben der maximalen Steigung weitere Kriterien zu beachten sind, damit bei der Fahrt bestimmte Komfortwerte nicht unterschritten werden. Es ist sicherzustellen, dass kein „Achterbahneffekt" aus wechselnden Horizontal- und Vertikalbeschleunigungen auftritt. Die Beschleunigungsübergänge sollen möglichst ohne Ruck erfolgen. Bei der Trassierung der Transrapidstrecken sollten deshalb in wechselnder Folge Klothoiden, Gradienten und Kreisbögen zum Einsatz kommen. Außerdem ist beim Transrapid zu beachten, dass eine direkte Kopplung aller Repräsentanten als Raumlinie anzusetzen ist. [132]

---

[130] nach RAS-L 95

[131] Fengler: Trassierung von Hochgeschwindigkeitsstrecken. Seite 132

[132] Appelt: Aktiver Entwurf des Transrapid-Fahrwegs im Raum. Seite 180

Beim Rad-Schiene-System werden dagegen in der Regel gegenseitige Wirkungen von Lage- und Höhenplan quantitativ vernachlässigt. Beim Transrapid sind im Gegensatz zur Eisenbahn die zulässigen Vertikalbeschleunigungen auf Kuppen auf $a_z = 0{,}6$ m/s² und in Wannen auf $a_z = 1{,}2$ m/s² beschränkt. Diese Werte sind somit deutlich größer als beim Rad-Schiene-System. Die minimal einzuhaltenden Kuppen- und Wannenradien sind in Tabelle 5.5 angegeben. Bis auf Rundungsabweichungen stimmen diese Werte mit denen überein, die Schwindt angegeben hat. [133]

Tabelle 5.5 Minimale Kuppen- und Wannenradien beim Transrapid

Entwurfsgeschwindigkeit v_e [km/h]	Zul. Wert der Vertikalbeschleunigung $a_{z,\,zul}$ [m/s³]	Mindestkuppenradius $r_{K,W,}$ [m]	Zul. Wert der Vertikalbeschleunigung $a_{z,\,zul}$ [m/s²]	Mindestwannenradius r_W [m]
200	0,6	5.144	1,2	2.572
300	0,6	11.574	1,2	5.787
400	0,6	20.576	1,2	10.288
450	0,6	26.042	1,2	13.021
500	0,6	32.150	1,2	16.075

Im Vergleich zum Rad-Schiene-System kommt dem Ruck beim Transrapid eine wesentlich größere Bedeutung zu. Dieser ist in allen Richtungen x, y und z auf $\mathring{a} = 0{,}5$ m/s³ beschränkt. Darüber hinaus ist er als omnidirektionaler Ruck im Bereich des Regelfahrwegs auf $\mathring{a}_{ges} = 1{,}0$ m/s³ beschränkt. Im Bereich von Weichen sind höhere Werte zugelassen. Die Einhaltung aller Planungsparameter ist heute durch den Einsatz spezialisierter Software leicht möglich. [134]

Von Bedeutung ist, dass der Transrapid bereits bei einer Überschreitung der bahnspezifischen Maximalneigung von 35 ‰ deutliche Vorteile mit sich bringt. So erreicht die Eisenbahn bei einer Entwurfsgeschwindigkeit von $v_e = 300$ km/h ihre maximale Längsneigung bei einem Höhensprung von 27,5 m mit einer Längenentwicklung von 1.574 m. Bei derselben Geschwindigkeit erreicht der Transrapid diese Längsneigung bereits bei einem Höhensprung von 16,5 m. Er benötigt dafür nur eine Länge von 943 m. [135] Damit wird deutlich, dass der Transrapid wesentlich näher am ursprünglich vorhandenen Gelände geführt werden kann als eine Eisen

[133] Schwindt: Die Systemtechnik des Transrapid-Fahrwegs. Seite 37
[134] Rickert: CARD/1 – Planungssoftware. Seite 93
[135] Fengler: Trassierung von Hochgeschwindigkeitsstrecken. Seite 145

bahn. Ebenso ist es wesentlich einfacher, mit dem Transrapid eine Straße aus der ebenerdigen Lage heraus zu überfahren. Falls der Transrapid auf dem typischen aufgeständerten Fahrweg geführt wird, wäre dies sowieso ohne weiteren Aufwand möglich. Der Umfang erforderlicher Erdbaumaßnahmen und die damit verbundenen Eingriffe in das Ökosystem sind weitaus geringer.

5.1.1.5 Trassierungsvergleich der beiden Verkehrssysteme

Breimeier als Kritiker des Transrapid akzeptiert anfangs die Trassierungsvorteile des Transrapid: *„Unter der Voraussetzung gleicher Geschwindigkeiten lässt sich eine Magnetbahnstrecke vor allem in topographisch schwierigem Gelände flexibler als eine Eisenbahnstrecke trassieren. Die Ursachen hierfür sind einmal in der bereits angesprochenen größeren möglichen Schräglage der Fahrbahn zu sehen (12° beim Transrapid gegenüber 6,9° bei der Eisenbahn [136]), die eine Anwendung kleinerer Bogenradien ermöglicht. Der minimale Bogenradius für eine Geschwindigkeit von 300 km/h beträgt beispielsweise beim Transrapid 2.250 m und bei der Rad-Schiene-Technik 3.250 m.*

Vorausgesetzt wird bei diesem Vergleich eine maximale Überhöhung des Eisenbahngleises von 180 mm und eine auf das Fahrzeug wirkende freie Seitenbeschleunigung von 1 m/s^2. Der Einsatz der Neigetechnik gestattet eine Verdopplung dieses Wertes auf 2,0 m/s^2." [137]

Zuerst muss nochmals der von Breimeier angegebene Radius von 2.250 m auf 1.937 m korrigiert werden. Hinzu kommt, dass die Neigetechnik nur bedingt eine Alternative zu einem echten Hochgeschwindigkeitszug darstellt. Die Technik ist relativ anfällig und erhöht die Investitions- und Instandhaltungskosten eines Zuges beträchtlich. Sie wird nur auf Ausbaustrecken eingesetzt, wie z. B. auf der Strecke Berlin-Hamburg, die mit relativ hohem Aufwand auf eine Maximalgeschwindigkeit von v_{max} = 230 km/h ertüchtigt wurde. Höhere Geschwindigkeiten als 230 km/h mit Neigezugtechnik dürften nur schwer realisierbar sein. Erfolgversprechende Entwicklungen in dieser Richtung sind zur Zeit nicht bekannt. Sollten in der Zukunft für den Geschwindigkeitsbereich bis 300 km/h Rad-Schiene-Neigetechnikzüge entwickelt werden, dann könnte die Neigetechnik in gleicher Weise auch für die Magnetschnellbahn eingesetzt werden.

Beim direkten Vergleich einer Mittelgebirgsquerung am Beispiel des Erzgebirges zwischen Heidenau im Süden von Dresden und Lovosice in Nordböhmen stellt Fengler deutliche Vorteile des Transrapid fest. So

[136] Mnich, Marx und Stöckl: Trassierung von Transrapidstrecken. Seite 444

[137] Breimeier: Transrapid oder Eisenbahn. Seite 12

kommt z. B. der Transrapid bei einer Entwurfsgeschwindigkeit von v_e = 300 km/h gänzlich ohne Scheiteltunnel aus, während die Bahn einen solchen mit einer Länge von 9.385 m benötigen würde. [138] Der Transrapid könnte außerdem über weite Bereiche sehr nahe an der Autobahn geführt werden.

Die Trassenlage für eine Magnetschnellbahn mit einer Entwurfsgeschwindigkeit von v_e = 400 km/h ähnelt im Grundriss sehr einer Rad-Schiene-Trasse mit einer Entwurfsgeschwindigkeit von v_e = 300 km/h, da sich die Kurvenradien kaum unterscheiden. In der Höhenlage ergeben sich jedoch beträchtliche Unterschiede. Wird bei obigem Beispiel der Trassierung des Erzgebirges beim Transrapid ein Scheiteltunnel mit einer Länge von 3.690 m notwendig, so ist dieser beim Rad-Schiene-System mit 9.385 m etwa 2,5-mal so lang. Auch hier kann der Transrapid häufig noch sehr gut der Autobahn folgen, obwohl die Bogenabrückungen zwangsläufig zunehmen. Der Transrapid kann in beiden Varianten über mehrere Kilometer seine maximale Steigfähigkeit von 100 ‰ ausnützen und somit dem Verlauf des Urgeländes wesentlich besser folgen, häufig mit Steigungen von über 35 ‰.

Es ist somit nicht als Nachteil zu betrachten, wenn die Topographie geringere Neigungen vorgibt, als der Transrapid überwinden kann, sondern ein Zeichen der hohen Leistungsfähigkeit des Transrapid. Mit zu starken Längsneigungen hat nicht der Transrapid ein Problem, sondern die Eisenbahn. Auf der Neubaustrecke Köln-Rhein/Main, einer Strecke durch ein typisches Mittelgebirge, waren 30 Tunnel mit einer Gesamtlänge von 47 km und 18 Großbrücken mit einer Gesamtlänge von 6 km erforderlich. Somit wurden rund 27 % der 177 km langen Strecke in Tunneln und 3,4 % auf Großbrücken geführt.

Breimeier versucht die Vorteile des Transrapid durch folgendes Argument abzuschwächen: *„Die zu überwindenden Höhendifferenzen sind im allgemeinen zu gering, um auf Höchstgeschwindigkeits-Trassen eine Längsneigung von 10 % ausnutzen zu können. Die große ‚Steigfähigkeit' des Transrapid hat hiermit auf die Trassierung einer Magnetbahn im Aufriss infolge der großen Ausrundungsbögen nur einen geringen Einfluss.“* [139]

Im Abschnitt 5.1.1.4 wurde Fengler zitiert. Er stellt fest, dass bei der gleichen Entwurfsgeschwindigkeit von v_e = 300 km/h der Transrapid schon bei einem Höhensprung von 16,5 m nach 943 m die 35 ‰ Steigfähigkeit ausnutzt. Die Bahn benötigt hierfür jedoch eine Strecke, die mit 1.574 m mehr als 50 % länger ist. Weiter stellt er fest, dass bei der Kreu-

[138] Fengler: Trassierung von Hochgeschwindigkeitsstrecken. Seite 147
[139] Breimeier: Transrapid oder Eisenbahn. Seite 14

zung von Verkehrswegen in „plus 1"- oder „minus 1"-Lage der zu überwindende Höhensprung im Bereich von 10 m bis 12 m liegt. Auch hier ist der Transrapid schon leicht im Vorteil, da die Eisenbahn für 11 m Höhendifferenz eine Länge von 806 m benötigt, das Rad-Schiene-System jedoch 995 m und somit 23 % mehr! Gerade solche Situationen sind jedoch in Gegenden mit einer dichten Infrastruktur häufig anzutreffen. Die flexible Trassierung beim Transrapid zwischen aufgeständertem und ebenerdigem Fahrweg stellt somit in Verbindung mit der Steigfähigkeit einen großen Vorteil des Transrapid dar. [140]

Weiter führt Breimeier aus: *„Dem kostenmindernden Einfluss einer flexiblen Trassierung der Magnetbahn steht der kostensteigernde Einfluss der spezifischen Gestaltung des Fahrweges gegenüber, der als durchlaufendes Brückenbauwerk mit integriertem Antrieb (Langstator-Linearmotor) eine aufwendige technische Konstruktion darstellt."* [141]

Zweifellos ist der Transrapidfahrweg isoliert betrachtet teurer als eine Feste Fahrbahn, allein schon deshalb, weil der Langstator als maßgeblicher Teil des Antriebs im Fahrweg integriert ist und bei den üblichen Kostenstrukturierungen dem Fahrweg zugewiesen wird. Ein Vergleich des gesamten Fahrweg-Bauwerks des Transrapid ist nur zulässig, indem die Kosten für den gesamten Ober- und Unterbau des Rad-Schiene-Systems einbezogen werden. Hinsichtlich der konkreten Kostenuntersuchungen wird auf das Kapitel 6 verwiesen. Darüber hinaus kann ein umfassender Kostenvergleich nicht singulär mit den Investitionskosten durchgeführt werden. Notwendig sind zusätzliche Betrachtungen zu den Betriebs- und Instandhaltungskosten und den unterschiedlichen Erlösen.

5.1.2 Lichtraumprofile und Fahrbahnquerschnitte

5.1.2.1 Lichtraumprofil und Fahrbahnquerschnitt beim Rad-Schiene-System

Die Fahrbahnquerschnitte leiten sich aus der Anzahl der Gleise und den Lichtraumprofilen ab. Das Lichtraumprofil ist ein von Einbauten freizuhaltender Bereich des Querschnitts einer Bahn. [142] Abb. 5.4 zeigt das nach der EBO verbindlich vorgeschriebene Lichtraumprofil GC bei allen Neubauten im Netz der DB AG. Die Grenzlinie gibt jenen Bereich an, der vom Fahrzeugprofil zu keiner Zeit einer Fahrt überschritten werden darf.

[140] Falls der Transrapid bereits aufgeständert geführt wird, ergeben sich häufig keine oder nur sehr geringe Höhensprünge.

[141] Breimeier: Transrapid oder Eisenbahn. Seite 13

[142] Matthews: Bahnbau. Seite 49

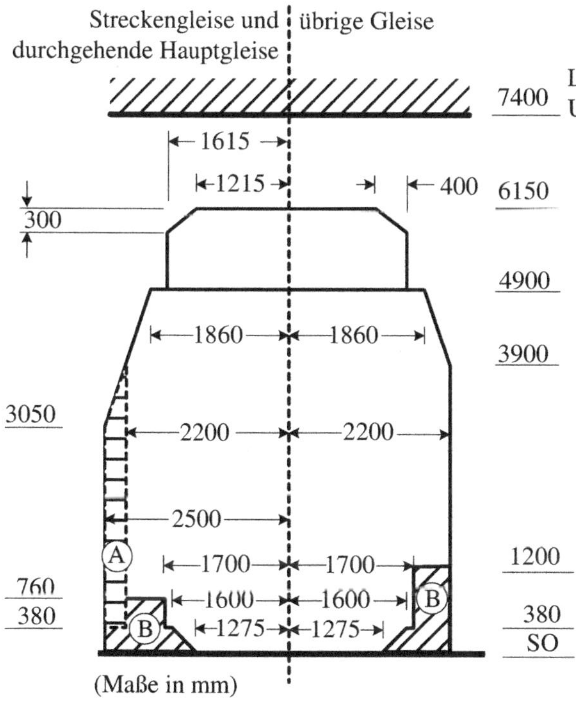

Bereich A: Zwischen Streckengleisen und durchgehenden Hauptgleisen darf dieser Raum für die Streckenausrüstung genutzt werden.

Bereich B: Raum für bauliche Anlagen, wie z. B. Bahnsteige, Rampen, Rangiereinrichtungen, Signalanlagen. Bei Bauarbeiten dürfen hier auch vorübergehend andere Gegenstände hineinragen wie z. B. Baugerüste und -geräte, wenn die notwendige Sicherheit gewährleistet ist.

Abb. 5.4 Regellichtraumprofil für Neubaustrecke v ≤ 300 km/h (Kettenwerk im Normalbereich, Systemhöhe 1,80 m)

Hochgeschwindigkeitsstrecken werden aus betrieblichen Gründen quasi ausschließlich zweispurig errichtet. Für die Ermittlung des Fahrbahnquerschnitts ist daher der Gleisabstand von Bedeutung.

Bei Neubaustrecken ist bei einer Entwurfsgeschwindigkeit $v_e \leq 300$ km/h auf freien Strecken ein Gleisabstand $e = 4{,}50$ m vorgeschrieben. Bei Bögen $r < 250$ m sind Zuschläge vorzusehen. Der Gleisabstand e wird horizontal zwischen den Gleismitten gemessen.

Neben den Gleisen sind zusätzliche Einrichtungen notwendig. Dazu zählen Mastgassen für die Oberleitung sowie Kabelkanäle. Für die Stabilität von Bahnkörpern ist es erforderlich, dass Oberflächenwasser aber auch Grund- und Sickerwasser abgeführt werden. Daher sind in der Regel

Bahngräben vorzusehen. Diese sind so tief anzuordnen, dass die Frostschutzschicht sicher entwässert wird. Bei der Gefahr, dass durch steigende Grundwasserspiegel oder bei Hangsickerwasser der Bahndamm destabilisiert wird, sind Tiefenentwässerungen vorzusehen.

Bedingt durch die natürliche Topographie wird die Trassierung zwischen Dämmen und Einschnitten wechseln. Größere Erhebungen werden mit Tunneln durchfahren, Täler sind durch Talbrücken, größere Flüsse durch Strombrücken zu überqueren. Straßen, landwirtschaftliche Wege und andere verkehrliche Anlagen sowie Bäche werden mit kleinen Brücken und Überführungsbauwerken gequert. Bevorzugt sollte so trassiert werden, dass die Hochgeschwindigkeitsstrecken über Straßen und andere verkehrliche Anlagen geführt werden, damit von dort keine Gegenstände auf die Schienen fallen oder geworfen werden können. Aus topografischen Gründen und in innerstädtischen Bereichen, meist jedoch bedingt durch andere bauliche Anlagen, kann es notwendig werden, dass die Trasse in eine Wanne gelegt oder in Hochlage mit Stützmauern (ein- oder zweiseitig) geplant wird.

Abhängig von diesen Randbedingungen ergeben sich typische Fahrbahnquerschnitte. In Abb. 5.5 ist solch ein typischer Fahrbahnquerschnitt dargestellt. Wie aus der Abbildung zu entnehmen ist, beträgt der Abstand der Außenkanten der Lichtraumprofile 8,90 m. Zusätzlich wird Platz für einen Sicherheitsraum, die Oberleitungsmasten, die Entwässerungsgräben oder die Tiefenentwässerung benötigt. Allein hieraus ergibt sich eine Trassenbreite bis zu den Außenkanten der Fundamente der Oberleitungsmasten von rund 14 m. Einschließlich beidseitiger Entwässerungsgräben ist eine Trassenbreite von mindestens 16 m vorzusehen.

Schließlich sollte beidseitig der Trasse ein Zaun vorgesehen werden. Diese Maßnahme führt zu einer wesentlichen Erhöhung der Sicherheit, da der unbefugte Zugang zu den Bahnanlagen unterbunden wird. Die Anordnung eines Zaunes parallel zu Hochgeschwindigkeitstrassen ist im Ausland eine Selbstverständlichkeit! Durch die Zäune auf beiden Seiten verbreitert sich die Trasse um mindestens 1,00 m. In vielen Fällen sind wegen der großen Schallemissionen einer Eisenbahn Lärmschutzmaßnahmen in Form von Lärmschutzwänden oder Lärmschutzdämmen vorzusehen. Da auch die Stromabnehmer eine beträchtliche Lärmquelle bilden, sind die Lärmschutzwände meistens 3 bis 5 m hoch zu führen. Die Lärmschutzwände können in der Mastengasse geführt werden, so dass hierfür keine zusätzlichen Flächen benötigt werden. Im unmittelbaren Bereich der Masten müssen die Lärmschutzwände jedoch um die Masten selbst herumgeführt werden.

Die genannte Trassenbreite von mindestens 16,00 m erhöht sich schnell auf 30,00 bis 40,00 m, falls Einschnitte oder Dämme notwendig werden.

Die Böschungen sind mit einer Neigung von $h/b \leq 1 : 1{,}5$ auszuführen. Ein Damm von 2,00 m Höhe führt somit zu einer Verbreiterung der Trasse um mindestens 6,00 m.

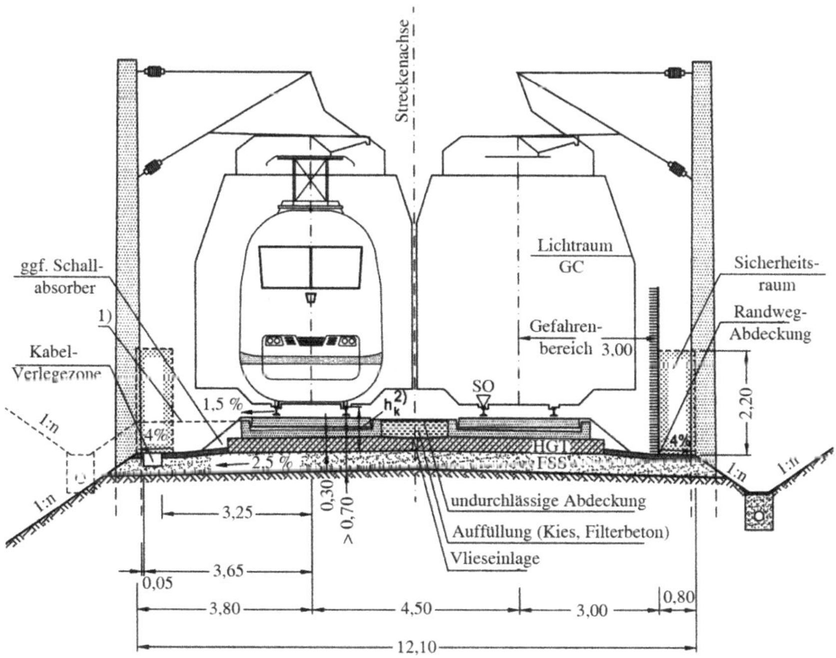

HGT hydraulisch gebundene Tragschicht
FSS Frostschutz-Schicht
1) In Einschnittbereichen mit Tiefenentwässerung kann es zweckmäßig sein, den Randweg bis OK Fahrbahn anzuheben.
2) h_k = Konstruktionshöhe FF (0,50 m bis 070 m je nach Bauart)

Abb. 5.5 Typischer Fahrbahnquerschnitt beim Rad-Schiene-System [143]

Für den späteren Vergleich zwischen verschiedenen Verkehrssystemen kann somit festgehalten werden:

- Gleise sind über die Feste Fahrbahn regelmäßig flächig auf den Baugrund aufgelagert. Trennwirkungen im Ökosystem entstehen.
- Der Fahrweg zerschneidet die Landschaft. Durchlässe für Tiere müssen konstruktiv vorgesehen werden! Auch der Mensch kann nur bei Unter- oder Überführungen den Fahrweg queren.
- Entlang des Fahrwegs müssen Entwässerungsgräben vorgesehen werden. Dies hat Einflüsse auf den natürlichen Wasserhaushalt.

[143] DB Netz AG

- Entlang von Schnellbahnstrecken müssen wegen der hohen Schallpegel der Rad-Schiene-Systeme zumindest in der Nähe von bebauten Gebieten Lärmschutzmaßnahmen ergriffen werden. Steht für Lärmschutzdämme nicht ausreichend Gelände zur Verfügung, sind Lärmschutzwände im Allgemeinen mit Höhen zwischen 3 und 5 m zu errichten. Der optische Einfluss von kilometerlangen Lärmschutzwänden ist zu berücksichtigen.

5.1.2.2 Lichtraumprofil und Fahrbahnquerschnitt beim Transrapid

Das Profil eines Transrapid-Fahrzeugs unterscheidet sich deutlich von dem eines ICE-Fahrzeugs. Aus diesem Grund ist auch das Lichtraumprofil deutlich unterschiedlich. Aus Abb. 5.6 wird im Vergleich zu Abb. 5.4 deutlich, dass die Querschnitte sowohl in der Höhe wie auch in der Breite gewisse Ähnlichkeiten aufweisen. Besonders auffällig ist die wesentlich größere Lichtraumbreite von bis zu 6,30 m (bei v_{max} = 500 km/h) beim Transrapid im Vergleich zu 4,40 m beim Rad-Schiene-System. Unterschiede ergeben sich auch bei den Höhen. Das Lichtraumprofil beträgt bei der Eisenbahn 6,15 m. Als lichte Höhe für Überführungsbauwerke sind jedoch wegen der Oberleitung auf der freien Strecke 7,40 m gefordert, beim Transrapid dagegen nur maximal 6,05 m (bei v_{max} = 500 km/h). Der Querschnitt stellt sich beim Transrapid durch die fehlenden Radsätze und den fehlenden Stromabnehmer wesentlich gedrungener dar.

Der Spurmittenabstand ist mit $s = 4{,}40$ m bei $v_e \leq 300$ km/h, mit $s = 4{,}80$ m bei $v_{ee} \leq 400$ km/h und mit $s = 5{,}10$ m bei $v_e \leq 500$ km/h vorgeschrieben. Daraus ergibt sich eine Trassenbreite zwischen der Innenkante von der Lärmschutzwand oder eines Schutzzaunes bei einer Entwurfsgeschwindigkeit bis 300 km/h von 10,10 m. Bei Geschwindigkeiten bis 400 km/h werden 10,50 m, bei 500 km/h 11,40 m benötigt. Zusätzlich ist etwa 1 m für die Ausbildung des Schutzzaunes oder der Lärmschutzwand erforderlich. Da beim Rad-Schiene-System einschließlich der Oberleitungsmasten eine Trassenbreite von mindestens 16,00 m benötigt wird, braucht die Eisenbahn bei diesem Vergleich der Trassen rund 40 % mehr Land als der Transrapid.

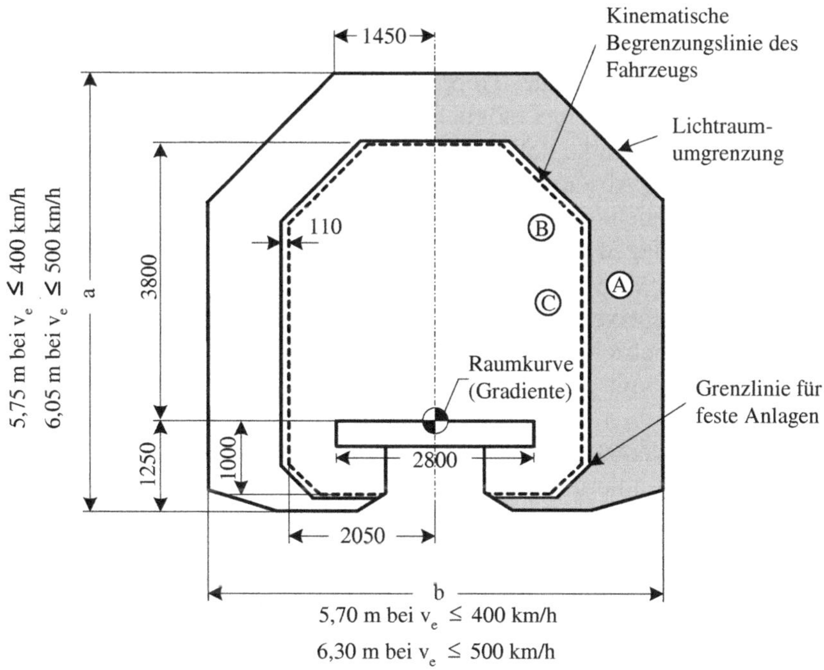

Bereich A:	Zulässig sind bauliche Betriebsanlagen, wie z. B. Bahnsteige, Weichen, Rettungsstege sowie Einragungen bei Bauarbeiten.
Bereich B:	Raumbedarf für Toleranzen des Fahrwegs und dessen Linienführung
Bereich C:	kinematischer Raumbedarf des Fahrzeugs

In die Bereiche B und C sind Einragungen nur während des Fahrgastwechsels und der Reinigung/Instandhaltung von Fahrzeugen zulässig.
Die Maße a und b sind geschwindigkeitsabhängig.

Abb. 5.6 Lichtraumprofil des Transrapid [144]

5.1.2.3 Flächenbedarf

Im Vergleich des ebenerdigen mit dem aufgeständerten Fahrweg des Transrapid wird deutlich, dass der Landverbrauch beim aufgeständerten Fahrweg relativ gering ist. Rechnerisch ergibt sich hier, abhängig von der Trägerspannweite, etwa ein Landverbrauch [m²] pro Fahrbahnmeter [m] für die Fundamente und Stützen in Höhe von etwa 0,4 m²/m. [145] Ob die Trasse unterhalb des Fahrwegs erworben oder ob nur eine Grunddienstbarkeit eingetragen wird, ist im Einzelfall zu klären. Ein parallel zum

[144] Abbildung: nach Magnetschwebebahnverordnung (MbBO) Anlage zu § 14
[145] Annahme Doppelfahrweg, Fundament 7,0 x 1,5 m; Spannweite 24,80 m

Fahrweg angeordneter Betriebsweg ist aus betrieblichen Gründen nicht notwendig. In Abständen von 3 km bis 8 km [146] sind Halteplätze anzuordnen, bei denen über leichte Treppenkonstruktionen gegebenenfalls eine Evakuierung des Fahrzeugs möglich ist. Außerdem sind in Abständen von bis zu 50 km Unterwerke notwendig, in denen der Fahrweg mit Strom versorgt wird. [147] Der Abstand der Unterwerke ist von betrieblichen Faktoren abhängig. Zusätzlich sind in kürzeren Abständen entlang des Fahrwegs Streckenschaltanlagen notwendig, die zu einem Flächenverbrauch von etwa 0,1 m^2/m führen. Sowohl zu den Unterwerken als auch zu den Nothalteplätzen sind selbstverständlich Zugangswege erforderlich. Der Flächenbedarf für diese betrieblichen Einrichtungen addiert sich zu etwa 1,5 m^2/m. Insgesamt sind somit rund 2,0 m^2/m für den aufgeständerten Fahrweg erforderlich.

Zusätzlich zu den Betriebsflächen sind für ökologische Ausgleichsmaßnahmen und Arrondierungsmaßnahmen Flächen anzukaufen und anzulegen. Dieser Flächenbedarf ergibt sich streckenspezifisch in Abhängigkeit von:

- dem ökologischen Wert der betrieblich in Anspruch genommenen Flächen,
- nicht weiter nutzbaren, allseitig umschlossenen Flächeninseln, die sich z. B. durch Bündelung von Verkehrstrassen (Autobahn, Eisenbahn oder Wasserflächen mit der Hochgeschwindigkeitstrasse) ergeben.
- Bei der Durchfahrung von Wäldern sind beiderseits der Trasse ca. 30,00 m baumfreie Fläche vorzuhalten.

Hierfür sind 40 % bis 70 % der Betriebsflächen zusätzlich anzusetzen. In Tabelle 5.6 sind die Faktoren angegeben, um die der Flächenverbrauch beim Rad-Schiene-System höher ist als beim Transrapid. Die Werte schwanken zwischen dem Faktor 1,4, falls beide Systeme ebenerdig und ohne die Notwendigkeit von Dämmen geführt werden und dem 25-fachen, falls die Eisenbahn auf einem 12 m hohen Damm und der Transrapid aufgeständert geführt wird.

Der tatsächliche Flächenmehrverbrauch ist nur an einem konkreten Planungsfall zu ermitteln. Dies soll an einem fiktiven Beispiel gezeigt werden. Raschbichler nennt einen durchschnittlichen Flächenverbrauch für Neubaustrecken von 31,8 m^2/m Doppelspur. [148] Die Lage der Eisenbahn ist weitgehend durch den anzustrebenden Erdmassenausgleich vorgegeben.

---

[146] Rausch: Systemtechnik der Magnetschnellbahn. Seite 21

[147] Stephan: Erfahrungen aus der Zulassung. Seite 116

[148] Raschbichler: Die Auswirkungen von Hochgeschwindigkeitsverkehr. Anlage 10

Die Topografie hat einen sehr starken Einfluss auf den Tunnel- und Brückenanteil. Der Transrapid kann jedoch sowohl ebenerdig als auch aufgeständert geführt werden. Die aufgeständerte Fahrbahn hat insbesondere ökologische und sicherheitstechnische Vorteile. Daher soll für einen hypothetischen Vergleich die aufgeständerte Fahrbahn als Vorzugstrassierungselement angenommen werden.

Tabelle 5.6 Vergleich des Flächenbedarfs

Bahn	Transrapid	Faktor
ebenerdig, ohne Damm/Einschnitt ca. 16,00 m²/m	ebenerdig ca. 11,50 m²/m	1,4
Damm/Einschnitt 5,00 m hoch ca. 35,00 m²/m	aufgeständert ca. 2,00 m²/m	17
ebenerdig, ohne Damm/Einschnitt, zusätzlich 50 % Ausgleichsfläche ca. 24,00 m²/m	ebenerdig, inkl. 50 % Ausgleichsfläche ca. 17,00 m²/m	1,4
ebenerdig, mit Damm/Einschnitt, 5,00 m hoch, zusätzlich 50 % Ausgleichsfläche ca. 50,00 m²/m	aufgeständert, inkl. 50 % Ausgleichsfläche ca. 3,00 m²/m	17
Damm/Einschnitt, 12,00 m hoch, zusätzlich 20 % Ausgleichsfläche ca. 75,00 m²/m	aufgeständert, inkl. 50 % Ausgleichsfläche ca. 3,00 m²/m	25

Beim Transrapid werden geringere Brücken- und Tunnelanteile angenommen, da der Transrapid flexibler trassiert werden kann. Außerdem werden beim Transrapid insgesamt nur 9 % Dämme und Einschnitte angesetzt, wobei nur in Ausnahmefällen der Damm als Trassierungselement gewählt werden sollte, da die aufgeständerte Fahrbahn die Vorzugslösung darstellt. Beim Rad-Schiene-System wird davon ausgegangen, dass 45 % der Strecke auf Dämmen und in Einschnitten trassiert werden müssen. Generell werden Ausgleichsflächen mit berücksichtigt. Das Ergebnis ist in Tabelle 5.7 dargestellt.

Tabelle 5.7 Flächenbedarf – Modellbetrachtung

	Rad-Schiene-System			Transrapid		
Bauteil	Flächenbedarf des Bauteils	Anteil	Flächenbedarf anteilig	Flächenbedarf des Bauteils	Anteil	Flächenbedarf anteilig
	[m²/m]	[%]	[m²/m]	[m²/m]	[%]	[m²/m]
Tunnel	3	10	0,30	3	5	0,15
ebenerdig mit Ausgleichsflächen	24	40	9,60	17	10	1,70
Damm/Einschnitt 5 m hoch mit Ausgleichsflächen	50	30	15,00	40	6	2,40
Damm/Einschnitt 12 m hoch mit Ausgleichsflächen	75	15	11,25	65	3	1,95
aufgeständert				2	72	1,44
Brücken mit Widerlagern und Ausgleichsflächen	20	5	1,00	15	4	0,60
Summe		100	37,15		100	8,24

Danach werden beim Rad-Schiene-System im Mittel 37,15 m²/m, beim Transrapid dagegen nur 8,24 m²/m benötigt. Der Flächenmehrverbrauch beim Rad-Schiene-System im Vergleich zum Transrapid ergibt hier einen Faktor von 4,5. Dieser Wert gilt für Trassierungen auf der „grünen Wiese“ unter der Planvorgabe, den Transrapid bevorzugt aufgeständert zu trassieren. Damit kommen auch die ökologischen Vorteile der aufgeständerten Trassierung besonders zum Tragen. Unter anderen Bedingungen, wie diese z. B. in oder in der unmittelbaren Nähe von Ballungsräumen vorliegen, dürfte der Flächenvorteil auf einen Wert von etwa 1,5 bis 2,0 fallen. Geschuldet ist dies Tunnelanteilen (annähernd identische Werte), ebenerdiger Trassierung parallel zu bestehenden Verkehrswegen (Faktor etwa 1,4) und relativ geringen Anteilen der aufgeständerten Fahrbahn (Faktor etwa 17).

5.1.3 Die konstruktive Ausbildung des Fahrwegs

5.1.3.1 Regelausbildung des Fahrwegs beim Rad-Schiene-System

Die heute übliche konstruktive Ausbildung des Fahrwegs beim Rad-Schiene-System basiert auf einer Entwicklung, die über rund 175 Jahre andauerte. Trotzdem steht das Rad-Schiene-System im Hochgeschwindigkeitsverkehr vor neuen Entwicklungen und Herausforderungen. In Deutschland wurde das erprobte Schotterbett zugunsten der „Festen Fahrbahn“ aufgegeben.

Hierfür sind mehrere Gründe anzuführen. Bei Hochgeschwindigkeitsbahnen werden sehr hohe Anforderungen an die Gleislage gestellt. Beim Schotterbett kommt es jedoch durch die hohen dynamischen Lasten bei Hochgeschwindigkeitszügen leicht zu Setzungen und Verschiebungen. Ein festes Betonbett kann diese Kräfte wesentlich besser aufnehmen. [149] Erste Entwicklungen zu Hochgeschwindigkeitszügen, die unmittelbar nach 1945 in Frankreich und Japan vorangetrieben wurden, führten z. B. zu massiven Beschädigungen des gesamten Gleisbettes bei einer Versuchsfahrt am 29. 03. 1955 auf der Strecke Bordeau-Hendaye. [150]

Außerdem hat sich zwischenzeitlich herausgestellt, dass die einzelnen Schottersteine nur bedingt die hohen dynamischen Lasten aufnehmen können. Es brechen Kanten aus oder die einzelnen Schottersteine auseinander. Dadurch wird die konstruktive Wirkung des Schotterbettes eingeschränkt oder aufgehoben.

Aus beiden Gründen folgt ein sehr hoher Instandhaltungsaufwand, bestehend aus kleinen Instandsetzungen, turnusmäßiger Durcharbeitung und Reinigung/Erneuerung der Bettung. Faktisch jede Nacht fahren Wartungszüge auf die Hochgeschwindigkeitsstrecken, um eine ausreichende und sichere Gleislage zu gewährleisten, da die Arbeitsgeschwindigkeiten der Gleisinstandhaltungsfahrzeuge sehr gering sind, z. B. für Universalstopfgeräte 2 km/h. [151] Es muss unterstellt werden, dass die Kosten hierfür außerordentlich hoch sind.

Schließlich wurde auch festgestellt, dass durch die hohen Geschwindigkeiten einzelne Schottersteine aufgewirbelt werden können. Dabei können Schäden am Zug selbst entstehen. Durch geeignete aerodynamische Maßnahmen an den Zügen wurde versucht, dieses Problem in den Griff zu bekommen.

Die DB AG baut seit einigen Jahren alle Hochgeschwindigkeitsstrecken nur noch als Feste Fahrbahn. Die Strecke Köln-Rhein/Main, die nach sechs

[149] Darr, Fiebig: Feste Fahrbahn. Seite 12

[150] Knothe, Stichel: Schienenfahrzeugdynamik. Seite 8

[151] Wenty: Neue Maschinen für die Fahrweginstandhaltung. Seite 339

Jahren Bauzeit am 01. 08. 2002 in Betrieb ging, ist die erste längere durchgängige Strecke, die als Feste Fahrbahn ausgeführt wurde. Versuchsstrecken gab es schon seit längerer Zeit.

Zweifellos hat die Feste Fahrbahn viele Vorteile. Diesen stehen aber auch Nachteile gegenüber. Besonders zu nennen ist die Tatsache, dass eine Feste Fahrbahn nur schwer zu reparieren ist. Reparaturen können z. B. notwendig werden, wenn die Fahrbahn reißt, nach Unfällen, bei Restsetzungen oder nach Unterspülungen. Diese notwendigen Reparaturen dürften außerdem sehr teuer werden. Möglicherweise muss das Gleis über eine längere Zeit gesperrt werden. Die Innovationsmöglichkeit ist stark begrenzt, die Fahrbahn kann während des Betriebs nicht umgebaut werden. Weitgehend unbetrachtet bleibt auch die Situation nach Ende der erwarteten Lebensdauer, die häufig „nur" mit 60 Jahren angegeben wird. Probleme könnte es auch bei Erdbeben geben. Und schließlich führt eine Feste Fahrbahn zu einer höheren Schallabstrahlung. Diese wird meistens mit 5 dB (A) angegeben. Hier sind teure Schallschutzmaßnahmen erforderlich. [152]

Es gibt verschiedene Systeme der Festen Fahrbahn. Nach einer Evaluation der DB AG werden die Systeme Bögl, Rheda und Züblin besonders favorisiert. Das System Rheda gibt es in verschiedenen Varianten. Bei der Neubaustrecke Nürnberg-Ingolstadt kommen die Systeme Bögl und Rheda 2000 zum Einsatz. Daher sollen diese beiden Systeme kurz dargestellt werden:

System Bögl [153] [154]

Das System Bögl geht zurück auf eine Feste Fahrbahn, die im Jahr 1977 auf der Strecke Dachau-Karlsfeld eingebaut wurde. Die Besonderheit dieses Systems liegt darin, dass die Schienen auf einer industriell hergestellten Fertigteilplatte mit einer hohen Betongüte befestigt werden.

Die Herstellung der Festen Fahrbahn erfolgt in folgenden Grobschritten (siehe Abb. 5.7):

- Fertigstellen der Erdbauarbeiten (Damm, Einschnitt).
- Lagegerechtes Einbauen und Verdichten einer Frostschutzschicht.
- Profilgerechtes Erstellen einer hydraulisch gebundenen Tragschicht (höchste Anforderungen an Höhenlage, etwa 30 cm dick).
- Vorbereitende Arbeiten für Versetzen der Fertigteile.

[152] Lichtenberger: Handbuch Gleis. Seite 292

[153] Weber, Zachlehner: Feste Fahrbahn Bögl. Seite 21

[154] Hardt, Ablinger, Vogt: Innovative Feste Fahrbahn. Seite 584

- Millimetergenaues Versetzen der 6,45 m langen Fertigteilplatten. Die Fertigteilplatten selbst sind für die vorgesehene Lage individuell gefertigt. Die Bereiche für die spätere Befestigung der Schienen sind lagegerecht geschliffen.
- Kraftschlüssiges Untergießen der Platten mit einem speziellen Bitumen-Zement-Mörtel.
- Koppeln der Platten und Vergießen der Koppelstellen.
- Antransport, Montage, Verschweißen und Schleifen der Fahrschienen.
- Abschlussarbeiten (Flanken).

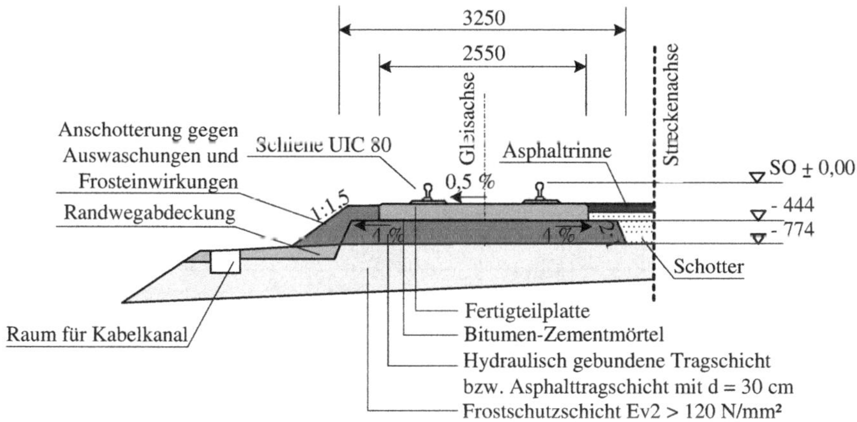

Abb. 5.7 Aufbau der Festen Fahrbahn System Bögl [155]

Abb. 5.8 zeigt die verlegten Fertigteilplatten nach System Bögl vor dem Koppeln.

[155] Abbildung: Max Bögl Bauunternehmung GmbH & Co. KG, Neumarkt

Abb. 5.8 Feste Fahrbahn System Bögl vor dem Koppeln

System Rheda 2000 [156]

Das System Rheda 2000 ist eine Weiterentwicklung des Systems Rheda Classic. Beim System Rheda Classic wurde zuerst auf einer hydraulisch gebundenen Tragschicht eine Betonplatte mit seitlichen Borden in Ortbeton gegossen. In diese so gebildete Wanne wurden die Schwellen und eine zusätzliche Bewehrung eingebracht. Die Fixierung erfolgte über Montageschienen. Dann wurde die Wanne ausbetoniert. In dieser Bauart wurde die Neubaustrecke Köln-Rhein/Main hergestellt.

Relativ schwierig gestaltete sich das Herstellen der Betonplatte mit den seitlichen Borden. Ebenso waren die Bewehrungsarbeiten vor Ort zeitaufwendig. Dies führte schließlich in mehreren Entwicklungsschritten zum System Rheda 2000.

Die Herstellung der Festen Fahrbahn erfolgt in folgenden Grobschritten (siehe Abb. 5.9):

- Fertigstellen der Erdbauarbeiten (Damm, Einschnitt).
- Lagegerechtes Einbauen und Verdichten einer Frostschutzschicht.

[156] Foege, Flatschacher: Feste Fahrbahn Rheda 2000. Seite 44

- Profilgerechtes Erstellen einer hydraulisch gebundenen Tragschicht (30 cm dick).
- Verlegen der Bewehrung einschließlich der daran befestigten Zweiblockschwellen.
- Einbau von Montageschienen.
- Heben und Richten der Schienen mit exakter Vermessung.
- Betonieren mit spezieller Betonspeicher- und Pumpeinheit. Die Geräte befahren die Schienen nicht. Verwendung einer leichten Seitenschalung. Nachbehandlung des Betons.
- Ausbau der Montageschienen und Montage der endgültigen Schienen.
- Abschlussarbeiten einschließlich seitliche Anschotterung gegen Auswaschungen und Frosteinwirkungen.

Die Abb. 5.9 und 5.10 zeigen das System Rheda 2000.

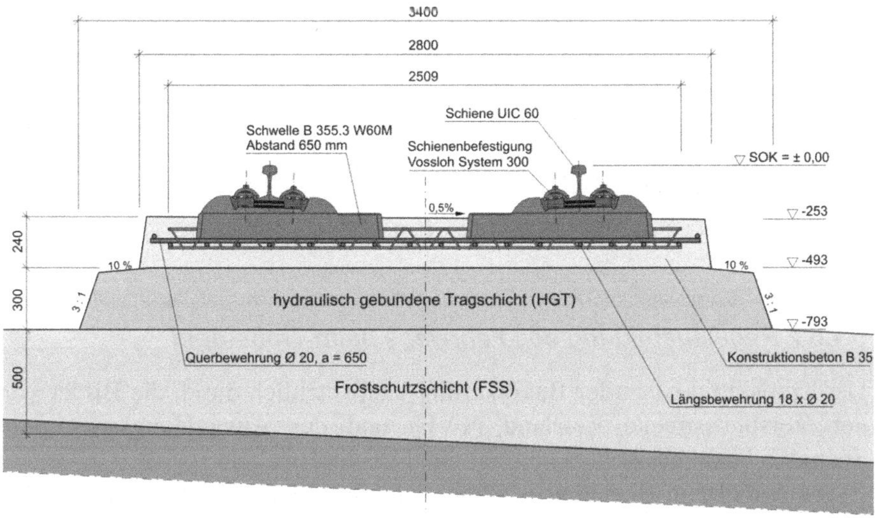

Abb. 5.9 Feste Fahrbahn System Rheda 2000 [157]

Zu beachten ist, dass im Detail unterschiedliche Ausführungen im Be reich von Tunneln und Trogbauwerken und auf Brücken zum Einsatz kommen. Weichen werden prinzipiell nach dem System Rheda ausgeführt.

Die Deutsche Bahn setzt bei Hochgeschwindigkeitsstrecken schwere Schienen vom Typ UIC 60 (Gewicht 60,34 kg/m) ein, die höchste Anforderungen erfüllen.

Zusätzlich zu der Erstellung der eigentlichen Festen Fahrbahn sind weitere umfangreiche Arbeiten erforderlich. Erwähnt werden Erdarbeiten, O-

[157] Abbildung: Pfleiderer Infrastrukturtechnik GmbH & Co. KG, Neumarkt

berleitungsbau, Leit- und Sicherungstechnik, aber auch Entwässerungsanlagen und Kabelkanäle.

Abb. 5.10 Grobrichten der Schienen vor Feinrichten und Betonieren [158]

5.1.3.2 Regelausbildung des Fahrwegs beim Transrapid

Der Transrapid ist in der Bevölkerung hauptsächlich durch die Bilder von der Versuchsstrecke Emsland (TVE) und der Anwendungsstrecke in Shanghai bekannt. Abb. 5.11 zeigt die TVE im Emsland.

Die Strecke in Shanghai ist komplett mit einem aufgeständerten Fahrweg ausgeführt, die Trasse im Emsland zum allergrößten Teil. Darüber hinaus ist auch eine bodennahe Trassierung als ebenerdiger Fahrweg realisiert. Selbstverständlich kann der Transrapid auch im Tunnel oder auf großen Tal- und Strombrücken geführt werden.

[158] Abbildung: Pfleiderer Infrastrukturtechnik GmbH & Co. KG, Neumarkt

Abb. 5.11 Streckenbild der Transrapid Versuchsanlage Emsland (TVE) [159]

Der aufgeständerte Fahrweg

Die allgemeine Erfahrung unterstellt, dass es im Vergleich zu einem Damm teurer ist, eine Brücke zu bauen. Schließlich fährt die Eisenbahn seit 175 Jahren auf Dämmen. Denn wenn es anders wäre, würde man doch auch die altbekannte Eisenbahn auf Hochtrassen führen.

Daher soll zuerst analysiert werden, warum es Sinn machen kann, den Transrapid auf einem aufgeständerten Fahrweg zu führen:

- Keine Zerschneidung der Landschaft: Tiere und Menschen können sich ohne Behinderung unterhalb des Verkehrsweges bewegen. Eingriffe in den Wasserhaushalt sind vernachlässigbar. Entwässerungsgräben entfallen, selbst der Hochwasserabfluss in Talauen wird kaum beeinflusst. Unter ökologischen Gesichtspunkten sind diese Kriterien sehr hoch zu bewerten.
- Sicherheit: Der aufgeständerte Fahrweg führt zu einer sehr hohen Systemsicherheit. Personen und Tiere (außer Vögel) können nicht auf die Fahrbahn gelangen. Hindernisse können praktisch nicht auf die Fahrbahn geworfen werden. Kollisionen mit Fahrzeugen sind ausgeschlossen.
- Trassierung: Der aufgeständerte Fahrweg erlaubt eine ausgesprochen flexible Trassierung. Es werden nur minimale Erdbauarbeiten notwen-

[159] Abbildung: Transrapid International GmbH & Co. KG, Berlin

dig, die Anpassung der Fahrweggradiente an die Topografie erfolgt in weiten Bereichen über unterschiedlich hohe Stützen. Stadteinfahrten können einfach auf existierenden Bahndammschultern gebaut werden. In vorhandene Straßenführungen muss nicht eingegriffen werden, Transrapid-Überführungen ergeben sich automatisch. Die insbesondere von Fußgängern und Fahrradfahrern ungeliebten Rampen bei Straßenunterführungen entfallen. Der bauliche Aufwand reduziert sich stark. Die teilweise beträchtlichen Kosteneinsparungen in diesen Bereichen sind den Transrapid-Fahrwegskosten gegenüberzustellen.

- Tragfähigkeit: Die Lasten, die ein aufgeständerter Fahrweg beim Transrapid abzutragen hat, sind deutlich geringer als bei der traditionellen Eisenbahn. Das Transrapidfahrzeug ist wesentlich leichter als die Lokomotive bei der Eisenbahn, da keine schweren Antriebsmotoren mitgeführt werden müssen. Außerdem werden die Lasten beim Transrapid weitgehend linienförmig abgetragen und nicht punktuell über Räder. Zusätzlich ist zu erwähnen, dass der dynamische Lastüberhöhungsfaktor beim Transrapid mit 1,1 niedriger ist als beim Rad-Schiene-System mit > 1,3.
- Schallschutz: Ein Schallschutz ist bei einem aufgeständerten Fahrweg sehr aufwendig. Daher scheidet ein aufgeständerter Fahrweg bei der traditionellen Eisenbahn auch aus diesem Grund in der Praxis fast immer aus. Der Transrapid ist jedoch wesentlich leiser, daher kann er zumindest auf der freien Strecke problemlos aufgeständert geführt werden.
- Betriebstechnik: Die traditionelle Eisenbahn benötigt eine Oberleitung. Diese auf einer aufgeständerten Fahrbahn zu führen, ist aufwendig. Der Transrapid hat während der Fahrt keinen mechanischen Kontakt zum Fahrweg, weder zur Lastabtragung noch in Form von Stromabnehmern.
- Kosten: Den relativ hohen Kosten der Konstruktion eines aufgeständerten Fahrwegs im Vergleich zu einem ebenerdigen Fahrweg stehen wegen des stark reduzierten Flächenverbrauchs (5 % bis maximal 10 % vom Rad-Schiene-System) wesentlich geringere Grundstückskosten und Kosten für Ausgleichsmaßnahmen gegenüber. Eine landwirtschaftliche Nutzung der Fläche unterhalb des Fahrwegs ist mit Einschränkungen weiter möglich, wie dies aus Abb. 5.11 ersichtlich ist.

Konstruktiv kann ein aufgeständerter Fahrweg sehr unterschiedlich ausgeführt werden. Merkmal sollte jedoch immer sein, dass die Unterkante des Trägers mindestens 4,00 m über der Bodenfläche liegt, damit landwirtschaftliche Fahrzeuge an jeder Stelle unterhalb des Trägers passieren können. Dies bildet auch ein wichtiges Sicherheitskriterium. Der für den Transrapid typische aufgeständerte Fahrbahnquerschnitt ist in Abb. 5.12 dargestellt.

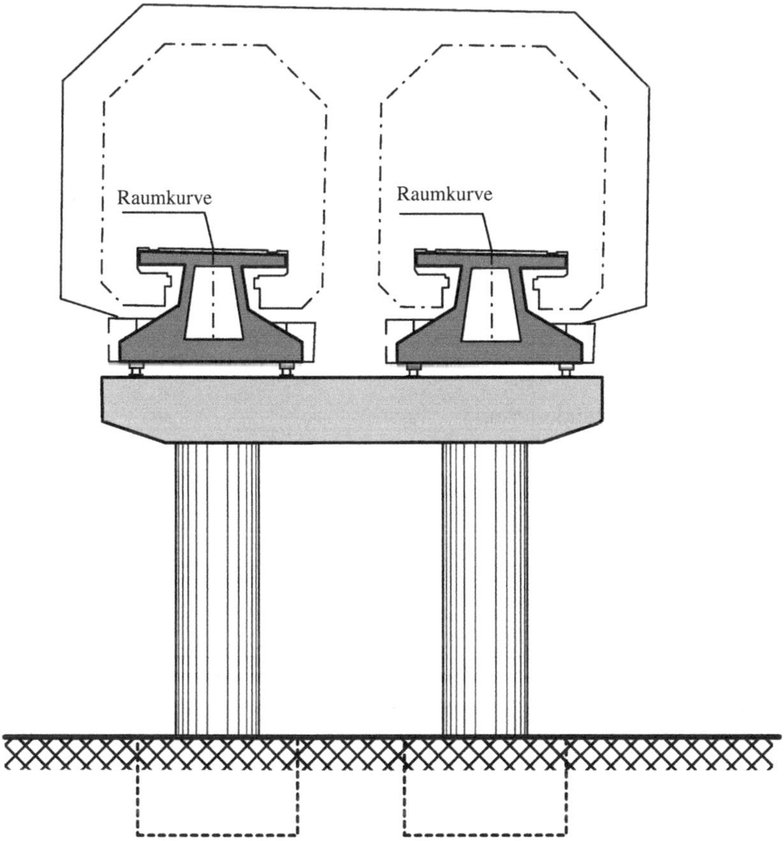

Abb. 5.12 Typischer aufgeständerter Fahrbahnquerschnitt für Doppelfahrweg beim Transrapid

Die Stützweite ist stark von den verwendeten Trägern abhängig und stellt eine schwierige baubetriebliche Optimierungsaufgabe dar. Je länger der Träger, desto aufwendiger sind Konstruktion und die Montage. Kurze Träger führen jedoch zu mehr Stützen, einschließlich der Gründungen. Die Träger in Shanghai haben eine Regelspannweite von 24,80 m oder 12,40 m. [160] Zum Einsatz kamen Träger mit bis zu 31,00 m Spannweite. [161]

[160] Antlauf: Realisierung der hybriden Fahrwegtechnologie. Seite 149

[161] Feix, Brylka, Klinger, Antlauf: Fahrweg in Hybridbauweise – Entwicklung und Einsatz. Seite 98

Auf der zwischenzeitlich nicht mehr verfolgten Strecke Berlin-Hamburg sollten hauptsächlich Träger mit einer Spannweite von 31 m zum Einsatz kommen. Die Konstruktionshöhe der Träger ist abhängig von der Spannweite. Diese beträgt etwa 2,50 m bei einem Träger mit einer Spannweite zwischen 24,80 m und 31,00 m und etwa 1,00 m bei einem 9,30 m bis 12,40 m langen Träger. Die Systemindustrie hat ein Baukastensystem entwickelt, das drei verschiedene Trägertypen umfasst. Das Grundmaß für die Träger beträgt 3,10 m, das sich aus der Länge des Statorpaketes ableitet (siehe Tabelle 5.8).

Tabelle 5.8 Trägerkatalog der Systemindustrie

Trägertyp	Verwendung	Spannweiten
Typ I	aufgeständerter Fahrweg	31,00 m, 24,80 m, 18,60 m
Typ II	aufgeständerter und ebenerdiger Fahrweg	12,40 m
Typ III	ebenerdiger Fahrweg	6,20 m

Die Stützen wurden in Shanghai als Betonstützen mit Querträger zur Aufnahme der Träger ausgeführt. Beton überträgt Druckkräfte sehr gut, ist kostengünstig und haltbar. Deshalb ist anzunehmen, dass auch zukünftig die Stützen wie in Shanghai aus Beton hergestellt werden. Da in Shanghai ein äußerst schlechter Baugrund anstand, mussten die Stützen auf meist 40 m langen Bohrpfählen gegründet werden. Auf tragfähigem Baugrund können die Stützen flach gegründet werden.

Ein wichtiges und sensibles Bauteil stellen die Lager der Träger dar. [162] Diese übertragen die Lasten aus den Trägern auf die Stützen. Hier ist darauf zu achten, dass diese möglichst wartungsarm, besonders haltbar und nachstellbar sind. Damit wird sichergestellt, dass bei Setzungen der Stützen die Trägerlage so nachjustiert werden kann, dass die Soll-Lage erhalten bleibt.

Die Träger in Shanghai wurden als sog. Hybridträger ausgeführt. Feix [163] [164] beschreibt die Konstruktionsmerkmale eines Hybridträgers. Danach wird der Trägerquerschnitt so aus verschiedenen Baustoffen zusammengesetzt, dass für die diversen Funktionen der jeweils optimale Baustoff

[162] Wu, Li, Xu: Guideway bearing technology. Seite 455

[163] Feix: Bau der weltweit ersten Transrapid-Anwendungsstrecke in Shanghai. Seite 89

[164] Feix, Brylka: The German Transrapid guideway. Seite 468

eingesetzt wird. Die globalen Tragfunktionen werden am effektivsten durch einen Spannbetonhauptträger erfüllt, während im Bereich der Funktionsebenen die systembedingten Genauigkeitsanforderungen durch die Stahlbauweise besser sichergestellt werden können. Hierzu werden die für die Systemtechnik des Transrapid maßgebenden Funktionselemente Gleitleiste, Seitenführungsschiene und Statorbefestigung zu einem Funktionsebenenträger mit einer Länge von ca. 3,10 m zusammengefasst. Aus Abb. 5.13 ist der prinzipielle Aufbau eines Hybridträgers ersichtlich.

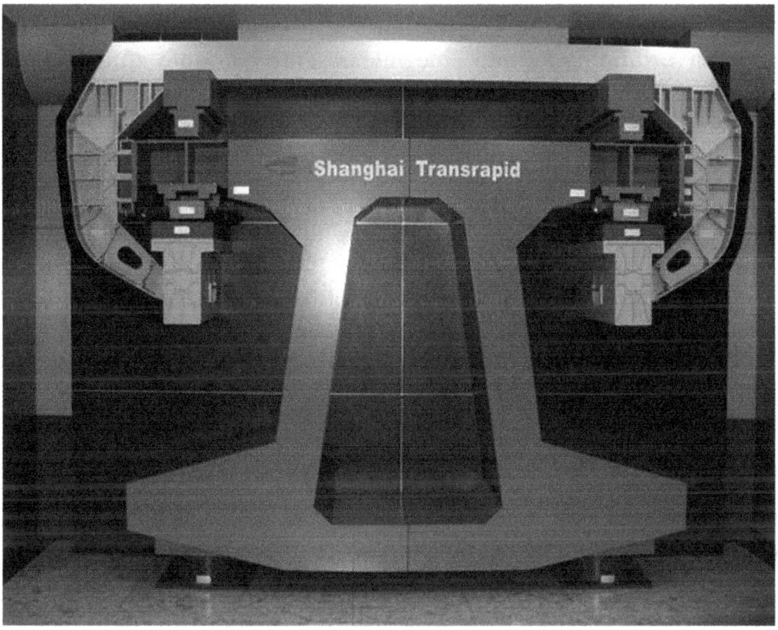

Abb. 5.13 Systembild des in Shanghai eingesetzten Hybridträgers

Eine Weiterentwicklung des in Shanghai zur Anwendung gekommenen Hybridträgers ist wünschenswert. Unter anderem sind dabei folgende Entwicklungsziele zu verfolgen:

- Optimierung des Spannbetonträger-Querschnitts und der konstruktiven Ausbildung mit folgenden Zielen: leichterer Träger, geringere Herstellkosten, optimiertes Schallabstrahlungsverhalten, verbessertes dynamisches Verhalten [165], höhere Steifigkeit und geringere Temperaturempfindlichkeit, [166]
- Optimierung der Montagemittel zur Befestigung des Funktionsträgers,

[165] Feix, Brylka: Informationen zu aktuellen Planungsprojekten. Seite 203
[166] Wu, Huang: Guide-way Research. Seite 462

- Entwicklung eines verbesserten Verfahrens zur Bauwerksprüfung. [167]

Auf der Versuchsstrecke TVE wurden Spannbetonträger mit einer Spannweite von etwa 25,00 m für den größten Teil der Strecke verwendet. [168] Teilweise wurden auch Träger mit Spannweiten von bis zu 37,00 m eingesetzt.

Da die Trägerkosten einen beträchtlichen Anteil an den Fahrwegskosten ausmachen, sind besonders kostengünstige Herstellverfahren für die Träger anzustreben. Schleuderbetonkonstruktionen haben sich bei Mastkonstruktionen und bei der Rohrherstellung bewährt. Die Anwendung des Schleuderbetonverfahrens könnte eine interessante Variante zum Hybridträger darstellen. [169]

Auf der Versuchsstrecke im Emsland kamen neben Betonträgern auch Stahlträger zum Einsatz. [170] Diese haben einen dreieckförmigen Querschnitt, der so gelegt ist, dass eine Dreieckseite die obere Fahrwegfläche bildet. Seitlich sind die Funktionselemente angebracht. Die Spannweiten betragen 24,664 m und 30,856 m. Einige Träger sind als Einfeld-, andere als Zweifeldträger konstruiert. Wie Feix [171] feststellt, weisen Stahlträger verschiedene Nachteile auf:

- vergleichsweise hohe Herstellkosten,
- hohe Schallemissionen im Vergleich zum Betonträger,
- relativ geringe Steifigkeit,
- große Temperaturgradienten sowohl von oben nach unten als auch seitlich,
- nachhaltiger Schutz gegen Korrosion muss sichergestellt sein.

Demgegenüber weisen Betonträger als Nachteil das hohe Eigengewicht und damit hohe Transport- und Montagekosten auf. Die Anforderungen an die Fahrwegträger sollen nochmals zusammengefasst werden:

- Die Herstellung soll möglichst kostengünstig sein. Für die Herstellungskosten der Fahrwegträger sind insbesondere die Fixkosten für die Errichtung der Fertigungswerke oder der automatischen Fertigungsanlagen relevant.

[167] Droese, Sperling: Bauwerksprüfung an Fahrwegen der Magnetbahn Transrapid. Seite 165

[168] Hillgers, Schambeck: The Conctete Guideway. Seite 21

[169] Flessner: Transrapid-Fahrwegträger. Seite 69

[170] Schwindt, Kindmann: The Steel Guideway. Seite 25

[171] Feix: Bau der weltweit ersten Transrapid-Anwendungsstrecke in Shanghai. Seite 89

- Die Träger sollen möglichst steif sein (Durchbiegung l/4000) [172], ein gutes dynamisches Verhalten [173] aufweisen und gegen Temperaturunterschiede möglichst unempfindlich sein. Die Spannbetonbauweise erweist sich wegen der hohen Eigenmasse und dem guten Dämpfungsverhalten des Betons unter diesen Gesichtspunkten als vorteilhaft.
- Die Träger sollen wartungsarm, haltbar und nachhaltig sein. Auch hier sind Betonkonstruktionen vorteilhafter.
- Die Montage der Träger soll gut möglich sein. Träger aus Beton sind schwerer als Stahlträger. Daher ist die Montage von Betonträgern prinzipiell teurer. Bauunternehmen haben jedoch jahrzehntelange Erfahrungen in der wirtschaftlichen Montage von langen Betonbrücken, die aus Fertigteilen bestehen. Inwieweit Vorbaugeräte zum Einsatz kommen oder mit schweren Kranen vom Boden aus montiert wird, hängt hauptsächlich von den Zufahrtsmöglichkeiten (Montagestraße parallel zur gesamten Trasse), der Breite von Hindernissen (Flüsse) und von der Montagehöhe ab.
- Die Träger sollen schalloptimiert und aerodynamisch optimiert sein. Auch hier zeichnen sich Betonträger vorteilhaft aus.

Inwieweit eine Transrapidtrasse als ein durchlaufendes Brückenbauwerk bezeichnet werden kann, ist umstritten und hängt von der jeweiligen Fragestellung ab. Tatsache ist, dass eine aufgeständerte Fahrbahn vom Betrachter wie eine lange Brückenkonstruktion wahrgenommen wird. Eine übliche Brücke hat jedoch in der Regel zwei Auffahrten und ist als Einzelelement in die Landschaft zu integrieren. Bei der Transrapidtrasse fehlen diese Auffahrten. Man wird somit ganz andere Ansprüche an die Gestaltung stellen müssen. Kritiker des Transrapid lehnen häufig eine aufgeständerte Transrapidtrasse – als Stelzentrasse bezeichnet – kategorisch ab, mit der Begründung, dass damit die Landschaft verschandelt wird. Die gleichen Gruppen befürworten aber häufig die Windenergieparks, die aufgrund ihrer Höhe weithin sichtbar sind und durch die drehenden Rotoren ein unruhiges Landschaftsbild erzeugen. Zweifellos sind alternative Energien Zukunftsprojekte, alternative Verkehrssysteme aber ebenso.

Erwähnt werden soll noch, dass Brücken nach DIN 1076 alle sechs Jahre im Rahmen der Hauptprüfung und dazwischen „einfach“ zu prüfen sind. Diese Prüfungen werden einem aufgeständerten Fahrweg nicht gerecht. Nach Droese/Sperling [174] und Herzberg [175] wurden im Rahmen des

[172] Schwindt, Hauke: Interaction Vehicle/Guideway. Seite 504
[173] Alscher: The Vehicle/Guideway Dynamics. Seite 45
[174] Droese, Sperling: Bauwerksprüfung. Seite 165
[175] Herzberg: Das Weiterentwicklungsprogramm Transrapid. Seite 31

WEP 21 [176] für die Anforderungen des Nahverkehrs spezielle Inspektionsverfahren entwickelt. Zukünftig sollen automatische Fahrwegsüberwachungssysteme zum Einsatz kommen, die in Transrapid-Fahrzeuge eingebaut sind und die während der Fahrt bei Betriebsgeschwindigkeit die notwendigen Informationen zur kontinuierlichen Fahrwegprüfung sammeln und verarbeiten. [177]

Der ebenerdige Fahrweg

Der Transrapid kann bodennah geführt werden, wobei der Transrapid den Fahrweg umgreift. Einen Querschnitt durch den Fahrweg zeigt Abb. 5.14.

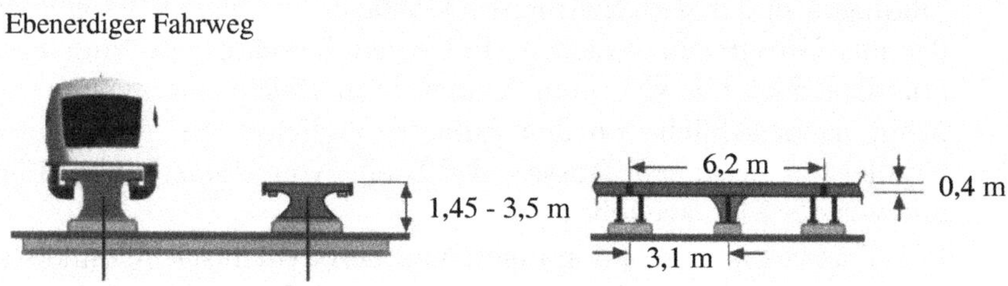

Abb. 5.14 Querschnitt durch den ebenerdigen Fahrweg [178]

Bei einer Trassierung wird es in vielen Fällen sinnvoll sein, den Transrapid parallel zu bestehenden Verkehrswegen zu führen. Dies können bestehende Eisenbahnstrecken, besonders aber Autobahnen sein. In diesen Fällen bietet sich der ebenerdige Fahrweg an, da die Landschaft bereits zerschnitten ist.

Beim ebenerdigen Fahrweg existieren zwei grundsätzlich verschiedene Konstruktionsarten. Beim ersten Konstruktionsprinzip kommen Träger analog zum aufgeständerten Fahrweg bodennah zum Einsatz.

Nach Herzberg [179] könnten diese 12,40 m und 6,20 m lang sein (siehe Tabelle 5.8). Hervorzuheben ist, dass die beim ebenerdigen Fahrweg zu verwendenden Fahrwegträger mit einem geringen Abstand zur vorhandenen Bodenoberfläche montiert werden, so dass der Abfluss von anfallendem Oberflächenwasser weiter gewährleistet ist. Somit sind aufwendige Entwässerungssysteme einschließlich erforderlicher Regenrückhaltebecken nicht notwendig. Darüber hinaus können Kleintiere und Niederwild diesen ebenerdigen Fahrweg problemlos passieren, so dass somit eine Zerschneidung der Umwelt unter diesem Aspekt nicht stattfindet. Ein weiterer Vor-

[176] Abschlussbericht WEP 21, Konzeption von Fahrweg-Inspektionsverfahren
[177] Nieters: Guideway Monitoring during Operational Use. Seite 480
[178] Schwindt: Die Systemtechnik des Transrapid-Fahrwegs. Seite 41
[179] Herzberg: Das Weiterentwicklungsprogramm Transrapid. Seite 34

teil dieser Konstruktion ist, dass möglicherweise recht einfache Pfähle als Fundamente gerammt oder gebohrt werden können. Durch justierbare Trägerlager können Setzungen leicht ausgeglichen werden.

Alternativ kann ein ebenerdiger Fahrweg ähnlich einer Festen Fahrbahn beim Rad-Schiene-System hergestellt werden. Auf einer Fundamentplatte könnte mit einem Gleitfertiger in Längsrichtung eine etwa 1,00 m hohe Betonwand hergestellt werden. Alternativ sind etwa 1,00 m hohe Stützen denkbar, so dass sich kleine Feldweiten ergeben. Die eigentliche Fahrwegplatte mit den Funktionsträgern (Länge 6,20 m) wird auf die Betonwand oder die kurzen Stützen montiert.

Beide Konstruktionen haben Vor- und Nachteile. Welches Verfahren sich in der Praxis durchsetzt, hängt von vielen Faktoren ab. Bei einem guten Baugrund hat das zuletzt genannte Verfahren einige Vorteile, bei einem schlechteren Baugrund und „welliger" Topografie das erstgenannte. Für beide Verfahren ist noch ein weiterer Entwicklungsaufwand notwendig. Ob sich eine der beiden Methoden schließlich durchsetzt oder ob beide abhängig von der jeweiligen Situation verwendet werden, kann zur Zeit nicht vorhergesagt werden.

5.1.3.3 Weichen

Rad-Schiene-System

Bis auf ganz einfache Bahnen, auf denen nur auf- und abgefahren wird, benötigen alle spurgeführten Verkehrssysteme Weichen. Die Anzahl der Weichen hängt maßgeblich von der Netzstruktur ab. Das Streckennetz der DB AG zeichnet sich durch eine hohe Vernetzungsdichte aus. Daher sind relativ viele Weichen erforderlich. Im Streckennetz mit insgesamt 65.005 km Gleislänge gab es im Jahre 2002 insgesamt 85.999 Weichen. [180] Zum Betrieb waren insgesamt 6.175 Stellwerke erforderlich, davon waren 432 elektronisch. Bezogen auf den Kilometer Gleis hat das Netz der DB AG 1,32 Weichen/km. Anfang 2005 hatte die DB AG noch 88.200 Weichen, bis zum Ende des Jahrzehnts sollen weitere 22.800 Weichen zurückgebaut werden. [181]

Weichen sind relativ teure Bauelemente. Bei den europäischen Bahnen beträgt der Anteil des in den Oberbau investierten Anlagekapitals etwa 20 %. [182] Darüber hinaus sind Weichen im Unterhalt sehr teuer. Weichen werden durch dynamische Kräfte sehr stark beansprucht. Weichen, die mit

---

[180] Verband der Bahnindustrie: Zahlen Bahnindustrie und Bahnen.

[181] FAZ: Verkehrsclub gegen Schienenabbau. 11. 01. 2005: Demnach plant die DB AG den Abbau von weiteren 5.200 km Gleisen.

[182] Lichtenberger: Handbuch Gleis. Seite 293

hohen Geschwindigkeiten befahren werden, sind hinsichtlich der Weichengeometrie aufwendig konstruiert. Außerdem wird versucht, z. B. durch den Einbau von Schwingungstilgern, den Verschleiß zu reduzieren.

Weichen führen zu betrieblichen Einschränkungen, da diese nur mit reduzierten Geschwindigkeiten befahren werden können. Ursache hierfür ist der Ruck, der auf $\mathring{a}_y = 1{,}0\ m/s^3$ begrenzt ist. Es gab immer wieder schwere Unfälle, weil Züge mit überhöhter Geschwindigkeit Weichen befuhren und entgleisten. Will man Weichen mit höherer Geschwindigkeit befahren, so muss der abzweigende Strang mit einem entsprechend großen Radius gebaut werden. Damit verlängert sich aber wiederum die Konstruktion, was wiederum zu Kostenerhöhungen führt. Eine Weiche (Typ EW 1200 – 1:18,5) die mit $v_{zul} = 100$ km/h befahren werden kann, weist dann einen Radius von 1.200 m auf. Der Wert 1:18,5 gibt die Neigung an. Diese Weiche hat bereits eine geometrische Länge von rund 65 m.

Ziel beim Hochgeschwindigkeitsverkehr ist somit, so wenig Weichen wie möglich auf einer Strecke anzuordnen, da diese zu einer Reduktion des Fahrtkomforts und zu betrieblichen Einschränkungen führen. Insbesondere Einfahrten in die Bahnhöfe der großen Städte sind mit vielen Weichenquerungen verbunden, so dass bereits viele Kilometer vor den Bahnhöfen die Geschwindigkeit stark reduziert werden muss.

Transrapid

Da der Transrapid einen eigenen Fahrweg besitzt und für direkte Verbindungen gedacht ist, reichen wenige Weichen aus, um die Funktionalität des Systems herzustellen. Komplexe Vernetzungen, wie z. B. auf einem Eisenbahnbahnhof, sind für den Betrieb des Transrapid nicht erforderlich. [183]

Die allgemein bekannte Ausführung einer Weiche bei einem Rad-Schiene-System über Zungen unterscheidet sich fundamental von einer Weiche beim Transrapid. Da das Fahrzeug den gesamten Fahrweg umgreift, wird beim Transrapid die sog. Biegeweiche eingesetzt. In Abb. 5.15 ist die Drei-Wege-Weiche vor der Instandhaltungshalle in Shanghai dargestellt. Alle anderen Weichen in Shanghai sind Zwei-Wege-Weichen, die nur die Stellungen gerade oder rechts oder links haben.

[183] Schönharting: Schweben und Vernetzen. Seite 100

Abb. 5.15 Drei-Wege-Weiche beim Transrapid in Shanghai [184]

Zentrales Element der Weichen ist ein biegeweicher Stahlträger, der die Funktionskomponenten trägt. Die Geschwindigkeiten in Abzweigestellung bestimmen sich insbesondere durch Komfortparameter und werden vom EBA standardisiert bewertet. Die Drei-Wege-Weiche in Shanghai ist rund 78 m lang und auf sechs Querträgern gleitend gelagert. Der Biegeradius beträgt 658 m. Auf der TVE ist am Nordende eine Schnellfahrweiche mit einer Gesamtlänge von 132 m, einem Radius von 1.690 m und einer Neigung von 12° eingebaut. Diese Weiche kann mit Geschwindigkeiten von bis zu 450 km/h in der Geraden und bis zu 225 km/h in der Abzweigestellung befahren werden. [185] Der Antrieb kann elektromechanisch oder hydraulisch erfolgen. Die elektronische Steuerung ist nach höchsten Sicherheitsstandards ausgelegt. Somit ist sichergestellt, dass ein Transrapid-Zug nur dann die Weiche befahren kann, wenn dies auch sicher möglich ist. Die Verfügbarkeit der Weichen in Shanghai ist ausgesprochen hoch. Bis zum 30. 08. 2004 waren über 68.500 Weichenstellungen mit einer Verfügbarkeit von über 99,9 % vorgenommen worden. [186] [187] [188]

---

[184] Fürst: Transrapid Shanghai. Seite 49

[185] Götzke: Transrapid. Seite 39

[186] Schwindt, Gaede: The Bending Switch. Seite 32

[187] Fichtner, Pichelmeier: The Transrapid Guideway Switch. Seite 624

[188] Löser: Betriebserfahrungen beim Transrapid in Shanghai. Seite 110

Das Umstellen traditioneller Weichen beim Rad-Schiene-System erfolgt innerhalb weniger Sekunden. Das rein mechanische Umstellen einer Schleppweiche dauert etwa 10 bis 15 s, die Systemzeit beträgt etwa 25 s. Das Umstellen einer Weiche behindert somit den Regelverkehr nicht.

Eine Weiche beim Transrapid ist sicherlich teurer als eine Weiche beim Rad-Schiene-System. Es muss jedoch beachtet werden, dass Hochgeschwindigkeitsstrecken normalerweise stark linienorientiert sind. Somit wird nicht die hohe Anzahl an Weichen benötigt, welche die DB AG in ihrem stark verknüpften Streckennetz besitzt. Die Strecke in Shanghai hat insgesamt nur acht Weichen. Falls die Strecke in Shanghai 100 km oder noch länger wäre, so würden prinzipiell keine zusätzlichen Weichen benötigt.

5.1.4 Sonderbauwerke

5.1.4.1 Dämme und Einschnitte

Landgeführte Verkehrswege sind mit Erdbaumaßnahmen verbunden, um kleinere und größere „Unebenheiten“ in der Topografie auszugleichen. Dies gilt für Straßen, besonders aber für die Eisenbahn. Ursachen hierfür sind die geringe zulässige Trassenlängsneigung und die großen Radien für die Kurvenfahrt. Sobald man sich in einem hügeligen Gelände befindet, wechseln sich daher bei der Eisenbahn Einschnitte und Dämme häufig ab. In Tabelle 5.9 sind typische Anteile von Dämmen und Einschnitten bei Neubautrassen aufgeführt.

Es ist Aufgabe der Planer, Einschnitte und Dämme so aufeinander abzustimmen, dass ein Erdmassenausgleich entsteht. Dies bedeutet, dass die in den Einschnitten gewonnenen Erdmassen genau denen entsprechen, die in den Dämmen eingebaut werden müssen. Zu beachten ist außerdem, dass der Ausbruch aus Tunneln ebenfalls in Dammbereichen eingebaut werden sollte. Für den Dammbau nicht geeignetes Erdmaterial muss deponiert werden.

Dämme und Einschnitte (siehe Abb. 16) sind Ingenieurbauwerke, für deren Bau umfangreiche Regeln vorliegen. Abhängig von dem zur Verfügung stehenden Material sind die Böschungen mit einer Regelneigung zwischen 1:1,5 und 1:2,0 auszuführen. Weit gestufte Kiese gelten als standfester und können mit einer Böschungsneigung von 1:1,5 ausgeführt werden. Zu den weniger geeigneten Böden zählen insbesondere tonige und lehmige Sande. [189]

---

[189] Göbel, Lieberenz: Handbuch der Erdbauwerke der Bahnen. Seite 103

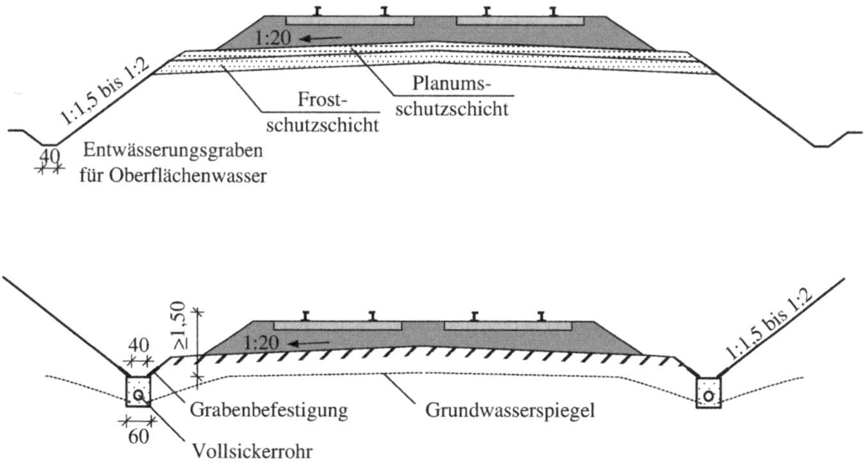

Abb. 5.16 Querschnitt durch Damm und Einschnitt

Nach den Regeln der Deutschen Gesellschaft für Geotechnik e.V. [190] sollen Dämme nicht höher als 12 m ausgeführt werden. Bei einer Planumsbreite von 12,10 m in der Dammkrone ergibt sich somit unter ungünstigen Bedingungen eine Breite zwischen den Böschungsfüßen von 60,10 m. Zusätzlich sind aber noch Kabeltröge an der Böschungsschulter anzuordnen und am Böschungsfuß im Einzelfall Entwässerungskanäle. Somit müssen ca. 65 m² Land pro Meter Doppelspur in Anspruch genommen werden. Bei gutem, standfestem Boden sind rund 55 m² Land pro Meter Doppelspur erforderlich. Rechnerisch ergeben sich bei einem Damm mit 12 m Höhe und 60,10 m Basis insgesamt 433 m³ Erdmassen, die pro Meter Doppelspur gelöst, bewegt und eingebaut werden müssen.

Auch in Einschnitten muss die Tragfähigkeit des Unterbaus bis auf eine Tiefe von 3,00 m unter Schienenoberkante die vorgegebenen Qualitätsanforderungen erfüllen. Die Stabilität von Dämmen und Einschnitten muss jederzeit gesichert sein. Setzungen sind auf ein Mindestmaß zu reduzieren, insbesondere, wenn die Feste Fahrbahn für den Fahrweg verwendet wird. Beim Schotterbett konnten Setzungen durch Stopfen der Schwellen leicht wieder ausgeglichen werden.

Der Bau von Dämmen und Einschnitten ist für den Bauherrn mit einem relativ hohen Risiko verbunden. Der Bauherr stellt den Baugrund im Sinne eines vom Bauunternehmer zu bearbeitenden Baustoffes zur Verfügung. Er ist daher für die Qualität dieses Baustoffes verantwortlich. Daher versucht der Bauherr, durch mehr oder weniger aufwendige Erkundungen in Form

[190] www.dggt.de

von Schürfungen, Probebohrungen und sonstigen geotechnischen Erkundungsmaßnahmen, möglichst genaue Informationen über den Baugrund zu erhalten. Diese Informationen werden Bestandteil des Bauvertrages, der zwischen Auftraggeber und Auftragnehmer abgeschlossen wird.

Häufig werden jedoch trotz aller Sorgfalt bei der Bodenerkundung abweichende geologische Verhältnisse angetroffen. Falls dem Bauunternehmer ein höherer Bearbeitungsaufwand entsteht, wird dieser vom Auftraggeber eine Vergütung der Mehrkosten fordern. Falls der Aufwand geringer wird, wird der Bauherr eine Minderung verlangen. Häufig versuchen Auftraggeber, das Baugrundrisiko dem Auftragnehmer zuzuweisen. Dies ist jedoch nur bedingt möglich, da die Baurechtsprechung dies als unzulässige Bauvertragsklausel ansieht.

Der Bauherr, der größere Erdbaumaßnahmen veranlasst, trägt noch ein weiteres großes Risiko, da zweifellos große Erdbaumassnahmen einen massiven Eingriff in die Natur darstellen. Der Lebensraum der Tier- und Pflanzenwelt wird großflächig zerstört. Es ist allgemeiner Grundsatz, dass in solchen Fällen der Natur Ausgleichsflächen zur Verfügung gestellt werden müssen. In frühen Planungsphasen wurde in der Vergangenheit regelmäßig versäumt oder vernachlässigt, die notwendigen Erkundungen durchzuführen und die daraus resultierenden Ersatz- und Ausgleichsmaßnahmen zu planen.

Gerade bei den vergangenen Neubaumaßnahmen, insbesondere bei der Strecke Köln-Rhein/Main, musste die DB AG leidvolle Erfahrungen mit dem Baugrundrisiko und den ökologisch notwendigen Ausgleichsflächen machen. In einem nicht unbeträchtlichen Teil waren die massiven Kostensteigerungen von ursprünglich geschätzten Baukosten in Höhe von rund 1,7 Mrd. € (3,3 Mrd. DM) auf 6 Mrd. € auf diese Tatsachen zurückzuführen. [191]

Der Transrapid benötigt systembedingt wesentlich geringere Erdbaumaßnahmen. In vielen Fällen wird er aufgeständert geführt, so dass sich die Erdbaumaßnahmen auf das Herstellen einer einfachen temporären Baustraße und der notwendigen Betonfundamente reduziert. Die ökologischen Ausgleichsmaßnahmen dürften relativ gering ausfallen, da z. B. viele Biotope kaum beeinträchtigt werden. Außerdem ist zu beachten, dass sich die Erdbaumaßnahmen auch stark reduzieren, da der Transrapid flexibler trassiert werden kann. Er folgt wegen der größeren Steigfähigkeit und bei gleicher Geschwindigkeit kleineren Radien wesentlich leichter der Topografie.

[191] Heinisch: Der ICE 3 auf der NBS Köln-Rhein/Main. Seite 765

5.1.4.2 Brücken

Bei allen landgebundenen Verkehrssystemen sind bei längeren Strecken Täler, andere Verkehrswege und sonstige Hindernisse zu überwinden. Die dafür erforderlichen Brückenbauwerke stellen auf Grund ihrer großen Spannweiten und Höhe oft eine Herausforderung für Bauingenieure dar. Die Konstruktion von Brücken wird dabei maßgeblich durch die abzutragenden Lasten sowie die erforderlichen Anforderungen an die Gebrauchstauglichkeit (Verformungen) beeinflusst. Dahingehend werden für beide Transportsysteme diese maßgebenden Einflussfaktoren auf Brückenbauwerke untersucht und miteinander verglichen.

Der Anteil von Brückenbauwerken ist selbstverständlich stark von der Topografie abhängig. In Tabelle 5.9 sind Brücken- und Tunnelanteile bei ausgewählten Neubaustrecken zusammengestellt. Wie daraus zu entnehmen ist, können die Großbrückenanteile mit 3 % bis 6 %, der Gesamtbrückenanteil mit etwa 15 % als typisch angesehen werden.

Im Vergleich zwischen dem Rad-Schiene-System und dem Transrapid ist zuerst festzustellen, dass der aufgeständerte Fahrweg des Transrapid nicht als Brücke zu klassifizieren ist. Durch die wesentlich flexiblere Trassierung des Transrapid, insbesondere verbunden mit der größeren Steigfähigkeit, kann davon ausgegangen werden, dass der Großbrückenanteil beim Transrapid bei etwa 2 % der gesamten Trassenlänge liegen wird.

Tabelle 5.9 Anteil der Brücken und Tunnel bei Neubaustrecken

	Würzburg-Hannover	Mannheim-Stuttgart	Köln-Rhein/Main
Länge	327 km	99 km	177 (Stamm) 219 (insgesamt)
Höchstgeschwindigkeit	250 km/h	250 km/h	300 km/h
Baubeginn	1973	k. A.	1995
Anzahl Brücken [192]	214	53	18
Brückenlänge insgesamt	30 km	6 km	6 km
Brückenlänge	14 %	6 %	3,4 %
Anzahl Tunnel	61	15	30
Tunnellänge insgesamt	121 km	31 km	47 km
Tunnellänge	37 %	31 %	27 %

[192] Würzburg-Hannover: alle Brücken, die beiden anderen Strecken nur Großbrücken

Bautechnisch zu unterscheiden sind kleine Unter- und Überführungen von Straßen und Wegen, die relativ problemlos hergestellt werden können. Schwieriger sind dagegen große Tal- und Flussquerungen. Diese weisen Spannweiten von weit über 50 m und Pfeilerhöhen von mehr als 30 m auf. Als Bauwerk, das die technisch machbaren Grenzen erreicht, soll die Brücke von Messina genannt werden. Diese soll im Jahre 2012 fertiggestellt sein. Sie wird eine Hauptspannweite von 3.300 m aufweisen und soll mit Zügen und Pkw befahren werden. [193]

Die Planungsvorgaben für eine Eisenbahnbrücke und eine Transrapidbrücke unterscheiden sich in wichtigen Punkten. Die Brückenkonstruktion und damit die Kosten werden hauptsächlich durch die Lastannahmen und die erlaubten zulässigen Verformungen beeinflusst. Eine geringere Belastung und größere zulässige Verformungen führen im Allgemeinen zu einer filigraneren Konstruktion und damit zu geringeren Baukosten.

Bei der Berechnung von Brücken ist eine große Zahl von Lastfällen zu untersuchen. Grundlage bildet nach aktueller Normung der DIN-Fachbericht 101 [194], in dem zwischen ständigen (G_k), veränderlichen (Q_k) und außergewöhnlichen Einwirkungen (A_k) unterschieden wird. An dieser Stelle soll nur auf die ständigen Lasten infolge des Fahrweges, auf die veränderlichen vertikalen Lasten infolge des Eisenbahnverkehrs sowie ausgewählte horizontale Lasten eingegangen werden. Es ist davon auszugehen, dass diese Faktoren maßgeblich die konstruktive Durchbildung der Brücke und damit deren Kosten beeinflussen.

Ausbildung des Fahrwegs bei Eisenbahnbrücken

Beim Rad-Schiene-System wird die Feste Fahrbahn über die Brücke geführt. Dabei wird die bekannte Konstruktion der Festen Fahrbahn von der Brücke durch eine Gleitfläche getrennt, damit ungewollte Bewegungen der Brücke nicht in das Gleisbett übertragen werden. Gleichzeitig muss darauf geachtet werden, dass Bremskräfte abgetragen werden und Steifigkeitssprünge zwischen dem Überbau der Brücke und den Widerlagern ausgeglichen werden können. Die Konstruktion zwischen der Festen Fahrbahn und dem eigentlichen Brückentragwerk besteht z. B. beim System Bögl (2004) von unten nach oben aus einer Betonschutzschicht > 11 cm aus C25/30, einer Hartschaumplatte, einer Gleitfläche und einem Ausgleichsbeton aus C25/30. [195] Darauf liegt die Feste Fahrbahn (d = 20 cm), vergossen mit einem Bitumen-Zement-Mörtel (d = 3 cm). Zur Zeit wird untersucht, die Fahrbahnplatte mit einer Dicke von ca. 30 cm ohne die

[193] http://www.stahl-info.de/aktuelles/die_bruecke_von_messina.htm 27.04 . 2005

[194] DIN-Fachbericht 101, 2003.

[195] Weber, Zachlehner: Feste Fahrbahn Bögl. Seite 22

beschriebene aufwendige Unterkonstruktion direkt über das Brückenbauwerk zu führen. Diese Variante ist einfacher auszuführen und weist deutliche Gewichtsvorteile auf.

Lastannahmen für Eisenbahnbrücken

Die Radsatzlasten haben sich bei der Eisenbahn kontinuierlich über die vergangenen Jahrzehnte erhöht. Während diese um 1900 noch bei 12 t und 14 t lagen, sind sie heute mit 25 t anzusetzen. Gleichzeitig haben sich auch die Zuggeschwindigkeiten erhöht, von etwa 100 km/h um 1900 auf 300 km/h heute. Beide Entwicklungen führten zu einer kontinuierlichen Fortschreibung der anzusetzenden Lasten.

Die ständigen Einwirkungen infolge des Fahrweges ergeben sich aus dem konstruktiven Aufbau, der sich über dem eigentlichen Brückentragwerk befindet. Legt man für den Aufbau die Feste Fahrbahn und dort das beschriebene System Bögl zu Grunde, ergeben sich für den eingleisigen Fahrweg systembedingte, ständige Lasten in Höhe von ca. 35 kN/m. Diese Lasten entstehen hauptsächlich aus der Fahrbahnplatte, dem Ausgleichsbeton sowie der technischen Ausrüstung. Geht man hingegen von der alleinigen Überführung einer 30 cm dicken Fahrbahnplatte aus, ergeben sich ständige Lasten von ca. 25 kN/m. Im Vergleich dazu ist für einen alternativen Fahrwegaufbau mit Schotterbett eine ständige Last von ca. 65 kN/m anzusetzen. [196]

Die veränderlichen vertikalen Einwirkungen infolge des Eisenbahnverkehrs sowie ihre Anordnung sind in der Regel aus dem „Lastmodell 71“ anzunehmen (siehe Abb. 5.17).

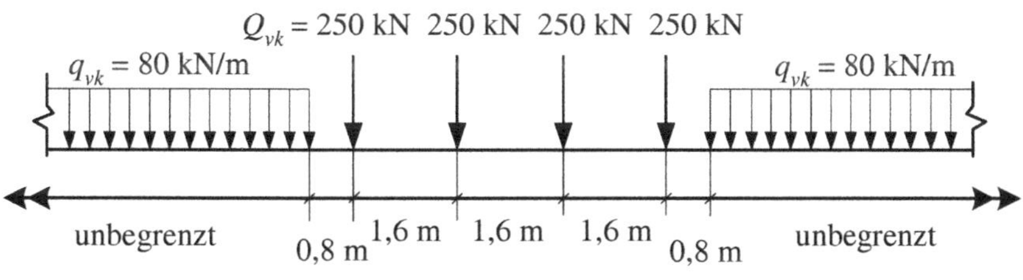

Abb. 5.17 Lastmodell 71 und charakteristische Werte der Vertikallasten für ein Gleis [197]

Falls beispielsweise die Spannweite einer Einfeldbrücke 75 m beträgt, ist die Summe der ständigen vertikalen Lasten infolge des Fahrwegs annä-

[196] DIN-Fachbericht 101, 2003: Seite 121. Dieser Wert gilt für zulässige Streckengeschwindigkeiten von 200 bis 300 km/h.

[197] DIN-Fachbericht 101, 2003: Seite 50

hernd (75 m · 35 kN/m =) 2.625 kN und die Summe der veränderlichen vertikalen Lasten infolge Eisenbahnverkehr (4 · 250 kN + 68,6 m · 80 kN/m =) 6.488 kN. Die Einwirkungen aus Anfahren und Bremsen, sog. Schubkräfte in Brückenlängsrichtung, ergeben sich je nach Einflusslänge der Einwirkungen bei einem Triebfahrzeug zu (6,4 m · 33 kN/m =) 211,2 kN für das Anfahren und zu (75 m · 20 kN/m =) 1.500 kN und für das Bremsen des Fahrzeuges. [198] Die Einwirkungen in Brückenquerrichtungen infolge Seitenstoß sind mit einer Einzellast von 100 kN zu berücksichtigen. [199]

Zulässige Verformungen bei Eisenbahnbrücken

Der DIN-Fachbericht 101 gibt für den Nachweis der Gebrauchstauglichkeit für Eisenbahnbrücken hinsichtlich der zulässigen Durchbiegungen und Schwingungen klare Vorgaben. [200] Dadurch sollen zu hohe Spannungen in der Schiene, übermäßige Verformungen der Gleisgeometrie und Beeinträchtigungen der Fahreigenschaften verhindert werden.

Unter anderem beträgt die maximal zulässige, über 3 m gemessene Verwindung des Brückenüberbaues bei Geschwindigkeiten über 200 km/h nur 1,5 mm. Der Endtangentendrehwinkel des Überbaus bei eingleisigen Brücken mit Schotterbett am Übergang zwischen Überbau und Bahndamm (zwischen zwei aufeinander folgenden Überbauten) ist auf $\theta = 6{,}5 \cdot 10^{-3}$ rad ($\theta_1 + \theta_2 = 10 \cdot 10^{-3}$ rad) begrenzt (vgl. Abb. 5.18). Die zulässige vertikale Durchbiegung bei Eisenbahnbrücken orientiert sich maßgeblich am Komfort. Sie ist bei eingleisigen Brücken auf maximal $l/600$ der Stützweite begrenzt.

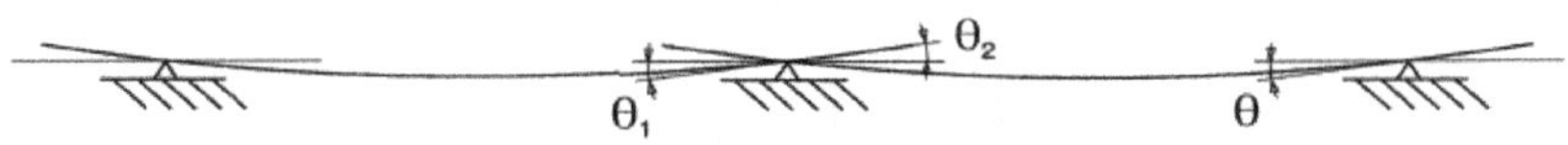

Abb. 5.18 Tangentendrehwinkel beim Zweifeldträger [201]

Transrapidbrücken

Von Brückenbauwerken soll beim Transrapid dann gesprochen werden, wenn der Regelträger (Spannweite bis ca. 31 m) nicht mehr verwendet werden kann. In verschiedenen Veröffentlichungen [202] [203] wird davon aus-

---

[198] DIN-Fachbericht 101, 2003: Seite 64 f
[199] DIN-Fachbericht 101, 2003: Seite 64
[200] DIN-Fachbericht 101, 2003: Seite 102-106
[201] DIN-Fachbericht 101, 2003: Seite 104
[202] Schwindt: Die Systemtechnik des Transrapid-Fahrwegs. Seite 41
[203] Witt, Herzberg: Technical-economical System Comparison. Seite 91

gegangen, dass diese Standardträger noch bei Stützenhöhen bis 20 m eingesetzt werden. Letztendlich sind Baugrund, Brückenhöhe, Stützweiten und die notwendige Brückenlänge die bestimmenden Parameter, ob eine separate Brückenkonstruktion eine wirtschaftlichere Lösung darstellt oder Standardträger verwendet werden. Wenn in unmittelbarer Nähe von Wohnbebauungen mit sehr hohen Geschwindigkeiten gefahren werden soll, ist Schallschutz erforderlich. Schallschutzwände können auf dem Regelträger aber nicht angeordnet werden, so dass dann eigene Brückenkonstruktionen oder alternativ selbsttragende Wandkonstruktionen erforderlich werden. In Abb. 5.19 ist dieser Fall dargestellt.

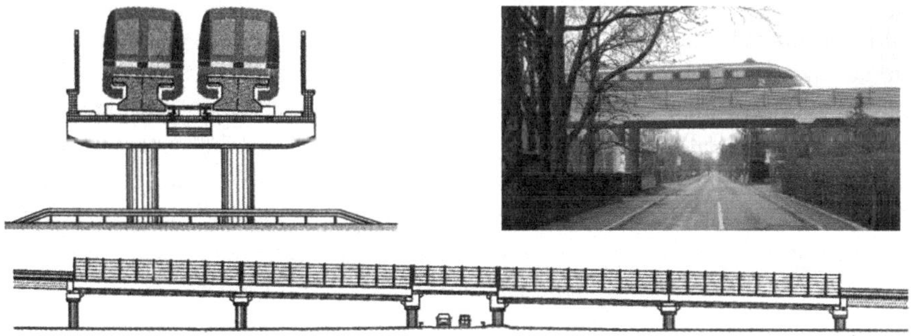

Abb. 5.19 Brückenkonstruktion zur Aufnahme von Schallschutzwänden [204]

Für die geplante Anwendungsstrecke vom Flughafen München zum Hauptbahnhof muss die Isar gequert werden. Hierfür ist eine klassische Brückenkonstruktion mit Spannweiten größer 40 m vorgesehen.

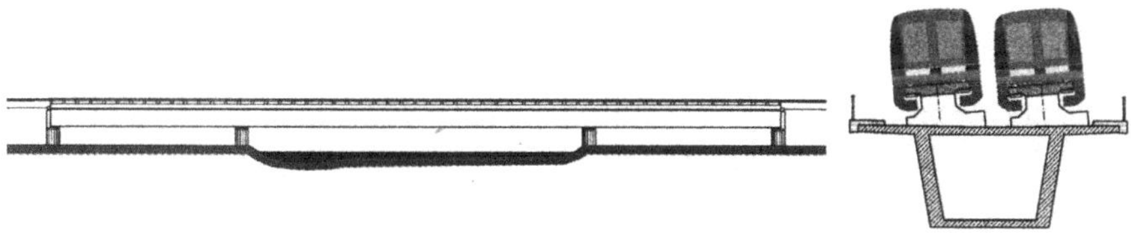

Abb. 5.20 Beispiel für Querschnitt einer Brücke im Zuge einer Talquerung [205]

Konstruktiv eignet sich hierfür ein Hohlkastenträger in Spannbetonbauweise wie dies bei Straßenbrücken üblich ist. Als Spannweiten sind 41,3 m + 75,3 m + 41,3 m vorgesehen. Auf dieser Brückenkonstruktion

[204] Abbildung: Bayerische Magnetbahnvorbereitungsgesellschaft mbH, München
[205] Abbildung: Bayerische Magnetbahnvorbereitungsgesellschaft mbH, München.

soll die Fahrbahn entsprechend des ebenerdigen Fahrwegs aufgebracht werden [206] (siehe Abb. 5.20).

Ausbildung des Fahrwegüberbaus bei Transrapidbrücken

Die Ausbildung des Fahrwegüberbaus bei Transrapidbrücken ist durch die Übertragung der Lasten vom Fahrzeug auf das Brückentragwerk geprägt. Geht man davon aus, dass das Brückentragwerk einen durchlaufenden, obenliegenden Träger (Brückenüberbau) hat, kann der darauf aufliegende Fahrwegträger beliebig kleine Stützweiten annehmen. Fahrtechnisch erforderlich ist die 2.800 mm breite Gleitebene. Das Zangenmaß (Abstand OK Gleitebene bis UK Stator) beträgt 398 mm, die Höhe des Statorpakets einschließlich Befestigung 128 mm. Für den Fahrwegtisch beziehungsweise die seitlichen Kragarme bleibt somit eine Höhe von 270 mm. Die seitlich an den Kragarmen angebrachten Seitenführschienen haben eine Höhe von 310 mm. Die Gleitebene kann aus Stahl oder aus Beton hergestellt werden. Der Abstand zwischen OK Brückenüberbau und OK Gleitebene muss mindestens 1,25 m betragen. Die notwendige Aufständerung kann mit leichten Stahlböcken oder mit Betonscheiben ausgeführt werden. Die Konstruktion entspricht weitgehend der des ebenerdigen Fahrwegs.

Konstruktion der Brücken beim Transrapid

Der Brückenüberbau kann als Stahl- oder Spannbetonkonstruktion ausgeführt werden. Aus verschiedenen Gründen haben sich Hohlkastenquerschnitte bewährt. Bei Brücken mit größeren Spannweiten haben sich in den vergangenen Jahren Verbundkonstruktionen durchgesetzt. Die Fahrbahnplatte wird dazu in Ortbeton hergestellt, während der U-förmige untere Teil des Hohlkastens aus Stahl gefertigt wird. Für den Transrapid eignen sich prinzipiell alle Bauverfahren. Jedoch kann erwartet werden, dass sich Spannbetonbrücken und Verbundbrücken aus verschiedenen Gründen (Eigenschwingungsverhalten, Schallschutz, Instandhaltung) als besonders vorteilhaft herausstellen werden.

Lastannahmen für Transrapidbrücken

Die ständigen Lasten infolge des Transrapid-Fahrwegüberbaus bei Brücken ergeben sich aus dem Fahrwegträger einschließlich der technischen Ausstattung (Langstatoren usw.) sowie den erforderlichen Querschotten. Das Eigengewicht der Fahrbahnplatte beträgt ca. (2,8 m · 0,3 m · 25 kN/m³ =) 21,0 kN/m. Das Eigengewicht der Querschotte beträgt ca. (1,6 m · 0,3 m · 1,05 m · 25 kN/m³ / 3,1 m =) 4,0 kN/m. Geht man weiter-

[206] Grossert, Kretschmer: Actual developements in Guideway Constructions. Seite 486

hin von einem Eigengewicht der technischen Ausstattung von ca. 3,0 kN/m aus, ergeben sich für den eingleisigen Fahrweg des Transrapid ständige Lasten in Höhe von ca. (21 + 4,0 + 3,0 =) 28 kN/m.

Die veränderlichen vertikalen Lasten infolge des Fahrzeuges werden von den Systemherstellern mit konstant 27,0 kN/m angegeben. Das zulässige Gesamtgewicht einer Endsektion (Mittelsektion) des Fahrzeuges beträgt 62,0 t (64,5 t).

Für das vorangestellte Beispiel einer 75 m langen Einfeldbrücke beträgt die Summe der ständigen vertikalen Lasten infolge des Fahrwegs annähernd (75 m · 28 kN/m =) 2.100 kN und die Summe der veränderlichen vertikalen Lasten infolge Eisenbahnverkehr (75 m · 27,0 kN/m =) 2.025 kN. Die maximale Schubkraft durch den Langstatorantrieb in Längsrichtung der Brücke (veränderliche Einwirkung) beträgt nach Angaben der Systemhersteller 96,75 kN [207] pro Fahrzeugsektion. Bei einem Fahrzeug aus 3 Segmenten (ca. 79,2 m) ergibt sich somit eine Schubkraft von ca. 290 kN. Die Einwirkungen in Brückenquerrichtung infolge Lagetoleranzen der Seitenführungsschiene (entspricht Seitenstoß bei der Eisenbahn) sind mit einer Last von 6 kN/m zu berücksichtigen. Bei einer angenommenen Länge einer imperfekten Seitenschiene von 20 m ergibt sich eine Horizontalkraft von 120 kN.

Zulässige Verformungen bei Transrapidbrücken

Geht man von einer Geschwindigkeit des Transrapid von 500 km/h aus, bewegen sich die Trag- und Führmagneten des Fahrzeuges berührungslos mit einer Geschwindigkeit von ca. 140 m/s an der Funktionsebene des Fahrweges bei einer Spaltbreite zwischen Gleitebene und Fahrzeug von ca. 5 bis maximal 10 mm entlang. Insofern ist es leicht verständlich, dass hohe Anforderungen an die Maßhaltigkeit dieses Spaltes und damit an die Verformungen des Fahrweges durch äußere Lasten bestehen. Unter Berufung auf theoretische Untersuchungen und praktische Erfahrungen gibt Schwindt an, dass die maximale Durchbiegung des Trägers unter Verkehrslast 6 mm pro 25 m (ca. $l/4000$) betragen sollte. [208] Dies entspricht einem zulässigen Endtangentendrehwinkel von $\theta = 1{,}28 \cdot 10^{-3}$ rad.

[207] Der Wert von 96,75 kN pro Fahrzeugsektion ergibt sich aus der maximal zulässigen Längsbeschleunigung von 1,5 m/s², ein Wert der im Normalbetrieb nie auftritt. Die maximale Anfahr- und Bremsbeschleunigung beträgt bei üblicher Auslegung 1,0 m/s².

[208] Schwindt: Die Systemtechnik des Transrapid-Fahrwegs. Seite 40

Vergleich

In Tabelle 5.10 sind für beide Hochgeschwindigkeitsverkehrssysteme ausgewählte Vergleichswerte von Einwirkungen und zulässigen Verformungen gegenübergestellt.

Es kann festgestellt werden, dass die vertikalen ständigen Einwirkungen aus dem Fahrweg bei einer günstigen Ausbildung etwa gleich oder bei einer schlechteren beim Rad-Schiene-System über 60 % höher ausfallen können. Die vertikalen veränderlichen Einwirkungen (Verkehrslasten) hingegen sind beim Transrapid um ein mehrfaches (5,8) geringer. Ähnliche Aussagen treffen auf die anzusetzenden Horizontalkräfte in und senkrecht zur Brückenlängsrichtung zu.

Tabelle 5.10 Vergleich ausgewählter Einwirkungen und Verformungen bei Eisenbahn- und Transrapidbrücken

Vergleichswert	Eisenbahnbrücken (Feste Fahrbahn, eingleisig)	Transrapidbrücken (eingleisig)	Faktor Eisenbahn/Transrapid
ständige Einwirkungen aus dem Oberbau bzw. Fahrweg	ca. 25 bis 35 kN/m	21 kN/m	1,2 bis 1,66
veränderliche Einwirkungen aus dem Fahrzeug	156 kN/m auf 6,40 m Breite; sonst 80 kN/m	27 kN/m	5,8
Einwirkungen aus Anfahren und Bremsen (bei Brückenlänge 75 m)	± 1.500 kN	± 100 kN	15
Einwirkungen im Lasteintragungsbereich	78 kN/cm²	0,007 kN/cm²	ca. 10.000
zulässige Verformung des Fahrweges (Durchbiegung)	$l/600$	ca. $l/4.000$	0,15
zulässiger Endtangentendrehwinkel am Einfeldträger	$6{,}5 \cdot 10^{-3}$ rad	$1{,}3 \cdot 10^{-3}$ rad	0,20
zusätzliche Ausrüstung	Oberleitung	keine	
Schallschutz	höhere Anforderungen	geringere Anforderungen	

Neben den Einwirkungen ist zu beachten, dass bei Transrapidbrücken wesentlich höhere Anforderungen an die zulässigen Verformungen gestellt werden. In Bezug auf den Fahrweg sind die zulässigen Verformungen bei Transrapidbrücken siebenmal, die zulässigen Endtangentendrehwinkel bei Einfeldträgern fünfmal geringer. Ähnliche Aussagen treffen für andere Verformungen, z. B. Verwindungen, zu.

Die Einwirkungen im Lasteintragungsbereich sind mit ca. (156 kN / (2 · 1) cm² =) 78 kN/cm² bei Eisenbahnbrücken mehr als 10.000-mal höher als bei Transrapidbrücken mit (27 kN / (2 · 20 · 100) cm² =) 0,007 N/cm². Dieser Lastunterschied wirkt sich jedoch nur im Lasteintragungspunkt aus und hat, je nach Wahl der Brückenkonstruktion, nur bedingt Einfluss auf die konstruktive Durchbildung des gesamten Bauwerkes.

Die statischen Beanspruchungen werden durch dynamische Einwirkungen aus dem Fahrzeug verstärkt oder gemindert. Einerseits werden dadurch Spannungen und Verformungen erhöht, anderseits treten Resonanzerscheinungen und Schwingungen auf. Transportsystemabhängige Hauptfaktoren, die das dynamische Verhalten des Bauwerkes beeinflussen, sind insbesondere

- schnelle Belastungswechsel infolge der Überfahrgeschwindigkeit,
- Änderung der Radlasten aus Rad- und Gleisunebenheiten (Imperfektionen der Räder, vertikale Unebenheiten der Gleise) sowie
- die Überfahrt aufeinander folgender Lasten mit annähernd gleichen Abständen (Achsabstände der Räder).

Vergleicht man beide Hochgeschwindigkeitssysteme, treten beim Rad-Schiene-System infolge inhomogener hoher Radlasten die genannten dynamischen Faktoren in einem viel höheren Maße als beim Transrapid-System auf. Das dynamische Verhalten der Brücken beim Transrapid wird durch die höhere Überfahrgeschwindigkeit, die Fahrwegungenauigkeiten und die fehlende diskrete Kopplung beim Schweben beeinflusst. Die normativen Vorgaben belegen diesen Zusammenhang: veränderliche vertikale Einwirkungen durch dynamische Beanspruchungen des Fahrzeugs werden bei Eisenbahnbrücken je nach Bauteil mit ca. 20 % bis 30 % der statischen Einwirkungen berücksichtigt, bei Transrapidbrücken hingegen nur durch eine Erhöhung der statischen Lasten um 10 %.

Resonanzerscheinungen und übermäßige Schwingungen, die auf dynamische Einwirkungen zurück zu führen sind, unterliegen auf Grund der tragwerksabhängigen Besonderheiten jeder Brücke Entscheidungen im Einzelfall.

Zusammenfassend kann festgestellt werden, dass die Einwirkungen aus dem Fahrweg bei beiden Systemen ähnlich, die vertikalen Einwirkungen aus Verkehrslast hingegen beim Transrapid nur ca. 1/6 betragen. Die zulässigen Verformungen (Durchbiegungen) sind hingegen bei Transrapidbrücken höher als bei Eisenbahnbrücken. Da eine Verdopplung der Belastung bei gleichbleibender Durchbiegung ähnliche Auswirkungen auf ein Tragwerk hat, wie die Halbierung der Durchbiegung bei gleichbleibender Last, ergeben sich aus den statischen Einwirkungen keine eindeutigen Vor- oder Nachteile eines Hochgeschwindigkeitsverkehrsystems.

Favorisierende Tendenzen für den Transrapid begründen sich jedoch mit der leichteren und damit kostengünstigeren Ausbildung sekundärer Tragglieder, wie z. B. der Lager und Widerlager sowie der Fundamente. Weiterhin wird die dynamische Belastung beim Transrapid infolge der geringeren, homogen verteilten Lasten sowie der stoßfreien Fahrweise auf das Bauwerk geringere Auswirkungen haben als bei Eisenbahnbrücken. Darüber hinaus benötigen die Brücken keine Konstruktionen für die Aufnahme der Oberleitung. Wegen der geringeren Lärmemission des Transrapid kann situationsbedingt möglicherweise auch auf Lärmschutzwände verzichtet werden. Insgesamt dürften die Kosten für Brücken beim Transrapid tendenziell niedriger ausfallen als beim Rad-Schiene-System. Die geringeren Brückenanteile, die sich aus einer geländenaheren Trassierung und damit kleineren Bauwerken ergeben, werden an dieser Stelle nicht weiter betrachtet.

5.1.4.3 Tunnel

Mit der Eisenbahn werden schon seit jeher Tunnelbauwerke assoziiert. Wie bereits oben ausgeführt, führt insbesondere die geringe Steigfähigkeit der Eisenbahn zu großen Erdbaumaßnahmen. Daher wurden Eisenbahnen bevorzugt in Tälern trassiert. Die notwendigen Kurvenradien führten in vielen Fällen jedoch dazu, dass Bergrücken oder Felsbarrieren durchörtert werden mussten. In fast allen Gegenden Deutschlands – außer in den norddeutschen Tiefebenen – finden sich reizvolle Bahnstrecken, die sich durch Täler winden und mehr oder weniger große Tunnelbauwerke aufweisen.

Eine besondere Herausforderung war jedoch die Überwindung großer Bergmassive, insbesondere der Alpen. Hier soll kurz auf den Bau der Gotthardbahn verwiesen werden. Nach der Semmering-Bahn (1854), der Brennerbahn (1867) und der Mont-Cenis-Strecke (1871) war die Gotthardbahn die vierte, aber auch kühnste Alpenquerung. Am 23. 12. 1873 wurde der Staatsvertrag zwischen der Schweiz und Italien zum Bau der Strecke unterzeichnet. Bereits am 1. Juni 1882 konnte die durchgehende Verbindung von Immensee bis Chiasso in Betrieb genommen werden.

Noch heute bewundern wir den Mut und das Können aller, die dieses Bauwerk vollbrachten. Hervorzuheben sind die Ingenieure mit ihren überragenden Entwürfen und die Arbeiter, die trotz der gefährlichen und schweren Arbeit das Ziel schließlich erreicht haben. Besonders erwähnt werden muss der hinter Gurtnellen (738 m ü. M.) liegende 1.476 m lange Pfaffensprung-Kehrtunnel, dem bald die berühmte Doppelschleife von Wassen (928 m ü. M.) mit den beiden Kehrtunneln folgte. Dabei überqueren die Gleise drei mal die Meienreuss. Die erste Brücke liegt noch unterhalb der als Orientierungspunkt bekannten Dorfkirche, die oberste etwa 200 m höher. Der Gotthard-Tunnel ist 15.003 m lang und doppelspurig, also einröhrig gebaut. Im Innern des Tunnels erreicht man mit 1.151 m ü. M. den Scheitelpunkt der Strecke. In Airolo kommt der von Norden nach Süden Reisende bei 1.142 m ü. M. heute nach 11 Minuten Fahrt wieder ans Tageslicht.

In diesem Zusammenhang muss noch auf die 1992 beschlossene Neue Alpentransversale NEAT, den Gotthard-Basistunnel verwiesen werden. Vermutlich im Jahre 2015 wird der weltweit längste Eisenbahntunnel mit einer Streckenlänge von 57 km in Betrieb gehen. Insbesondere auch aus Sicherheitsgründen werden zwei parallele Röhren aufgefahren. Man wird dann mit 250 km/h die Alpen durchqueren können. Insgesamt sind 153 km Schächte, Stollen und Röhren zu bauen. Der Kostenaufwand insgesamt beträgt 16,3 Mrd. SFR (Preisstand 1998), die Kosten für den Tunnel werden mit 7,6 Mrd. SFR prognostiziert. Dies entspricht etwa 88 Mio. €/km Doppeltunnel.

Tunnelbauwerke sind technisch aufwendig und somit relativ teuer. Zu beachten ist jedoch, dass die Kosten extrem schwanken. Die wichtigsten Einflussparameter sind:

- Länge des Tunnels,
- Größe des Tunnelquerschnitts,
- anstehendes Gestein (Fels, Lockergestein, Sand, Schlamm); einheitliche Struktur über die gesamte Tunnellänge,
- Zahl und Art der Störzonen,
- eventuell anstehendes Grundwasser,
- Art des Ausbaus einschließlich Zahl der Querschläge, Notausgänge, Lüftungsanlagen etc.

Abhängig von den vorgefundenen Bedingungen kommen verschiedene Bauverfahren zum Einsatz: [209]

- Erstellen eines Tunnels in offener Bauweise: Der Tunnel liegt nur wenige Meter unterhalb des Geländes. Nach dem Bodenaushub wird ein meist rechteckiger Tunnelquerschnitt konventionell geschalt und betoniert. Danach wird die Baugrube wieder verfüllt, die Tunneldecke mit Boden überschüttet und wieder bepflanzt. Diese Bauweise ist relativ

[209] Girmscheid: Baubetrieb und Bauverfahren im Tunnelbau. Seite 67

kostengünstig, jedoch besteht auch hier eine große Abhängigkeit von den Randbedingungen (z. B. Aushub von Fels oder Lockergestein, eventuelle anstehendes Grundwasser).

- Herstellen eines Tunnels in Neuer Österreichischer Bauweise: Diese Bauweise wird heute meist bei kürzeren Tunneln angewendet, sowohl bei geringen als auch großen Überdeckungen. Es muss jedoch tragfähiger Fels anstehen. Bei den einzelnen Abschlägen von jeweils einigen Metern Länge fallen folgende Arbeitsschritte an: Bohren der Sprenglöcher, Laden, Sprengen, Schuttern (Aufladen des gesprengten Materials), Sichern mittels einer Spritzbetonschale. Nachdem der Tunnel durchbrochen ist, wird die später sichtbare Tunnelschale betoniert.
- Bauweise ähnlich der Neuen Österreichischen Bauweise: Es erfolgt jedoch ein mechanischer Vortrieb mittels Bagger, Ripper und Teilschnittmaschinen.
- Vortrieb mittels Schirmgewölbesicherungen: Diese Sicherungen sind notwendig, falls im Lockergestein aufgefahren wird.
- Herstellen eines Tunnels mit einer Tunnelbohrmaschine: Diese Bauweise kommt vorwiegend bei langen Tunneln in Abhängigkeit von der Geologie zur Anwendung, da die Tunnelbohrmaschine hohe Investitionen erfordert. Der Ausbau erfolgt mit Betonfertigteilen, sog. Tübbingen. Tunnelbohrmaschinen sind auch im Lockergestein (mit Schild) oder bei großen Flussunterquerungen, wie z. B. dem dritten Elbtunnel in Hamburg, einsetzbar.

Wie bereits in Abschnitt 5.1.1.5 ausgeführt, weisen Neubaustrecken in der typischen Topografie in Deutschland, die durch Mittelgebirge bestimmt ist, regelmäßig große Brücken- und Tunnelanteile auf. Der Tunnelanteil liegt beim Rad-Schiene-System häufig bei 30 % der Gesamtstreckenlänge. Bedingt durch die sehr hohen Kosten für Tunnel werden dadurch die Gesamtstreckenkosten maßgeblich bestimmt. In Tabelle 5.9 sind für einige ausgewählte, aber auch typische Strecken, die Brücken- und Tunnelanteile aufgeführt. Der Tunnelanteil beim Transrapid kann mit etwa 5 % der Trassenlänge angesetzt werden. [210]

[210] Die Machbarkeitsstudie für München weist einen Tunnelanteil von 7,1 km bezogen auf eine Gesamtstreckenlänge von 36,8 km und damit von 19,0 % aus. Wegen der Einfahrten in den Hauptbahnhof und in den Flughafen, die unterirdisch erfolgen, ist diese Trasse jedoch nicht als typisch anzusehen. Ohne diese beiden Einfahrtstunnel verbleibt noch der Tunnel in Feldmoching von 1,8 km Länge, der somit 4,9 % der Streckenlänge ausmacht. Mit dem Tunnel Feldmoching werden Gleisanlagen der DB AG unterquert.

Tunnelquerschnitte für das Rad-Schiene-System

Traditionell wird ein Doppelgleis in einer Röhre geführt. Bei Hochgeschwindigkeitstrassen sind jedoch größere Querschnitte erforderlich als bei Strecken, die z. B. für eine S-Bahnstrecke mit einer Entwurfsgeschwindigkeit $v_e = 120$ km/h vorgesehen ist. Die Planumsbreite beträgt bei den S-Bahnen 10,20 m, bei den Neubaustrecken mit $v_e \leq 300$ km/h dagegen 12,10 m.

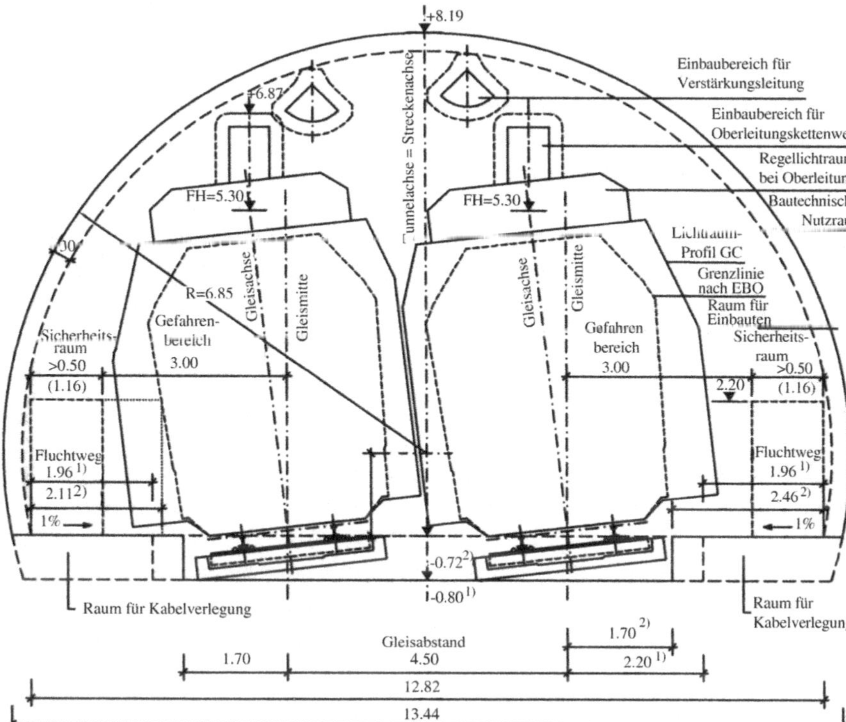

Querschnittsparameter:	
Entwurfsgeschwindigkeit:	230 km/h < $v_e \leq$ 300 km/h
Oberbauform:	Feste Fahrbahn
Trassierungsparameter:	Gleisabstand a = 4,50 m
	Überhöhung u = 0 bis 170 mm
Sonstige Parameter:	Kreisbogen r = 6,85 m
	Querschnittsfläche über SO: A = 92,0 m²

Abb. 5.21 Tunnelquerschnitt für das Rad-Schiene-System

Die Anforderungen an die Sicherheit sind in den vergangenen Jahren erhöht worden. So wird vom Eisenbahn-Bundesamt (EBA) gefordert, dass von jeder Stelle eines Fahrtunnels aus ein sicherer Bereich in höchstens 500 m Entfernung erreichbar sein muss. [211]

Vermutlich wird diese Forderung dazu führen, dass künftig vermehrt zweiröhrige Tunnel gebaut werden. Ein Grund, den neuen Gotthard-Basistunnel zweiröhrig auszuführen, gründete auch auf dem Sicherheitskonzept. Einröhrige Strecken wurden z. B. beim Zimmerberg Basistunnel bei Zürich-Thalwil bei kreisrunder Ausführung (Einsatz einer Tunnelbohrmaschine) mit einem Innendurchmesser von 12,24 m realisiert. [212] Dies führt zu einem Ausbruchquerschnitt von 117,6 m². Der in Abb. 5.21 dargestellte Tunnel hat einen Ausbruchquerschnitt von rund 150 m² und führt zu einem lichten Querschnitt von 92 m². [213] Dabei ist zu berücksichtigen, dass der Querschnitt mit der Neuen Österreichischen Tunnelbauweise aufgefahren wurde. Dies erlaubt eine weitgehende Anpassung an den betrieblich erforderlichen Querschnitt. Falls zwei Tunnelröhren gebaut werden, um insbesondere die neuesten Sicherheitsanforderungen zu erfüllen, so können Tunnelbohrmaschinen mit einem Durchmesser von ca. 10,00 m eingesetzt werden. Hieraus ergibt sich ein Ausbruchquerschnitt von ca. 78,50 m² pro Tunnelröhre. Im Gotthard-Basistunnel kommen bei Geschwindigkeiten von bis zu 250 km/h Tunnelbohrmaschinen mit 9,40 m Schneidraddurchmesser zur Anwendung.

Tunnelquerschnitte für den Transrapid

Tunnel für den Transrapid können wie für das Rad-Schiene-System in unterschiedlicher Weise ausgeführt werden. In Abb. 5.22 sind typische Querschnitte für den Transrapid dargestellt. Die lichte Fläche für den Einspurtunnel über 500 m Länge beträgt für Geschwindigkeiten bis 250 km/h mindestens 36 m² und für einen Doppeltunnel mindestens 70 m² (ohne eingebaute Teile). Für Geschwindigkeiten über 400 km/h sind aus aerodynamischen Gründen beim Einspurtunnel mindestens 86 m² lichte Fläche erforderlich.

In diesen Forderungen kommt zum Ausdruck, dass ein schnell in einen Tunnel einfahrender Zug die gesamte im Tunnel stehende Luft komprimiert und in Bewegung setzt, falls die Differenz aus Tunnelquerschnitt und Zugquerschnitt nicht groß genug ist. Aus aerodynamischen Gründen sollten notwendige Einbauten, wie z. B. Inspektions- und Evakuierungswege

[211] Eisenbahn-Bundesamt: Richtlinie Brand- und Katastrophenschutz in Tunneln.

[212] http://www.herrenknecht.de/de/dyn_frameset.php3?hauptnavi=dyn_hauptnavi.-php3?h_nr=2&feinnavi=feinnavi_maschinen.php3?f_nr=0&main=2_maschinen/html/2_maschinen.html

[213] Belter: Tunnelbauwerke. Seite 50

möglichst „transparent" gebaut werden.[214] Der Tunnelmund muss so konstruiert werden, dass durch Luftschwallöffnungen die komprimierte Luft entweichen kann. Der Regelquerschnitt für die Transrapidstrecke in München sieht Höchstgeschwindigkeiten im Tunnel von maximal 250 km/h vor. Hierfür kann nach der Machbarkeitsstudie die Trasse mit einer Tunnelbohrmaschine mit einem Schneidraddurchmesser von etwa 9 m aufgefahren werden. Hieraus ergibt sich eine Ausbruchfläche von ca. 65 m².

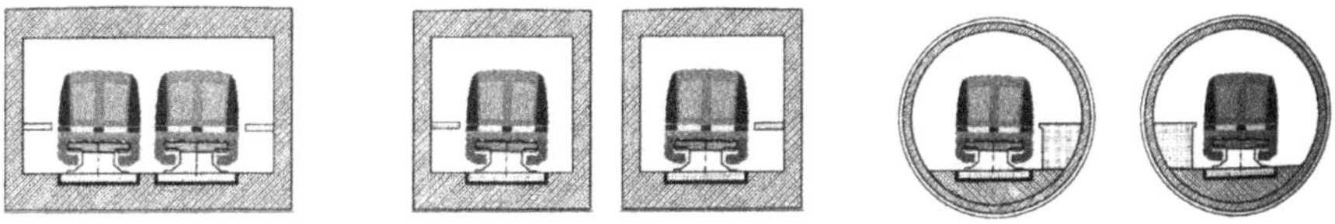

Abb. 5.22 Typische Tunnelquerschnitte für den Transrapid[215]

Ein in offener Bauweise hergestellter Tunnel, der weitgehend einem Rechteck entspricht, müsste etwa die Innenmaße $h = 6{,}20$ m und $b = 7{,}00$ m haben. Hieraus ergibt sich eine Innenfläche von 43,40 m². Hiervon sind alle festen Einbauten abzuziehen, so dass schließlich noch mindestens 36 m² verbleiben. In Abb. 5.23 ist ein Rundquerschnitt für Maximalgeschwindigkeiten $v_{max} \leq 250$ km/h dargestellt. Der lichte Innendurchmesser beträgt dann 8,20 m.

Konstruktiv ist zu beachten, dass bei der Unterfahrung bebauter Gebiete die Bereiche oberhalb des Tunnels nicht durch Erschütterungen belästigt werden dürfen. Die bewerteten Schwingstärken (KB-Werte) beim Transrapid liegen deutlich unterhalb derer von Eisenbahnsystemen. Trotzdem müssen die unterfahrenen Gebäude vor Erschütterungen geschützt werden. Generell können zwei Methoden zum Einsatz kommen. Zum einen durch die Lagerung eines Fundamenttroges auf Federelementen. Diese Bauweise ist typisch für die Lagerung von Maschinenfundamenten, hat im Falle des Transrapid aber den Nachteil, dass spätere Inspektionen der Federelemente kaum mehr möglich sind. Zum anderen kann eine Fundamentplatte mit einer Regelhöhe von ca. 45 cm zur Auflagerung von vertikalen Stützscheiben vorgesehen werden, die wiederum den eigentlichen Fahrweg aufnehmen. Die erforderlichen Dämpfungselemente können als vorgespannte Schraubendruckfedern in der unteren Fahrwegtragplatte integriert werden. Das zuletzt genannte System wird im U-Bahnbau eingesetzt. Bei dieser Konstruktion ist sichergestellt, dass alle Wartungen und Inspektionen in-

[214] Werth, Kretschmer: Maglev Requirements for Tunnels. Seite 611

[215] Grossert, Kretschmer: Actual developements in Guideway Constructions. Seite 494

nerhalb des Tunnels möglich sind. Generell ist eine sorgfältige Planung erforderlich, um auch niedere Frequenzen sicher zu beherrschen.

Jeder Tunnel muss heute so konstruiert sein, dass die Sicherheit der Fahrgäste auch in Notsituationen in höchstem Maße gegeben ist. Daher wird beim Projekt München über die ganze Tunnellänge ein Gehweg mit einer Breite von 1,20 m und einer Höhe von mindestens 2,20 m angeordnet. Der Weg wird mit einem Handlauf und fluoreszierenden Markierungen ausgestattet sein.

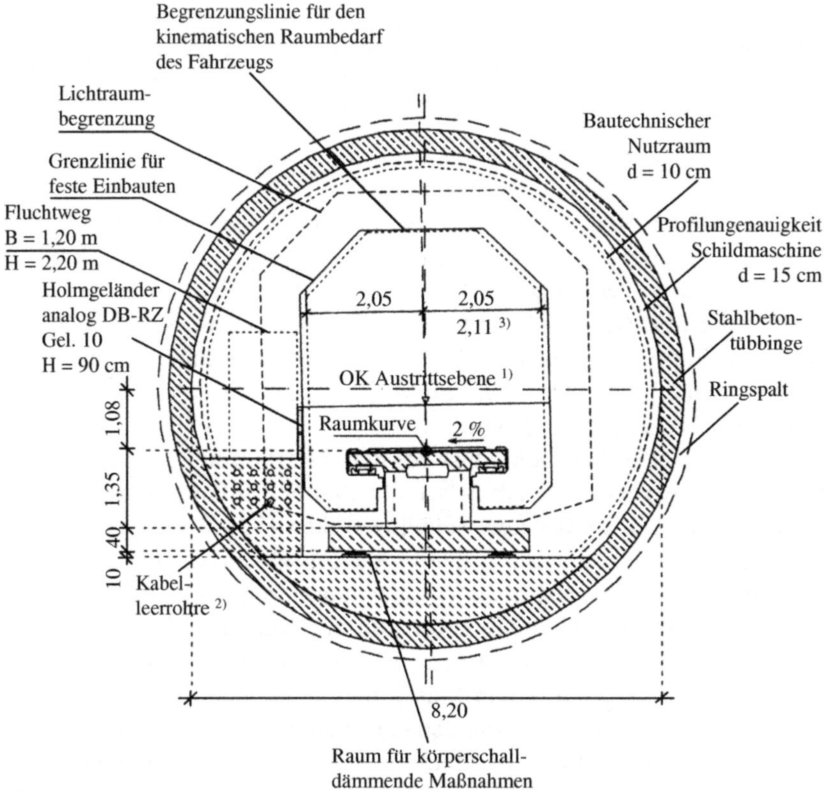

für $v_{max} \leq 250$ km/h
Tunnelquerschnittsfläche: 41,7 m² (alle festen Einbauten abgezogen)
1) OK Austrittsebene: 80 cm oberhalb Ebene Raumkurve
2) Alternativ: Kabelkanal
3) Bogenaußenseitig bei R < 3500 m

Abb. 5.23 Tunnelquerschnitt beim Transrapid, mit Tunnelbohrmaschine aufgefahren [216]

[216] Planungsgemeinschaft Metrorapid-Transrapid: Machbarkeitsstudie Bayern und NRW – Teil II. Seite 154

Als Ausrüstungsgegenstände enthält der Tunnel die üblichen Notruf- und Rettungseinrichtungen wie Notruftelefone, Feuermelder, Feuerlöscher und Notbeleuchtung. Entsprechend der Vorgabe, dass eine Selbstrettung innerhalb von 20 Minuten möglich sein soll, werden etwa alle 600 m Notausgänge vorgesehen. Die maximale Entfernung zum Notausgang beträgt daher nur 300 m. [217]

Beim Vergleich von Rad-Schiene-Systemen und dem Transrapid unter dem Gesichtspunkt der Tunnel muss zuerst wieder festgestellt werden, dass wegen der günstigeren Trassierung eine Transrapidtrasse immer mit weniger Tunneln auskommt als ein Rad-Schiene-System. Insbesondere im Mittelgebirge kommt dies zum Tragen. So würde, wie in Abschnitt 5.1.1.5 bereits erläutert, bei einer Trassierung des Erzgebirges bei jeweils v_e = 300 km/h der Transrapid eine Tunnellänge von 2.135 m benötigen (alle mit kleiner Überdeckung), während die Eisenbahn einen 9.385 m langen Scheiteltunnel benötigte. [218] Bei gleichen Entwurfsgeschwindigkeiten von 250 km/h benötigt der Transrapid bei Einzelröhren und Verwendung einer Tunnelbohrmaschine einen Schneidraddurchmesser von ca. 9,00 m, während die Eisenbahn ca. 10,00 m benötigt. Die erforderlichen Tunnelquerschnitte erhöhen sich beim Transrapid bei höheren Geschwindigkeiten beträchtlich, so dass bei v_e = 400 km/h ein Schneidraddurchmesser von ca. 13,50 m erforderlich wäre.

5.1.4.4 Tröge und Stützkonstruktionen

Bei der Trassierung von Rad-Schiene-Systemen werden bei der Ein- und Ausfahrt von Städten und bei der Querung von Hauptverkehrswegen häufig Unterfahrungen vorgesehen. Unterfahrungen im freien Gelände sind leicht durch Einschnitte herzustellen, falls der Grundwasserspiegel ausreichend tief liegt. Häufig, insbesondere bei der Ein- und Ausfahrt in Städte, ist die geböschte Variante aus Platzgründen nicht realisierbar. Dann werden Stütz- und Verbaukonstruktionen notwendig.

Bei einer Trassierung im Grundwasser muss eine Unterführung generell als Trog ausgeführt werden. Dieser ist konstruktiv wasserdicht und auftriebsicher auszubilden. Zu beachten ist, dass der Trog auf Höchstgrundwasserstand zu bemessen ist. Der zusätzliche Aufwand für die Herstellung wasserdichter Bauwerke ist beträchtlich, da eine Schwergewichtssohle einzubauen ist oder die Sohle durch Anker gegen Auftrieb gesichert werden muss. Alle Fugen sind druckwasserdicht auszuführen.

[217] Werth, Kretschmer: Maglev Requirements for Tunnels. Seite 617

[218] Fengler: Trassierung von Hochgeschwindigkeitsbahnen. Seite 146

Wegen der geringen zulässigen Rampenneigungen (35 ‰) und der lichten Höhe des Lichtraumprofils von 7,40 m (bei einer Kettenwerkhöhe von 1,80 m), einer Überbauhöhe der Brücke von etwa 1,50 m und einer Aufbauhöhe der Festen Fahrbahn von mindestens 0,40 m wird der Trog rund 9,30 m tief sein. Hieraus ergeben sich Rampenlängen von 250 m bis 300 m. Das gesamte Trogbauwerk hat somit eine Länge von rund 600 m und mehr (siehe auch Abschnitt 5.1.1.5).

Beim Transrapid treten derartig schwierige Trassierungssituationen wegen der einfachen Führung in Hochlage in der Regel nicht auf. Wegen der immensen Kosten dieser Bauwerke sollte konsequent in Hochlage trassiert werden. Generell kann jedoch auf Rampenbauwerke bei bestimmten Tunnelein- und -ausfahrten nicht verzichtet werden. [219]

Ähnlich teure Bauwerke sind beim Rad-Schiene-System bei der Trassierung von Hanganschnitten erforderlich. Dies führt dann zu großflächigen Böschungssicherungen oder rückverankerten Stützkonstruktionen. Bedingt durch das hohe Steigvermögen des Transrapid und des aufgeständerten Fahrwegs sind hier derartige Bauwerke in der Regel nicht erforderlich oder in der Längenentwicklung wesentlich kürzer.

5.1.4.5 Schallschutzkonstruktionen

Wie in Abschnitt 5.5.2 gezeigt wird, ist der Betrieb von allen Hochgeschwindigkeitsbahnen mit mehr oder weniger großen Schallemissionen verbunden. Dabei sind die gemessenen Schallemissionen bei gleichen Geschwindigkeiten beim Transrapid deutlich niedriger als beim Rad-Schiene-System (siehe Tabelle 5.47).

Unabhängig davon werden bei beiden Systemen, insbesondere in der Nähe von Wohngebieten, bauliche Schallschutzmaßnahmen erforderlich sein, um die zulässigen Schallimmissionen einzuhalten. Falls genügend Platz vorhanden ist, werden Schallschutzdämme bevorzugt, da diese relativ kostengünstig geschüttet werden können und nachdem diese begrünt sind, auch als ökologische Ausgleichsflächen angesehen werden.

Insbesondere in städtischen Bereichen ist aber häufig nicht ausreichend Platz vorhanden, um einen Schallschutzdamm zu schütten. In diesen Fällen sind Kombinationen aus Schallschutzdamm und Schallschutzwand notwendig oder ausschließlich Schallschutzwände.

Die Schallemissionen resultieren beim Rad-Schiene-System hauptsächlich aus drei Bereichen: dem Zusammenwirken von Rad und Schiene, den aerodynamischen Eigenschaften des Fahrzeugs selbst und den aerodyna-

[219] Grossert, Kretschmer: Actual developements in Guideway Constructions. Seite 486

misch bedingten Emissionen des Stromabnehmers. Dabei befindet sich der Stromabnehmer ca. 6,00 m über der Schienenoberkante. Wie durch Messungen nachgewiesen werden konnte, sind gerade die bei Hochgeschwindigkeitszügen auftretenden aerodynamischen Geräuschquellen dominierend. Zudem lassen sich diese durch Schallschutzwände wesentlich schwieriger bekämpfen, so dass der Schutz der Betroffenen häufig nicht in gewünschtem Maße erreicht wird. [220]

Die Wirksamkeit einer Schallschutzwand ist insbesondere von deren Höhe abhängig. Um die Schallemission wirksam eingrenzen zu können, sind Wände von mindestens 3,00 m notwendig. Wegen den Stromabnehmern sind diese aber erst bei einer Höhe von ca. 6,00 m richtig wirkungsvoll. Diese Wände haben somit die Höhe eines zweigeschossigen Gebäudes. Die sich aus den manchmal kilometerlangen und rund 6,00 m hohen Schallschutzwänden ergebenden optischen Beeinträchtigungen sind beachtlich. Aber auch die konstruktiven Maßnahmen in der Wand selbst und bei den Fundamenten sind sehr hoch. Im Regelfall werden die Wände mit Bohrpfählen im Untergrund verankert. Die Wände bestehen größtenteils aus Aluminiumkonstruktionen, es werden aber auch Wände aus Beton, Holz oder einer Kombination der genannten Materialien errichtet. Schallschutzwände sind zur Gleisseite hin hoch absorbierend ausgebildet, um Schallreflexionen zu vermeiden. Dadurch wird verhindert, dass der Schall zwischen den Wänden und Zugaußenseite mehrfach reflektiert wird. [221]

Den Transrapid wird man in städtischen Bereichen mit der Notwendigkeit, die Schallemissionen durch bauliche Maßnahmen einzugrenzen, bevorzugt ebenerdig trassieren. Die Oberkante des Fahrzeugs ist etwa 5,00 m hoch (siehe Abb. 5.6) und damit etwa einen Meter niedriger als beim ICE. Außerdem befinden sich dort keine schallemittierenden Stromabnehmer.

Zusammenfassend ist somit festzuhalten, dass der Transrapid bereits wesentlich weniger Schall emittiert als der ICE und dieser auch effektiver bekämpft werden kann. Die Kosten für den Lärmschutz sind daher beim Transrapid auch deutlich niedriger als beim ICE. In diesem Zusammenhang wird darauf hingewiesen, dass die DB AG seit 1999 jährlich rund 50 Mio. € für die Lärmsanierung an bestehenden Strecken aufwendet. [222] Im Jahr 2003 wurden rund 60 km Schallschutzwände errichtet. [223] Hieraus errechnet sich ein mittlerer Kostenaufwand von 830.000,- €/km Lärmschutzwand.

---

[220] Barsikow, Hellmig: Bestimmung der Einfügungsdämpfung einer Schallschutzwand. Seite 8

[221] DB AG: Schallschutz – eine Investition in die Zukunft der Bahn. Seite 22

[222] Fiedler: Bahnwesen. Seite 445

[223] DB AG: Die Bahn mit Zukunft – Zahlen, Daten, Fakten 2003. Seite 28

5.1.5 Materialbedarf

Selbstverständlich sind die Materialbedarfe beim Bau neuer Trassen für die beiden Verkehrssysteme sehr unterschiedlich und von den jeweiligen spezifischen Gegebenheiten abhängig.

Bei einem Schotterbett werden pro Doppelspurkilometer 63 m³ Schotter benötigt. [224] Der Betonverbrauch bei der Festen Fahrbahn ist vom verwendeten System abhängig (siehe Abschnitt 5.1.3.1). Beim System Bögl werden 1,02 m³ Beton/Doppelspurmeter (2 · 2,55 · 0,20), beim System Rheda 2000 etwa 1,34 m³/Doppelspurmeter (2 · 2,80 · 0,24) benötigt. Daraus ergibt sich ein Zementverbrauch von etwa 0,33 t/Doppelspur-m beim System Bögl und von 0,43 t/Doppelspur-m beim System Rheda 2000. Zusätzlich wird noch Zement für die 0,30 m dicke hydraulisch gebundene Tragschicht benötigt. Bei angenommenen 3,5 M.-% Zement werden etwa 0,16 t/Doppelspur-m benötigt.

Beim Transrapid ist der Betonverbrauch vom verwendeten Träger abhängig. Beim 25 oder 31 m langen und etwa 2,00 m hohen Standardträger Typ I ergibt sich ein Betonverbrauch von etwa 2,0 m³/m bis 2,5 m³/m. Zusätzlich ist anteilig der Betonverbrauch für die Stützen einschließlich Querträger und Fundamente hinzu zu rechnen. Der Betonverbrauch wird maßgeblich durch die Fundamente bestimmt, die wiederum von der vorgefundenen Bodenqualität abhängen. Für eine etwa 4,5 m hohe Stützenkonstruktion einschließlich Querträger ist mit etwa 18 m³ und für die Fundamente (2 Stück jeweils 2,0 · 3,0 · 1,5) nochmals mit 18 m³ zu rechnen. Bei einer Stützweite von 31 m ergibt sich somit ein Betonverbrauch für die Stützkonstruktionen von etwa 1,2 m³/m. Insgesamt liegt damit der Betonverbrauch bei einer aufgeständerten Fahrbahn bei rund 5,2 m³/Doppelspurmeter, der Zementverbrauch bei etwa 1,7 t/m. Der Betonverbrauch beim ebenerdigen Fahrweg ist stark von der gewählten Konstruktion abhängig. In der Mehrzahl der Fälle wird er zwischen 2,0 und 3,0 m³/Doppelspurmeter liegen.

In Mittelgebirgen muss beim Rad-Schiene-System mit einem Tunnelanteil von etwa 30 % gerechnet werden, beim Transrapid etwa mit 5 % deutlich weniger. Der Betonverbrauch ist bei Tunnelbauwerken wegen der notwendigen Tunnelschale relativ hoch. So beträgt der Verbrauch an Beton bei einem einspurigen Tunnelbauwerk für den Transrapid mit einem lichten Innendurchmesser von 8,20 m bei angenommen 0,40 m starken Tübbingen ca. 10,5 m³/Tunnelmeter. Zusätzlich ist Verfüll- und Ausgleichsbeton notwendig. Ein nicht unrealistischer Wert für den Betonverbrauch dürfte daher bei mindestens 15 m³/Tunnelmeter liegen. Darin

[224] Gers et al.: Ressourcenproduktivität.

sind noch keinerlei Einbauten und kein Fahrweg enthalten. Beim Rad-Schiene-System ist ein größerer Tunnelquerschnitt notwendig. Bei einem lichten Innendurchmesser von 12,20 m beträgt der vergleichbare Betonverbrauch für die Schale bereits 15,6 m^3/m. Der tatsächliche Betonverbrauch sollte daher mit mindestens 22 m^3/m angesetzt werden.

Für das Rad-Schiene-System mit der Festen Fahrbahn System Rheda 2000 und 30 % Tunnelanteil (siehe Abschnitt 5.1.4.3)ergibt sich ein mittlerer Betonverbrauch von 27,7 m^3/Trassenmeter. [225] Beim Transrapid ergibt sich, bedingt durch den geringeren Tunnelanteil ein Verbrauch von rund 5,7 m^3/Trassenmeter. [226]

In Tabelle 5.11 ist der Betonverbrauch für beide Systeme gegenübergestellt.

Tabelle 5.11 Typischer Betonverbrauch

	Rad-Schiene-System [m^3/Doppel-m]	Transrapid [m^3/Doppel-m]
Trasse auf freier Strecke	1,02 bis 1,34	2,0 bis 5,2
Tunnel ohne Einbauten	44	15
typische Mittelgebirgsstrecke	27,7	5,7

Interessant sind auch Betrachtungen zu den notwendigen Erdbewegungen. Diese sind in besonderem Maße von der vorgefundenen Topologie abhängig. Gers et al. geben beim Rad-Schiene-System für den als typisch bezeichneten 8,5 km langen Planungsabschnitt 1.1 der Neubaustrecke Erfurt-Leipzig/Halle (flache Topografie) 181.962 m^3/Dkm an. Für den Transrapid werden für den Planfall 8 b der Trasse Berlin-Hamburg 45.584 m^3/Dkm genannt. Weitere Materialeinsätze sind in Tabelle 5.12 angegeben.

Zusammenfassend kann festgestellt werden, dass in fast allen Bereichen der Materialeinsatz beim Transrapid geringer als beim Rad-Schiene-System ist. Ein geringer Materialeinsatz ist ökologisch hoch zu bewerten und wird sich letztendlich auch in niedrigeren Kosten ausdrücken.

[225] Annahme: System Rheda 2000 durchgehend $2 \cdot 0{,}3 \cdot 44 + 1{,}34 = 27{,}7$ m^3/m

[226] Annahme: 60 % aufgeständert, 35 % ebenerdig, 5 % Tunnel. Annahme Betonverbrauch für ebenerdige Fahrbahn 2,5 m^3/m: $2 \cdot 0{,}05 \cdot (15 + 2{,}0) + 0{,}60 \cdot 5{,}2 + 0{,}35 \cdot 2{,}5 = 5{,}7$ m^3/m

Tabelle 5.12 Typischer Materialeinsatz [227]

		Rad-Schiene-System	Transrapid
Erdbewegung	m^3/Dm	182,0	43,6
Kies	m^3/Dm		4,4
Geotextil	m^2/Dm	12	
Stahl	t/Dm	2,1	1,8
Aluminium	t/Dm		20

5.1.6 Verschleiß und Instandhaltung beim Fahrweg

Das innovative Prinzip des Transrapid besteht darin, dass die Funktionen Tragen, Führen und Antreiben nicht mehr mechanisch, sondern magnetisch, wie bereits in Kapitel 3 ausführlich erläutert, erfolgen. Wenn keine mechanische Verbindung existiert, kann auch kein mechanischer Verschleiß erfolgen. Allgemein bekannt ist, dass mit zunehmender Geschwindigkeit höhere Kräfte übertragen werden müssen. Dies gilt sowohl beim Transrapid als auch beim Rad-Schiene-System. Beim Rad-Schiene-System steigt jedoch parallel mit den übertragenen Kräften der mechanische Verschleiß.

Breimeier als Vertreter des konventionellen Rad-Schiene-Systems behauptet nun: *„Die Abstützung und Führung der Eisenbahnfahrzeuge über den klassischen Radsatz ist hingegen mit (geringem) Verschleiß verbunden.“* [228] *„Das Wechselspiel zwischen Rad und Schiene unterliegt mechanischem Verschleiß, der mit Ausnahme enger Gleisbögen aber sehr gering ist. Die Abnutzung der Schienen beträgt in lotrechter Richtung weniger als 1 mm je 100 Millionen Belastungs-Tonnen* [229]*, ihre Liegedauer erreicht im Durchschnitt mehr als 20 Jahre* [230]*.“* [231]

Beim Rad-Schiene-System gibt es zahlreiche Erfahrungen zum Verschleiß. Allgemein bekannt sind jedoch hauptsächlich die Erfahrungen, die bei der Eisenbahn in Bezug auf die Liegezeit der Gleise in der Vergangenheit mit Geschwindigkeiten bis maximal 160 km/h gemacht wurden. Diese Erfahrungen können aber nur bedingt auf die Hochgeschwindigkeitstechnik übertragen werden.

---

[227] Gers et al.: Ressourcenproduktivität. Seite 6 und 8

[228] Breimeier: Transrapid oder Eisenbahn. Seite 11

[229] Schultheiß: Die Schiene. Seite 773 bis 779

[230] Ebersbach, Grohmann: Erhöhung der Fahrwegverfügbarkeit. Seite 205

[231] Breimeier: Transrapid oder Eisenbahn. Seite 23

Zu unterscheiden ist zwischen dem Verschleiß an den Schienen und dem Verschleiß des gesamten Gleiskörpers. Abhängig von der Geschwindigkeit reduziert sich nach Schroeder-Baumgart [232] die Lebensdauer der Oberbaustoffe bei einer Geschwindigkeitserhöhung von 60 km/h auf 260 km/h etwa um den Faktor (0,72/1,27 =) 0,57 (siehe Tabelle 5.13).

Die von Breimeier zitierte Liegezeit der Gleise von 20 Jahren resultiert aus einer Untersuchung aus dem Jahre 1998, die sich auf eine Statistik stützt, welche im Jahr 1995 angefertigt wurde und einen Zeitraum von 35 Jahren umfasst. [233] Da es in diesem Zeitraum nur einige wenige Hochgeschwindigkeitsstrecken gab, ist es fraglich, ob die so erhaltenen Ergebnisse eine Aussage über den Verschleiß von Hochgeschwindigkeitseisenbahnstrecken zulassen.

Tabelle 5.13 Relative Reduktion der Lebensdauer von Oberbaustoffen mit zunehmender Geschwindigkeit

Geschwindigkeit [km/h]	Kennzahl
60	1,27
100	1,10
140	1,00
180	0,90
220	0,81
260	0,72

Die starke Nutzung der Schienen verursacht Oberflächenrisse (Head Cracks) und Unebenheiten, so genannte Riffel oder Wellen. Diese beeinträchtigen nicht nur den Fahrkomfort, sondern führen auch zu einem wesentlich höheren Verschleiß der Schienen, des gesamten Unterbaus und der darauf verkehrenden Fahrzeuge. Daher müssen die Schienen periodisch geschliffen werden.

Allgemein bekannt ist auch, dass sich das traditionelle Schotterbett für den Hochgeschwindigkeitsverkehr in Rad-Schiene-Technik nur bedingt eignet. Durch die hohen dynamischen Lasten wird das Schotterbett stark geschädigt (siehe Abschnitt 5.1.3.1). Als Folge wird bei Hochgeschwindigkeitsstrecken der DB AG heute nur noch die Feste Fahrbahn eingesetzt. Diese führt im Vergleich zum konventionellen Schotterbett nicht nur zu wesentlich höheren Investitionskosten, sondern im Fall von flächigen Set-

[232] Schroeder-Baumgart: Strategisches Instrumentarium zur Bewertung von Oberbaukosten. Seite 165

[233] Ebersbach, Grohmann: Erhöhung der Fahrwegverfügbarkeit. Seite 214

zungen des Untergrundes oder bei Havarien zu aufwendigen und zeitintensiven Instandsetzungen.

Von Breimeier wird der Verschleiß zwischen Schiene und Rad als gering bezeichnet. Will man jedoch den Vergleich mit dem Transrapid herstellen, so muss man auch die Dichte der Zugfolge in Betracht ziehen. Einige ICE-Strecken werden regelmäßig nur ein- bis zweimal jede Stunde befahren. Soll jedoch ein attraktives Verkehrsangebot bereitgestellt werden, so sind höhere Zugfolgen notwendig. Dies betrifft insbesondere Flughafenanbinder oder Strecken mit Nahverkehrscharakter, wie dies beim Metrorapid vorgesehen war. Beim Flughafenanbinder in München soll alle 10 Minuten ein Zug fahren.

Solch kurze Zugfolgezeiten sind ebenfalls zu unterstellen, falls im Fernverkehr hohe Transportleistungen erzielt werden müssen. Man stelle sich die betrieblichen Einschränkungen vor, wenn bereits nach einer relativ kurzen Liegezeit die Schienen wegen Verschleiß ausgetauscht werden müssen. Reparaturen und der Austausch von bestimmten Teilen, auch von Schienen, sind zwar häufig in nächtlichen Zugpausen möglich. Die Maßnahmen sind dann jedoch meistens sehr kostenaufwendig, insbesondere wegen den anteilig hohen Kosten der Baustelleneinrichtung.

Zu beachten ist, dass beim Rad-Schiene-System durch den Kontakt der Räder mit den Schienen sehr hohe punktförmige Lasten auftreten. Diese Druckkräfte betragen nach Loos [234] beim Triebkopf des ICE statisch etwa 800 N/mm², beim Reisezugwagen statisch immer noch 500 N/mm². Beim Transrapid treten dagegen nur kontaktlos übertragene Zugkräfte in Höhe von 0,07 N/mm² bis 0,1 N/mm² auf. Zusätzlich ist ein dynamischer Zuschlag von ca. 10 % beim Transrapid, jedoch von 30 % beim Rad-Schiene-System anzusetzen.

Die spezifischen Instandhaltungskosten gibt Loos dann unter Bezug auf Veröffentlichungen von Siemens beim

Transrapid in der Summe mit:	0,56 Ct/Sitzplatz-km und beim
ICE mit:	1,77 Ct/Sitzplatz-km an

Diese Kosten sind beim ICE empirisch ermittelt, beim Transrapid beruhen sie auf gründlichen Ermittlungen, aber nur teilweise auf praktischen Erfahrungen. Sie verteilen sich auf den Fahrweg und die Fahrzeuge bei einer Regelgeschwindigkeit des ICE von 250 km/h und des Transrapid von 450 km/h, wie in Tabelle 5.14 angegeben.

[234] Loos: Transrapid als viertes Verkehrssystem. Seite 36

Tabelle 5.14 Spezifische Instandhaltungskosten [Ct/Sitzplatz-km] [235]

	ICE	Transrapid
Fahrweg	0,48	0,19
Fahrzeug	1,29	0,37
gesamt	1,77	0,56

Interessant ist, welche absoluten Zahlen sich hieraus ergeben. Bei 365 Tagen pro Jahr, täglich 12 Zügen mit angenommenen 500 Sitzplätzen sowie einer unterstellten Streckenlänge von 300 km, führt dies somit beim ICE zu Instandhaltungskosten von insgesamt 11.628.900,- €/a (davon Fahrweg: 3.153.600,- €/a und Fahrzeug 8.475.300,- €/a). Beim Transrapid hingegen ergeben sich nur 3.679.200,- €/a (davon Fahrweg 1.248.300,- €/a und Fahrzeug 2.430.900,- €/a) und damit nur rund einem Drittel!

Loos zeigt, dass die Fahrweginstandhaltungskosten stark geschwindigkeitsabhängig sind (siehe Abb. 5.24).

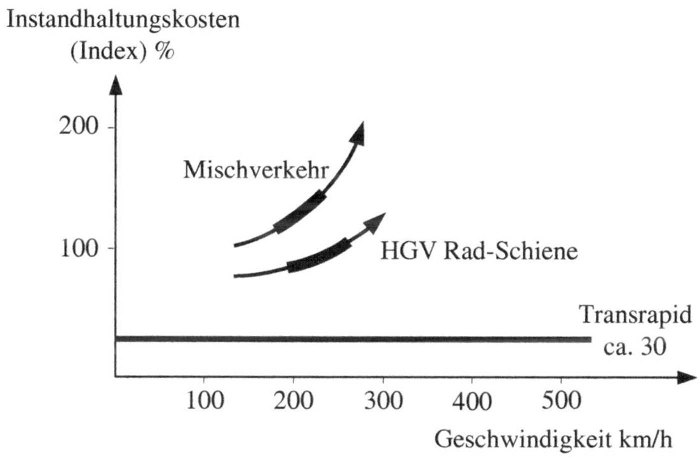

Abb. 5.24 Instandhaltungsaufwand des Fahrweges in Abhängigkeit der Geschwindigkeit [236]

Es bleibt festzustellen, dass der Instandhaltungsaufwand für den Fahrweg beim ICE im Geschwindigkeitsbereich zwischen 200 km/h und 300 km/h etwa 3 mal so hoch ist wie beim Transrapid mit Geschwindig-

[235] Loos: Transrapid als viertes Verkehrssystem. Seite 36

[236] Loos: Transrapid als viertes Verkehrssystem. Seite 36

keiten zwischen 400 km/h und 450 km/h. Bei Mischverkehr [237], wie er auf einigen Hochgeschwindigkeitsstrecken in Deutschland praktiziert wird, ist mit einem noch größeren Verschleiß zu rechnen. Verursacht werden diese Belastungen hauptsächlich durch den Güterverkehr, da die eingetragenen vertikalen und horizontalen Kräfte wesentlich größer sind. Diese Betrachtungen sollen hier jedoch nicht weiter vertieft werden, da hauptsächlich der Personen-Hochgeschwindigkeitsverkehr betrachtet werden soll.

Tabelle 5.15 Instandhaltungskosten für den Transrapid

Bauteil	Mio. €/a in 2005	Fahrweg	Fahrzeuge und Antrieb	Stationen	Energieversorgung	Betriebsleittechnik	Sonst.
Fahrweg	0,38	0,38					
Sonstige Bauliche Anlagen	0,70						0,70
Tunnel	0,34	0,34					
Brücken	0,02	0,02					
Stationsausstattung	1,29			1,29			
Lärmschutzwände	0,07						0,07
Spurwechseleinrichtungen							
schnell	0,91	0,91					
langsam	0,20	0,20					
Energieversorgung	0,56				0,56		
Antrieb Stromschienen	1,70		1,70				
Betriebsleittechnik, sicher	1,00					1,00	
Betriebsleittechnik, nicht sicher	0,70					0,70	
Fahrzeuge	2,55		2,55				
Summe	10,42	1,85	4,25	1,29	0,56	1,70	0,77

[237] Mischverkehr ist die gleichzeitige Nutzung der Trasse für Güter- und Personen-Hochgeschwindigkeitsverkehr. Nach diesem Konzept wurden früher in Deutschland die Hochgeschwindigkeitsstrecken gebaut. Da auf solchen Strecken die Maximalneigung jedoch höchstens 25 ‰ betragen kann, steigen die Investitionskosten.

In der Machbarkeitsstudie Bayern sind die in Tabelle 5.15 aufgeführten Instandhaltungskosten genannt. [238] Wie aus der Tabelle ersichtlich wird, können die Kosten auf den Fahrweg, die Fahrzeuge und den Antrieb, die Stationen, die Anlagen der Energieversorgung und die Betriebsleittechnik aufgeteilt werden. Ausgehend von den für den Fahrweg errechneten 1,85 Mio. €/a ergibt sich bei einer täglichen Streckenfahrleistung von 8.454 km und 148 Sitzplätzen ein Instandhaltungsaufwand von 0,41 Ct/Sitzplatz-km. Bei insgesamt verfügbaren 320 Fahrgastplätzen reduziert sich der ermittelte Wert auf 0,19 Ct/Fahrgast-km.

Für die Instandhaltung der Fahrzeuge errechnet sich unter den gleichen Annahmen 0,93 Ct/Sitzplatz-km oder 0,43 Ct/Fahrgast-km.

Wie die Berechnungen zeigen, ist eine singuläre Betrachtung der Instandhaltungskosten nur des Fahrwegs sowohl beim Rad-Schiene-System als auch beim Transrapid schwierig, da die Abgrenzung zu fehlerhaften Kennzahlen führen kann. Außerdem sind Kennzahlen wie Ct/Fahrgast-km oder Ct/Sitzplatz-km mit der gebotenen Vorsicht zu verwenden.

5.1.7 Energieversorgung

Jedes Fahrzeug, das bewegt werden soll, benötigt Antriebsenergie. Kraftfahrzeuge führen die Energie als Benzin oder Diesel, Dampflokomotiven im Tender als Kohle mit. Diesellokomotiven sind ebenso von einer kontinuierlichen Energiezufuhr unabhängig. Die Eisenbahn als spurgebundenes Verkehrsmittel eignet sich jedoch hervorragend für den Antrieb mit elektrischer Energie. Batteriebetriebene Lokomotiven waren früher im Tunnelbau üblich. Bei dem hohen Energiebedarf auf einer normalen Eisenbahnstrecke kommt jedoch nur eine Energiezuführung über Stromleitungen und Stromabnehmer in Frage. Bei U-Bahnen haben sich Stromschienen im Gleisbereich wegen des dadurch reduzierten Tunnelquerschnitts durchgesetzt. Normale Eisenbahnen und Hochgeschwindigkeitsbahnen verfügen jedoch über Oberleitungen. Abhängig von der eingesetzten Spannung und der Stromart (Gleichstrom oder Wechselstrom) muss in mehr oder weniger großen Abständen der Oberleitung die Energie aus der übergeordneten Stromversorgung in sog. Unterwerken zugeführt werden.

Breimeier führt hierzu aus: *„Im Gegensatz zur Eisenbahn, bei der ein Unterwerk in der Regel mehrere Züge gleichzeitig mit Energie versorgt, kann ein Unterwerk des Transrapid in seinem Bereich jeweils nur eine bewegte Einheit, einen Zug führen. Hieraus resultiert die sog. Mindest-*

[238] Planungsgemeinschaft Metrorapid-Transrapid: Machbarkeitsstudie Bayer und NRW – Teil II. Seite 220

Zugfolgezeit, die ein Maß für die betriebliche Leistungsfähigkeit einer Strecke bei spurgeführten Systemen darstellt.“ [239]

Beim Transrapid sind stationäre Umrichtereinheiten zur Umformung der elektrischen Energie aus dem Landesnetz mit fester Spannung (z. B. 110 kV Drehstrom) und fester Frequenz (z. B. 50 Hz) in variable Spannung (z. B. 0 bis 15 kV) und variable Frequenz (z. B. 0 bis 300 Hz) erforderlich. Diese Umrichter in den Unterwerken werden den Antriebsabschnitten zugeordnet. So speisen im allgemeinen jeweils vier Umrichtereinheiten aus zwei Unterwerken beidseitig einen Antriebsabschnitt, auf dem sich ein Fahrzeug befindet. Ein prinzipieller Unterschied zum ICE besteht nicht, da z. B. bei den Triebkopfversionen ebenfalls vier Umrichtersysteme auf einen Zug entfallen. Sie müssen jedoch auf dem Fahrzeug untergebracht werden. Falls das Aufkommen auf einer Strecke so hoch ist, dass sehr kurze Zugfolgen notwendig sind, ist die Verkürzung der Unterwerksabstände beim Transrapid kein Nachteil gegenüber dem ICE.

Bei Rad-Schiene-System gibt es zusätzlich stationäre Unterwerke, zur Umformung der elektrischen Energie aus dem Landesnetz mit fester Spannung (z. B. 110 kV Drehstrom) und fester Frequenz (z. B. 50 Hz) in die Fahrdrahtspannung, z. B. mit 15 kV und 16 2/3 Hz. Diese Zwischenebene entfällt beim Transrapid. Die zu installierende Leistung ist jedoch beim Transrapid wesentlich höher, sie wächst mit der dritten Potenz der Geschwindigkeit.

Nach den Planungen auf der zwischenzeitlich nicht mehr weiter verfolgten Strecke Berlin-Hamburg war auf freier Strecke ein Unterwerksabstand von 50 km vorgesehen. Durch die enorm hohe Geschwindigkeit des Transrapid wäre dabei eine Mindestzugfolgezeit von weniger als 7 Minuten möglich gewesen. Man muss also die Größe des nur von einem Zug zu befahrenden Abschnittes immer im Verhältnis zur Fahrgeschwindigkeit sehen. Zusätzlich ist der Unterwerksabstand vom Typ abhängig. Die Unterwerke können so konstruiert sein, dass sie nur einseitig in die Schaltabschnitte einspeisen oder beidseitig gleichzeitig. Bei beidseitiger Einspeisung kann der Unterwerksabstand bei gleichen Zugfolgezeiten vergrößert werden. So beträgt der Abstand bei einer Zugfolgezeit von 5 Minuten 16 km bei einseitigen und 27 km bei beidseitigen Unterwerken, falls eine mittlere Geschwindigkeit von 400 km/h angenommen wird. Bei 200 km/h reduziert sich der Abstand auf 8 km beziehungsweise 13 km. Auch von Rath werden bei einer Geschwindigkeit von 400 km/h und Unterwerksabständen von 30 km Zugfolgezeiten von 5 Minuten genannt. [240]

[239] Breimeier: Transrapid oder Eisenbahn. Seite 15

[240] Rath: Durchsetzung neuer Verkehrstechnologien. Seite 67

Bei der Eisenbahn können gleichzeitig mehrere Züge von einem Unterwerk angetrieben werden, sofern die verfügbare Energie eingespeist werden kann. Der Fahrweg ist aus Sicherheitsgründen traditionell in sog. Blockabschnitte eingeteilt. Herkömmlich wird jeder Blockabschnitt durch Lichtsignalanlagen geregelt, so dass gewährleistet ist, dass sich immer nur ein Zug im Abschnitt befindet. Eine Ausnahme bilden die Fahrwege, die mit der linienförmigen Zugbeeinflussung (LZB) ausgerüstet sind (sieh Abschnitt 5.6.5.1). Auf diesen Fahrwegen wird der lichtsignalgeregelte Blockabschnitt in mehrere Unterblockabschnitte unterteilt. Diese Unterblockabschnitte werden dem Lokführer durch viereckige Tafeln angezeigt, außerdem wird ihm die zu fahrende Geschwindigkeit durch die linienförmige Zugbeeinflussung vorgegeben. So können in einem Blockabschnitt mehrere Züge stehen oder bewegt werden. Voraussetzung ist, dass alle Züge mit der linienförmigen Zugbeeinflussung ausgerüstet sind, was beim ICE der Fall ist. Für alle anderen Züge gilt die Lichtsignalanlage. Dieser Fall kann gegeben sein, wenn z. B. der ICE auf der Strecke Köln-Rhein/Main im Bereich der Stadteinfahrten fährt. Wartet dann ein Vorortzug ohne linienförmige Zugbeeinflussung vorschriftsmäßig vor einem Lichtsignal, so muss der hinter ihm ankommende ICE selbstverständlich anhalten.

Wenn mehrere Züge in einem Blockabschnitt gleichzeitig anfahren, besteht die Gefahr der Überlastung der Stromversorgung, deshalb sind in den Betriebsanweisungen der Lokführer für bestimmte Strecken die Werte der maximal zu verwendenden Stromstärke vorgegeben. Bei den geringeren zulässigen Stromstärken sind dann aber nur geringere Beschleunigungen und geringere Geschwindigkeiten zu erreichen. Es ist also auch bei der Eisenbahn nicht so, dass beliebig viele Züge uneingeschränkt in einem Abschnitt verkehren können. Bei Hochgeschwindigkeitsstrecken sind die Unterwerke etwa im Abstand von 25 km angeordnet.

Im Ergebnis sind die Folgen bei der Eisenbahn genau die gleichen wie beim Transrapid. In einem Unterwerksabschnitt befindet sich immer nur ein Transrapid-Zug. Bei der Eisenbahn sind die Zugfolgen durch sicherheitstechnische Aspekte festgelegt. Abschließend bleibt noch festzustellen, dass die Unterwerke beim Transrapid aufwendiger und daher auch teurer sind. Auch die benötigte Grundstücksfläche ist größer.

5.2 Fahrzeuge

Die unterschiedlichen Fahrzeugtypen, wie sie sowohl beim ICE, wie auch beim Transrapid zum Einsatz kommen, sind in den Kapiteln 2 und 3 dargestellt. An dieser Stelle wird nochmals darauf hingewiesen, dass Züge, die ausschließlich für den Fernverkehr konzipiert sind, sich in vielen Details von Zügen unterscheiden, die z. B. als Flughafenanbinder im Kurzstreckenverkehr eingesetzt werden. Typische Unterscheidungsmerkmale sind:

- Anzahl der Sitzplätze und Stehplätze,
- Komfort (Bestuhlung, Beleuchtung, Klimatisierung) und
- Dimensionierung und Lage der Zugänge.

Die Akzeptanz von Verkehrssystemen für den öffentlichen Personenverkehr ist hauptsächlich von vier Kriterien abhängig:

- der Reisedauer,
- dem Fahrpreis,
- dem Fahrplanangebot und schließlich
- dem Komfort.

Weitere Kriterien sind Sicherheit und Sauberkeit. Ökologische Aspekte werden bei der individuellen Systemwahl nur von wenigen Kunden berücksichtigt.

5.2.1 Komfort

Der Komfort spielt bei der Wahl von Verkehrssystemen eine große Rolle, ist jedoch sehr stark durch individuelle Ansichten geprägt. Früher gab es bei der Eisenbahn drei verschiedene Klassen, heute nur noch die erste und zweite Klasse. Bei den Fluggesellschaften gibt es im Fernreiseverkehr immer noch drei Klassen: Erste Klasse, Business-Klasse und Touristenklasse. Diese unterscheiden sich durch eine große Zahl von Beurteilungskriterien, wie:

- individuell zur Verfügung stehender Platz (Beinfreiheit, Sitzplatzbreite, Gepäckablagemöglichkeiten),
- Qualitätsanmut (Ausgestaltung der Sitze, Polsterung, Bezugsmaterialien, Beleuchtung, Farbgestaltung, haptische und optische Eindrücke),
- Klimatisierung und Geräuschniveau,
- Unterhaltungs- und Kommunikationsmöglichkeiten,
- Service und Bewirtung.

Nur das gesamte Bündel an Kriterien führt zur Eingruppierung in die jeweilige Klasse. Die meisten Kriterien sind kaum ordinal messbar. Besonders einfach ist dies jedoch bei Sitzmaßen, wie z. B. Sitzabstand, Beinfreiheit, Sitzbreite, Knickmaß, Sitzraum und Fläche je Sitzplatz. Insbesondere die Fläche pro Sitzplatz wird häufig bei der Diskussion pro und contra Transrapid genannt.

Fläche pro Sitzplatz

Wie im vorigen Kapitel dargestellt, ist die Fläche pro Sitzplatz nur eines von vielen Kriterien zur Bewertung des Komforts, sicherlich jedoch ein bedeutendes.

Breimeier führt aus: „*Trotz des vorgesehenen Einsatzes im Personen-Fernverkehr weisen die häufig für Vergleiche herangezogenen Fahrzeuge beträchtliche Unterschiede in der Dichte der Sitzplätze auf (bezogen auf die nutzbare Fahrzeugfläche): ICE 3: 1,29 m²/Sitzplatz, Fünfteiliger Transrapid Hamburg-Berlin: 1,00 m²/Sitzplatz.*“ [241]
Breimeier erläutert nicht, wie die Flächen pro Sitzplatz ermittelt wurden. Auf jeden Fall ist eine Mittelwertbildung aus Fahrzeuggrundfläche dividiert durch die Anzahl der Sitze nicht korrekt. Zu beachten sind die deutlich unterschiedlichen, nutzbaren Innenbreiten. Diese betragen beim ICE 3 (2,95 - 0,18 =) 2,77 m, in Analogie beim ICE T (2,85 - 0,18 =) 2,67 m. Die zur Verfügung stehende Innenbreite des Transrapid beträgt dagegen (3,70 - 0,25 =) 3,45 m. Diese Breite muss jeweils zumindest beim Fernverkehr um die Gangbreite von 0,55 m reduziert werden. Nur die verbleibende Breite ist für Sitzplätze nutzbar. Sie beträgt somit beim ICE 3 2,22 m, beim ICE T 2,12 m und beim Transrapid 2,90 m. Im Verhältnis dieser Breiten (2,90 / 2,22 = 1,31) muss ein ICE 3 länger sein, um dieselbe Nutzfläche aufzuweisen. Diese Bedingung ist für den 5-teiligen Transrapid und den 8-teiligen ICE in etwa erfüllt. [242]

Die Nutzbreite von 2,22 m lässt sich beim ICE 3 mit maximal 4 Sitzplätzen füllen. Damit ergibt sich eine rechnerische Sitzplatzbreite von (2,22 m / 4 =) 55,5 cm, unter vergleichbaren Ansätzen beim ICE T 53,0 cm. Beim Transrapid können dagegen maximal 6 Reihen angeordnet werden. Dies führt zu einer rechnerischen Sitzplatzbreite von (2,90 m / 6 =) 48,3 cm. Hieraus ergibt sich dann wiederum eine anteilige Gangbreite von 13,8 cm beim ICE 3 und von 9,2 cm beim Transrapid.

Rechnerisch ergeben sich für die Standardbestuhlung folgende Sitzplatzflächen für die zweite Klasse: [243]

ICE 3	0,555 m · 0,971 m = 0,539 m²/Sitz
ICE T	0,530 m · 0,971 m = 0,515 m²/Sitz

[241] Breimeier: Transrapid oder Eisenbahn. Seite 16

[242] Rogg, Mayer, Witt: Zum technisch-wirtschaftlichen Vergleich von Hochgeschwindigkeitsbahnsystemen. Seite 8

[243] ICE 3: Mittelwagen BR403/7 mit 68 Sitzplätzen, Transrapid: TR 08, Sektion M1.

Transrapid TR 08 0,483 m · 0,863 m = 0,417 m²/Sitz

Die konkret umgesetzten Lösungen unterscheiden sich von diesen rechnerischen Werten, da die Innenausstattung permanent neuen Bedürfnissen angepasst wird. So wurden bereits zwei Jahre nach der Inbetriebnahme die ersten ICE 3 umgebaut. Dies war mit einer Reduktion des Sitzabstandes um 5 cm verbunden.

Es muss angenommen werden, dass die Sitzkonstruktionen in beiden Verkehrssystemen dem neuesten ergonomischen Stand entsprechend konstruiert sind. Dann kann unterstellt werden, dass der Sitzplatzkomfort beim ICE 3 bei 4 Sitzen je Reihe als höher anzusehen ist. Dies gilt insbesondere, falls beim Transrapid alle sechs Plätze pro Reihe besetzt sind. Dagegen dürfte beim Transrapid eine Belegung einer Reihe mit nur 4 Personen als komfortabler empfunden werden, wie dies aus dem Vergleich mit Flugzeugen offensichtlich ist.

Würden beim Transrapid nur 5 Sitzplätze gestellt, so würde sich eine mittlere Sitzplatzbreite von (2,90 m / 5 =) 58,0 cm ergeben. Bei gleichem Sitzplatzabstand von 0,863 m errechnet sich bei gleicher Anzahl von Sitzreihen eine Sitzplatzfläche von 0,501 m²/Sitz. Dies entspricht ziemlich genau der des ICE T.

5.2.2 Transportkapazität

Grundsätzlich ergeben sich die Sitzplätze je Zug aus der Anzahl an Wagen oder Sektionen und den pro Wagen vorhandenen Sitzplätzen. Bei Zügen mit Lokomotiven konnten ganz einfach Wagen an- oder abgekuppelt werden, da in den Wagen keinerlei für die Traktion relevante Komponenten eingebaut waren. Anders verhält es sich jedoch bei modernen Hochgeschwindigkeitszügen.

Prinzipiell zu unterscheiden sind Züge mit Triebköpfen, wie dies beim ICE 1 und beim französischen TGV der Fall ist. Beim ICE 1 befinden sich jeweils am Anfang und am Ende ein Triebkopf, dazwischen 12, maximal 14 Mittelwagen. Die Triebköpfe sind durch eine Glasfaser-Steuerleitung miteinander verbunden. Jeder Triebkopf wiegt 78 t. Bei einem Leergewicht von 795 t für den Vollzug weisen die einzelnen Wagen eine Masse von 51,8 bis 58,2 t auf. [244] Ein solcher Zug hat 144 Sitzplätze in der 1. Klasse, 501 in der 2. Klasse und 40 im Restaurant und somit insgesamt 685 Sitzplätze. Der gesamte Zug ist mit 12 Wagen 285,9 m lang.

Das Triebwagenprinzip ist beim ICE 3 und beim ICE T realisiert und weist Vor- und Nachteile gegenüber dem Triebkopfsystem auf. Vorteilhaft

[244] Walter: ICE. Seite 48

ist, dass die Fahrgäste über die gesamte Fahrzeuglänge untergebracht werden können, ausgenommen bleibt natürlich der Fahrerarbeitsplatz. Ein weiterer Vorteil des Triebzugprinzips sind die niedrigeren statischen Achslasten, da die schweren Komponenten wie Fahrmotoren, Trafos und Stromrichter über den gesamten Zug verteilt sind. Ein ICE 3-Halbzug [245] besteht aus zwei Endwagen, zwei Transformatorwagen, zwei Stromrichterwagen und zwei Mittelwagen. Zwei Halbzüge, auch Triebzüge genannt, können durch die Scharfenberg-Kupplung schnell zu einem Vollzug mit nunmehr 16 Wagen verbunden werden. [246]

Über die Zahl der Sitzplätze werden unterschiedliche Angaben getroffen. In den ersten Betriebsjahren fanden insgesamt 415 Personen in einem Halbzug der Baureihe (BR) 403 Platz. Davon befanden sich 24 im Bordrestaurant. Im Mehrsystem-ICE BR 406, der auch in der Schweiz, in Belgien, Holland und in Frankreich eingesetzt werden kann, reduzierte sich das Sitzplatzangebot auf 404 Plätze. Durch die Verringerung des Sitzabstandes und den Wegfall des Bordrestaurants erhöhte sich das Sitzplatzangebot abermals. Bei einer Länge von fast genau 400 m hat ein Vollzug der frühen Serie somit 830 Sitzplätze. Ein Halbzug wiegt 409 t bei der Baureihe 403 und 435 t bei der Baureihe 406.

Als Vergleich zu den verschiedenen in Deutschland eingesetzten Hochgeschwindigkeitszügen des Rad-Schiene-Systems eignet sich vorerst ein fünfteiliger Transrapidzug TR 08, der für die Strecke Berlin-Hamburg zur Diskussion stand. Dieser zeichnet sich aus durch:

- ein Leergewicht 247,3 t [247]
- die Anzahl Sitzplätze 438 [248]
- eine Länge $(2 \cdot 27{,}21 + 3 \cdot 24{,}77 =)$ 128,73 m [249]

Die Entwicklung beim Transrapid ist noch nicht so weit gediehen wie bei den Fahrzeugen des Rad-Schiene-Systems. So berichtet Miller [250], dass die Attraktivität und Wirtschaftlichkeit durch eine Anhebung der Transportkapazität auf 413 Passagiere im TR 09-Fahrzeug mit drei Sektionen erhöht wird. Dieses Fahrzeug ist für den Einsatz in München vorgesehen. Es eignet sich jedoch nicht zum Vergleich mit dem ICE. Das Fahrzeug ist

---

245 Teilweise findet sich auch die Bezeichnung Halbzug für einen Teilzug bestehend aus Endwagen, Trafowagen, Stromrichterwagen und Mittelwagen, der jedoch nicht selbständig eingesetzt werden kann.
246 Martinsen, Rahn: ICE – Zug der Zukunft. Seite 150
247 Rühl et al.: Anforderungen an das Magnetschnellbahnsystem. Seite 153
248 Raschbichler: Magnetschnellbahn Berlin-Hamburg. Seite 731
249 Raschbichler: Magnetschnellbahn Berlin-Hamburg. Seite 736
250 Miller: Entwicklungspotential des Transrapid. Seite 52

für den Kurzstreckenverkehr konzipiert und hat insgesamt 148 Sitz- und 264 Stehplätze sowie eine Teilsektion zum Gepäcktransport. Die Fahrzeit beträgt in München jedoch nur 10 Minuten und hat daher Kurzstreckencharakter. Löser berichtet von Betriebserfahrungen in Shanghai. [251] Dort wurden Versuche mit 8-Sektionen-Fahrzeugen mit einer Länge von ca. 200 m durchgeführt. Dieses bis dahin längste Transrapidfahrzeug erreichte eine Geschwindigkeit von 423 km/h mit spezifischer Nutzlast bei einer Transportkapazität von 794 Fahrgästen.

Zusammenfassend kann daher festgestellt werden, dass der Transrapid bei der halben Länge des ICE etwa die gleiche Transportkapazität aufweist. Beide Systeme können etwa 800 Personen transportieren. Bahnhöfe begrenzen die maximale Zuglänge. Diese sind beim Transrapid bei vergleichbaren Sitzplatzkapazitäten nur etwa halb so lang.

Sowohl die DB AG wie auch die SNCF nutzen die Eigenschaft von ICE 3, ICE T und TGV, durch Kuppelung von Halbzügen relativ leicht die Transportkapazität verdoppeln zu können. Damit ist man in der Lage, sich unterschiedlichen Verkehrsaufkommen einfach anpassen zu können. Bei den bisher behandelten Projekten bestand für die Magnetschnellbahn keine Notwendigkeit, kuppelbare Fahrzeuge einzusetzen.

5.2.3 Spezifische Gewichte

Wie aus der Diskussion beim Personenkraftfahrzeug bekannt ist, sind insbesondere unter dem Gesichtspunkt der Energieeinsparung niedrige Fahrzeuggewichte anzustreben. Leichte Materialien sind jedoch meistens recht teuer, so dass sich die Konstrukteure in einem schwierigen Optimierungsprozess befinden.

Besonders zu beachten ist der prinzipielle Unterschied zwischen der traditionellen Eisenbahn und dem Transrapid beim Antrieb. Beim Rad-Schiene-System muss jeder Zug den kompletten Antrieb mit sich führen. Dies ist möglich als vorgespannte Lokomotive, mit Triebköpfen wie beim ICE 1 oder mit Triebwagen wie im ICE 3. Zu beachten ist, dass nicht nur der Motor notwendig ist, sondern auch Transformatoren, Stromrichter und sonstige Hilfsaggregate, insbesondere für die Bremsen. Der Transrapid verfügt dagegen über einen Linearmotor, dessen wesentliche Teile in den Fahrweg integriert sind und somit auch beim Fahrzeug nicht gewichtserhöhend wirken. Das absolute Gesamt-Leergewicht einzelner Züge ist wenig aussagekräftig. Kennzahlen sind wesentlich aussagefähiger, insbesondere mit Bezug zur Nutzfläche oder Sitzplatzanzahl.

[251] Löser: Betriebserfahrungen beim Transrapid in Shanghai. Seite 109

In Fachkreisen wird häufig darüber diskutiert, welche der beiden Kennzahlen aussagekräftiger ist. Beim Personennahverkehr ist sicherlich die Nutzfläche von besonderer Aussagekraft, da dort in der Rushhour mit den zur Verfügung stehenden Fahrzeugen möglichst viele Personen transportiert werden sollen. Somit kann jeder Stehplatz willkommen sein. In solchen Situationen haben Komfortgesichtspunkte eine geringere Bedeutung. Unter normalen Bedingungen, insbesondere im Personenfernverkehr spielen jedoch ausschließlich die Sitzplätze eine Rolle, da nur diese verkauft werden können. Aus diesen Gründen besteht bei der SNCF für den TGV generelle Platzkartenpflicht.

5.2.3.1 Gewicht bezogen auf die Nutzfläche

Breimeier führt aus: *„Der bisherige Hinweis, die Fahrzeuge der Magnetbahn seien generell ‚leichter' als Eisenbahn-Fahrzeuge, trifft nicht mehr zu. Das Leergewicht je Quadratmeter nutzbare Grundfläche erreicht für Nahverkehrsfahrzeuge folgende Werte:*

Metrorapid: 0,613 t/m²
ET 423: 0,571 t/m².“ [252]

Ermittelt wurden diese Werte aus dem Gesamtgewicht eines vierteiligen Metrorapid-Zuges von 216,4 t und der nutzbaren Fahrzeuggrundfläche von 353 m². Die vergleichbaren Werte für den ET 423 lauten: 105 t und 184 m².

Der Metrorapid ist bezogen auf die Grundfläche somit 7,3 % schwerer als der ET 423. Breimeier vergleicht einen typischen S-Bahn-Zug, der für Geschwindigkeiten bis 140 km/h in Konstruktion und Bauart ausgelegt ist, mit einem modernen Hochgeschwindigkeitsfahrzeug, mit dem Geschwindigkeiten von 450 km/h oder gar 500 km/h erreicht werden können. Ein solcher Vergleich ist unseriös, da die erreichbaren Transportleistungen bedingt durch die mittleren Geschwindigkeiten einen Vergleich nicht mehr zulassen. Bei vergleichbarer Transportkapazität müsste bei angenommener halber mittlerer Geschwindigkeit die doppelte Anzahl der Züge mit somit doppeltem Gewicht eingesetzt werden.

Interessant sind die vergleichbaren Kennzahlen für Fahrzeuge, die für den Fernverkehr konzipiert sind. Breimeier gibt 0,766 t/m² für den ICE 3 und 0,644 t/m² für den Transrapid an (siehe Tabelle 5.16). [253] Hier zeigt sich, dass der ICE 3 ca. 26 % schwerer als der Transrapid ist. Das Verhältnis verbessert sich weiter, wenn man berücksichtigt, dass der fünfteilige

[252] Breimeier: Transrapid oder Eisenbahn. Seite 16
[253] Breimeier: Transrapid oder Eisenbahn. Seite 52

Transrapid durch die höhere mittlere Geschwindigkeit eine etwa 50 % höhere Transportleistung erbringt.

Die relativen Kennzahlen des Transrapid schwanken zwischen Nahverkehrsfahrzeugen und Fernverkehrsfahrzeugen nur geringfügig, während bei Rad-Schiene-Fahrzeugen eine starke Leergewichtserhöhung festzustellen ist (von 0,571 t/m² auf 0,766 t/m²). Dies hängt mit der wesentlich aufwendigeren und schwereren Konstruktion und Ausrüstung sowohl im mechanischen wie im elektrischen Bereich bei den Hochgeschwindigkeitszügen zusammen.

Tabelle 5.16 Spezifische Gewichte pro m² für ICE 3 und Transrapid

	Leergewicht	Nutzbare Grundfläche	Spezifisches Gewicht
ICE 3 (Halbzug)	409 t [254]	534 m² [255]	0,766 t/m²
fünfteiliger Transrapid Berlin-Hamburg	247 t [256]	438 m² [257]	0,564 t/m²

5.2.3.2 Gewicht bezogen auf die Sitzplätze

Wie bereits diskutiert, ist der Bezug des Leergewichtes auf die Fahrzeugfläche fragwürdig, da man sich insbesondere beim Fernverkehr ausschließlich an (verkaufbaren) Sitzplätzen orientiert.

In Tabelle 5.17 sind die spezifischen Gewichte pro Sitzplatz für ICE 3 und den Transrapid angegeben. Danach ergibt sich für den ICE 3 ein spezifisches Gewicht von 0,986 t/Sitzplatz, beim Transrapid TR 08 (Berlin-Hamburg) von 0,564 t/Sitzplatz und von 0,55 t/Sitzplatz beim Transrapid 08 in Shanghai.

Das auf Sitzplätze bezogene Leergewicht des ICE 3 ist somit fast doppelt so hoch, verglichen mit dem 8-teiligen Transrapid in Shanghai. Dies ist auch nicht verwunderlich, da wie bereits ausgeführt, traditionelle Züge ihren Antrieb mittransportieren müssen.

Gelegentlich wird auf die niedrigen spezifischen Gewichte des in Japan eingesetzten Hochgeschwindigkeitszuges der Baureihe 500 verwiesen. [258]

[254] Jänsch: Die Magnetschnellbahn aus Betreibersicht. Seite 747

[255] Breimeier: Transrapid oder Eisenbahn. Seite 52

[256] Jänsch: Die Magnetschnellbahn aus Betreibersicht. Seite 747

[257] Breimeier: Transrapid oder Eisenbahn. Seite 52

[258] Nieß: Neue Shinkansen-Züge. Seite 284

Dieser Zug, der zwischen 1995 und 1998 gebaut wurde, hat bei einer Länge von 404 m Platz für insgesamt 1.324 Fahrgäste. Dabei beträgt die Wagenbreite 3,38 m. In der Standardklasse ist der Zug mit 2 + 3 Sitzen je Reihe ausgestattet. Das Leergewicht des Zuges beträgt 688 t. Hieraus errechnet sich ein spezifisches Gewicht von 0,52 t/Sitzplatz.

Tabelle 5.17 Spezifische Gewichte pro Sitzplatz für ICE 3 und Transrapid

	Leergewicht	Sitzplätze im Fernverkehr	Spezifisches Gewicht
ICE 3 (8-teilig)	409 t [259]	415 [260]	0,986 t/Sitzplatz
fünfteiliger Transrapid Berlin-Hamburg	247 t [261]	438 [262]	0,564 t/Sitzplatz
Transrapid 08 Shanghai			0,55 t/Sitzplatz [263]
Transrapid 08 8-teilig	396 t	794	0,499 t/Sitzplatz

5.3 Antriebsleistung, Beschleunigung und Höchstgeschwindigkeiten

5.3.1 Spezifische Antriebsleistung und Reibungszahlen

Das Beschleunigungsverhalten ist primär von der spezifischen Antriebsleistung abhängig. Diese muss jedoch auch „auf die Schiene gebracht" werden. Beide Einflussgrößen werden nachfolgend analysiert.

5.3.1.1 Spezifische Antriebsleistung und Höchstgeschwindigkeiten

Die spezifische Antriebsleistung stellt das zu beschleunigende Gewicht ins Verhältnis zur verfügbaren Leistung. Allgemein diskutiert werden diese Werte gern bei Autos. So hat ein VW Golf mit 55 kW (75 PS) und einem Leergewicht von 1.140 kg eine spezifische Antriebsleistung von

[259] Jänsch: Die Magnetschnellbahn aus Betreibersicht. Seite 747

[260] Wagner: Technologische Perspektiven für Fahrzeuge im spurgeführten Hochgeschwindigkeitsverkehr. Seite 64-80

[261] Jänsch: Die Magnetschnellbahn aus Betreibersicht. Seite 747

[262] Raschbichler: Magnetschnellbahn Berlin-Hamburg. Seite 731

[263] Lobach, Köb: Transrapid-Fahrzeuge für Shanghai. Seite 57

20,7 kg/kW. Im Vergleich dazu erreicht ein Porsche 911 einen Wert von 4,5 kg/kW, der Supersportwagen Porsche Carrera GT einen Wert von 3,2 kg/kW. Die Reziprokwerte können ebenso verwendet werden. So ergibt sich beim VW Golf eine Antriebsleistung von 48,3 kW/t, beim Porsche von 222 kW/t.

Hinsichtlich der spezifischen Antriebsleistung führt Breimeier aus: *„Moderne elektrische Triebzüge für den Schnellverkehr erreichen eine spezifische Antriebsleistung von rund 20 kW je Tonne Fahrzeugmasse (20 kW/t). Mit dieser Auslegung ist auf horizontaler Strecke eine maximale Geschwindigkeit von 350 km/h erreichbar. Soll dieser Wert auf 400 km/h angehoben werden, muss die spezifische Antriebsleistung um 50 % gesteigert werden. Derart leistungsfähige Triebzüge existieren derzeit noch nicht, sind aber – vor allem zukünftig – technisch beherrschbar."* [264]

Die von Breimeier angegebenen Werte von etwa 20 kW/t errechnen sich z. B. beim ICE 3 aus dem Leergewicht von 409 t der Baureihe 403 und einer Dauerleistung von 8.000 kW [265] (8.000 / 409 = 19,56). Der Wert von 20 kW/t entspricht 50 kg/kW und ist somit im Vergleich zum PKW eher als niedrig einzustufen. Berauschende Beschleunigungen sind somit bereits vom Prinzip her nicht möglich.

Beim TGV, dessen Ursprünge auf die Entwicklungen seit 1976 zurückgehen, bringen in den zuletzt gebauten Versionen der Serie 33000 mit drei Stromsystemen die 12 Motoren eine Gesamtleistung von 6.450 kW unter 25 kV, 50 Hz, von 3.100 kW unter 1.500 V Gleichstrom und von 2.800 kW unter 15 kV 16 2/3 Hz. Bei einem Leergewicht von 385 t errechnet sich hieraus im besten Fall eine spezifische Leistung von 16,75 kW/t (6.450 kW/385 t). Diese fällt aber auf magere 7,3 kW/t bei Betrieb unter 15 kV.

Der TGV-Réseau dürfte zu den Zügen mit den höchsten spezifischen Antriebsleistungen gehören. Bei einer Antriebsleistung von 8.800 kW und einem Leergewicht von 386 t führt dies zu 22,80 kW/t. Ein speziell ausgestatteter und umgebauter Zug dieses Typs mit einer Motorenleistung von 11.200 kW stellte am 26. 05. 2001 einen Rekord auf. Er fuhr die 1.067 km lange Strecke von Calais nach Marseille in 3 Stunden, 29 Minuten und 36 Sekunden. Damit erreichte der Zug eine Durchschnittsgeschwindigkeit von 305,44 km/h. Die Höchstgeschwindigkeit lag bei 366,9 km/h.

In diesem Zusammenhang soll auch noch auf den Höchstgeschwindigkeitsrekord hingewiesen werden, der am 18. 05. 1990 mit einem aufwendig umgebauten Zug des Baumusters „Atlantique" erreicht wurde. Bei einer Dauernennleistung der Motoren von 12.000 kW und nur drei

[264] Breimeier: Transrapid oder Eisenbahn. Seite 16
[265] Walter: ICE. Seite 86

Mittelwagen sowie nach verschiedenen Optimierungen z. B. zur Senkung des Luftwiderstandes (auch der vordere Stromabnehmer war entfernt worden) erreichte dieser Zug eine Höchstgeschwindigkeit von 515,3 km/h.

Die DB AG setzt zu Erprobungsfahrten den ICE S ein, einen Spezialzug mit einer Antriebsleistung von 13.600 kW. Die Getriebe erlauben Geschwindigkeiten von bis zu 400 km/h.

Zur Zeit existieren keine seriennahen Triebzüge, die eine Leistung von 30 kW/t erreichen. Eine Erhöhung der installierten Dauernennleistung von 20 kW/t auf 30 kW/t und somit um 50 % ist mit dem entsprechend erhöhten Gewicht und dem Mehrbedarf an Einbauraum für Transformatoren, Gleichrichter und sonstige Aggregate schwierig. Die Aussage von Breimeier, dass solche Lösungen zukünftig technisch beherrscht werden können, muss in Frage gestellt werden.

Zu unterscheiden ist außerdem, ob für Versuchsfahrten mit einer spezifischen Leistung von etwa 20 kW/t bis 22 kW/t kurzfristig im Rahmen von Zulassungsfahrten eine Höchstgeschwindigkeit von 350 km/h erreicht wird oder ob eine solche Geschwindigkeit im Regelbetrieb erreicht werden soll. Vergleichbar ist dies mit einem Auto, das eine Höchstgeschwindigkeit von angenommenen 210 km/h erreicht. Eine angenehme, sichere und relativ wirtschaftliche Reisegeschwindigkeit wird dann bei 140 bis 160 km/h liegen.

Aus diesem Zusammenhang muss unterstellt werden, dass eine betriebliche Höchstgeschwindigkeit beim Rad-Schiene-System auch für die Zukunft bei 300 km/h liegen wird. Gleichzeitig ist darauf hinzuweisen, dass eine Streckentrassierung für Geschwindigkeiten von mehr als 300 km/h zunehmend schwieriger wird.

Der Transrapid unterscheidet sich vom Rad-Schiene-System dadurch maßgeblich, dass der Langstator im Fahrweg integriert ist und dort dem spezifischen Leistungsbedarf angepasst werden kann. So werden bei erhöhtem Leistungsbedarf die Wicklungen mit einem höheren Strom beaufschlagt. Entsprechend erhöht sich die zur Verfügung stehende „Motorleistung“. Da der Transrapid wie in Abschnitt 5.2.3 dargelegt, erheblich leichter als die Eisenbahn ist, wird an Beschleunigungs- und Steigungsstrecken die benötigte Leistung geringer sein. Die pro Fahrspur installierte Leistung beträgt bei Doppelspeisung 48.000 kW bis 64.000 kW. Bei einem Zug-Leergewicht von 247 t ergibt sich somit eine installierte Antriebsleistung von bis zu 185 kW/t. Diese ist somit vergleichbar mit der Antriebsleistung eines Sportwagens.

5.3.1.2 Reibungszahl

Die Haftung von Fahrzeugen spielt für die erreichbare Beschleunigung eine maßgebende Rolle. So werden beim Kavalierstart an der Ampel trotz oder gerade wegen der durchdrehenden Reifen keine optimalen Beschleunigungen erreicht.

Nach dem Coulombschen Reibungsgesetz ergibt sich die Reibungskraft F_R über eine Proportionalitätsgröße μ und die Gewichtskraft F_G. Es gilt:

$$F_R = \mu \cdot F_G \tag{5.16}$$

Die Proportionalitätsgröße μ wird Reibungszahl, früher auch Reibungskoeffizient, genannt. In der Ruhelage wirkt sie als Haftreibung. In Bewegung nimmt die Reibungszahl ab. Dies führt zur Gleitreibungszahl. Durch Schmierstoffe kann die Gleitreibungszahl stark reduziert werden. In Tabelle 5.18 sind einige Haft- und Gleitreibungszahlen angegeben.

Eisenbahnfahrzeuge und Automobile rollen. Das Rollen führt zu einer starken Reduktion der Kraft, die benötigt wird, das Fahrzeug zu bewegen. Zwischen Rad und Fahrbahn wirkt die Rollreibungszahl. Innerhalb der Radlager wirken weitere Widerstände, die aber relativ gering sind, so dass überschlägige Berechnungen meist ausschließlich mit der Rollreibungszahl, wie in Tabelle 5.18 angegeben, durchgeführt werden.

Die Haftreibung spielt bei der Eisenbahn eine spezielle Rolle, da Lokomotiven und Triebköpfe bei niedrigen Geschwindigkeiten nicht in der Lage sind, die relativ großen Antriebskräfte „auf die Schiene" zu bringen. Die Räder drehen dann durch!

Tabelle 5.18 Reibungszahlen

Werkstoffe	Haftreibungszahl μ_{HR} [-]	Gleitreibungszahl μ_{GR} [-]	Rollreibungszahl μ_{RR} [-]
Stahl und Stahl	0,15	0,03 bis 0,09	0,005 bis 0,006
Stahl auf Gusseisen	0,18	0,16	
Gummireifen auf Asphalt trocken	< 0,9	< 0,3	0,01 bis 0,03
Gummireifen auf Asphalt nass	< 0,5	< 0,15	0,01 bis 0,03
Gummireifen auf Beton, trocken	< 1,0	< 0,5	0,01 bis 0,03
Gummireifen auf Beton, nass	< 0,6	< 0,3	0,01 bis 0,03
Gummi auf Stahl, trocken	0,35		
Gummi auf Stahl, nass	0,15		

Der Transrapid schwebt, nachdem er durch geregelte Magnete angehoben wird. Widerstände aus Reibung entfallen daher. Die Zug- und Bremskräfte werden magnetisch übertragen. Die Begrenzung der übertragbaren Leistung wegen der Reibungskräfte spielt somit nur beim Rad-Schiene-System eine Rolle.

5.3.2 Beschleunigungsverhalten und Anfahrzeitzuschläge

Die Beschleunigung ist definiert als Änderung der Geschwindigkeit pro Zeit:

$$a = \frac{dv}{dt} \tag{5.17}$$

Die mittlere Beschleunigung ergibt sich somit zu

$$a = \frac{\Delta v}{\Delta t} \tag{5.18}$$

Wie bei der Eisenbahn üblich, kann hieraus ein Anfahrzuschlag ermittelt werden:

$$\Delta t = \frac{\Delta v}{a} \tag{5.19}$$

Der Transrapid zeichnet sich im Vergleich zum ICE 3 durch eine kontinuierliche Beschleunigung bis in hohe Geschwindigkeitsbereiche aus, da im Gegensatz zur Eisenbahn die verfügbare Antriebsleistung wesentlich höher ist.

In Tabelle 5.19 ist das typische Beschleunigungs- und Bremsvermögen der beiden Systeme dargestellt. Auffällig ist, dass der ICE 3 ein wesentlich schlechteres Beschleunigungsvermögen aufweist als der Transrapid. So erreicht der Transrapid bereits nach 98 s und einer Strecke von 4,3 km eine Geschwindigkeit von 300 km/h, während der ICE 3 hierzu 324 s benötigt und dabei eine Strecke von immensen 17,9 km benötigt. Auch beim Bremsen zeichnet sich der Transrapid durch wesentlich bessere Werte aus. Soll beispielsweise auf 300 km/h beschleunigt und danach sofort wieder auf 0 km/h abgebremst werden, so benötigt der Transrapid hierzu nur 7,9 km, der ICE 3 jedoch 24,8 km. Dies entspricht der 3,14-fachen Entfernung.

Tabelle 5.19 Beschleunigungs- und Bremsvermögen

	Transrapid 5 Sektionen			ICE 3		
Beschleunigung	Zeit [s]	Entfernung [m]	Mittlere Beschleunigung [m/s²]	Zeit [s]	Entfernung [m]	Mittlere Beschleunigung [m/s²]
0 – 150 km/h	46	950	0,90	84	1.900	0,54
0 – 200 km/h	62	1.730	0,90	132	4.300	0,49
0 – 300 km/h	98	4.300	0,90	324	17.900	0,34
0 – 400 km/h	156	9.900	0,81			
0 – 500 km/h	266	23.300	0,66			
Bremsen	Zeit [s]	Entfernung [m]	Mittlere Beschleunigung [m/s²]	Zeit [s]	Entfernung [m]	Mittlere Beschleunigung [m/s²]
150 – 0 km/h	44	930	- 0,96	84	1.700	- 0,48
200 – 0 km/h	58	1.576	- 0,94	108	3.100	- 0,53
300 – 0 km/h	87	3.600	- 0,95	168	6.900	- 0,49
400 – 0 km/h	117	6.725	- 0,98			
500 – 0 km/h	147	10.475	- 0,97			

Aus den angegebenen Werten lassen sich die mittleren Beschleunigungen errechnen durch

$$a = \frac{\Delta v}{\Delta t} \tag{5.20}$$

Die Beschleunigungswerte sind ebenfalls in Tabelle 5.19 angegeben. Deutlich wird, dass der Transrapid bis auf 300 km/h eine konstante Beschleunigung von 0,90 m/s² erreicht und diese bis auf eine Geschwindigkeit von 500 km/h auf nur 0,66 m/s² abfällt. Technisch wären noch höhere Beschleunigungen möglich, die jedoch durch Anforderungen an den Komfort begrenzt werden. Der ICE 3 erreicht dagegen selbst bis 150 km/h nur relativ bescheidene 0,54 m/s². Vergleichbar schlecht sind auch die Bremswerte beim ICE 3 im Vergleich zum Transrapid.

Die Beschleunigungswerte für den Transrapid sind nahezu unabhängig von der Anzahl von Sektionen. In Abb. 5.25 sind die Beschleunigungsvorgänge für die unterschiedliche Anzahlen von Sektionen dargestellt.

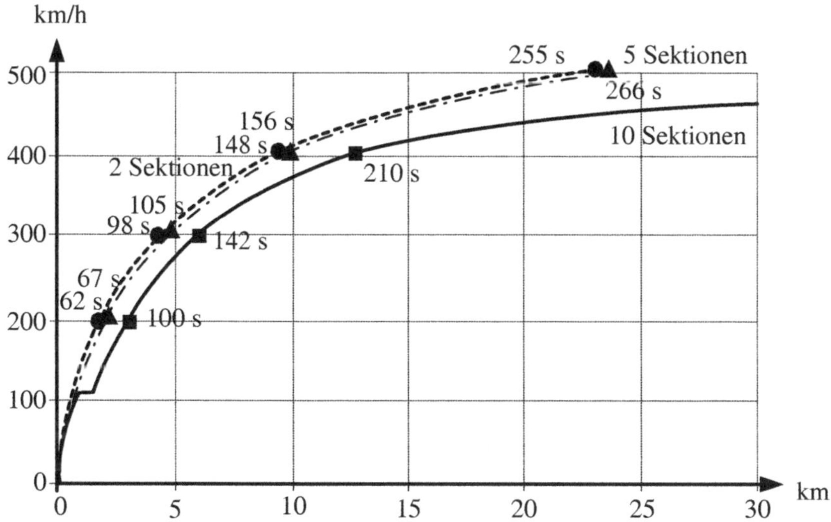

Abb. 5.25 Beschleunigungsvorgang des Transrapid 08 [266]

In Abb. 5.26 ist die Fahrzeit angegeben, die auf ebener Strecke bei voller Beschleunigung und vollem Bremsen benötigt wird, um eine vorgegebene Strecke zwischen zwei Haltepunkten zurückzulegen. Für eine Entfernung von 20 km benötigt der ICE 3 etwa 7,1 Minuten und erreicht dabei eine Höchstgeschwindigkeit von rund 270 km/h. Der Transrapid kommt bereits nach etwa 5,1 Minuten wieder zum Stehen und hatte zwischenzeitlich eine Geschwindigkeit von etwa 420 km/h erreicht. Die Fahrzeit ist rund 40 % kürzer. Für eine maximale Höchstgeschwindigkeit von 200 km/h ergibt sich eine Teilstreckenverlängerung um den Faktor 2,24 (7,70 km zu 3,31 km) und für 300 km/h um den Faktor 3,14 (24,80 km zu 7,90 km).

[266] Rausch: Systemtechnik der Magnetschnellbahn Transrapid. Seite 25

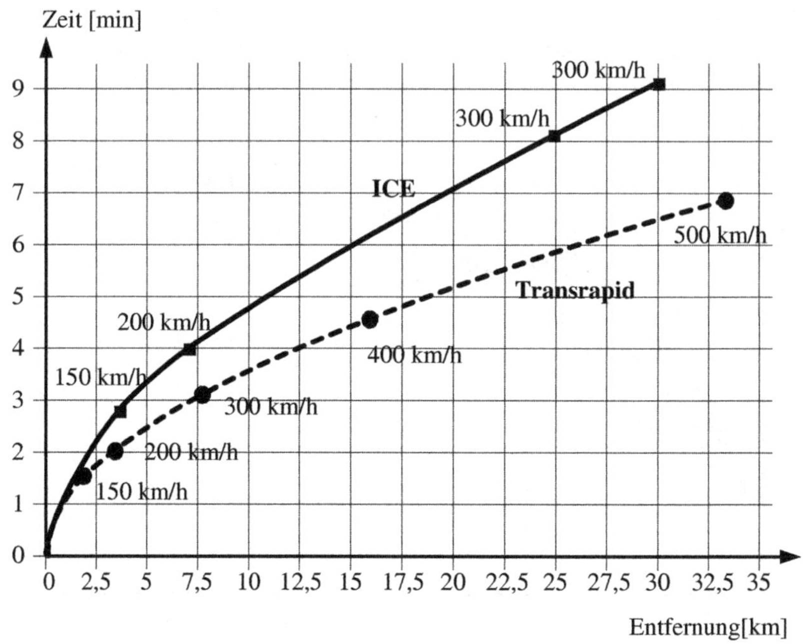

Abb. 5.26 Fahrzeit abhängig von der Entfernung zwischen den Haltepunkten einschließlich Zeitbedarf für Beschleunigen und Bremsen

Abb. 5.27 zeigt das Geschwindigkeitsprofil eines 5-Sektionen-Fahrzeugs in Shanghai, von der Long Yang Road Station nach Pudong International Airport. Nach Verlassen der Long Yang Road Station wird das Fahrzeug mit einer nahezu konstanten Beschleunigung von 0,6 m/s² (a_{mittl} = 119,4 m/s / 195 s = 0,61 m/s²) beschleunigt, bis die Endgeschwindigkeit von 430 km/h erreicht ist. Der kontinuierliche Beschleunigungsvorgang wird wegen einer Kurve mit Geschwindigkeitsbeschränkung kurz unterbrochen. Das Fahrzeug hält die Höchstgeschwindigkeit von 430 km/h für ca. 1 Minute und legt dabei eine Strecke von rund 7 km zurück. Dann beginnt die Bremsphase, um die nächste Geschwindigkeitsbeschränkung wegen einer Rechtskurve vor Pudong International Airport einzuhalten. Schließlich wird das Fahrzeug abgebremst und hat nach nur 7,5 Minuten das Ziel erreicht.

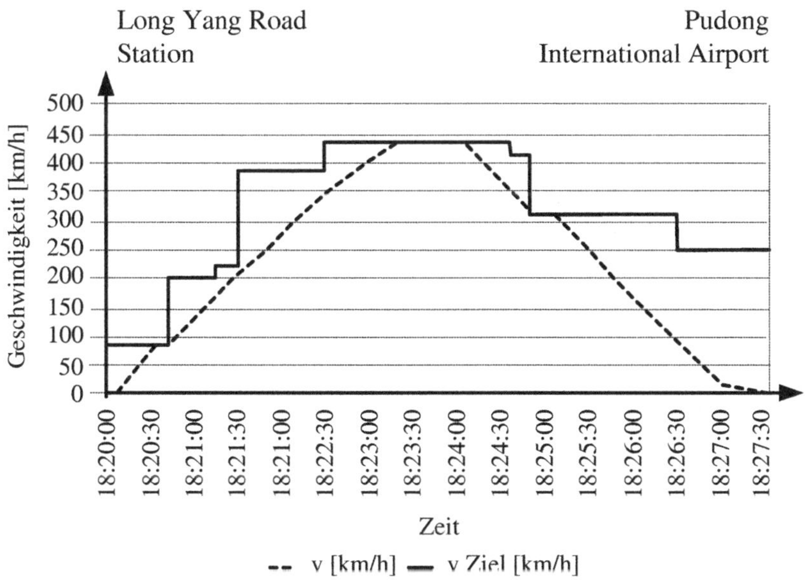

Abb. 5.27 Geschwindigkeitsprofil des Transrapid in Shanghai [267]

Ergänzend sollen noch die mittleren Beschleunigungswerte von Personenfahrzeugen angegeben werden. Diese liegen bei einem Sportwagen (Corvette), der in 4,7 s von 0 auf 100 km/h beschleunigt, bei $a_{mittl.} = 5{,}9$ m/s² und bei $a_{mittl.} = 3{,}5$ m/s², wenn in 15,5 s auf 200 km/h beschleunigt wird. Dagegen erreicht eine Limousine, die in 11,4 s die 100 km/h-Marke erreicht, eine mittlere Beschleunigung von $a_{mittl.} = 2{,}5$ m/s² und nur noch den Wert von $a_{mittl.} = 1{,}65$ m/s², falls das Fahrzeug in 23,5 s von 0 auf 140 km/h beschleunigt (Mercedes Typ E, 200 CDI).

Für die Berechnung von Fahrzeiten für Bahnen wird in der Praxis häufig mit Anfahrzuschlägen oder besser von Anfahr- und Anhaltezeitzuschlägen gearbeitet. Der Wert ergibt sich, indem von der Fahrtdauer bei maximaler Geschwindigkeit ausgegangen wird. Bei konstanten 400 km/h, das entspricht 111,11 m/s, würde der Transrapid für die Strecke von 9.900 m eine Zeit von 89 s benötigen. Dieser Wert errechnet sich aus:

$$\Delta t = \frac{\Delta s\,[m]}{v\,[m/s]} \tag{5.21}$$

[267] Nothaft, Hoke: Transrapid Antrieb. Seite 160

$$\Delta t = \frac{9.900 \text{ m}}{111{,}11 \text{ m/s}} = 89 \text{ s}$$

Subtrahiert man diese 89 s von der Zeit, die für den Gesamtbeschleunigungsvorgang von 156 s benötigt wird, so erhält man einen erforderlichen Anfahrzeitzuschlag von 67 s, das entspricht 1,12 min. Führt man diese Berechnungen für verschiedene Geschwindigkeiten durch, so erhält man die in Tabelle 5.20 angegebenen Werte.

Tabelle 5.20 Anfahrzeitzuschläge sowie Anfahr- und Anhaltezuschläge (Werte in Klammern nach Breimeier [268]

Geschwindigkeitsbereich	Anfahrzeitzuschlag beim Transrapid	Anfahr- und Anhaltezeitzuschlag beim Transrapid	Anfahrzeitzuschlag beim ICE 3	Anfahr- und Anhaltezeitzuschlag beim ICE 3
0 bis 150 km/h	0,39 min	0,75 min	0,64 min	1,36 min
0 bis 200 km/h	0,51 min (0,65 min)	1,00 min	0,91 min (0,78)	1,78 min
0 bis 250 km/h			(1,14 min)	
0 bis 300 km/h	0,77 min (0,90 min)	1,50 min	1,82 (1,73 min)	3,24 min
0 bis 400 km/h	1,12 min (1,36 min)	2,06 min	-	
0 bis 500 km/h	1,64 min (1,60 min)	2,83 min		

In Tabelle 5.20 wurden in Klammern auch Anfahrzeitzuschläge nach Breimeier angegeben. Leider ist dort der Berechnungsweg nicht nachvollziehbar dokumentiert.

5.3.3 Höchstgeschwindigkeiten

Bei Geschwindigkeitsbetrachtungen ist zwischen Rekordgeschwindigkeiten, erreichbaren Höchstgeschwindigkeiten, Höchstgeschwindigkeiten im Regelbetrieb und durchschnittlichen Geschwindigkeiten zu unterscheiden. Die durchschnittlichen Geschwindigkeiten führen zu erreichbaren Fahrzeiten.

---

[268] Breimeier: Transrapid oder Eisenbahn. Seite 17

5.3.3.1 Rekord-Höchstgeschwindigkeiten

Am 01. 05. 1988 erreichte der ICE Experimental eine Höchstgeschwindigkeit von 406,9 km/h. Wie bereits erwähnt, hat die SNCF am 18. 05. 1990 den aktuell geltenden Höchstgeschwindigkeitsrekord für das Rad-Schiene-System mit 515,3 km/h aufgestellt. In Japan wurde mit dem Star 21 im Dezember 1993 der japanische Geschwindigkeitsrekord mit 421 km/h aufgestellt. Löser [269] berichtet, dass der Transrapid in Shanghai im Rahmen der Erprobungsfahrten am 12. 11. 2003 auf der gerade 30 km langen Strecken eine Höchstgeschwindigkeit von 501,5 km/h erreichte. In Japan wurde am 14. 04. 1999 mit dem Japanischen Maglev-Zug eine Höchstgeschwindigkeit von 552 km/h erreicht.

Zu beachten ist, dass der Höchstgeschwindigkeitsrekord für das Rad-Schiene-System mit einem außergewöhnlich hohen technischen Aufwand mit einem besonders umgebauten Spezialzug erreicht wurde, während der Transrapid-Rekord mit einem Serienfahrzeug ohne besondere Maßnahmen aufgestellt wurde. Der TGV-Réseau erreichte am 26. 05. 2001 auf seiner Rekordfahrt über eine Strecke von 1.067 km im Bereich der neuen Méditerranée-Strecke eine Höchstgeschwindigkeit von 366,6 km/h. Auch dieser Zug war technisch speziell ausgestattet.

5.3.3.2 Erreichbare Höchstgeschwindigkeiten mit seriennahen Zügen

Erreichbare Zughöchstgeschwindigkeiten werden im Rahmen von Erprobungs- und Zulassungsfahrten durchgeführt. Die Züge entsprechen dabei weitgehend der Serie, sind jedoch zusätzlich mit spezieller Messtechnik ausgestattet.

Der ICE 2 erreichte am 13. 07. 2001 auf der Strecke Wolfsburg-Rathenow eine Höchstgeschwindigkeit von 393 km/h und der ICE 3 am 02. 09 2002 eine Höchstgeschwindigkeit von 368 km/h auf der Strecke Berlin-Wolfsburg. Auf der Neubaustrecke Köln-Rhein/Main wurden im Januar 2002 Testfahrten mit 330 km/h mit einem speziell zusammengestellten Zug durchgeführt. Bei Testfahrten in Frankreich erreichte der ICE 3 im Jahr 2005 auf der TGV-Nord-Strecke 350 km/h. [270]

5.3.3.3 Betriebliche Höchstgeschwindigkeiten

Mit sehr hohem Aufwand wurde die Neubaustrecke Köln-Rhein/Main für eine Höchstgeschwindigkeit von 300 km/h gebaut. Es muss jedoch festge-

---

[269] Löser: Betriebserfahrungen beim Transrapid in Shanghai. Seite 109

[270] www.hochgeschwindigkeitszuege.com/news_infos/index_rekorde.htm 22. 07. 2005

stellt werden, dass diese Geschwindigkeit nicht über sehr lange Strecken gehalten wird.

In Frankreich wird auf mehreren Strecken, so z. B. zwischen Paris-Lyon-Marseille und auf der Strecke Paris-Bordeau (TGV-Atlantique) im Regelbetrieb mit maximal 300 km/h gefahren. Auch in Japan wird mit dem JR 500 als einzigem Shinkansen-Zug (zugelassen für 320 km/h) planmäßig 300 km/h gefahren. Auf der Tokaido-Strecke sind wegen der geringen Kurvenradien jedoch nur 275 km/h erlaubt.

Im Regelbetrieb wird mit dem Transrapid auf der nur 30 km langen Strecke in Shanghai über etwa 1 Minute eine Höchstgeschwindigkeit von 430 km/h gefahren. Breimeier schreibt zu den Höchstgeschwindigkeiten im Regelbetrieb: *„300 km/h: Bei den in Deutschland üblichen Halteabständen des Schienen-Schnellverkehrs (70 km bis 100 km) wahrscheinlich wirtschaftliche Höchstgeschwindigkeit der Eisenbahn mit klassischem Antrieb.*

350 km/h: Von derzeitigen Fahrzeugen noch sinnvoll erreichbare Geschwindigkeit bei Halteabständen von mindestens 100 km (Sprinter-Linien).

400 km/h: Einsatzgeschwindigkeit des Transrapid. Mögliche Grenze für das Rad-Schiene-System mit Linearmotor oder anderen Entwicklungen?“ [271]

Hierzu ist anzumerken: In Deutschland wird die betriebliche Höchstgeschwindigkeit im Rad-Schiene-System auch künftig kaum über 300 km/h liegen. Hierzu wären nicht nur Neubautrassen mit Entwurfsgeschwindigkeiten von über 300 km/h erforderlich. Auch die Fahrzeuge müssten hierfür erst noch entwickelt werden. In nächster Zukunft ist beides nicht zu erwarten! Die neue Strecke LGV Est in Frankreich (Paris-Strassburg) wird für Höchstgeschwindigkeiten von 350 km/h ausgelegt. Als Höchstgeschwindigkeiten im Regelverkehr sind 320 km/h vorgesehen. Eine Steigerung von 320 km/h auf 350 km/h für den Regelbetrieb ist im Rad-Schiene-System als „Quantensprung“ anzusehen, da insbesondere Antriebsleistung, Bremsleistungen, Verschleiß, Energieverbrauch und die Trassierungsparameter für die Strecke heute beherrschte Grenzen überschreiten. Inwieweit 350 km/h dann noch als sinnvoll – wie von Breimeier ausgeführt – angenommen werden können, sei dem Urteil des Lesers überlassen.

Noch kritischer zu hinterfragen sind jedoch die von Breimeier genannten 400 km/h beim Rad-Schiene-System. Breimeier erkennt, dass hierzu der konventionelle Antrieb nicht mehr wirtschaftlich eingesetzt werden kann. Er schlägt daher einen Antrieb mit einem Linearmotor vor. Alle in Frage kommenden Linearmotoren entwickeln neben den Antriebs- und

[271] Breimeier: Transrapid oder Eisenbahn. Seite 17

Bremskräften auch Querkräfte, die ein Vielfaches, z. B. das Zehnfache der Vortriebskraft betragen. Beim Transrapid wird diese Querkraft für die Funktion Tragen genutzt. Mit Rad-Schiene-Fahrwerken sind diese Querkräfte nicht kompatibel. Linearmotoren benötigen auch relativ kleine und konstante Luftspalte, um wirtschaftlich tragbare Wirkungsgrade zu erreichen. Auch dafür ist es sehr schwierig, Lösungen zu finden, die mit dem Rad-Schiene-System realisierbar sind. Aus diesen Gründen haben sich trotz vieler Untersuchungen Linearmotoren im Bahnbereich weder als Regel- noch als Boosterantriebe (zur besseren Beschleunigung oder an starken Steigungen) durchsetzen können. [272]

Mit dem Transrapid lassen sich betrieblich problemlos Höchstgeschwindigkeiten von 450 km/h fahren. Auf Strecken, die vom Verkehrsaufkommen besonders attraktiv sind, könnte auch ohne Schwierigkeiten mit 500 km/h gefahren werden. Damit liegen die betrieblichen Höchstgeschwindigkeiten um 50 % über jenen des Rad-Schiene-Systems.

5.3.3.4 Durchschnittliche Geschwindigkeiten und erreichbare Fahrzeiten

Die Durchschnittsgeschwindigkeiten unterscheiden sich, wie jeder Autofahrer weiß, stark von den technisch erreichbaren Höchstgeschwindigkeiten und den während der Fahrt gefahrenen Höchstgeschwindigkeiten. Neuere Autos sind häufig mit kleinen Computern ausgestattet, welche die mittlere gefahrene Geschwindigkeit und den mittleren Treibstoffverbrauch errechnen. Dabei fällt auf, dass es relativ einfach ist, auf Autobahnen eine mittlere Geschwindigkeit von 100 km/h zu erreichen, selbst wenn durch kleinere Staus oder bedingt durch Baustellen die Höchstgeschwindigkeit zeitweise auf 80 km/h reduziert wird. Auffällig ist jedoch, dass bei Einfahrten in die Städte die durchschnittliche Geschwindigkeit sehr stark sinkt. Um Durchschnittsgeschwindigkeiten von 130 km/h oder gar 150 km/h zu erreichen, muss man kontinuierlich 170 km/h oder noch schneller fahren, um die Geschwindigkeitsbegrenzungen bei Baustellen zu kompensieren. Falls dichter Verkehr herrscht und LKW zeitweilig die Überholspur „blockieren“, sind solche Durchschnittsgeschwindigkeiten nicht mehr erreichbar. Bei der Eisenbahn treten ähnliche Effekte auf, falls schneller und langsamer Verkehr auf einer Strecke abgewickelt werden soll. In Tabelle 5.21 sind durchschnittlich erreichte Geschwindigkeiten bei der Eisenbahn dargestellt.

---

[272] Rogg, Mayer, Witt: Zum technisch-wirtschaftlichen Vergleich von Hochgeschwindigkeitsbahnsystemen. Seite 9

Tabelle 5.21 Ausgewählte durchschnittliche fahrplanmäßige Geschwindigkeiten mit Fahrzeiten

Strecke	Entfernung	Typische Fahrzeit	Zug	durchschn. Geschwindigkeit
Köln-Rhein/Main mit Halt in Siegburg teilweise	216 km	1 h 10 min 1 h 12 min 1 h 15 min	ICE 3	185 km/h 180 km/h 172,8 km/h
Berlin-Hamburg	287 km	90 min	ICE T	191 km/h
Frankfurt (Main)-Basel SBB	336 km	2 h 57 min	ICE 3	113 km/h
Frankfurt (Main)-Dresden	495 km	4 h 25 min	ICE T	111 km/h
Paris-Lyon Perrache	427 km	2 h 12 min.	TGV	194 km/h
Paris-Lyon Part Dieu	453 km	1 h 57 min	TGV	232 km/h
Paris-Lille	ca. 220 km	1 h 4 min	TGV	206 km/h
Paris-Marseille	ca. 770 km	3 h 15 min	TGV	237 km/h

In der Bewertung dieser Zahlen muss man feststellen, dass es trotz hoher Spitzengeschwindigkeiten sehr schwierig ist, hohe mittlere Geschwindigkeiten zu erreichen. Deutlich wird dies z. B. auf der Paradestrecke der DB AG von Frankfurt (Main) nach Köln. Die Neubaustrecke selbst ist nur 177 km lang, so dass bei einer Gesamtstrecke von 216 km (teilweise werden auch 219 km angegeben) 39 km oder rund 18 % auf Ausbaustrecken zurückgelegt werden. Zusätzlich wird generell noch am Flughafen Frankfurt angehalten, einige Züge halten auch noch in Siegburg/Bonn, Montabaur und Limburg Süd. Für die 11 km von Frankfurt-Hauptbahnhof bis zum Flughafen Frankfurt werden planmäßig zwischen 12 Minuten und 15 Minuten benötigt.[273] Dies entspricht einer durchschnittlichen Geschwindigkeit zwischen 44 km/h und 55 km/h. Interessant ist, dass trotz einer Höchstgeschwindigkeit von 300 km/h nur eine maximale mittlere Geschwindigkeit von 185 km/h erreicht wird und dass bereits eine Fahrzeitverlängerung um 5 Minuten den Schnitt von 185 km/h auf 173 km/h senkt. Bei dem immensen finanziellen Aufwand von 6 Mrd. Euro, der für den Bau der 177 km langen Neubaustrecke notwendig war, ist dies ein unbefriedigendes Ergebnis. Beim Einsatz des Transrapid wären die Investitionssummen sicherlich kaum höher, vermutlich sogar niedriger gewesen, da viele teure Tunnel und Großbrücken sowie aufwendige Schallschutzmaßnahmen nicht notwendig gewesen wären. Die mittlere Fahrgeschwin-

[273] Für ICE 3, Fahrplan 2004/2005.

digkeit wäre jedoch rund 100 km/h höher gewesen. Die Fahrzeit wäre damit von 1 h 10 min auf etwa 45 Minuten gefallen.

Interessant ist dagegen wiederum, dass der ICE T, der nur eine Höchstgeschwindigkeit von 230 km/h erreicht, die 287 km lange Strecke von Berlin nach Hamburg in 90 Minuten bewältigt. Dies führt zu einer mittleren Geschwindigkeit von stolzen 191 km/h. Hier wird deutlich, dass kontinuierliches Fahren mit relativ hohen Geschwindigkeiten und ohne Zwischenhalte letztendlich zu einer hohen mittleren Geschwindigkeit führt. Von den 287 km der Strecke sind übrigens 205 km für v_{max} = 230 km/h und 39 km für v_{max} = 200 km/h ausgebaut.

Interessant ist auch der Vergleich der Strecke Frankfurt (Main)-Dresden mit der Strecke Berlin-Hamburg, da dort der gleiche Neigezug ICE T zum Einsatz kommt. Auf der Strecke Frankfurt (Main)-Dresden wird nur eine mittlere Geschwindigkeit von 111 km/h erreicht, obwohl zeitweise mit Geschwindigkeiten von 200 km/h gefahren wird. Aber sechs bis sieben Halte hemmen doch sehr, obwohl auf der Strecke zwischen Fulda und Eisenach über 99 km eine mittlere Geschwindigkeit von 129 km/h und zwischen Leipzig und Dresden-Neustadt über 116 km eine mittlere Geschwindigkeit von 124 km/h erreicht wird.

Breimeier analysiert die Ursachen für diese relativ geringen mittleren Fahrzeiten nicht sorgfältig. Stattdessen argumentiert er folgendermaßen: [274]

„Die Siedlungsstruktur Mitteleuropas (Schweiz, Niederlande, Belgien, Österreich, Deutschland, auch Großbritannien) wird durchschnittliche Halteabstände im schnellen Schienenpersonen-Fernverkehr von mehr als 100 Kilometern nicht zulassen. Für diese Distanzen lassen sich unter idealen Bedingungen auf horizontaler Strecke ohne Geschwindigkeits-Einschränkungen mit der angegebenen Fahrgeschwindigkeit v_{max}, einer Bremsverzögerung von 0,75 m/s², einem Fahrzeitzuschlag von 5 % und ausgewiesenen Fahr- und Aufenthaltszeiten in ganzen Minuten von Abfahrt zu Abfahrt folgende Fahrzeiten t_{Fahr} beziehungsweise Reisegeschwindigkeiten v_R erzielen:

	v_{max}	t_{Fahr}	v_R
ICE 3	*300 km/h*	*26 min*	*231 km/h*
ICE3	*350 km/h*	*24 min*	*250 km/h*
Transrapid	*400 km/h*	*22 min*	*273 km/h*

[274] Breimeier: Transrapid oder Eisenbahn. Seite 18

Hierzu ist folgendes zu bemerken:

- Die Annahme, dass die Siedlungsstruktur in Mitteleuropa Halteabstände größer als 100 km nicht zulassen, ist sehr differenziert zu betrachten. Die Strecke Köln-Rhein/Main ist 216 km lang, Berlin-Hamburg sogar 287 km. Auch eine Strecke von Berlin nach Dresden würde knapp 200 km lang sein. Gleichzeitig gibt es in Deutschland aber 154 Oberzentren mit mehr als 100.000 Einwohnern. Falls all diese Oberzentren in ein Hochgeschwindigkeitsnetz einzubinden wären, wäre ein mittlerer Haltepunktabstand in vielen Streckenbereichen von 42 km bis 48 km erforderlich. [275] Sowohl bei großen Haltepunktabständen hat der Transrapid durch die höhere Endgeschwindigkeit, wie auch bei kürzeren Abständen durch das bessere Beschleunigungsvermögen, Vorteile.
- Eine maximale Höchstgeschwindigkeit v_{max} = 350 km/h ist beim Rad-Schiene-System vorerst und auch langfristig als reine Wunschvorstellung zu bewerten, wie in Abschnitt 5.3.3.3 dargelegt.
- Die angegebene Reisegeschwindigkeit von 231 km/h bei v_{max} = 300 km/h wurde zwar unter dem Vorbehalt der „idealen Bedingungen auf horizontaler Strecke“ gemacht, ist jedoch weit von der Realität entfernt, da diese Annahmen rein hypothetisch sind. In Mitteleuropa gibt es kaum horizontale Strecken, statt dessen sind diese bergig. In bergigen Trassenverläufen wird der ICE 3 häufig nicht in der Lage sein, die Maximalgeschwindigkeit zu halten.
- Beim Rad-Schiene-System sind mittlere Geschwindigkeiten von über 200 km/h insbesondere bei Haltepunktabständen von etwa 100 km bei v_{max} = 300 km/h kaum zu erreichen. Dagegen erreicht der Transrapid mit v_{max} = 450 km/h mittlere Geschwindigkeiten von etwa 300 km/h.
- Die Einschränkungen von Breimeier müssen noch fortgeführt werden. Traditionell wird die Eisenbahn auf bestehenden Gleisanlagen bis in die Innenstädte hineingeführt. Viele Verkehrsplaner, insbesondere in Deutschland, empfinden es als höchstes anzustrebendes Ziel, auch heute den Hochgeschwindigkeitsverkehr in die Hauptbahnhöfe, die heutigen Innenstädte zu führen. Erkauft wird dies aber mit langen „Bummelstrecken“, die wegen der vielen Weichen, wegen Lärmbelästigungen, wegen möglicher Personengefährdungen bei Durchfahrten in bestehenden Vorstadtbahnhöfen, und wegen enger Kurven notwendig sind.

  Aber nicht alle Verkehrsplaner denken so. Insbesondere Frankreich hat hier mit Bahnhofsneubauten auf der „Grünen Wiese“ von sich Reden gemacht. So wird z. B. auf den von Santiago Calatrava entworfe-

[275] Raschbichler: Die Auswirkungen von Hochgeschwindigkeitsverkehr. Seite 143

nen Bahnhof Lyon-Saint Exupéry (siehe Abb. 5.28) verwiesen, der in unmittelbarer Nähe zu Flughafen und Autobahn liegt und über Nahverkehrssysteme von der Innenstadt gut erreichbar ist. Bedingt durch günstige Parkmöglichkeiten stellt eine solche Lösung, insbesondere für Personen, die nicht unmittelbar im Stadtinneren wohnen und arbeiten, eine bevorzugte Lösung dar. Außerdem sind solche Verkehrsknoten Nuklei für neue städtebauliche Entwicklungen. Verkehrstechnisch ist von sehr großer Bedeutung, dass durch diese Lösung hohe mittlere Fahrgeschwindigkeiten erreicht werden.

Abb. 5.28 Bahnhof Lyon-Saint Exupéry [276]

Hinsichtlich der Fahrzeiten im Express-Nahverkehr führt Breimeier aus: [277] *„Die Fahrzeitunterschiede sind bemerkenswert gering. Bei kürzeren Halteabständen vermindern sich die Fahrzeit-Differenzen. Für die Metrorapidstrecke Düsseldorf-Dortmund (78,9 km) ergibt sich ein ähnlich niedriger Zeitgewinn, wenn die vorhandene Bahnstrecke für die Geschwindigkeit bis zu 200 km/h ertüchtigt wird und ein moderner neigefähiger Regionaltriebwagen – abgeleitet etwa vom ICE 3 – mit einer spezifischen Antriebsleistung von rund 20 kW/t zum Einsatz kommt. Werden die Höchstgeschwindigkeiten der Eisenbahn auf 230 km/h und die spezifische Antriebsleistung auf 26 kW/t gesteigert – Fahrzeuge dieser Art existieren im Ausland, lässt sich auf der Schiene die Fahrzeit des Metrorapid sogar*

[276] Abbildung: Structurae, Nicolas Janberg, Ratingen

[277] Breimeier: Transrapid oder Eisenbahn. Seite 18

unterbieten. ... Bei fünf Zwischenhalten von jeweils einer Minute – diese Zeitspanne reicht für die Rad-Schiene-Technik auch im stärksten S-Bahn-Verkehr aus – betragen die Fahrzeiten:

S-Bahn (ET 423,160 km/h)	*42 min*
Eisenbahn (ICE 3, 200 km/h)	*39 min*
Eisenbahn (ICE 3, 220 km/h)	*38 min*
Metrorapid (300 km/h)	*37 min*
Eisenbahn (26 kW/t, 230 km/h)	*36 min"*

Die Fahrzeitberechnungen wurden offensichtlich von Breimeier selbst vorgenommen, bei der Fahrzeit des Metrorapid wird als Quelle die Machbarkeitsstudie NRW [278] angegeben. Folgende Anmerkungen sind zu machen:

- Der S-Bahn-Zug ET 423 ist nur bis v_{max} = 140 km/h zugelassen.
- Eine Erhöhung der Höchstgeschwindigkeit auf 230 km/h setzt auch eine entsprechende Trassierung voraus. Eine Trassierungsgeschwindigkeit von 230 km/h ist mit den damit verbundenen Kurvenradien kaum denkbar.
- Wie bereits nachgewiesen, sind Antriebsleistungen bei Hochgeschwindigkeitszügen von 26 kW/t unter technischen, besonders aber wirtschaftlichen Gesichtspunkten, kaum realisierbar (siehe Abschnitt 5.3.1.1).
- Der ICE 3 ist nicht neigefähig. Als neigefähiger Hochgeschwindigkeitszug steht der ICE T zur Verfügung. Die Dauerleistung des ICE T beträgt bei der Baureihe 415 nur 3.000 kW. Bei einem Einsatzgewicht von ca. 260 t errechnet sich hieraus eine spezifische Antriebsleistung von ca. 11,5 kW/t.
- Werden die 200 km/h Höchstgeschwindigkeit unterstellt, so ergeben sich die 39 Minuten Fahrzeit aus reiner Fahrzeit 24 Minuten, 5 Halte à 1 Minute und 6 Brems- und Beschleunigungszuschlägen á 0,8 Minuten. In der Machbarkeitsstudie NRW wurden jedoch die 37 Minuten Fahrzeit unter Ansatz von Haltezeiten jeweils in Höhe von 2 Minuten errechnet. Bei einer seriösen Vergleichsberechnung wären somit zumindest 37 Minuten beim Metrorapid mit 44 Minuten beim Rad-Schiene-System zu vergleichen.

[278] Planungsgemeinschaft Metrorapid-Transrapid: Machbarkeitsstudie Bayern und NRW – Teil III.

Wie in Abschnitt 5.3.1.1 dargestellt, werden spezifische Antriebsleistungen aus technischen Gründen beim Rad-Schiene-System kaum 20 kW/t überschreiten können. Als Vergleich soll noch die Alternative Express-S-Bahn und Transrapid in München aufgeführt werden.

Tabelle 5.22 Vergleich Express-S-Bahn mit Transrapid (Projekt München)

	Express-S-Bahn [279]	Transrapid [280] [281]
Betriebsgeschwindigkeit im Stadtbereich von München		250 km/h
Betriebsgeschwindigkeit außerhalb	200 km/h	350 km/h
Haltezeit in den Stationen	2 min	2 min
Maximaler Ruck		0,5 m/s³
Fahrzeit	18 bis 20 min	9 min 45 sek
Taktzeit		10 min
Mittlere Fahrgeschwindigkeit	ca. 110 km/h	ca. 220 km/h

Wie aus Tabelle 5.22 zu entnehmen ist, würde auf der 37 km langen Strecke eine Express-S-Bahn rund doppelt so lange unterwegs sein. Zu beachten ist, dass eine solche Express-S-Bahn ebenfalls einen eigenen Gleiskörper benötigt, da betrieblich Geschwindigkeitsdifferenzen von 60 km/h bis 80 km/h zwischen einer traditionellen S-Bahn und einer Express-S-Bahn kaum zu beherrschen sind. Die Express-S-Bahn müsste sonst permanent wegen langsameren Normal-S-Bahnen bremsen. Von Bedeutung ist, dass nach Wellner wegen der deutlich längeren Fahrzeit bei der Express-S-Bahn 40 % weniger Fahrgäste zu erwarten sind. [282]

Dieser zusätzliche Verkehr wird beim Transrapid hauptsächlich vom Pkw abgezogen. Gerade dies ist aber aus ökologischer und verkehrspolitischer Sicht anzustreben. Durch das erhöhte Verkehrsaufkommen müssen natürlich mehr Züge bereitgestellt werden. Die Verkehrsfrequenz erhöht sich, wodurch das Angebot nochmals attraktiver wird. Dies führt dann zu einem 10-Minuten-Takt mit dem Slogan: „Alle 10 Minuten in 10 Minuten zum Flughafen!" Es ist somit gerade im Nahverkehr besonders bedeutsam, dass die Verkehrsmittel sehr schnell sind und hohe Beschleunigungswerte bis in höchste Geschwindigkeitsbereiche aufweisen.

---

[279] Wellner: Die deutsche Magnetbahn. Seite 42

[280] Ruppel: Spezielle Aspekte der Fahrdynamik. Seite 209

[281] Merkel: Magnetschnellbahnprojekt München Hauptbahnhof-Flughafen. Seite 190

[282] Wellner: Die deutsche Magnetbahn. Seite 42

5.3.3.5 Anhaltezeiten

Auf die erreichbaren mittleren Geschwindigkeiten und somit auf die Fahrzeiten wirken sich Halte sehr negativ aus. Somit ist es wichtig, dass alle mit dem Haltevorgang verbundenen Einzelvorgänge möglichst schnell ablaufen.

Zum Anhaltevorgang des Transrapid trägt Breimeier vor: *„Die in der Praxis erreichbaren Fahrzeiten werden nicht nur durch die Geschwindigkeit, sondern in erheblichem Maße durch die Aufenthaltszeiten auf den Zwischenstationen beeinflusst. Die Aufenthaltszeiten der Züge des Personen-Fernverkehrs betragen bei einem durchschnittlichen Reisendenumschlag jeweils zwei Minuten. Angesichts des „Andock-Manövers" der Magnetschwebebahnen bei einem Verkehrs-Halt mit einer komplizierten Abfolge von Handlungen*

- *Anhalten des Zuges mit einer „zentimetergenauen" Zielbremsung, um die Türen des Fahrzeuges und des Bahnsteigs zur Deckung zu bringen,*
- *Absetzen des Zuges auf die Fahrbahn (Aussetzen des magnetischen Schwebens),*
- *Erden des Zuges,*
- *Freigabe der Türen,*
- *Öffnen der Türen im Fahrzeug und auf dem Bahnsteig,*
- *Ein- und Ausstieg der Reisenden,*
- *Schließen und Verriegeln der Fahrzeugtüren,*
- *nachfolgend Schließen der Bahnsteigtüren,*
- *Meldung dieses Zustandes an die Fahrzeugsteuerung,*
- *Bestätigung dieser Meldung an die Betriebszentrale,*
- *Beendigung der Erdung des Zuges,*
- *Anschweben des Zuges,*
- *Abfahrt*

wird ein zusätzlicher Zeitbedarf von einer halben Minute genannt." [283]

Zuerst ist festzustellen, dass eine große Zahl von Teilvorgängen in gleicher Weise auch beim traditionellen technisch/automatisch gesicherten Rad-Schiene-System vorkommen. Neu sind nur die Vorgänge: Absetzen des Zuges und Erden sowie die umgekehrten Vorgänge. Für das Erden wird jedoch keine zusätzliche Haltezeit benötigt, das Anheben und Absetzen geht in Sekundenbruchteilen (3 bis 5 Sekunden). [284]

---

[283] Breimeier: Transrapid oder Eisenbahn. Seite 17

[284] Rogg, Mayer, Witt: Zum technisch-wirtschaftlichen Vergleich von Hochgeschwindigkeitsbahnsystemen. Seite 9 und 11

Beim Transrapid kommt es als automatisch, technisch gesichertes System zu zusätzlichen Zeiten gegenüber einem nicht automatischen, voll technisch gesichertem System wie dem ICE. Diese resultieren aus verschiedenen technischen Laufzeiten, wie z. B. für das Öffnen und Schließen der Bahnsteigtüren (jeweils ca. 6 s) sowie wenige Sekunden für das Absetzen und Anheben. Die Haltezeit verlängert sich beim Transrapid um maximal 0,5 min gegenüber dem ICE bei gleichzeitig erhöhtem Sicherheitsniveau. Der Transrapid ist jedoch beim Beschleunigen auf 300 km/h unter Komfortbedingungen um über 1 Minute schneller als der ICE 3 (siehe Tabelle 5.20). Eine weitere Beschleunigung auf bis zu 450 km/h oder noch mehr ist mit dem Rad-Schiene-System jedoch nicht mehr möglich!

Breimeier geht auf das Absetzen beim Anhaltevorgang ein und macht kaum nachvollziehbare Analogien zu einem Schiff. [285] *„Der Transrapid verfügt im Regelbetrieb – ähnlich einem Schiff – nicht über eine vom Antrieb unabhängige Bremse, die ein stehendes Fahrzeug fixieren könnte. Eine spezielle Feststell-Bremse ist nicht vorhanden. Die Bremswirkung im Stillstand wird durch das Absetzen des Fahrzeuges auf die Fahrbahn erreicht."*

Der sichere Halt des abgesetzten Fahrzeugs wird auch bei vereistem Fahrweg dadurch gewährleistet, dass im Bereich von Stationen und Halteplätzen die zulässige Fahrbahnneigung begrenzt ist. Bei der Eisenbahn hingegen sind Bremsen unbedingt erforderlich, da sich die Züge wegen der geringen Rollwiderstand der Räder auf den Schienen selbstständig in Bewegung setzen können. Es gab Unfälle, bei denen sich Züge und Wagen selbstständig in Bewegung setzten und erst nach vielen Kilometern zum Stehen kamen oder in Unglücke verwickelt waren. Das einfache systembedingte Absetzen des Transrapid wird hingegen stets fehlerfrei und sicher funktionieren.

5.3.4 Strecken- und Fahrwiderstand

Beschleunigungen und Höchstgeschwindigkeiten, aber auch der Energieverbrauch sind unmittelbar vom Strecken- und Fahrwiderstand abhängig. An erster Stelle ist der Luftwiderstand zu nennen, der natürlich bei beiden Systemen vergleichbar wirkt. Alle anderen auftretenden Widerstände unterscheiden sich zum Teil recht stark. Generell ist zwischen den Fahrwiderständen und den Streckenwiderständen zu differenzieren.

Beim Rad-Schiene-System sind bei den Fahrwiderständen die Roll- und Lagerreibungswiderstände, der Beschleunigungswiderstand sowie der

[285] Breimeier: Transrapid oder Eisenbahn. Seite 18

Luftwiderstand zu nennen. Beim Transrapid sind dies neben dem Luft- und Beschleunigungswiderstand die Magnetisierungswiderstände und solche, die sich aus der induktiven Versorgung mit Bordenergie zum Schweben ergeben. Zu den Streckenwiderständen gehören der Steigungswiderstand, der Bogenwiderstand sowie Weichenwiderstände.

In den folgenden Kapiteln werden sowohl für das Rad-Schiene-System wie für den Transrapid die einzelnen Fahrwiderstände ermittelt und schließlich zu einem Gesamtfahrwiderstand aufaddiert.

5.3.4.1 Grundwiderstand beim Rad-Schiene-System

Beim Rad-Schiene-System treten Widerstandskräfte durch das Rollen der Räder und tribologisch durch die Lager auf. Sie hängen von vielen Faktoren ab, z. B. vom Raddurchmesser, von Materialkonstanten, der Radkraft und anderen Beiwerten. [286] Breimeier führt aus: [287] *„Der Roll- und Lagerreibungs-Widerstand der Eisenbahnfahrzeuge ist gering. Für Züge mit modernen Laufwerken lassen sich in Abhängigkeit von der Geschwindigkeit bezogen auf die Gewichtskraft folgende spezifische Widerstandswerte angeben (siehe Tabelle 5.23).*

Tabelle 5.23 Roll- und Lagerreibungswiderstand beim Rad-Schiene-System (nach Breimeier) [288]

Geschwindigkeit	w_{R+L}
100 km/h	*0,12 %*
200 km/h	*0,16 %*
300 km/h	*0,20 %*
400 km/h	*0,24 %*

Rogg, Mayer und Witt erkennen, dass die von Breimeier angegebenen Zusammenhänge nicht richtig bzw. nicht vollständig sind. Sie stellen daher fest: [289] *„Die Ermittlung des Roll- und Lagerreibungswiderstandes vom ICE 1 für den ICE 3 lässt sich nicht nachvollziehen: der gewichtsabhängige Laufwiderstand für Triebachsen beträgt 0,45 bis 0,50 %. Da beim ICE 3 jede zweite Achse eine Triebachse ist, erscheinen die Ansätze als*

[286] Wende: Fahrdynamik des Schienenverkehrs. Seite 29

[287] Breimeier: Transrapid oder Eisenbahn. Seite 19

[288] Breimeier ermittelt die Werte aus $w_{R,L} = 0,72 + 0,43 \cdot \frac{v}{100}$ [‰].

[289] Rogg, Mayer, Witt: Zum technisch-wirtschaftlichen Vergleich von Hochgeschwindigkeitsbahnsystemen. Seite 10

zweifelhaft. Generell handelt es sich wohl um Werte für den Neuzustand von Schiene und Rad auf gerader Strecke ohne Bogenwiderstand."

Sowohl die Angaben von Breimeier als auch die von Rogg, Mayer und Witt stellen den Sachverhalt zu einfach dar. Dieser soll unter Bezug auf Wende vertieft untersucht werden. [290]

Zuerst muss festgestellt werden, dass neben Roll- und Lagerwiderständen auch andere Widerstände, wie Gleitwiderstände, Walkwiderstände, dynamische Widerstände, Schallwiderstände, Bremsscheibenwiderstände und Anfahrwiderstände wirken. [291] All diese Widerstände sind proportional zur Normalkraft und addieren sich zum Grundwiderstand. Dieser ist über die Grundwiderstandszahl w_0 proportional zur Gewichtskraft F_G. Die Grundwiderstandszahl setzt sich aus einzelnen Summanden zusammen, die teilweise von weiteren Faktoren abhängen. So erhöht sich z. B. der Rollwiderstand um ca. 20 %, falls sich der Raddurchmesser von 120 cm auf 80 cm reduziert. Bei der Grundwiderstandszahl handelt es sich um eine stochastische Variable mit verhältnismäßig großen Streuungen.

Ohne Berücksichtigung von Walkwiderstand, Schallwiderstand und Anfahrwiderstand gilt:

$$w_0 = w_{Ro} + w_{Gleit} + w_{Lager} + w_{dyn} \tag{5.22}$$

- Der Rollwiderstand w_{Ro} kann ausgehend von der Basisgeschwindigkeit v_{100} = 100 km/h nach folgender Gleichung ermittelt werden:

$$w_{Ro} = w_{Ro0} + c_{Ro} \cdot \left(\frac{v}{v_{100}} \right)^2 \tag{5.23}$$

  mit

  w_{Ro0} = 0,00046 Rollwiderstandszahl bei v = 0 km/h
  c_{Ro} = 0,0006 Rollwiderstandskonstante

- Der Gleitwiderstand w_{Gleit} hängt unter anderem vom Sinuslauf der Radsätze im Gleis und insbesondere davon ab, ob das Rad angetrieben ist oder nur rollt. Daher ist der Gleitwiderstand bei Triebfahrzeugen beträchtlich größer als bei nur rollenden Wagen. Die Gleitwiderstandszahl ist nur experimentell bestimmbar. Für nicht angetriebene Wagen beträgt w_{Gleit} = 0,0005 bis 0,001. Obwohl es sich beim ICE 3 um ein Triebfahrzeug handelt, soll hier nur angesetzt werden:
  w_{Gleit} = 0,001
- Der Lagerwiderstand w_{Lager} kann bei Wälzlagern angesetzt werden mit:

[290] Wende: Fahrdynamik des Schienenverkehrs. Seite 110
[291] Wende, Gralla: Die Zugfahrt unter dem Einfluss der Widerstandskraft. Seite 55

$w_{Lager} = 0{,}0002$

- Der dynamische Widerstand resultiert aus den Schwingungsbewegungen des Zuges selbst, die fortlaufend gedämpft werden müssen. Der Wert hängt von der Art der Fahrbahn (Feste Fahrbahn oder Schotterbett) und vom Zustand des Gleiskörpers ab. Für eine Hochgeschwindigkeitsstrecke kann angenommen werden:
  $w_{dyn} = 0{,}0001$

Der Grundwiderstand w_0 ergibt sich somit geschwindigkeitsabhängig wie in Tabelle 5.24 angegebenen.

Tabelle 5.24 Grundwiderstand w_0 beim Rad-Schiene-System, Triebwagen ICE 3

Geschwindigkeit [km/h]	w_{Ro} [%]	w_{Gleit} [%]	w_{Lager} [%]	w_{dyn} [%]	w_0 [%]
50	0,061	0,100	0,020	0,010	0,191
100	0,106	0,100	0,020	0,010	0,236
150	0,181	0,100	0,020	0,010	0,311
200	0,286	0,100	0,020	0,010	0,416
250	0,421	0,100	0,020	0,010	0,551
300	0,586	0,100	0,020	0,010	0,716
330	(0,699)	(0,100)	(0,020)	(0,010)	(0,829)
350	(0,781)	(0,100)	(0,020)	(0,010)	(0,911)

Die Werte für $v > 300$ km/h sind rein hypothetisch, da der ICE 3 für diese Geschwindigkeit nicht zugelassen ist. Die Werte sind deutlich höher, als von Breimeier angegeben. Deutlich ist die starke Abhängigkeit von der Geschwindigkeit, die nur selten angegeben und berücksichtigt wird.

Nachfolgend sollen die absoluten Widerstandskräfte ermittelt werden, die sich aus der Grundwiderstandszahl ergeben. Es gilt:

$$F_{Grund} = w_o \cdot F_G \tag{5.24}$$

mit

$$F_G = m \cdot g \tag{5.25}$$

Dabei ist m die Masse in [t] und g die Fallbeschleunigung 9,80665 m/s². Bei einem angesetzten Leergewicht von 435 t eines Halbzuges (Baureihe 406) ergeben sich für F_G

$F_G = 435.000 \text{ kg} \cdot 9{,}80665 \text{ m/s}^2 = 4.265.892 \text{ N} \approx 4.266 \text{ kN}.$

Zusätzlich ist aber auch die Nutzlast hinzuzurechnen. Es soll mit einer Auslastung von 70 % gerechnet werden. Bei angenommenen maximal 405 Fahrgästen und einer mittleren Masse inklusive Gepäck von 100 kg/Person ergibt sich eine Nutzlast von:

$$m_{NL} = 405 \text{ Pers} \cdot 0{,}7 \cdot 100 \text{ kg/Pers} = 28.350 \text{ kg}$$

Damit ist

$F_{GL} = m_{GL} \cdot g = 28.350 \text{ kg} \cdot 9{,}80665 \text{ m/s}^2 = 278.018 \text{ N} \approx 278 \text{ kN}.$

In Tabelle 5.25 werden die sich aus Gl. (5.23) ergebenden Roll- und Gleitreibungswiderstandskräfte [kN] wiedergegeben.

Tabelle 5.25 Absolutwerte des Grundwiderstands beim Rad-Schiene-System, Beispiel ICE 3

Geschwindigkeit v in [km/h]	Grundwiderstandsbeiwert w_0 in [%}	Grundwiderstand $F_{Grund,\ eigen}$ in [kN] aus Eigenlast	Grundwiderstand $F_{Grund,\ Nutz}$ in [kN] aus Nutzlast	Grundwiderstand $F_{Grund,\ ges}$ in [kN]
50	0,191	8,1	0,5	8,7
100	0,236	10,1	0,7	10,7
150	0,311	13,3	0,9	14,1
200	0,416	17,7	1,2	18,9
250	0,551	23,5	1,5	25,0
300	0,716	30,5	2,0	32,5
330	0,829	35,4	2,3	37,7
350	(0,911)	(38,9)	(2,5)	(41,4)

5.3.4.2 Magnetisierungswiderstand beim Transrapid

Beim Transrapid gibt es keinen Grundwiderstand. Systembedingt gibt es jedoch den Magnetisierungswiderstand. Hierzu führt Breimeier aus: [292] *„Die berührungslose Fahrtechnik der Magnetbahn kann zu dem Fehlschluss verleiten, auf einem Magnetkissen sei – mit Ausnahme des Luftwiderstandes – ein ‚verlustloses' Gleiten der Fahrzeuge ohne Widerstandskräfte möglich. Diese naheliegende Annahme trifft nicht zu. Auch bei Magnetschwebebahnen ist zusätzlich zum Luftwiderstand eine weitere Wi-*

[292] Breimeier: Transrapid oder Eisenbahn. Seite 19

derstandskraft zu überwinden, die elektromagnetischer Natur ist und vor allem von den Führungsmagneten induziert wird. Bezogen auf die Gewichtskraft einer besetzten Sektion (Masse 61,7 t) werden die nachstehenden spezifischen Widerstandsbeiwerte erreicht." (siehe Tabelle 5.26

Tabelle 5.26 Magnetisierungswiderstand beim Transrapid nach Breimeier

Geschwindigkeit	w_{Mag}
100 km/h	*0,12 %*
200 km/h	*0,17 %*
300 km/h	*0,22 %*
400 km/h	*0,26 %*

Von Breimeier wurden die Widerstandszahlen w_{Mag} für die Führschienen auf der Basis einer vom Systemlieferanten angegebenen Gleichung abgeleitet. Die Führungskräfte sind jedoch gewichtsunabhängig, so dass im Ergebnis die von Breimeier angegebenen Werte falsch sind.

Der Fahrwiderstand aus Magnetisierung errechnet sich nach den Angaben des Systemlieferanten zu:

$$F_{Mag} = n \cdot (0{,}1 \cdot v^{0,5} + 0{,}02 \cdot v^{0,7})\,[kN] \tag{5.26}$$

mit

n [-] Anzahl der Fahrzeugsektionen

v [m/s] Geschwindigkeit

Tabelle 5.27 Fahrwiderstände beim Transrapid

Geschwindigkeit v in [km/h]	Magnetisierungswiderstand F_{Mag} in [kN]
20	1,5
70	3,0
100	3,7
150	4,6
200	5,4
250	6,1
300	6,8
350	7,4
400	8,0
450	8,5
500	9,1

Hieraus ergeben sich für einen Zug mit 5 Segmenten die in Tabelle 5.27 angegebenen Fahrwiderstände.

Tabelle 5.28 Grund- und Magnetisierungswiderstände im Vergleich

Geschwindigkeit in [km/h]	Grundwiderstand F_{Grund} [kN]	Magnetisierungswiderstand F_{Mag} [kN]	Differenz [kN]
100	10,7	3,7	7,0
200	18,9	5,4	13,5
300	32,5	6,8	25,7

Aus dem Vergleich der Hieraus ergeben sich für einen Zug mit 5 Segmenten die in Tabelle 5.27 angegebenen Fahrwiderstände.

Tabelle 5.28 ist zu erkennen, dass der vergleichbare Widerstand beim Transrapid in absoluten Zahlenwerten bei allen Geschwindigkeiten kleiner ist als der Grundwiderstand beim ICE 3. Mit steigender Geschwindigkeit wird der Vorteil des Transrapid immer größer.

5.3.4.3 Luftwiderstand

Der Luftwiderstand wird von Geschwindigkeiten größer als 100 km/h eine dominierende Größe. Entsprechend intensiv waren daher schon immer die Bemühungen, schnelle Fahrzeuge möglichst stromlinienförmig zu gestalten. Dies gilt nicht nur für Flugzeuge und Autos, sondern auch für die Eisenbahn. Die Abb. 5.29 zeigt den „Fliegenden Hamburger“, mit dem ab 1933 fahrplanmäßig auf der Strecke Berlin-Hamburg bei einer Höchstgeschwindigkeit von 165 km/h eine mittlere Reisegeschwindigkeit von 125 km/h erreicht wurde.

Trotz stromlinienförmiger Gestaltung des eigentlichen Fahrzeugs gibt es bei der Eisenbahn zwei Bereiche, die allen Bemühungen, den Luftwiderstand zu reduzieren, entgegenstehen. Dies sind die Stromabnehmer und das Fahrwerk mit den Rädern. Dass das Fahrwerk einen sehr großen Widerstand aufweist, ist von Flugzeugen bekannt. Nicht umsonst wird unmittelbar nach dem Start das Fahrwerk eingezogen, damit das Flugzeug schnell an Geschwindigkeit und Flughöhe gewinnt. Dieselgetriebene Fahrzeuge haben wegen des fehlenden Stromabnehmers einen gewissen Vorteil, müssen sich diesen aber durch den schwereren Antrieb erkaufen. Die gesamte ICE-Reihe, der superelegante Shinkansen Nozomi 500 aber ebenso der Transrapid bis zum Fahrzeug TR07 wurden von Alexander Neumeister [293]

[293] www.neumeister-partner.de

in seinem Design-Büro in München gestylt, mit dem Ziel, möglichst stromlinienförmig zu sein.

Abb. 5.29 „Fliegender Hamburger" auf der Strecke Berlin-Hamburg [294]

Der Luftwiderstand F_{LW} [N] eines Objektes ermittelt sich nach Glück [295] durch :

$$F_{LW} = \frac{1}{2} \cdot c_W \cdot A \cdot \rho \cdot v^2 \tag{5.27}$$

Dabei sind:

ρ Dichte der umgebenden Luft; ρ_{Luft} = 1,293 kg/m³ (bei 0° C und Normaldruck)

$c_w = \Sigma c$ Summe der Luftwiderstandsbeiwerte [-]

A Querschnittsfläche des Fahrzeugs [m²]

v Geschwindigkeit [m/s]

Mit der Geschwindigkeit v in [km/h], dem Wert der Dichte der Luft eingesetzt ergibt sich

$$F_{LW} = 0{,}050 \cdot \sum c \cdot A \cdot v^2 \tag{5.28}$$

[294] Abbildung: Landesbildstelle 30. 11. 1932

[295] Glück: Aerodynamik der Schienenfahrzeuge. Seite 52

In Σc werden verschiedene Einzelwiderstände zusammengefasst, wie z. B. der für das Spitzenfahrzeug, für den Stromabnehmer, für die Mittelwagen sowie für die Endwagen. Der Stromabnehmer spielt eine nicht unbeträchtliche Rolle. So reduziert sich nach Gackenholz der Wert für c für ein Spitzenfahrzeug mit gehobenem Stromabnehmer beim ET 403 von 0,31 auf 0,21 bei gesenktem Stromabnehmer. [296]

Aus Gl. (5.27) kann nach Wende [297] für den 8-teiligen ICE 3-Halbzug mit zwei Kopffahrzeugen und sechs Mittelwagen der Luftwiderstand berechnet werden durch

$$F_{LW} = 0{,}5 \cdot k_\alpha \cdot c_{LuZ} \cdot \rho \cdot A_{Norm} \cdot (v + \Delta v) \qquad (5.29)$$

mit

$k = 1{,}0$	Faktor zur Berücksichtigung des Anströmwinkels α der Luft
$c_{LuZ} = 1{,}20$	Luftwiderstandsbeiwert für den ICE 3 (Halbzug BR 403)
$\rho = 1{,}225$ kg/m³	definierte Luftdichte für bahntechnische Berechnungen
$A_{Norm} = 10$ m²	genormte Anströmfläche
v	Geschwindigkeit [m/s]
Δv	Gegen- und Seitenwind [m/s].

In Tabelle 5.29 sind die Luftwiderstände für den ICE 3 bei verschiedenen Geschwindigkeiten (mit $\Delta v = 0$) angegeben. Der Transrapid weist im Vergleich zu Rad-Schiene-Zügen deutlich geringere Luftwiderstände auf, insbesondere wegen der fehlenden Stromabnehmer und des fehlenden Fahrwerks. Durch Detailentwicklungen, z. B. durch glatte Oberflächen an den Magnetrücken [298], können weitere Fortschritte erzielt werden.

Tabelle 5.29 Luftwiderstände für den ICE 3

Geschwindigkeit in [km/h]	Luftwiderstand F_{LW} in [kN]
50	1,4
100	5,7
150	12,8
200	22,7
250	35,4
300	51,0
330	(61,8)

[296] Gackenholz: Ergebnisse neuerer Untersuchungen zum Luftwiderstand von Fahrzeugen im Zugverband. Seite 266 bis 271

[297] Wende: Fahrdynamik des Schienenverkehrs. Seite 136

[298] Herzberg: Das Weiterentwicklungsprogramm Transrapid. Seite 31

Die Systemindustrie gibt für die Ermittlung des Luftwiderstandes des Transrapid folgenden Zusammenhang an:

$$F_{LW} = 2{,}8 \cdot (0{,}53 \cdot \frac{n}{2} + 0{,}3) \cdot v^2 \; [N] \tag{5.30}$$

Dabei sind:

n Anzahl der Sektionen je Zug [-] und

v die Geschwindigkeit [m/s].

Identische Ergebnisse erhält man mit der Gleichung (5.31), die Wende [299] angibt:

$$F_{LW} = 0{,}5 \cdot c_W \cdot \rho_{norm} \cdot v^2 \tag{5.31}$$

mit

$$c_W = 0{,}1371 + 0{,}1211 \cdot n \tag{5.32}$$

Bei $n = 5$ ergibt sich beim Transrapid $c_w = 0{,}743$, der damit deutlich besser ist als der $c_w = 1{,}20$ beim ICE 3.

Für den Transrapid ergeben sich die in Tabelle 5.30 angegebenen Luftwiderstände.

Tabelle 5.30 Luftwiderstand beim Transrapid mit 5 Segmenten

Geschwindigkeit [km/h]	Luftwiderstand F_{LW} [kN]
20	0,1
50	0,9
70	1,7
100	3,5
150	7,9
200	14,0
250	21,9
300	31,6
350	43,0
400	56,2
450	71,1
500	87,8

In Tabelle 5.31 sind die Luftwiderstände beim ICE 3 und beim Transrapid gegenübergestellt. Erwartungsgemäß ist der Luftwiderstand beim ICE

[299] Wende: Fahrdynamik des Schienenverkehrs. Seite 150

deutlich höher: Die Differenz steigt mit zunehmender Geschwindigkeit stark an. Durch das Weiterentwicklungsprogramm des Bundes soll der c_w-Wert des Transrapid weiter verbessert werden. [300]

Tabelle 5.31 Vergleich der Luftwiderstände

Geschwindigkeit [km/h]	ICE 3 Luftwiderstand F_{LW} [kN]	Transrapid Luftwiderstand F_{LW} [kN]	Differenz [kN]
50	1,4	0,9	0,5
100	5,7	3,5	2,2
150	12,8	7,9	4,9
200	22,7	14,0	8,7
250	35,4	21,9	13,5
300	51,0	31,6	19,4
350	(69,5)	43,0	(26,5)
400	-	56,2	-
450	-	71,1	-
500	-	87,8	-

5.3.4.4 Induktiver Widerstand zur Bordenergieerzeugung

Der Transrapid schwebt, indem die anziehenden Kräfte von Elektromagneten so geregelt werden, dass sich zwischen Magneten und dem Systemträger ein Spalt zwischen 4 und 10 mm ergibt. Hierzu werden ca. 1,7 kW/t benötigt. [301]

Diese Energie wird beim Transrapid in Shanghai durch Stromabnehmer in das Fahrzeug übertragen, solange das Fahrzeug im Bahnhof steht und bis zu einer Geschwindigkeit von etwa 100 km/h beschleunigt hat. Danach werden die Stromabnehmer eingefahren. Die benötigte Energie wird nun induktiv in das Fahrzeug übertragen. Diese induktive Bordenergieerzeugung führt zu einem induktiven Widerstand. Der Vorgang erfolgt in umgekehrter Richtung beim Einfahren in den Bahnhof. Bei etwa 100 km/h werden die Stromabnehmer ausgefahren und die zum Schweben benötigte Bordenergie wird über die Stromschienen und die Stromabnehmer ins Fahrzeug übertragen.

Im Rahmen des Weiterentwicklungsprogramms (WEP) des BMVBW wird untersucht, wie durch einen „Inductive Power Supply“ auf die Strom-

[300] Herzberg: Das Weiterentwicklungsprogramm Transrapid. Seite 31

[301] Fürst: Energiebedarf für die Magnetschellbahn Berlin-Hamburg. Seite 153 bis 158

abnehmer verzichtet werden kann.[302] Damit werden einerseits Geräuschemissionen, die von den Stromabnehmern emittiert werden, vollkommen ausgeschaltet. Anderseits wird die Zuverlässigkeit, insbesondere im winterlichen Betrieb, deutlich erhöht. Außerdem kann der Instandhaltungsaufwand durch den Verzicht auf mechanische Teile deutlich reduziert werden.

Die benötigte Leistung [W] zum Schweben ist nahezu unabhängig von der Fahrgeschwindigkeit. Sie setzt sich aus dem Stromwärme- und Magnetisierungsverlusten der Trag- und Führmagnete zusammen. Dabei gibt es einen statischen und einen dynamischen Anteil, der aus der Regelungsdynamik resultiert. Da die Regelungsdynamik mit der Geschwindigkeit zunimmt, wächst auch die für das Schweben erforderliche Energie, wenn auch unbeträchtlich. Die Leistung errechnet sich vereinfacht aus dem Produkt von Kraft [N] mal Geschwindigkeit [m/s]. Für die Maßeinheiten gilt: $1\ W = 1\ N \cdot m/s = 1\ kg \cdot m^2/s^3$. Da der Transrapid mit unterschiedlicher Geschwindigkeit fährt, die benötigte Leistung zum Schweben aber konstant ist, reduziert sich die zum Schweben benötigte, rechnerische Kraft mit zunehmender Geschwindigkeit. Es gilt:

$$P_{Schw} = F_{Schw} \cdot v \tag{5.33}$$

mit

P_{Schw} Leistung, die zum Schweben benötigt wird [W]
F_{Schw} Widerstandskraft [N]
v Geschwindigkeit, mit dem der Transrapid fährt [m/s].

Und damit:

$$F_{Schw} = \frac{P_{Schw}}{v} \tag{5.34}$$

Die Leistung P_{Schw}, die zum Schweben erforderlich ist, ergibt sich für den Transrapid mit 5 Sektionen, der von der Sitzplatzkapazität vergleichbar zum ICE 3 ist, bei einem spezifischen Leistungsbedarf von 1,7 kW/t zu:

$$P_{Schw,\,Eigen} = 1{,}7\ kW/t \cdot 247\ t = 419{,}9\ kW$$

Bei voller Besetzung mit 438 Personen und einer angenommenen Masse pro Person einschließlich Gepäck von 100 kg ergibt sich eine Nutzlast von 43,8 t.

Um diese Last ebenfalls zum Schweben zu bringen, ist folgende Leistung $P_{Schw,Nutz}$ notwendig:

[302] Herzberg: Das Weiterentwicklungsprogramm Transrapid. Seite 31

$$P_{schw,\ Nutz} = 1{,}7\ kW/t \cdot 43{,}8\ t = 74{,}5\ kW$$

Benötigt wird somit:

$$P_{Schw,\ ges} = P_{Schw,\ Eigen} + P_{Schw,\ Nutz} = 419{,}9 + 74{,}5 = 494{,}4\ kW$$

Von der Systemindustrie werden folgende Gleichungen für den vom Lineargenerator erzeugten Widerstand angegeben:

$$F_{Schw} = 0\ [N] \text{ für 0 bis 20 } km/h \tag{5.35}$$

$$F_{Schw} = n \cdot 7300\ [N] \text{ für 20 bis 70 } km/h \tag{5.36}$$

$$F_{Schw} = n \cdot \left(\frac{146.000}{v} \right) - 200\ [N] \text{ für 70 bis 500 km/h} \tag{5.37}$$

mit

v Geschwindigkeit [m/s]

n Anzahl der Segmente [-].

Die Lineargeneratoren sind bei geringer Geschwindigkeit nicht in der Lage, die Bordenergie bereit zu stellen. Die angegebenen Näherungsformeln gehen davon aus, dass die Lineargeneratoren praktisch ab 20 km/h wirksam sind und ab 70 km/h die volle Bordenergie liefern. Hieraus ergeben sich Widerstandskräfte, wie in Tabelle 5.32 angegeben.

Tabelle 5.32 Widerstandskraft zur Energiegewinnung für das Schweben

Geschwindigkeit [km/h]	Widerstandskraft nach Gl. (5.34) [N]	Widerstandskraft nach Gl. (5.36) und (5.37) für 5 Sektionen [N]
20	88.992	36.500
70	25.426	36.500
100	17.798	26.080
150	11.866	17.320
200	8.899	12.940
250	7.119	10.312
300	5.933	8.560
350	5.085	7.309
400	4.450	6.370
450	3.955	5.640
500	3.560	5.056

Ermittelt man aus den Werten der Systemindustrie die Leistung nach Gl. (5.34), so kann hieraus eine Bordleistung zwischen 702,2 kW und 724,4 kW ermittelt werden (siehe Tabelle 5.33).

Tabelle 5.33 Erzeugbare Bordleistung, Widerstandskräfte

Geschwindigkeit [km/h]	Widerstandskraft nach Gl. (5.36) und (5.37) für 5 Segmente [N]	Erzeugte Bordleistung [kW]	Benötigte Leistung zum Schweben [kW]	Verbleibende Leistung [kW]
100	26.080	724,4	494,4	230,0
150	17.320	721,7	494,4	227,3
200	12.940	718,9	494,4	224,5
250	10.312	716,1	494,4	221,7
300	8.560	713,3	494,4	218,9
350	7.309	710,6	494,4	216,2
400	6.370	707,8	494,4	213,4
450	5.640	705,0	494,4	210,6
500	5.056	702,2	494,4	207,8

Überschlägig gibt die Systemindustrie den Leistungsbedarf auch mit knapp 150 kW/Sektion, somit für 5 Sektionen ca. 750 kW an. Wie oben dargestellt, benötigt der Transrapid mit 5 Sektionen einschließlich der Nutzlast von 43,8 t jedoch „nur“ eine Leistung von 494,4 kW zum Schweben. Die angegebenen Werte liegen alle darüber.

Für Heizung, Kühlung, Lüftung und Beleuchtung ist ein zusätzlicher Energiebedarf erforderlich. Fürst gibt an, dass die mittlere Leistung für Bordenergie nach Messungen der DB AG beim ICE 1 ca. 17,5 kW/Wagen beträgt. [303] Unterstellt man, dass die interne Bordversorgung des ICE 3 in etwa den gleichen Leistungsbedarf hat, so ergibt sich beim ICE 3 bei acht Wagen ein Gesamtbedarf von 140 kW. Die beim Transrapid verfügbare Leistung liegt mit Werten zwischen 207,8 kW und 230,0 kW etwa um 50 % bis 65 % darüber. Somit ist ein ausreichender Zuschlag für die interne Bordenergieversorgung zur Beleuchtung, Heizung, Kühlung sowie zur Be- und Entlüftung vorhanden.

[303] Fürst: Energiebedarf für die Magnetschnellbahn Berlin-Hamburg. Seite 155

5.3.4.5 Beschleunigungswiderstand

Der Beschleunigungswiderstand w_{ax} leitet sich aus der Massenträgheit ab. Er tritt auf, wenn sich die Geschwindigkeit einer sich bewegenden Masse ändert, der Zug somit beschleunigt oder bremst. Für den Beschleunigungswiderstand w_{ax} gilt:

$$w_{ax} = \frac{F_{Beschl}}{F_G} \tag{5.38}$$

mit
$F_{Beschl} = m \cdot a$ [kg · m/s²] und
$F_G = m \cdot g$ [kg · m/s²].

Damit ist

$$w_{ax} = \frac{a}{g} \text{ [-]} \tag{5.39}$$

Die verfügbare Beschleunigungskraft F_{Beschl} ergibt sich aus der Differenz zwischen der verfügbaren Zugkraft und allen anderen Widerstandskräften, die sich aus den Grund- und den Luftwiderständen ergeben.

Wie sich aus Tabelle 5.19 ergibt, kann beim Transrapid mit mittleren Beschleunigungen von a = 0,9 m/s² und beim ICE 3 mit a = 0,5 m/s² gerechnet werden. Hieraus ergeben sich dann Beschleunigungswiderstände von ca. w_{ax} = 0,1 [-] beim Transrapid und w_{ax} = 0,05 [-] beim ICE 3.

Zu beachten ist, dass nicht nur die Masse des Zuges eine Rolle spielt, sondern auch die im Zug rotierenden Teile. Dies sind insbesondere die Räder, die Rotoren in den Antriebsmotoren sowie die Zahnräder in den Getrieben. Zur Berücksichtigung dieser Einflüsse wird gewöhnlich die Zugmasse um den Faktor $\rho > 1$ erhöht.

Der Transrapid hat keine beweglichen Teile im Antrieb, die in Rotation versetzt werden. Bei Berücksichtigung des Faktors ρ ergibt sich beim Rad-Schiene-System ein Beschleunigungswiderstand $w_{ax,ges}$ [-] von

$$w_{ax,ges} = \frac{\rho \cdot a}{g}. \tag{5.40}$$

5.3.4.6 Tunnelwiderstand

Beim Durchfahren von Tunneln wirkt ein Tunnelwiderstand w_T, der sich aus der Kolbenwirkung des Zuges gegen die im Tunnel stehende Luftmasse ergibt. Dabei wird die Luft sowohl verdichtet, beschleunigt und seitlich am Fahrzeug vorbeigeführt. Dabei entwickeln sich hinter dem Zug Sogkräfte. Der Tunnelwiderstand ist somit insbesondere von der Querschnittsfläche des Tunnels im Vergleich zum Zugquerschnitt abhängig. Weitere Einflüsse haben die Tunnellänge, die Ausgestaltung des Tunnelmundes und die Anordnung von Luftschwallöffnungen zur Ableitung der komprimierten Luft. Maßgebend für den Tunnelwiderstand sind die Geschwindigkeit v und das sog. Versperrmaß R

$$R = \frac{A_{Tu}}{A_{Fz}} \text{ [-]} \tag{5.41}$$

mit
A_{Tu} lichter Tunnelquerschnitt [m²]
A_{Fz} Fahrzeugquerschnitt [m²].

Beim Transrapid sind, wie in Abschnitt 5.1.4.3 dargelegt, bei einem Einspurtunnel für Geschwindigkeiten bis 250 km/h eine lichte Fläche von mindestens 36 m² und bei Geschwindigkeiten bis 400 km/h mindestens 86 m² vorgeschrieben. Bei den weiteren Betrachtungen wird auf die Tunnelwiderstände verzichtet. Dabei wird der Transrapid insofern benachteiligt, als bei Rad-Schiene-Strecken im allgemeinen deutlich längere Tunnelstrecken auftreten.

5.3.4.7 Steigungswiderstand

Auf ein Fahrzeug, das auf einer schrägen Ebene mit der Neigung α [°] steht, wirkt eine Hangabtriebskraft F_H. Für diese gilt:

$$F_H = m \cdot g \cdot \tan\alpha. \tag{5.42}$$

Die Hangabtriebskraft entspricht dem Steigungswiderstands w_s. Damit gilt:

$$w_s = \tan\alpha. \tag{5.43}$$

Da außerdem die Längsneigung $I_x = \tan\alpha$ ist, entspricht $w_s = I_x$.

Der Steigungswiderstand führt vergleichbar zum Beschleunigungswiderstand zu einer Energieumwandlung. Dabei wird die Antriebsenergie in potenzielle Energie umgewandelt. Auch diese kann bei einer Energierückeinspeisung wiedergewonnen werden. Falls keine Rückeinspeisung möglich ist, muss beim Bremsen die potenziellen Energie in Wärmeenergie umgewandelt werden. Diese potenziellen Energie kann auf Gefällestrecken auch zur Überwindung der Fahrwiderstände benutzt werden. Ausschlaggebend ist meistens der Luftwiderstand. Dies ist jedem Fahrradfahrer bekannt. Beim Abfahren kann man so Geschwindigkeiten erreichen, die durch eigenes Treten auf der Ebene nicht erzielt werden können!

5.3.4.8 Bogen- und Weichenwiderstand

Insbesondere bei der Eisenbahn ergeben sich beim Befahren von Bögen nicht unbeträchtliche Bogenwiderstände w_B. Vergleichbar sind Weichenwiderstände zu berücksichtigen. Beide Widerstände ergeben sich aus der Berührungsgeometrie zwischen Rad und Schiene sowie aus der Tatsache, dass Eisenbahnachsen in der Regel keine Differenziale haben und keine radial einstellbaren Räder. Der Bogenwiderstand ist direkt abhängig von den Bogenradien und liegt bei den großen Radien auf Hochgeschwindigkeitsstrecken bei etwa $w_B = 0{,}5$ ‰.[304]

Beim Transrapid treten der Bogen- und Weichenwiderstand nicht auf.

5.3.4.9 Sonstige Widerstände

Zusätzlich zu den angeführten Widerständen gibt es weitere Widerstände. Dabei sind insbesondere der Antriebssystemwiderstand und der innere Luftwiderstand zu nennen. Diese sollen hier nicht weiter untersucht werden.

5.3.4.10 Gesamtfahrwiderstand

Beschleunigungs-, Tunnel-, Steigungs-, Bogen- und Weichenwiderstände wirken nur zeitweise. Führt die Fahrt auf einer geraden, horizontalen Strecke ohne Beschleunigung, kann auf der Basis der vorangehenden Untersuchungen ein Gesamtfahrwiderstand unter Berücksichtigung ausschließlich des Luftwiderstandes, des Grundwiderstandes (beim ICE 3) und des Magnetisierungswiderstandes (beim Transrapid) errechnet werden. Die Werte berücksichtigen keine Systemwirkungsgrade. Widerstände, die sich beim Transrapid zur induktiven Erzeugung der Bordenergie für Heizung, Klimatisierung, Beleuchtung und Be- und Entlüftung ergeben, treten in der Realität auf, können aber bei dieser vergleichenden Betrachtung unberücksichtigt bleiben.

Der Gesamtfahrwiderstand für den ICE 3 ist in Abhängigkeit von verschiedenen Fahrgeschwindigkeiten in Tabelle 5.34 zusammengestellt. Der Verlauf ist stetig zunehmend und würde bei einer Geschwindigkeit von 300 km/h, die im praktischen Betrieb aber nur selten erreicht wird, den Wert von rund 83,6 kN erreichen.

---

[304] Matthews: Bahnbau. Seite 37

Tabelle 5.34 Gesamtwiderstand beim ICE 3

Geschwindigkeit in [km/h]	Grundwiderstand F_{Grund} in [kN]	Luftwiderstand F_{LW} in [kN]	Gesamtwiderstand $F_{ges,ICE}$ [kN]
50	8,7	1,4	10,1
100	10,7	5,7	16,4
150	14,1	12,8	26,9
200	18,9	22,7	41,6
250	25,0	35,4	60,5
300	32,5	51,0	83,6
330	37,7	61,8	99,4
350	(41,4)	(69,5)	(110,9)

Wende [305] gibt zur Ermittlung des Gesamtwiderstandes für den ICE 3 (BR 406, Halbzug) eine geschlossene Gleichung an:

$$F_{ges} = 3{,}45 + 2{,}746 \cdot \frac{v}{v_{100}} + 5{,}89\left(\frac{v}{v_{100}}\right)^2 \ \text{[kN]} \qquad (5.44)$$

Dabei sind v in [km/h] und v_{100} mit 100 km/h anzusetzen. Die Werte, die sich nach dieser Gleichung ergeben, sind in Tabelle 5.35 wiedergegeben.

Tabelle 5.35 Gesamtwiderstand beim ICE 3 nach Wende

Geschwindigkeit v in [km/h]	Gesamtwiderstand $F_{ges,ICE}$ in [kN]
50	6,3
100	12,1
150	20,8
200	32,5
250	47,1
300	64,7
330	76,7
350	(85,2)

Diese Werte stimmen mit dem von Mnich [306] und Fürst [307] angegebenen Wert von ca. 60 kN gut überein. Unklar bleibt in allen Fällen, wie die

[305] Wende: Fahrdynamik des Schienenverkehrs. Seite 152

[306] Mnich: Fahrzeit und Energiebedarf. Seite 33

[307] Fürst: Energiebedarf für die Magnetschnellbahn Berlin-Hamburg. Seite 158

Ausgangsdaten ermittelt und ob alle Einflussfaktoren berücksichtigt wurden. Trotzdem sollen die nachfolgenden Vergleiche auf diesen, für den ICE 3 günstigeren Werten, durchgeführt werden.

Tabelle 5.36 Ermittlung des Gesamtwiderstandes beim Transrapid

Geschwindigkeit in [km/h]	Magnetisierungswiderstand $F_{mag,\,ges}$ in [kN]	Luftwiderstand F_{LW} in [kN]	Indukt. Widerstand zum Schweben [kN]	Gesamtwiderstand $F_{ges,Trans}$ [kN]
20	1,5	0,1	36,5	38,1
70	3,0	1,7	36,5	41,2
100	3,7	3,5	26,1	33,3
150	4,6	7,9	11,9	24,4
200	5,4	14,0	8,9	28,3
250	6,1	21,9	7,1	35,1
300	6,8	31,6	5,9	44,3
350	7,4	43,0	5,1	55,5
400	8,0	56,2	4,4	68,6
450	8,5	71,1	4,0	83,6
500	9,0	87,8	3,6	100,4

Der Gesamtwiderstandsverlauf des Transrapid wird in den niedrigeren Geschwindigkeiten stark durch den induktiven Widerstand geprägt, der zur Bordenergieerzeugung benötigt wird.

Tabelle 5.37 Gegenüberstellung der Gesamtwiderstände von ICE und Transrapid

Geschwindigkeit in [km/h]	Gesamtwiderstand beim ICE 3 nach Wende $F_{ges,ICE}$ [kN]	Gesamtwiderstand beim Transrapid $F_{ges,Trans}$ [kN]	Differenz in [kN] (- Vorteil ICE + Vorteil Transrapid)
50	6,3	-	
70	-	41,2	
100	12,1	33,3	- 21,9
150	20,8	24,4	- 3,6
200	32,5	28,3	+ 4,2
250	47,1	35,1	+ 12,0
300	64,7	44,3	+ 20,4
350	(85,2)	55,5	(+ 29,7)
400	-	68,6	
450	-	83,6	
500	-	100,4	

Diese Energie ist hauptsächlich erforderlich, um das Fahrzeug im Schweben zu halten. Bei höheren Geschwindigkeiten dominiert erwartungsgemäß der Luftwiderstand. In Tabelle 5.36 sind die einzelnen Werte dargestellt. In Tabelle 5.37 sind die Ergebnisse von ICE 3 und Transrapid gegenübergestellt und in Abb. 5.30 veranschaulicht.

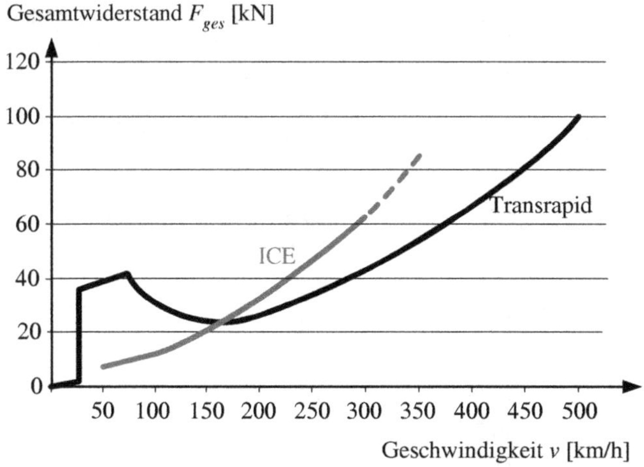

Abb. 5.30 Grafische Darstellung der Gesamtwiderstandskräfte von ICE und Transrapid

Betrachtet man Tabelle 5.37 und Abb. 5.30, bestätigt sich die Erwartung, dass im Bereich von 100 km/h bis etwa 175 km/h das Rad-Schiene-System im Vorteil ist, da hier keine Energie zum Schweben benötigt wird. Über etwa 175 km/h weist der Transrapid immer den niedrigeren Gesamtwiderstand auf. Abhängig vom Berechnungsverfahren liegt der Wert des ICE 3 sogar bei 300 km/h über dem des Transrapid bei 500 km/h. Der zum Schweben benötigte Widerstand führt bei hohen Geschwindigkeiten zu einem fast zu vernachlässigenden Widerstand, nämlich bei 500 km/h zu einem Anteil von rund 4 % des Gesamtwiderstandes. Je höher die Geschwindigkeit umso stärker ist der Anteil des aerodynamischen Widerstandes.

Beide Systeme haben den gleichen Fahrwiderstand bei einer Geschwindigkeit von etwa 175 km/h. Von Breimeier wird ausführlich diskutiert, dass im Bereich geringer Geschwindigkeiten der Transrapid einen größeren Kraftaufwand zum Vortrieb benötigt [308] als der ICE. Diese Aussage ist prinzipiell richtig. Allerdings muss man die Frage stellen, wie lange ein Transrapid in dem angesprochenen Geschwindigkeitsbereich (unterhalb

[308] Breimeier: Transrapid oder Eisenbahn. Seite 19

175 km/h) fährt. Durch seine gleichmäßige Beschleunigung von $a = 0{,}90$ m/s² durchfährt er den Bereich in weniger als einer Minute. Selbst die Stadteinfahrten würden beim Transrapid wegen der geringen Lärmbelästigung mit ca. 250 km/h erfolgen und damit mit demselben Widerstand, den der ICE 3 bei etwa knapp über 200 km/h aufweist.

Abschließend sei aber darauf hingewiesen, dass die Beurteilung der Effizienz eines Hochgeschwindigkeitsverkehrssystems an Hand der erforderlichen Vortriebskraft nur einen Aspekt darstellt. Aussagefähiger ist der Vergleich der bei gleicher Geschwindigkeit oder der bei der Betriebsgeschwindigkeit verbrauchten Energie.

5.3.5 Der Energieaufwand

Die Energie, die ein Verkehrssystem benötigt, ergibt sich aus der verbrauchten (elektrischen) Leistung multipliziert mit der Zeit, in der diese Energie aufgenommen wird. Diese Betrachtung ist wichtig, da sich die Kosten für den Betrieb eines Verkehrsmittels in nicht unbeträchtlichem Maße aus dem Energieverbrauch ergeben. Schließlich muss für die verbrauchte Energie bezahlt werden.

Wie sich der Energieverbrauch bei einem typischen Haushaltsgerät errechnet, soll kurz dargestellt werden: Ein Staubsauger hat z. B. eine Leistungsaufnahme von 1.000 W. Wenn er über eine Stunde unter voller Last läuft, dann hat er eine „Energiemenge“ von 1.000 W · 1 h = 1.000 Wh = 1 kWh verbraucht. Bei einem angenommenen mittleren Verbrauchspreis von z. B. 20 Ct/kWh führt dies bei dem unter Volllast betriebenen Staubsauger zu 20 Ct Energiekosten pro Stunde.

Für die Ermittlung der Arbeit oder der Energie E [W·s] = [J] = [kg·m²/s²] gilt

$$E = P \cdot t \tag{5.45}$$

mit der Leistung P in [W] = [N · m/s] = [kg · m²/s³] = [J/s] und der Zeit t [s]. Ebenso kann die Arbeit aus dem Produkt von der Kraft und dem Weg ermittelt werden:

$$\Delta E = F \cdot s \tag{5.46}$$

mit der Kraft F [N] = [kg · m/s²] und dem Weg s [m].

5.3.5.1 Energieaufwand zum Fahren bei konstanter Geschwindigkeit

Die Ermittlung des Energieverbrauchs von verschiedenen Verkehrssystemen für das Fahren bei konstanter Geschwindigkeit kann einfach über

Gl.(5.46) ermittelt werden. Der Energieaufwand ist maßgeblich von der gefahrenen Geschwindigkeit abhängig, da mit zunehmender Geschwindigkeit immer mehr Energie zur Überwindung der Fahrwiderstände aber insbesondere des Luftwiderstandes benötigt wird.

Im Abschnitt 5.3.4.10 wurden die Gesamtwiderstände ermittelt, welche die beiden Verkehrssysteme bei bestimmten Geschwindigkeiten erzeugen. Diese Widerstände sind mit der Kraft identisch, die aufgebracht werden muss, um die angegebenen Geschwindigkeiten konstant zu halten. Wird mehr Kraft aufgebracht, beschleunigt das Fahrzeug. Wird die Kraft reduziert, so wird das Fahrzeug vom Luftwiderstand so lange abgebremst, bis die Widerstandskraft mit der Antriebskraft wieder im Gleichgewicht steht.

In Tabelle 5.38 sind diese Energieverbräuche bei konstanter Geschwindigkeit angegeben. Zu beachten ist, dass in der Praxis zusätzliche Energie für Beleuchtung, Heizung und Klimatisierung benötigt wird. Außerdem treten bei der Umwandlung der elektrischen Energie Leistungsverluste durch die Wirkungsgrade der Systeme auf. Die nachfolgenden Berechnungen gehen daher von vereinfachten Annahmen aus.

Tabelle 5.38 Gegenüberstellung der Energieverbräuche von ICE und Transrapid bei konstanter Geschwindigkeit über eine Entfernung von 1 km

Geschwindigkeit in [km/h]	Energieverbrauch beim ICE 3 e_{ges} [kWh/km]	Energieverbrauch beim Transrapid e_{ges} [kWh/km]	Differenz in [J] (- Vorteil ICE + Vorteil Transrapid)
100	3,4	6,9	- 3,5
150	5,8	6,8	- 1,0
200	9,0	7,9	+ 1,1
250	13,1	9,8	+ 3,3
300	18,0	12,3	+ 5,7
350	(23,7)	15,4	(+8,3)
400	-	19,1	-
450	-	23,2	-
500	-	27,9	-

Interessant ist, wie hoch die Energiekosten $k_{Ene,Ent}$ [€/km] zur Überwindung eines Kilometers bei den beiden Systemen bei unterschiedlichen Geschwindigkeiten sind. Es wird mit Energiekosten für industrielle Großverbraucher in Höhe von 7 Ct/kWh gerechnet. Die tatsächlichen Energiekosten können darunter oder darüber liegen, abhängig von der spezifischen Situation.[309] In Tabelle 5.39 sind die Energiekosten für ICE 3 und Transrapid dargestellt.

Die Ergebnisse sind interessant. Danach sind die Energiekosten beim Rad-Schiene-System bis zu einer Geschwindigkeit von etwa 175 km/h niedriger als beim Transrapid, dessen Energieverbrauch bis etwa 200 km/h relativ stark durch den Energieverbrauch für das Schweben beeinflusst wird. Über 175 km/h ist der Energieverbrauch (bei gleichen Geschwindigkeiten) beim Transrapid immer niedriger als beim Rad-Schiene-System. Bei 300 km/h verbraucht der Transrapid fast 50 % weniger Energie. Bei der betrieblichen Höchstgeschwindigkeit des ICE 3 von 300 km/h verbraucht der ICE 3 etwa so viel Energie wie der Transrapid bei 400 km/h.

Tabelle 5.39 Auf Entfernung bezogene Energiekosten (bei Fahren mit konstanter Geschwindigkeit) [€/km]

Geschwindigkeit in [km/h]	Energiekosten beim ICE 3 $k_{Ene,Ent}$ [€/km]	Energiekosten beim Transrapid $k_{Ene,Ent}$ [€/km]	Differenz (- Vorteil ICE + Vorteil Transrapid) $k_{Ene,Ent}$ [€/km]
100	0,24	0,49	- 0,25
150	0,40	0,47	-0,07
200	0,63	0,55	+ 0,08
250	0,92	0,68	+ 0,24
300	1,26	0,86	+ 0,40
350	(1,66)	1,08	(+ 0,58)
400	-	1,33	-
450	-	1,63	-
500	-	1,95	-

In Abb. 5.31 sind diese Ergebnisse grafisch dargestellt. Hingewiesen wird noch darauf, dass sich die höheren Energiekosten des Transrapid bei niedrigen Geschwindigkeiten in einer Gesamtenergiebilanz kaum auswirken. Diese Geschwindigkeiten werden nur kurzzeitig beim Beschleunigen und Bremsen durchfahren.

[309] Nach Angaben des Verbandes der Industriellen Energie- und Kraftwirtschaft e.V. (VIK) lag zur Jahresmitte 2001 der durchschnittliche Industriepreis bei 6,4 Ct/kWh. Industrielle Großkunden können bei direktem Strombezug über das Hochspannungsnetz noch deutlich günstigere Strompreise – etwa 3 Ct/kWh – erhalten.

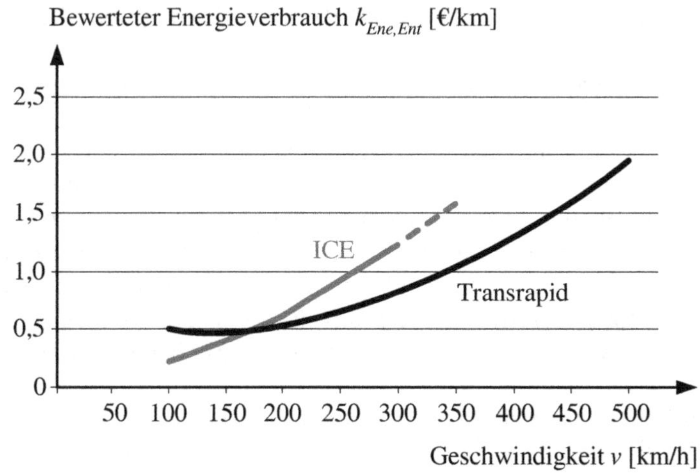

Abb. 5.31 Bewertete Energieverbräuche (bei Fahren mit konstanter Geschwindigkeit) [€/km]

Fürst [310] gibt Energieverbräuche unter Berücksichtigung der unterschiedlichen Wirkungsgrade der bei beiden Systemen unterschiedlichen elektrischen Hauptbaugruppen an. Die Ermittlung erfolgte durch fahrspielbezogene Simulationen für die Strecke Berlin-Hamburg. Die Ergebnisse wurden durch Vergleichsmessungen verifiziert. Interessant ist dabei nicht das Ergebnis als Funktion einer konstanten Geschwindigkeit. Stattdessen wurden die gesamten Energieverbräuche ermittelt. Danach liegt der spezifische Energieverbrauch des Transrapid um 15 % bis 30 % niedriger als der des ICE 3. Je höher die gefahrene Geschwindigkeit, desto deutlicher fällt dieser Vorteil aus. Bei einer maximalen Geschwindigkeit von 300 km/h beträgt die Fahrzeit des ICE 3 ca. 76,8 min, der absolute Energiebedarf 6,26 MWh. Der Transrapid benötigt dagegen wegen des besseren Beschleunigungsvermögen nur 73,4 min bei einem Energiebedarf von 5,23 MWh (bei Energierückspeisung). Bei einer maximalen Geschwindigkeit des Transrapid von 400 km/h beträgt die Fahrzeit nur 61,7 min, der Energiebedarf 7,42 MWh.

5.3.5.2 Energieverbrauch je Sitzplatzkilometer

Häufig wird mit Energieverbräuchen je Sitzplatzkilometer argumentiert. Auch Breimeier folgt diesen Überlegungen und formuliert daher zumindest anfangs richtig [311] und bezieht sich hierbei auf Aussagen der Transra-

[310] Fürst: Energiebedarf für die Magnetschnellbahn Berlin-Hamburg. Seite 155
[311] Breimeier: Transrapid oder Eisenbahn. Seite 21

pid International [312], auf Fürst [313] und Kratz [314]: *„Bei einem Vergleich verschiedener Verkehrsmittel im Personenverkehr wird vielfach der spezifische Energieaufwand je Platz-Kilometer angegeben, also der Energieaufwand, um einen Sitzplatz einen Kilometer weit zu befördern. Auf dieser Basis wird dem Transrapid im Vergleich zum ICE ein bis zu 30 % geringerer spezifischer Energieverbrauch attestiert.“*

Der Energieverbrauch je Sitzplatzkilometer $e_{Sitzplatz}$ [kWh/(Platz · km] kann leicht aus den Werten der Tabelle 5.38 durch Division mit der Sitzplatzkapazität vorgenommen werden. Dabei wurden für den vollbesetzten ICE 3 mit 405 Personen und für den Transrapid mit 438 Personen gerechnet.

In Tabelle 5.40 sind die spezifischen Energieverbräuche je Sitzplatzkilometer auf der Grundlage der oben aufgeführten Ergebnisse ermittelt worden. Zu beachten ist, dass wiederum keine weiteren fahrdynamischen Einflüsse wie zusätzlicher Energiebedarf aus Bremsen, Beschleunigen und Kurvenfahrt berücksichtigt wurden. Außerdem sind die Einflüsse zur Überwindung von Bergen und Höhenunterschieden von Ausgangsbahnhof und Zielbahnhof nicht eingerechnet. Ebenso ist der Energieverbrauch für Beleuchtung, Heizung und Klimatisierung nicht einbezogen.

Erwartungsgemäß steigen die Werte beim Rad-Schiene-System von 8,3 Wh/Sitzplatz-km bei 100 km/h auf einen Wert von 44,4 Wh/Sitzplatz-km bei 300 km/h stetig an. Beim Transrapid liegen dagegen die Werte bis etwa 175 km/h wieder über denen des ICE 3, danach jedoch deutlich darunter. Der Transrapid erreicht bei 400 km/h das Niveau, das mit dem Rad-Schiene-System bereits bei 300 km/h erreicht wird. Die Ergebnisse der Tabelle 5.40 führen zu Kurvenverläufen, die den in Abb. 5.31 dargestellten Kurvenverläufen des bewerteten Energieverbrauchs entsprechen.

Rogg/Witt [315] geben Energieverbräuche beim Rad-Schiene-System bei konstant 300 km/h mit 51 Wh/Platz-km an. Dieser Wert liegt um 15 % über dem in Tabelle 5.40 angegebenen Wert.

[312] Transrapid International: Hochtechnologie für den Flug in Höhe 0.

[313] Fürst: Energiebedarf für die Magnetschnellbahn Berlin-Hamburg. Seite 153-158

[314] Kratz: Umweltfreundliche Fahrzeuge für den Fernverkehr der Bahn. Seite 93-106

[315] Rogg, Witt: Objektivierung technisch-wirtschaftlicher Vergleiche. Seite 52

Tabelle 5.40 Spezifischer Energieverbrauch je Sitzplatzkilometer

Geschwindigkeit in [km/h]	Energieverbrauch beim ICE 3 $e_{Sitzplatz}$ [Wh/km]	Energieverbrauch beim Transrapid $e_{Sitzplatz}$ [Wh/km]	Differenz (- Vorteil ICE + Vorteil Transrapid) [Wh/km]
100	8,3	15,9	- 7,6
150	14,3	15,5	- 1,2
200	22,3	17,9	+ 4,4
250	32,3	22,3	+10,1
300	44,4	28,1	+ 16,3
350	(58,4)	35,2	(+ 23,2)
400	-	43,5	-
450	-	53,0	-
500	-	63,7	-

Beim Transrapid werden bei konstant 300 km/h ca. 33 bis 48 Wh/Platz-km und bei konstant 400 km/h ca. 51 bis 72 Wh/Platz-km angegeben. Diese Werte liegen um ca. 17 % oder ca. 65 % über den angegebenen. In der Veröffentlichung werden die Energieverbräuche als „spezifische Sekundärenergieverbräuche“ bezeichnet, wobei die Schwankungsbreite beim Transrapid mit der unterschiedlichen Wahl der Auslegungsparameter des Langstatorantriebs begründet wird. Die Kennzahl wird immer mit der Gesamtzahl der Sitzplätze gebildet und sagt nichts darüber aus, wie hoch der Energieverbrauch bei einem teilausgelasteten Zug ist. Sie kann dann zum Vergleich unterschiedlicher Fahrzeuge verwendet werden, wenn gleichzeitig eine Vollauslastung der Sitzplatzkapazitäten unterstellt wird. Bei uneingeschränkt vergleichbaren Zügen werden besser die absoluten Energieverbräuche gegenübergestellt.

5.3.5.3 Energieaufwand je Quadratmeter Nutzfläche und Kilometer

Bei der in Abschnitt 5.3.5.2 ermittelten Kennzahl des Energieverbrauchs je Sitzplatz-Kilometer wurde bereits darüber diskutiert, welchen Sinn solch eine Kennzahl hat. Statt des Bezugs auf den Sitzplatz-Kilometer wird gelegentlich auch der Energieverbrauch auf die Nutzfläche bezogen. Diese Kennzahl ist bei Personenverkehrssystemen noch fraglicher als der Bezug auf den Sitzplatz, da der Transport von nicht genutzten Flächen unter betriebswirtschaftlichen Gesichtspunkten wenig sinnvoll erscheint.

Breimeier führt hinsichtlich dieser Kennzahl aus: *„Dieser Wert lässt sich durch die Gestaltung der ‚Sitzlandschaft‘ ohne Änderung der technischen Randbedingungen in weiten Bereichen variieren und verliert damit* *an Aussagekraft. Ein technisch-physikalischer Maßstab, der diesen Unschärfen nicht ausgeliefert ist, stellt der Energieaufwand dar, der erforderlich ist, um einen Quadratmeter der nutzbaren Fahrzeuggrundfläche um einen Kilometer zu bewegen. Unter dieser Voraussetzung erreicht der spezifische Sekundär-Energieaufwand (ab Unterwerk) in (Wh) je bewegtem Quadratmeter nutzbare Fahrzeuggrundfläche über einen Kilometer Fahrstrecke in der Relation Hamburg-Berlin bei drei Zwischenhalten (mittlerer Halteabstand 73 km) die nachfolgend dargestellten Werte.“*[316]

Tabelle 5.41 Spezifischer Sekundärenergieverbrauch (ab Unterwerk) des Schnelltriebwagens ICE 3 und eines fünfteiligen Transrapidzuges im Personenfernverkehr auf einer Neubaustrecke Berlin-Hamburg(292 km) mit drei Zwischenhalten in Abhängigkeit von der Fahrgeschwindigkeit nach Breimeier [317]

Geschwindigkeit in [km/h]	*Energieaufwand des ICE 3 in [Wh/(m² · km)]*	*Energieaufwand des Transrapid in [Wh/(m² · km)] mit Energierückspeisung*	*Energieaufwand des Transrapid in [Wh/(m² · km)] ohne Energierückspeisung*
150	*18,92*	*26,58*	*27,37*
200	*24,50*	*29,32*	*31,12*
250	*31,23*	*34,17*	*36,67*
300	*40,10*	*40,87*	*44,10*
330	*45,94*	*45,49*	*49,26*
350	*50,34*	*48,87*	*52,93*
400	-	*58,02*	*63,25*
430	-	*63,86*	*69,74*

Bei der Ermittlung dieser Zahlen bezieht sich Breimeier auf Unterlagen von Fürst [318] und Kratz. [319] Dabei wird beim Transrapid mit und ohne Energierückspeisung unterschieden (siehe hierzu auch Abschnitt 5.3.5.4).

Nachvollziehbar ist, dass sich zwischen den Werten des ICE 3 und des Transrapid mit Energierückspeisung kaum Unterschiede ergeben (siehe Abschnitt 5.3.5.4). Breimeier rechnet mit 534 m² Nutzfläche beim ICE 3 und mit 438 m³ beim Transrapid. Die beim ICE 3-Halbzug ausgewiesene Nutzfläche beträgt jedoch lediglich 509 m². Auf der Basis der Ergebnisse aus Tabelle 5.38 lassen sich zum Vergleich der Energieverbrauch je Quad-

[316] Breimeier: Transrapid oder Eisenbahn. Seite 21
[317] Breimeier: Transrapid oder Eisenbahn. Seite 59
[318] Fürst: Energiebedarf für die Magnetschnellbahn Berlin-Hamburg.
[319] Kratz: Umweltfreundliche Fahrzeuge für den Fernverkehr der Bahn.

ratmeter Nutzfläche und Kilometer errechnen. Die Werte sind in Tabelle 5.42 wiedergegeben. Eine Unterscheidung, ob eine Energierückspeisung erfolgt oder nicht, macht bei dieser theoretischen Berechnung keinen Sinn.

Tabelle 5.42 Gegenüberstellung der Energieverbräuche von ICE und Transrapid bei konstanter Geschwindigkeit bezogen auf die Nutzfläche

Geschwindigkeit in [km/h]	Energieverbrauch beim ICE 3 e_{ges} [Wh/(m² · km)]	Energieverbrauch beim Transrapid e_{ges} [Wh/(m² · km)]	Differenz (- Vorteil ICE + Vorteil Transrapid) [J]
100	6,7	15,9	- 9,2
150	11,4	15,5	- 4,1
200	17,7	17,9	- 0,2
250	25,7	22,3	+ 3,4
300	35,4	28,1	+ 7,3
350	(46,6)	35,2	(+ 11,4)
400	-	43,5	-
450	-	53,0	-
500	-	63,7	-

Die Energieverbräuche pro Quadratmeter Nutzfläche sind bei 200 km/h identisch. Darunter zeigt das Rad-Schiene-System die besseren Werte, darüber der Transrapid. Die Verläufe sind ähnlich denen, die Breimeier errechnet hat. Zu beachten ist, dass Fürst und Kratz diese Kennzahl nicht angeben, sondern nur den absoluten Energiebedarf. Dieser wurde durch die Fahrsimulation für die Strecke Berlin-Hamburg einschließlich konkreter Wirkungsgrade der gesamten Energieversorgung ab der Kraftwerksebene ermittelt.

Abschließend werden nochmals die Vorbehalte gegen die Verwendung gerade dieser Kennzahlen vorgetragen. Nur komplette Züge können auf die Strecke geschickt werden. Gegebenenfalls sind Energieverbräuche für Züge mit unterschiedlicher Wagen- und Segmentzahl zu errechnen. Nur solche Vergleiche sind sinnvoll.

5.3.5.4 Energierückeinspeisung

Ein beliebtes Thema bei der Diskussion um den geringeren Energieverbrauch der beiden Systeme dreht sich häufig um das Thema der Energierückspeisung. Regelmäßig wird behauptet, dass der Transrapid keine

Energierückspeisung erlaubt. So schreibt Breimeier: [320] *„Die Nutzbremse erfordert (beim Transrapid) die Rückspeisung der Energie in das Landesnetz. Dessen Betreiber sehen sich allerdings nicht in der Lage, die beim Bremsen stoßweise auftretenden Leistungsspitzen von bis zu mehreren 10.000 kW nutzbringend verwenden zu können. Eine elektrische Nutzbremse ist bei Fernbahnen in der Transrapidtechnik daher nicht aktuell."*

„Da sich in einem Unterwerksbereich nur ein Zug (Transrapid) befindet, kann die Bremsenergie dieser Einheit nicht einem anderen Fahrzeug zum Antrieb dienen." [321]

Zuerst ist festzustellen, dass jeder Bremsvorgang beim Transrapid eine Umkehr des Beschleunigungsvorgangs darstellt und elektrische Energie „erzeugt" wird. Beim Rad-Schiene-System ist jedoch zumindest ein mechanisches Bremssystem vorhanden, das über mechanische Reibung Wärme erzeugt. Beim Transrapid werden darüber hinaus im Prinzip dieselben elektrischen Komponenten (AFE, Active Front End) wie beim traditionellen Rad-Schiene-System verwendet. Es geht um ähnliche Leistungen und es gibt keinen Grund, weshalb Landesnetze weniger aufnahmefähig sein sollten als Bahnnetze. Es trifft auch nicht zu, dass sich in einem Unterwerksbereich nur ein Fahrzeug aufhält. Je nach Ausbaustufe und Betriebsprogramm befinden sich in einem Unterwerksbereich bis zu vier Fahrzeuge. [322] Gemeint sind damit Doppelunterwerke, die für beide Fahrspuren vorgesehen sind.

Zu beachten ist außerdem, dass die Energierückeinspeisung besonders auf Trassen und Strecken eine Rolle spielt, die häufig Bremsvorgänge erfordern. Dies sind einerseits sehr kurvige Strecken, auf denen die Kurven wegen der Radien nicht mit voller Geschwindigkeit durchfahren werden können. Andererseits sind dies Kurzstrecken, wie z. B. Flughafenzubringer.

Es ist somit zu überlegen, wie oft denn überhaupt gebremst werden muss. Bei den hohen zulässigen Geschwindigkeiten des Transrapid ist zu erwarten, dass die Bremswirkung des Luftwiderstandes auf freier Strecke die Beschleunigung durch Bergabfahrt zum großen Teil aufheben kann. Der Luftwiderstand beträgt (siehe Tabelle 5.30) bei einer Geschwindigkeit von 450 km/h 71,1 kN. Das Gewicht eines 5-Sektionen-Transrapid (Berlin-Hamburg) wurde mit 282 t angegeben. Bei einer Nutzlast von 438 Personen mit angenommenen 100 kg/Person ergibt sich eine Nutzlast von 43,8 t. Das Gesamtgewicht m_{ges} beträgt daher:

[320] Breimeier: Transrapid oder Eisenbahn. Seite 15

[321] Breimeier: Transrapid oder Eisenbahn. Seite 15

[322] Rogg, Mayer, Witt: Zum technisch-wirtschaftlichen Vergleich von Hochgeschwindigkeitsbahnsystemen. Seite 7

$$m_{ges} = 282 \text{ t} + 43{,}8 \text{ t} = 325{,}8 \text{ t}.$$

Die Gewichtskraft F_G ermittelt sich aus:

$$F_G = m \cdot g \tag{5.47}$$

$$F_G = 325.800 \text{ kg} \cdot 9{,}80665 \text{ m/s}^2 = 3.195.007 \text{ N}$$

Die Hangabtriebskraft F_H ergibt sich zu:

$$F_H = F_G \cdot \tan\alpha \tag{5.48}$$

Man erhält somit

$$\tan\alpha = \frac{71{,}1\,kN}{3.195\,kN} = 0{,}02223$$

und damit $\alpha = 1{,}27°$.

Dies entspricht einer Neigung von 2,22 %. Daraus folgt, dass bis zu einem Gefälle von 2,22 % der mit 450 km/h fahrende Transrapid überhaupt nicht gebremst werden muss, um seine Geschwindigkeit zu halten. Oder anders ausgedrückt: selbst bei einem Gefälle unter 2,22 % ist noch eine Antriebsleistung notwendig, damit der Transrapid seine Geschwindigkeit hält.

Die durch den Gesamtwiderstand beim Transrapid auf ebener Strecke zu erreichende Bremsbeschleunigung beträgt:

$$a_{Brems} = \frac{F_{ges}}{m} \tag{5.49}$$

mit

F_{ges}	Gesamtwiderstandskraft [N] nach Tabelle 5.36 mit Nutzlast bei 450 km/h: F_{ges} = 83,6 kN
m	Masse [kg], wie oben: m = 325,8 t
a_{Brems}	Beschleunigung [m/s^2]

Damit ergibt sich:

$$a_{Brems,TR} = \frac{83{,}6\,kN}{325{,}8t} = 0{,}257\,\frac{m}{s^2}.$$

Es wird darauf hingewiesen, dass sich mit abnehmender Geschwindigkeit F_{ges} und somit $a_{Brems,TR}$ reduzieren. Bei 300 km/h liegt der Wert in der gleichen Größenordnung wie beim ICE. Beim ICE 3 ergibt sich bei

300 km/h mit F_{ges} = 63,6 kN und m = 409.000 kg + 405 · 100 kg = 449,5 t folgende Bremsbeschleunigung:

$$a_{Brems,ICE} = \frac{63{,}6\,kN}{449{,}500\,t} = 0{,}141\,\frac{m}{s^2}.$$

Beim wesentlich langsameren ICE ist die Bremswirkung bei 300 km/h insbesondere aus dem Luftwiderstand nur etwa halb so groß wie beim Transrapid. Der errechnete Wert stimmt in etwa mit den 0,125 m/s² überein, die Heinisch et al. angeben. [323] Diese geringere Bremsbeschleunigung ist mit darauf zurückzuführen, dass der ICE eine größere Masse als der Transrapid hat. Deshalb müssen die Bremsen beim ICE 3 wesentlich mehr Energie umwandeln. Dies hat wiederum einen höheren Bremsenverschleiß zur Folge. Falls die Bremsenergie nicht in Wärme umgewandelt werden soll, muss eine Rückspeisung ins Netz erfolgen. Somit hat die Rückspeisung beim konventionellen Rad-Schiene-System eine wesentlich größere Bedeutung als beim Transrapid.

Das Bremsen des ICE 3 geschicht mit drei Systemen. Als erstes wird normalerweise die Generatorbremse benutzt, da diese die Möglichkeit zur Energierückgewinnung bietet. Mit der Generatorbremse sind aber nur Bremsbeschleunigungen von 0,6 m/s² zu realisieren. Sind größere Brems-Beschleunigungen erforderlich, muss die druckluftgesteuerte Scheibenbremse benutzt werden. Diese wird elektronisch angesteuert und wirkt deshalb zeitgleich auf alle Achsen. Da bei den stärker geneigten Neubaustrecken aber auch diese Beschleunigung nicht ausreicht, braucht der ICE auf diesen Strecken auch noch die direkt auf die Gleise wirkende Wirbelstrombremse und kann so bei Notbremsungen maximale Verzögerungen von 1,6 m/s² erreichen. [324]

5.4 Betriebliche Aspekte

Betriebliche Aspekte eines Verkehrssystems haben in unterschiedlicher Weise nicht nur Einfluss auf die Attraktivität des Verkehrssystems, sie wirken auch auf die Stabilität im Betrieb und schließlich durch direkte und indirekte Einflüsse auf die Wirtschaftlichkeit. Gewünscht werden Systeme, die möglichst einfach und flexibel zu betreiben sind.

[323] Heinisch et al.: ICE Neubaustrecke Köln-Rhein/Main. Seite 150

[324] Heinisch et al.: ICE Neubaustrecke Köln-Rhein/Main. Seite 150

5.4.1 Netzbildung

Generell wird zwischen Strecken- und Liniennetzen unterschieden (siehe Abb. 5.32). Das vorhandene Netz der DB AG entspricht vollständig einem Streckennetz, da an sehr vielen Punkten Übergänge auf andere Streckenteile möglich sind.

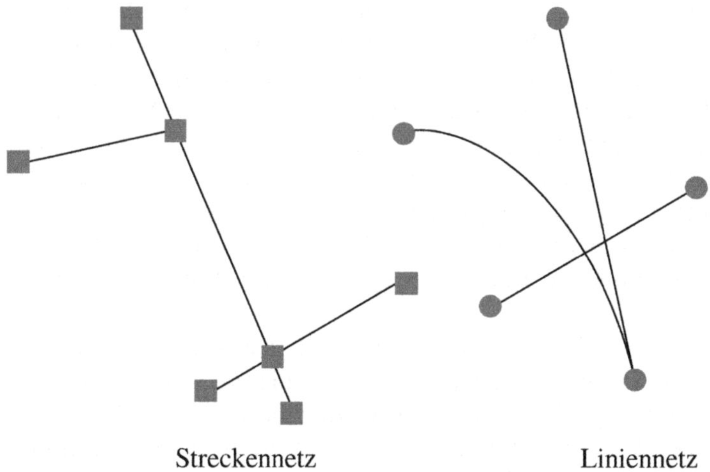

Abb. 5.32 Strecken- und Liniennetz

Das Eisenbahnnetz in Frankreich und England, das von Paris bzw. London weitgehend zentralistisch erschlossen ist, entspricht wesentlich mehr einem (sternförmigen) Liniennetz. Streckennetze werden benötigt, wenn eine flächige Erschließung erreicht werden soll. Die Eisenbahn hat inzwischen die flächige Erschließung an den Pkw abgegeben. Für den Hochgeschwindigkeitsverkehr wird jedoch ein Liniennetz angestrebt, da Übergänge in andere Bereiche des Netzes nur an wenigen Stellen notwendig sind.

Insbesondere beim Rad-Schiene-System wirken sich streckenorientierte Netze mit vielen Weichen betrieblich nachteilig aus. Durch die vielen Weichen muss die Fahrgeschwindigkeit stark reduziert werden. Dadurch erhöhen sich die Fahrzeiten und das Verkehrsangebot bleibt in der Attraktivität zurück. Bei der Einfahrt in die Innenstädte wird dies auch von den Fahrgästen bemerkt, da trotz der stark reduzierten Geschwindigkeiten die Züge beim Überfahren der Weichen durch die plötzliche Richtungsänderung rucken. Außerdem ist zu beachten, dass Weichen teuer in der Investition und bei der Instandhaltung sind (siehe Abschnitt 5.1.3.3).

Es muss jedoch betont werden, dass die Einbindung von Neubaustrecken beim Rad-Schiene-System dann zu Vorteilen führt, wenn diagonale Verbindungen Teilbereiche einer Neubaustrecke nutzen können. Die Nutzung einer Neubaustrecke auf der Teilstrecke von B nach C durch eine Verbindung von E nach F ist in Abb. 5.33 dargestellt.

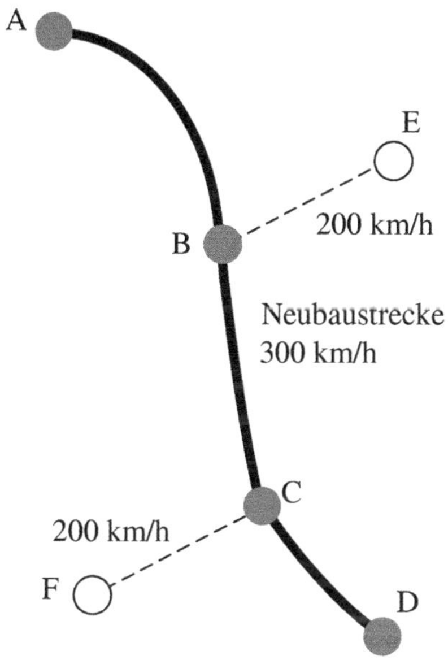

Abb. 5.33 Einbindung von Querverbindungen in eine Neubaustrecke

Raschbichler[325] weist nach, dass die aktuelle Netzstruktur der DB AG für Deutschland nicht optimal ist, da z. B. wichtige Ost-West-Verbindungen unzureichend abgedeckt sind. Außerdem weist das Hochgeschwindigkeitsnetz der DB AG zu große Haltepunktabstände auf. Geschuldet ist dies dem relativ schlechten Beschleunigungsvermögen des Rad-Schiene-Systems. Um noch akzeptable Fahrzeiten zwischen den Oberzentren mit mehr als 300.000 Einwohnern zu erhalten, wird beim jetzigen Hochgeschwindigkeitsnetz der DB AG auf Halte in Oberzentren mit 100.000 bis 300.000 Einwohnern in einer überwiegenden Zahl verzichtet. Deutschland weist immerhin 154 Oberzentren mit mehr als 100.000 Einwohnern auf. Dem Großteil der Einwohner dieser Oberzentren ist augenblicklich der direkte Zugang auf das Rad-Schiene-Hochgeschwindigkeits-Netz nicht möglich.

[325] Raschbichler: Auswirkungen von Hochgeschwindigkeitsverkehr. Seite 124

Raschbichler schlägt als Alternative ein 4.255 km langes Transrapid-Netz vor, das annähernd 30 Mio. Bundesbürger miteinander verbindet.[326] Die Netzgrundstruktur entspricht mehreren Kreislinien. Von wenigen Ausnahmen abgesehen, weist das Netz Haltepunktabstände auf, die zwischen 42 km und 48 km liegen. Trotzdem ergeben sich enorme Durchschnittsgeschwindigkeiten von 293 km/h bis 323 km/h. Im Vergleich dazu erreicht das Rad-Schien-System auf der über 216 km langen Neubaustrecke Köln-Rhein/Main nur mittlere Geschwindigkeiten zwischen 173 km/h und 185 km/h.

5.4.2 Der Einfluss des Haltestellenabstands

Die Frage der Haltepunkte und der Haltepunktabstände von neu zu errichtenden Hochgeschwindigkeitsstrecken werden von Verkehrswissenschaftlern, Politikern und in der Bevölkerung immer heftig diskutiert. Beispielsweise wurde die Einbeziehung von Montabaur und/oder Siegburg/Bonn auf der Strecke Köln-Rhein/Main intensiv diskutiert. Insbesondere Lokal- und Regionalpolitiker setzen in solchen Fällen „alle Hebel" in Bewegung. Vergleichbare Diskussionen wurden bei der Planung der Transrapidstrecke Berlin-Hamburg wegen der möglichen Einbeziehung von Schwerin geführt.

Aus verkehrstechnischer Sicht führt jeder Halt zu einer Verlängerung der Fahrzeit. Dem gegenüber steht ein erhöhtes Transportpotenzial. Die Fahrzeitverlängerung durch einen zusätzlichen Halt beträgt beim Transrapid etwa 4 Minuten, die sich aus ca. 1,0 Minute für Bremsen von 450 km/h auf 0 km/h, 2,0 Minuten für den Halt und etwa 1,1 Minuten für die Beschleunigung ergibt (siehe Abschnitt 5.3.2). Beim Rad-Schiene-System muss mit einer Fahrzeitverlängerung von mindestens 5 Minuten gerechnet werden. Zu berücksichtigen ist aber, dass die Ausgangsgeschwindigkeit nur 300 km/h beträgt und je nach Trassierung nicht unbeträchtliche Zuschläge für Bahnhofeinfahrten notwendig werden.

Unter verkehrsdynamischen Gesichtspunkten sollten somit bei Hochgeschwindigkeitsbahnen die Halteabstände nicht zu kurz gewählt werden. Breimeier kommt zu dem Ergebnis, dass *„die Verkehrsgeographie Deutschlands für ein Grundsystem des schnellen Schienenpersonen-Fernverkehrs einen durchschnittlichen Halteabstand von mehr als 75 km nicht zulassen wird. Diese verkehrs-geographische Randbedingung des spurgeführten Schnellverkehrs ist unabhängig von der technischen Aus-*

[326] Raschbichler: Auswirkungen von Hochgeschwindigkeitsverkehr. Seite 143 ff

prägung des Verkehrssystems, es gilt sowohl für die Eisenbahn als auch für den Transrapid." [327]

Der von Breimeier festgestellte durchschnittliche Haltestellenabstand basiert auf Überlegungen, dass alle Städte mit mindestens 100.000 Einwohnern an das Hochgeschwindigkeitsnetz angeschlossen sind. Diese Überlegungen sind jedoch in Frage zu stellen. Die mittleren Halteabstände der Städte in Deutschland mit 200.000 Einwohnern betragen bereits 100 km. Eine Strecke Berlin-Dresden-Prag-Brno-Wien-Bratislava-Budapest hätte eine Entfernung von ca. 940 km mit dem Rad-Schiene-System und von ca. 885 km mit dem Transrapid. Der mittlere Haltepunktabstand beträgt somit ca. 155 km bzw. 148 km. [328]

In Abb. 5.34 ist dargestellt, wie sich bei typischen mittleren Geschwindigkeiten des ICE und des Transrapid der Haltepunktabstand auf die Fahrzeiten auswirkt. So reduziert sich die Fahrzeit beim ICE bei einer Zielentfernung von 500 km von 3 h 03 min auf 2 h 42 min (entspricht 13 % Fahrzeiteinsparung) falls der mittlere Haltepunktabstand von 75 km auf 200 km erhöht wird. Beim Transrapid reduziert sich die Fahrzeit von 2 h 13 min auf 1 h 52 min (entspricht 12 % Fahrzeiteinsparung).

Für den Transrapid sind Anwendungsstrecken als Flughafenanbinder und als größere Strecken zur Verbindung von Hauptzentren und Metropolen zu unterscheiden. Für beide Anwendungsstrecken sind auf Grund der spezifischen Eigenschaften des Transrapid zumindest aus verkehrstechnischer Sicht die Potenziale wesentlich höher als beim Einsatz einer Express-S-Bahn oder eines ICE. Die negativen Einflüsse von kurzen Haltepunktabständen wirken sich bei beiden Systemen in etwa gleicher Art aus.

[327] Breimeier: Transrapid oder Eisenbahn. Seite 29

[328] Forschungsauftrag des Kompetenzzentrum für Hochleistungsbahnen und Magnetbahnsysteme an der TU Dresden (in Bearbeitung).

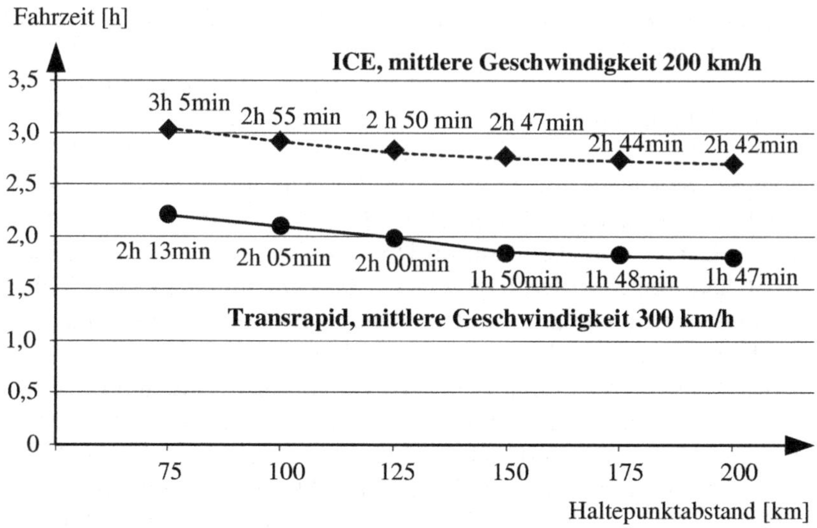

Abb. 5.34 Einfluss des Haltepunktabstandes auf die Fahrzeit bei 500 km Zielentfernung (Zuschlag für Halt incl. Bremsen und Beschleunigen jeweils 5 Minuten)

5.4.3 Verkehrsangebot und Verkehrsnachfrage

Verkehrswissenschaftler, Raumplaner, Tourismusexperten und Wirtschaftswissenschaftler stimmen darin überein, dass das Verkehrsangebot die Verkehrsnachfrage stark beeinflusst und umgekehrt die Verkehrsnachfrage einen direkten Einfluss auf das Verkehrsangebot hat. Zu berücksichtigen ist aber auch, dass in vielen Fällen aus gesellschaftspolitischen Gründen bestimmte Verkehrsangebote vorgehalten werden.

Die wichtigsten Einflussparameter auf die Verkehrsnachfrage sind:

- Fahrpreis: Je niedriger der Fahrpreis, desto höher ist die Nachfrage.
- Fahrzeit: Je schneller die Verkehrssysteme sind, desto kürzer sind die Fahrzeiten und desto höher ist die Nachfrage.
- Häufigkeit: Je größer das Angebot an Verbindungen ist, desto höher kann die Nachfrage werden.
- Komfort: Höherer Komfort erhöht die Nachfrage.
- Pünktlichkeit: Je größer die Pünktlichkeit des Verkehrssystems ist, desto höher ist die Nachfrage.
- Haltepunkte: Bei mehr Haltepunkten generiert sich ein höheres Verkehrsaufkommen. Zu beachten ist jedoch, dass zusätzliche Haltepunkte die Fahrzeiten verlängern.

- Verknüpfung: Die gute Verknüpfung mit anderen Verkehrsträgern führt zu einem höheren Verkehrsaufkommen. Neben der Verknüpfung mit dem Fern- und Öffentlichen Personennahverkehr gehört hierzu auch die Anbindung an den PKW-Verkehr durch gute Straßenanbindungen und durch die Bereitstellung von Parkraum.

Der Einfluss der einzelnen Faktoren sowie die gesamtwirtschaftliche Entwicklung, die selbstverständlich auch einen maßgebenden Einfluss auf das Verkehrsaufkommen hat, wird mit Verkehrsmodellen unter Einbeziehung von Elastizitäten simuliert. Kleine Veränderungen können mit diesen Modellen relativ gut berechnet werden. Die Ergebnisse, die sich durch Einbeziehung ganz neuer Verkehrssysteme ergeben, werden meist je nach Interessenlage unterschiedlich diskutiert. So ging die Transrapid-Industrie beim Projekt Berlin-Hamburg von 14,5 Mio. Fahrgästen pro Jahr aus und belegte dies durch Gutachten. [329] Kritiker beriefen sich auf andere Gutachten, die diese Zahlen nur als Idealannahmen akzeptierten.

Beim Projekt München Hauptbahnhof-München Flughafen werden die Alternativen Express-S-Bahn und Transrapid diskutiert. Die Express-S-Bahn würde für die Fahrt fast 20 Minuten benötigen, der Transrapid benötigt jedoch weniger als 10 Minuten. [330] Dies führt beim Transrapid zu einem höheren Verkehrsaufkommen und erlaubt, Züge in kürzeren Abständen fahren zu lassen. Daraus ergibt sich der Slogan beim Transrapid „ In 10 Minuten alle 10 Minuten vom Flughafen zum Hauptbahnhof“. [331] Durch dieses gute Angebot kann Verkehr von der Straße verlagert werden. 40 % mehr Fahrgäste würden den Transrapid nutzen als die Express-S-Bahn. [332] Diese höhere Nutzung des Transrapid würde nur zu einem geringen Anteil aus zusätzlich generiertem Verkehr bestehen. Der größte Anteil ergibt sich aus Verkehrsverlagerungen, die hauptsächlich vom privaten PKW kommen.

Röhling [333] und Platzer [334] kommen in ihren Untersuchungen zu ähnlichen Aussagen. Sie weisen nach, dass durch die neuen Mitgliedsstaaten der EU im östlichen Europa ein beträchtliches Verkehrsaufkommen entsteht, mit einem hohen Potenzial für Hochgeschwindigkeitsbahnen.

Auch Kritiker des Transrapid akzeptieren diese grundsätzlichen Zusammenhänge. So schreibt Breimeier: *„Bisherige Erfahrungen lehren,*

[329] Rade, Rosenberg: Transrapid in der Diskussion. Seite 47
[330] Ruppel: Spezielle Aspekte der Fahrdynamik. Seite 219
[331] Merkel: Projekt Flughafenverbindung München. Seite 130
[332] Geier: Zur Sache – Die Magnetschnellbahn. Seite 39
[333] Röhling: Nachfragepotentiale einer transeuropäischen Hochgeschwindigkeitsverbindung im Europäischen Korridor 4. Seite 49
[334] Platzer: Herausforderungen der Verkehrspolitik in Ostmitteleuropa. Seite 55

dass der Reisende auf Fahrzeitverminderungen und Preiserhöhungen sehr empfindlich reagiert.“ [335] *„Vielfältig statistisch nachgewiesen ist beispielsweise für die Eisenbahn, dass*

- *eine Steigerung der Reisegeschwindigkeit um 20 % eine Nachfragesteigerung um 16 % und*
- *eine Fahrpreisverminderung von 20 % eine Verkehrszunahme von etwa 14 % zur Folge hatten.“* [336]

Derartige Prognoserechnungen mit Hilfe der Elastizität sind nur in einem freien Markt bei einem auf dem Markt gebildeten Preis erfolgversprechend. Vielfach wird beklagt, dass auf dem Transportsektor kein freier Markt herrsche (siehe Abschnitt 7.1.2.2). So werden durch staatliche Subventionen die Preise der öffentlichen Verkehrsmittel niedriger gehalten, als die eigentlich verursachten Kosten es erlauben würden. Die DB AG beklagt, dass der Flugverkehr indirekt subventioniert wird, indem das Kerosin nicht besteuert wird. Anderseits kann die DB AG aber die elektrische Energie nutzen, die nur einer relativ geringen Besteuerung unterworfen ist.

Darüber hinaus wird der Personennahverkehr, z. B. für Berufspendler durch restriktive staatliche Maßnahmen beeinflusst. Ein typisches Beispiel hierfür sind begrenzte Parkplatzangebote und hohe Parkgebühren in Großstädten. Eine Benutzung des privaten PKW verbietet sich dann unter ökonomischen Aspekten. Daher gibt es keine wirkliche Elastizität, da viele Fahrgäste auf die Benutzung bestimmter Verkehrssysteme angewiesen sind, egal zu welchem Preis. Auf den Fernstrecken der DB AG finden sich ähnliche Bedingungen. Wer kein Auto hat, muss zwangsläufig die Eisenbahn benutzen, unabhängig davon, welchen Preis die DB AG verlangt, da der private Bus-Fernverkehr durch gesetzliche Vorgaben stark restringiert wird.

Zusammenfassend muss festgehalten werden, dass der Transrapid im Vergleich zum Rad-Schiene-System wegen der deutlich kürzeren Fahrzeiten wesentlich besser angenommen werden würde, sofern der Tarif mit der Fahrzeitverkürzung korrespondiert. Dies kann zu einer wesentlich höheren Verlagerung des Individualverkehrs auf den spurgebundenen Verkehr führen.

---

[335] Breimeier: Transrapid oder Eisenbahn. Seite 26
[336] Breimeier: Transrapid oder Eisenbahn. Seite 27

5.4.4 Zugfolgen

Die Leistungsfähigkeit eines Verkehrssystems wird maßgeblich vom minimalen Abstand der Züge beeinflusst. Ein System sollte möglichst kurze Zugfolgen zulassen. Dann ist es flexibel zu betreiben und hat gleichzeitig eine hohe Leistungsfähigkeit.

Breimeier führt aus, dass folgende minimale Zugfolgen erreicht werden:

S-Bahn-Strecke (zwei Bahngleise je Richtung)	*1,5 min*
S-Bahn-Strecke (ein Bahnsteiggleis je Richtung), derzeit üblicher Wert im Regelbetrieb	*2,5 min*
S-Bahn-Strecke in Spitzenzeiten nach Störungsfällen erreicht	*1,8 min*
Mit elektronischen Hilfsmitteln (Linienzugbeeinflussung) für den Regelbetrieb	*2,0 min*
Personen-Fernbahn-Strecke (zwei Bahnsteiggleise je Richtung), erreicht auf TGV-Strecken und in Japan und auf den Fernbahngleisen der Stadtbahn Berlin	*3,0 min*
Personen-Fernbahn-Strecke (zwei Bahnsteiggleise je Richtung), erreicht auf der Verbindungsbahn in Hamburg (Bahnhof Dammtor)	*5,0 min*
Güterbahn	*5,0 min*

Mit der Magnetbahn sind derart geringe Zugfolgezeiten nicht zu erreichen. Die für Magnetbahnstrecken bislang geplante kürzeste Zugfolgezeit beträgt 7,5 min (Metrorapid im Ruhrgebiet).“ [337]

Die Zugfolgedichte des Transrapid ist durch kürzere Unterwerksabstände fast beliebig den Erfordernissen des Betriebs anpassbar. Daher ist es nicht realistisch, wenn die für die Metrorapidstrecke geplante Zugfolgedichte als genereller Wert für den Transrapid genannt wird. Nach Rogg, Mayer und Witt [338] beträgt die minimale betriebliche Zugfolgezeit der Magnetschnellbahn beim derzeitigen Entwicklungsstand 5 Minuten. Dieser Wert wird auch von Rath [339] bestätigt. Sie wird einerseits bestimmt durch betriebliche Abläufe und technische Laufzeiten, andererseits durch den Unterwerksabstand und die Betriebsgeschwindigkeit. Entwicklungspotenzial zur Verkürzung der minimalen Zugfolgezeiten ist noch vorhanden.

---

337 Breimeier: Transrapid oder Eisenbahn. Seite 23

338 Rogg, Mayer, Witt: Zum technisch-wirtschaftlichen Vergleich von Hochgeschwindigkeitsbahnsystemen. Seite 10

339 Rath: Möglichkeiten und Grenzen neuer Verkehrstechnologien. Seite 67

Sehr hohe Anforderungen hinsichtlich Zugfolgezeit und Transportkapazität gibt es bekanntlich auf Strecken in Ostasien.

5.4.5 Beförderungskapazität

In Abschnitt 5.4.4 wurde dargelegt, dass im Fernverkehr auch beim Transrapid Zugfolgeabstände von 5 Minuten möglich sind. Damit ist beim Transrapid beim Einsatz von Zügen mit 5 Segmenten eine theoretische Transportleistung von 438 Personen/Zug · 12 Züge/h = 5.256 Personen/h realisierbar. Technisch ist es jedoch auch möglich, längere Züge einzusetzen, falls die Infrastruktur (Länge der Bahnsteige) darauf ausgerichtet ist. Unter diesen Voraussetzungen ist es daher beim Transrapid mit 10 Segmenten möglich, rund 10.000 Passagiere/h zu transportieren.

Beim ICE 3 können unter Ansatz von Vollzügen und einer Zugfolge von 5 Minuten bei der Baureihe 403 (Einsystem) (2 · 441 Personen/Zug· - 12 Züge/h =) 10.584 Personen/h und bei der Baureihe 406 (Mehrsystem) mit 431 Sitzplätzen theoretisch 10.344 Personen transportiert werden.

Theoretisch werden diese Zahlen deswegen bezeichnet, da praktisch so hohe Zugfrequenzen auf einer Trasse, die ausschließlich durch Hochgeschwindigkeitszüge genutzt wird, nicht benötigt werden. So wird z. B. die Strecke Berlin-Hamburg nur alle 2 Stunden mit einem ICE befahren.

Im Nahverkehr gelten andere Randbedingungen. Bereits in Abschnitt 5.2.2 wurde die Bedeutung eines 10-Minuten-Taktes für den Flughafenanbinder München erläutert. Die Abb. 5.35 zeigt den Vergleich der Beförderungskapazität von Flughafenanbindern. Hieraus ist zu ersehen, dass bis auf Hongkong keiner der weltweit vorhandenen Flughafenanbinder in Rad-Schiene-Technik die Kapazität des Transrapid auch nur ansatzweise erreicht, die Magnetschwebetechnik aber eine wesentlich höhere Reisegeschwindigkeit erreicht.

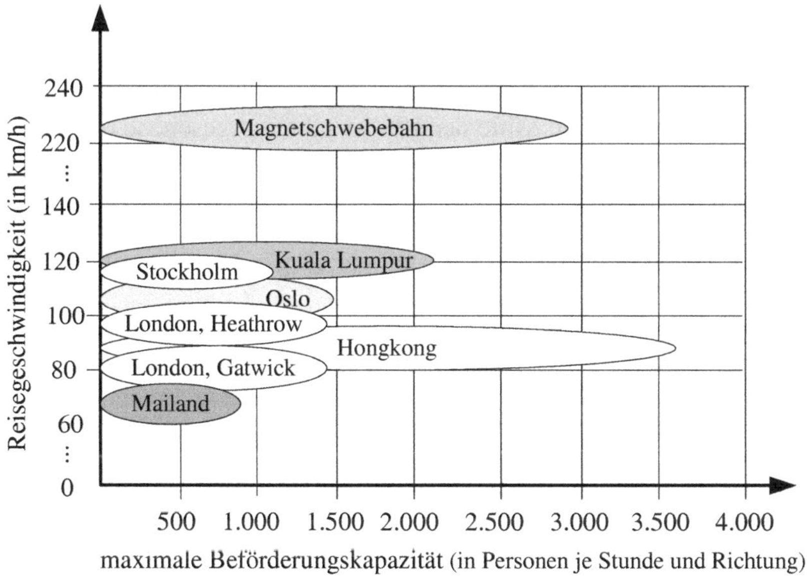

Abb. 5.35 Vergleich von Beförderungskapazitäten [340]

5.4.6 Kuppelbarkeit von Zügen

Hinsichtlich der Kuppelbarkeit stellt Breimeier fest: *„Zusätzlich ist zu berücksichtigen, dass ein Kuppeln und Trennen von Fahrzeugen und damit ein Stärken und Schwächen von Zügen bei der Langstator-Technik bislang nicht vorgesehen ist.“* [341]

Das Kuppeln ist unter mehreren Gesichtspunkten zu betrachten: Traditionelle Züge, die aus einer Lokomotive und einzelnen Wagen bestehen, können durch Kuppeln von Wagen fast beliebig verlängert werden. Aus den USA, Kanada, Australien und Südafrika sind kilometerlange Güterzüge bekannt. Jeder Wagen hat zwar Bremsen, weitere Funktionen, insbesondere Antriebsfunktionen, haben die Wagen jedoch nicht.

Es gibt aber sehr wohl Gründe, von diesem Prinzip bei Hochgeschwindigkeitszügen abzuweichen. So basiert auch der französische TGV auf dem nicht veränderbaren Gliederzugkonzept. Hierdurch ergaben sich folgende Vorteile: gute Aerodynamik, geringe Einstiegshöhe und hoher Wi-

[340] Rühl et al.: Anforderungen an das Magnetschnellbahnsystem. Seite 156

[341] Breimeier: Transrapid oder Eisenbahn. Seite 23

derstand gegen Druckänderungen. Lacote [342] spricht sogar von einer kulturellen Revolution durch die Einführung des Gliederzugkonzeptes. Bei der Eisenbahn ist das Kuppeln und Trennen der Züge eine relativ zeitaufwendige und gefährliche Tätigkeit, bei der schon viele Rangierpersonen zu Tode gekommen sind. Die Mitte der 1980er Jahre vorgesehene europaweite Einführung der Mittelpufferkupplung (Scharfenberg-Kupplung) ist gescheitert. Sie wird jedoch beim TGV und ICE 3 eingesetzt, um schnell aus Halbzügen mit 8 Wagen Vollzüge mit 16 Wagen bilden zu können. Ein vergleichbares Konzept mit 5- und 7-teiligen Zügen wird beim ICE T verfolgt.

Ein ICE 3-Zug besteht generell aus zwei mal vier Wagen, da jeder Wagen bestimmte Funktionen übernimmt. So sind z. B. in bestimmten Wagen die Stromrichter, in anderen die Transformatoren untergebracht. Das Einfügen von zusätzlichen Wagen ist somit technisch nicht möglich.

Neben der hohen Unfallgefahr beim Kuppeln sprechen auch noch andere technische Gründe gegen das Kuppeln. Bei Vorortwendezügen, die aus zwei Führerständen bedient werden, hat man die Erfahrung gemacht, dass oft Betriebsstörungen wegen fehlerhafter Signalübertragung an der Kuppelstelle auftreten können. Daher ist man auch aus betrieblichen Gründen zunehmend bestrebt, Züge möglichst nicht zu trennen oder zu kuppeln. Statt dessen werden die Kapazitäten so ausgelegt, dass sie im Normalbetrieb ausreichen. Bei Bedarfsspitzen setzt man eher zusätzliche Züge ein, obwohl man einen zusätzlichen Lokomotiv- und Zugführer braucht. Genau die gleiche Vorgehensweise ist auch beim Transrapid möglich, indem man kurz vor Abfahrt des ersten (planmäßigen Zuges) einen zusätzlichen Zug einsetzt. Da der Transrapid aber prinzipiell ohne Lokführer betrieben wird, werden dann allerdings bereits zwei Lokomotivführer gegenüber der Eisenbahn eingespart.

Beim ICE 3 besteht die Möglichkeit, zwei Halbzüge aus je 8 Wagen zu einem Vollzug mit 16 Wagen zu kuppeln. Zu beachten ist jedoch, dass bei gekuppelten ICE-Halbzügen zwei Zugbegleiter benötigt werden, da der Übergang zwischen den Zügen nicht gewährleistet ist. Falls die Fahrscheine nicht automatisch vor dem Einsteigen geprüft werden, sind jedoch zur Fahrscheinkontrolle ohnehin bei solch großen Zügen zwei Zugbegleiter erforderlich.

In Frankreich werden auf der Strecke Atlantique in Rennes regelmäßig zwei TGV-Halbzüge gekuppelt. Ein Halbzug kommt dabei von Bordeau, der andere von Brest. Leider verläuft das Kuppeln nicht immer reibungslos, so dass sich hieraus gelegentlich betriebliche Störungen ergeben.

[342] Lacote: 15 Jahre TGV. Seite 58

Zusätzlich ist zu beachten, dass gekuppelte Züge auch zu einer Verdoppelung der Zuglänge führen. Ein ICE 3-Halbzug, bestehend aus 8 Wagen, ist rund 200 m lang. Bei Kuppelung von zwei Zügen müssen somit die Perrons mindestens 400 m lang sein!

Es bleibt somit festzuhalten, dass moderne Züge aus betrieblichen und technischen Gründen möglichst immer in der gleichen Struktur betrieben werden sollten. Bei zusätzlichem Transportbedarf sollten bevorzugt zusätzliche Züge eingesetzt werden. Dieses Konzept empfiehlt sich auch auf Strecken mit mehreren Haltepunkten mit sehr unterschiedlichem Verkehrsaufkommen zwischen den einzelnen Haltepunkten. Zwischen Städten mit großem Verkehrsaufkommen sollten zusätzliche Züge eingesetzt werden.

Bei den bisher behandelten Projekten bestand für den Transrapid keine Notwendigkeit, kuppelbare Fahrzeuge einzusetzen. Es ist jedoch zu beachten, dass die augenblicklich entwickelten Transrapidfahrzeuge nicht auf Pufferstoß dimensioniert sind. Es darf darauf hingewiesen werden, dass zur Zeit in Shanghai Züge fahren, die aus 5 Segmenten bestehen. Künftig sollen eventuell Züge aus 6 Segmenten eingesetzt werden. Dies ist relativ einfach möglich, indem ein zusätzliches Segment eingefügt wird. Versuchsweise ist in Shanghai bereits ein Zug, bestehend aus 8 Standardsegmenten, gefahren.

5.4.6.1 Anzahl benötigter Züge

Beim Vergleich zweier Verkehrssysteme, die unterschiedliche mittlere Geschwindigkeiten aufweisen, hat das Verkehrssystem mit der höheren mittleren Geschwindigkeit bei gleicher Zugzahl eine höhere Beförderungskapazität als das langsamere. Falls die Beförderungskapazität vorgegeben ist, benötigt man beim schnelleren System weniger Züge.

Dieser Zusammenhang soll nachfolgend bei einer angenommenen 900 km langen Trasse mit den Bahnhöfen A und D untersucht werden. Nach jeweils 300 km soll ein Haltepunkt B und C vorgesehen sein. Für das Rad-Schiene-System wird von einer mittleren Geschwindigkeit von $v_{mitt} = 200$ km/h, beim Transrapid von $v_{mitt} = 300$ km/h ausgegangen. Zusätzlich soll an allen Bahnhöfen und Haltepunkten der erste Zug jeweils zwischen 05:00 Uhr und 06:00 Uhr abfahren. An jedem Bahnhof und Haltepunkt soll die letzte Ankunft zwischen 24:00 Uhr und 01:00 Uhr möglich sein. Abfahrten sollen an allen Bahnhöfen im Stundentakt angeboten werden, bei B und C in beide Richtungen. Zusätzlich wird angenommen, dass an den Bahnhöfen jeweils eine halbe Stunde nach Ankunft der Zug wieder mit der Rückfahrt starten kann.

Als Ergebnis benötigt man beim Rad-Schiene-System insgesamt 10 Züge. Der erste Zug startet zum Beispiel um 05:30 Uhr bei A, ist um 10:00 Uhr in D. Dort beginnt der Zug um 10:30 Uhr mit der Rückfahrt und ist um 15:00 Uhr wieder in A. Von 15:30 Uhr bis 01:00 Uhr ist exakt ein zweiter Umlauf möglich. Insgesamt würde der Zug 4 mal 900 km, somit insgesamt 3.600 km am Tag zurücklegen. [343] Die Umlaufzeit eines Zuges ergibt sich somit zu 10,0 h, bestehend aus der Fahrzeit von $2 \cdot 4{,}5\ h = 9{,}0\ h$ und der Zeit von $2 \cdot 0{,}5\ h = 1{,}0\ h$ für Aussteigen, Reinigen, Bereitstellen und Einsteigen an beiden Endbahnhöfen. Um einen Stundentakt sicherzustellen, sind somit 10 Züge notwendig. An allen Bahnhöfen A, B, C und D müssen Züge über Nacht stehen bleiben. Insgesamt legen die Züge eine fahrplanmäßige Strecke von $10 \cdot 3.600 = 36.000$ km pro Tag zurück. Leerfahrten sind nicht erforderlich.

Beim Transrapid ist der Zug, der um 5.30 Uhr in A abfährt bereits um 8.30 Uhr in D. Er fährt um 9.00 Uhr wieder zurück und ist um 12.00 Uhr wieder in A. Die Umlaufzeit eines Zuges ergibt sich somit zu 7,0 h, bestehend aus der Fahrtzeit von $2 \cdot 3{,}0\ h = 6{,}0\ h$ und der Zeit von $2 \cdot 0{,}5\ h = 1{,}0\ h$ für Aussteigen, Reinigen, Bereitstellen und Einsteigen an den beiden Endbahnhöfen. Mit dem Zug sind somit insgesamt 2,83 Umläufe möglich. Er erreicht genau um 01:00 Uhr B, nachdem er um 23:00 Uhr D verlassen hat. Die insgesamt von einem Zug pro Tag gefahrene Strecke beträgt 5.100 km. Insgesamt sind nur 7 Züge erforderlich. Auch hier müssen an allen vier Bahnhöfen Züge über Nacht stehen bleiben. Die Züge legen fahrplanmäßig $7 \cdot 5.100 = 35.700$ km pro Tag zurück. Theoretisch werden 600 km Leerfahrten notwendig oder das Angebot muss leicht reduziert werden.

Vorsorglich wird darauf hingewiesen, dass für den Betrieb einer solchen Strecke in der Praxis mehr Fahrzeuge benötigt würden, da Ersatzfahrzeuge zur Verfügung stehen müssen, falls größere Instandsetzungen anfallen. Jedoch muss auch hier davon ausgegangen werden, dass beim Rad-Schiene-System wegen des mechanischen Verschleißes bei den Radsätzen und beim Antrieb mehr Reparaturen anfallen als beim Transrapid. Somit sollte für eine realitätsnahe Betrachtung beim Rad-Schiene-System mit mindestens 12 Zügen gerechnet werden. Beim Transrapid kommt man dagegen wegen des günstigeren Instandhaltungskonzeptes mit 8 Zügen aus. Daraus lässt sich die überschlägige Aussage ableiten, dass das Rad-Schiene-System etwa 50 % mehr Züge benötigt als der Transrapid!

---

[343] Eine über das ganze Jahr gerechnete Fahrleistung von 3.600 km/d für einen ICE 3-Zug ist relativ hoch. Häufig wird von einer Fahrleistung von 7,5 Mio. km während einer Einsatzzeit von 15 Jahren ausgegangen. Daraus ermittelt sich eine mittlere Fahrleistung von etwa 1.400 km/d.

Das Ergebnis wurde erwartet. Die mittlere Reisegeschwindigkeit kann beim Transrapid um 50 % höher angesetzt werden als beim ICE 3. Bedingt durch die Fixzeiten an den Endbahnhöfen reduziert sich der Vorteil auf den Zugumlauf gerechnet auf etwa 43 % (aus 10 h zu 7 h). Damit werden auch 43 % mehr Züge benötigt (10 Züge zu 7 Zügen).

5.4.7 Verschleißverhalten

Unter betrieblichen Aspekten spielt das Verschleißverhalten von technischen Systemen eine große Rolle. Alle vom Menschen geschaffenen technischen Güter unterliegen einer Abnutzung . Dies gilt für Bauwerke, Maschinen und alle technischen Einrichtungen. Mit einzubeziehen sind auch elektrische und elektronische Baugruppen, die keiner direkten mechanischen Abnutzung unterliegen. Verschiedene Materialien haben ein unterschiedliches Abnutzungsverhalten. Manche Stoffe korrodieren sehr schnell, andere wie Gold jedoch nicht. Es gibt harte Materialien, die sich kaum abnutzen, weiche dagegen sehr schnell. Generell benötigen mechanische Baugruppen eine höhere Wartung und Pflege als elektrische und elektronische. Trotzdem können mechanische Baugruppen außerordentlich haltbar und verlässlich sein.

Zusammenfassend kann festgehalten werden, dass mechanische Baugruppen im Allgemeinen ein wesentlich größeres Abnutzungsverhalten aufweisen als elektrische und elektronische. Ein Elektromotor benötigt kaum Instandhaltung, ein Verbrennungsmotor dagegen vergleichsweise häufig. Elektrische und elektronische Einspritz- und Zündsysteme sind wesentlich instandhaltungsfreundlicher als Vergaser und einfache Zündverteiler. Somit sind Verkehrssysteme, die mehr mechanische Bauteile haben, teurer in der Instandhaltung. Beim pauschalen Systemvergleich eines Rad-Schiene-Systems und dem Transrapid muss daher dem Transrapid hinsichtlich der Instandhaltung ein Vorteil zugebilligt werden. Der Transrapid hat keine Radlager, die gewartet werden müssen. Es gibt keinen Stromabnehmer, der abgenutzt wird. Es gibt keine Radsätze, die durch den kontinuierlichen Kontakt mit den Schienen verschleißen.

Hinsichtlich des Verschleißes und der Instandhaltung beim Fahrweg wird auf Abschnitt 5.1.5 verwiesen. Gerade die DB AG baut wegen des relativ hohen Instandhaltungsaufwandes beim Schotterbett zwischenzeitlich bei Hochgeschwindigkeits-Neubaustrecken nur noch die Feste Fahrbahn.

Beim Rollenden Material hat die DB AG mit Einführung des ICE 1 ein modernes Instandhaltungskonzept umgesetzt. Die Züge übermitteln noch während der Fahrt Instandsetzungsbedarf an zentrale Instandhaltungswerke. Somit ist sichergestellt, dass eine hohe Verfügbarkeit der Züge gegeben ist. Im Zusammenhang mit dem schweren Zugunglück in Eschede wurde jedoch auch deutlich, dass die Instandhaltungsorganisation und die dazugehörige Dokumentation eine ebenso große Bedeutung hat.

Selbstverständlich benötigt auch der Transrapid eine Instandhaltung. Der Transrapid als neues Verkehrssystem hat hier trotz seines hohen Entwicklungsstandes noch ein beträchtliches Entwicklungspotenzial.

5.5 Ökologische Aspekte

5.5.1 Ressourcenverbräuche

Ein ökologischer Vergleich von Hochgeschwindigkeitssystemen ist nicht sehr einfach, da unterschiedliche ökologische Wirkungen bewertet werden müssen. Eine Methodik zum Vergleich aller Einflüsse über ein sog. Materialinput-pro-Serviceeinheit-Konzept (MIPS) wurde durch den Lehrstuhl für Technik-, Wirkungs- und Innovationsforschung der GH Kassel gemeinsam mit dem Wuppertal Institut auf den ICE und den Transrapid angewandt. [344] Das Verfahren ist nicht auf Bahnsysteme begrenzt und bildet auf anschauliche Weise die Umweltveränderungspotentiale von Produkten und Dienstleistungen ab.

Grundlage ist eine Betrachtung der Kategorien abiotische Rohmaterialien, biotische Rohmaterialien, mechanische Bodenbewegungen in der Land- und Forstwirtschaft, Wasser und Luft. In der Untersuchung werden der Bau der Trassen, die Fahrzeuge und der Betrieb bewertet. Konkrete Grundlage waren die Planungen für die Strecke Berlin-Hamburg.

Interessant ist, dass hinsichtlich der Ressourcenverbräuche bei der Infrastruktur der ICE wesentlich schlechter abschneidet als der Transrapid (außer Luft), siehe Tabelle 5.43.

Tabelle 5.43 MIPS-Analyse für die Infrastruktur

	Abiotische Rohmaterialien [g/Pkm]	Wasser [g/Pkm]	Luft [g/Pkm]
Transrapid	109	391	4
ICE	380	904	3,5

Beim Betrieb spielt natürlich die angenommene Höchstgeschwindigkeit eine maßgebende Rolle. In Tabelle 5.44 sind zwei Szenarien dargestellt.

[344] Gers et al.: Ressourcenproduktivität.

Der Transrapid mit v_{max} = 430 km/h mit einer unterstellten ICE-Bestuhlung und der ICE mit v_{max} = 300 km/h. Dabei zeigt sich, dass trotz der wesentlich höheren Geschwindigkeit des Transrapid der Verbrauch an abiotischen Rohmaterialien und von Wasser in der gleichen Größenordnung liegt, der Verbrauch an Luft dagegen beim Transrapid um etwa (22,4/15,1 =) 50 % höher.

Tabelle 5.44 MIPS-Analyse für die Fahrt

	Abiotische Rohmaterialien [kg/Fahrt]	Wasser [kg/Fahrt]	Luft [kg/Fahrt]
Transrapid, 430 km/h, ICE-Bestuhlung	202	3.186	22,4
ICE 300 km/h	224	3.090	15,1

Zusammenfassend werden einige Aussagen wiedergegeben:

- „Im Technologievergleich der beiden spurgebundenen Verkehrssysteme schneidet der Transrapid bei gleicher Geschwindigkeit, gleichem Verkehrsvolumen und neu zu erschaffender Infrastruktur in allen Kategorien deutlich besser ab als der ICE."
- „Hochgeschwindigkeitsverkehr ist generell sehr ressourcenintensiv, dies gilt für beide Verkehrssysteme. Sowohl beim ICE als auch beim Transrapid steigt der Stromverbrauch und in der Konsequenz die Materialintensität überproportional mit wachsender Geschwindigkeit. So steigt der Stromverbrauch des ICE bei einer Geschwindigkeit von 230 km/h auf 300 km/h bzw. des Transrapid von 300 km/h auf 400 km/h jeweils um rund 50 %. Wird der Transrapid mit 400 km/h und mehr betrieben, so ist seine Ressourceneffizienz generell nicht mehr besser als die eines ICE bei 300 km/h."
- „Ein erheblicher Teil der abiotischen Ressourcen wird für die Infrastruktur gebraucht. ... Dabei erweist sich die Infrastruktur des Transrapid als wesentlich ressourcenschonender als die des ICE, bedingt durch die bessere Anpassungsfähigkeit seines Fahrwegs an die Landschaft durch die überwiegende Stelzenbauweise sowie durch kleinere Kurvenradien und besseres Steigvermögen."

Schallemissionen, Erschütterungen, elektrische, magnetische und elektromagnetische Felder wurden in den Ressourcenverbrauchen bei der MIPS-Analyse nicht betrachtet. Daher sollen die ökologischen Wirkungen der beiden Verkehrssysteme unter diesen Gesichtspunkten nachfolgend betrachtet werden.

5.5.2 Schallemissionen

Der Lärm ist in unseren dicht besiedelten, industriell geprägten Lebensräumen für Menschen und Tiere äußerst belastend. Nach repräsentativen Untersuchungen fühlten sich im Jahre 1994 ca. 33 % der Bevölkerung durch Lärm stark belästigt. [345] Allgemein ist bekannt, dass Lärm zu Gehörschäden führen kann. Weniger bekannt ist dagegen, dass Untersuchungen ergeben haben, dass bei Anwohnern, die tagsüber einem Mittelungspegel von 65 bis 70 dB(A) ausgesetzt sind, das Herzinfarktrisiko im Vergleich zu Bevölkerungsgruppen, die „ruhig" wohnen, um 20 % erhöht ist. [346]

Wir sind daher gehalten, unsere technische Umwelt so zu gestalten, dass möglichst wenig Schallemissionen erzeugt werden. Auf vielen Gebieten wurden in den vergangenen Jahren beträchtliche Ergebnisse erzielt. Entlang der Autobahnen finden sich kilometerlange Schallschutzwände. Im Detail forscht die Industrie, um z. B. beim Kraftfahrzeug lärmarme Reifen anbieten zu können. Jedoch stehen häufig den gewünschten Maßnahmen die Gesetze der Physik entgegen.

5.5.2.1 Gesetzliche Regelungen zum Schallschutz

Nach dem Bundes-Immissionsschutzgesetz (BImSchG) werden im Zusammenhang mit der Baunutzungsverordnung (BauNVO) restriktive Vorgaben bei der Genehmigung von lärmemittierenden baulichen Anlagen gemacht. In aufwendigen Verfahren müssen daher z. B. beim Neubau von Industrieanlagen oder bei neu zu bauenden Verkehrsanlagen, wie Straßen, Flughäfen aber auch bei Bahnanlagen, die Lärmemissionen nachgewiesen werden. Bestimmte Immissionswerte dürfen dabei nicht überschritten werden.

Darüber hinaus gibt es zahlreiche – auch landesrechtliche oder städtische – Verordnungen, um den Lärm bestimmter Erzeuger zu regulieren. So gelten z. B. folgende Regelungen:

- gegen Baulärm: Allgemeine Verwaltungsvorschrift zum Schutz gegen Baulärm (AVV-Baulärm),
- im Freien betriebene Geräte: Geräte- und Maschinenlärmschutzverordnung (32. BImSchV),

[345] Umweltbundesamt: Was Sie schon immer über Lärmschutz wissen wollten. Seite 10

[346] Umweltbundesamt: Was Sie schon immer über Lärmschutz wissen wollten. Seite 12

- gegen Lärm, der vom Transrapid ausgeht: die Magnetschwebebahn-Lärmschutzverordnung (MbLschVO) [347],
- gegen Lärm, der von Rad-Schiene-Fahrzeugen ausgeht, die 16. Bundesimmissionsschutzverordnung (16. BImSchV).

Auf der Grundlage der Verordnung zur Bekämpfung des Lärms (LärmVO) sind regelmäßig die in Tabelle 5.45 aufgeführten Immissionswerte einzuhalten.

Tabelle 5.45 Übliche städtische Schall-Immissionsrichtwerte

Bereich	Tagsüber [1] [dB (A)]	Nachts [1] [dB (A)]
Nur gewerbliche oder industrielle Anlagen	70	70
Vorwiegend gewerbliche Anlagen	65	50
Gewerbliche Anlagen und Wohnungen	60	45
Vorwiegend Wohnungen	55	40
Ausschließlich Wohnungen	50	35
Kurgebiete, Krankenhäuser und Pflegeanstalten	45	35

[1]) Der Schutz der Nachtruhe nach § 1 LärmVO erstreckt sich auf die Zeit von 22.00 bis 6.00 Uhr. Darüber hinaus sind z. B. durch die AVV-Baulärm Ruhezeiten werktags von 6.00 bis 7.00 und von 20:00 bis 22:00 Uhr vorgeschrieben. An Sonn- und Feiertagen zusätzlich von 7.00 bis 20.00 Uhr.

Der Verkehrslärm wirkt sich besonders negativ aus. Da bestehende Anlagen Bestandsschutz haben, sind bei Umbaumaßnahmen meistens umfangreiche Schallschutzmaßnahmen, z. B. in Form von Lärmschutzwänden, Lärmschutzdämmen oder ganzen Einhausungen, erforderlich.

Auch bei der Typenzulassung von Kraftfahrzeugen sind Lärmgrenzwerte einzuhalten. Leider muss festgestellt werden, dass die DB AG bei Weitem noch nicht alle Lärmminderungspotenziale ausgenutzt hat, da restriktivere gesetzliche Vorgaben noch nicht erlassen wurden. So kann besonders durch eine sorgfältige Wartung der Radreifen und des Fahrwegs die Lärmemission von Schienenfahrzeugen stark reduziert werden. Auffällig ist dies, wenn man moderne ICE-Züge mit Güterzügen vergleicht. Da Güterzugwagen wesentlich weniger gewartet werden, erzeugen Güterzüge wesentlich mehr Lärm, während ICE-Züge relativ ruhig laufen. Hier wird vermutlich befürchtet, dass durch zusätzliche Instandhaltungskosten der Modal-Split zu Lasten der Eisenbahn noch verschlechtert wird.

[347] Meine, Rebentisch: Gesetzlich vorgeschriebene Genehmigungsverfahren für Magnetschwebebahnen in Deutschland. Seite 83

5.5.2.2 Physikalische Grundlagen zur Schallemission

Bevor auf den Vergleich der Schallemissionen von Transrapid und ICE eingegangen wird, sollen einige grundlegende Aussagen zur Schallbewertung gemacht werden. Zu unterschieden ist zwischen dem Schalldruckpegel L_p und Schalleistungspegel L_w. Da das menschliche Gehör Schallintensitäten über einen Messbereich von 12 Zehnerpotenzen wahrnehmen kann, verwendet man Pegel, die in einem logarithmischen Maßstab in Dezibel [dB] angegeben werden. Da zudem vom menschlichen Gehör Schallwellen bei verschiedenen Frequenzen unterschiedlich wahrgenommen werden (besonders zwischen 500 und 4.000 Hz ist das Hörvermögen besonders gut ausgebildet), werden die Messwerte bewertet, z. B. in dB (A). Zum Vergleich sind nachfolgend einige Schalldruckpegel angegeben: [348]

- sehr ruhiges Zimmer 20 bis 30 dB (A),
- Raum mit üblichem Gespräch 50 bis 60 dB (A),
- PKW im Straßenverkehr 70 bis 85 dB (A),
- Presslufthammer 90 bis 105 dB (A),
- Gehörschädigung ab 115 dB (A).

Bedingt durch die physikalischen Gesetze und die messtechnischen Regelungen gilt folgendes:

- Schall wird durch „harte“ Oberflächen reflektiert. Durch „Schallrückwurf“ kann unter ungünstigen Bedingungen eine Verstärkung des Geräusches auftreten (vergleichbar dem Brennpunkt eines Scheinwerfers).
- Schall wird durch „weiche“ Oberflächen absorbiert.
- Falls ein Gerät/Fahrzeug eine bestimmte Schallleistung emittiert, dann erhöht sich diese um 3 dB, falls zwei gleich laute Geräte/Fahrzeuge betrieben werden. Bei drei Geräten erhöht sich der Wert um 4,8 dB und bei 10 Geräten um 10 dB.
- Falls zwei verschieden laute Schallquellen gleichzeitig Lärm emittieren, wirkt besonders die lautere Quelle. So erhöht sich der Schallpegel auf 107,6 dB, falls gleichzeitig und nebeneinander eine Schallquelle mit 107 dB und eine andere mit 99 dB betrieben wird. Je größer der Unterschied der beiden Schallquellen ist, desto geringer wirkt sich die leisere Schallquelle aus.
- Bei freier räumlicher Schallausbreitung vermindert sich die einfallende Schallintensität um 6 dB bei einer Verdoppelung der Entfernung von

[348] Umweltbundesamt: Was Sie schon immer über Lärmschutz wissen wollten. Seite 91

der Schallquelle (z. B. von 10 m auf 20 m) etwa um 12 dB bei einer Vervierfachung (z. B. von 10 m auf 40 m). Diese Angaben gelten jedoch nur bei freier Feldausbreitung. Bei typischen städtischen Umgebungsbedingungen können die Abnahmen deutlich geringer ausfallen.

- Ein neues, zusätzliches Schallereignis kann der Mensch nur dann wahrnehmen, wenn sich der gesamte Schallpegel dabei um mindestens 1 dB erhöht. Daher muss sich die Schallleistung um mindestens 26 % erhöhen. Falls somit ein Gerät eine Schallleistung von 80 dB hat, muss ein zweites Gerät mindestens eine Schallleistung von 74 dB erzeugen, damit es wahrgenommen wird.
- Schallimmissionen lassen sich reduzieren durch:
  - schallreduzierende Maßnahmen am schallerzeugenden Gerät,
  - Verlagerung des schallerzeugenden Gerätes (Abstandsvergrößerung),
  - Schallabschirmung (z. B. Lärmschutzwände) oder durch
  - Schalldämmung (Verkleidung von schallreflektierenden Bauteilen durch schallabsorbierende Materialien).

5.5.2.3 Gemessene Schallemissionen im Vergleich

Verkehrsfahrzeuge erzeugen Schallemissionen durch

- aerodynamische Geräusche des Fahrzeugs, der Stromabnehmer und der Radsätze,
- Motoren und Lüfter und sonstige mechanische Geräusche,
- mechanischen Kontakt zwischen Rad und Schiene,
- Schwingungen des Fahrwegs und der Verkleidung der Fahrzeuge.

Schallimmissionen können gemessen werden. Die Schallemission des Transrapid liegt deutlich unter der anderer Verkehrssysteme bezogen auf die Geschwindigkeit. Es ist jedoch festzuhalten, dass sehr viele Einflussparameter wirken. In den vergangenen Jahren wurden sowohl beim Transrapid wie auch beim ICE Schallemissionsquellen reduziert. Die Ergebnisse der vergangenen Jahre sind in Abb. 5.36 für den Transrapid zu entnehmen. Es muss darauf hingewiesen werden, dass noch weitere Verbesserungen um 2 bis 3 dB möglich sind. [349]

Durch Weiterentwicklungen, insbesondere am Fahrweg und an den Fahrzeugen, ist mit einer Reduktion der Schallemissionswerte zu rechnen. Miller berichtet, dass durch die Entwicklung der berührungslosen Bordenergieversorgung (IPS-Inductive Power Supply) die Stromabnehmer entfallen können und damit die erforderlichen Öffnungen im Fahrzeug. Ver-

[349] Miller: Entwicklungspotential des Transrapid für zukünftige Einsatzfelder. Seite 51

suche auf der TVE haben gezeigt, dass ohne Stromabnehmeröffnungen die Schallemissionen um 2 bis 3 dB niedriger sind.

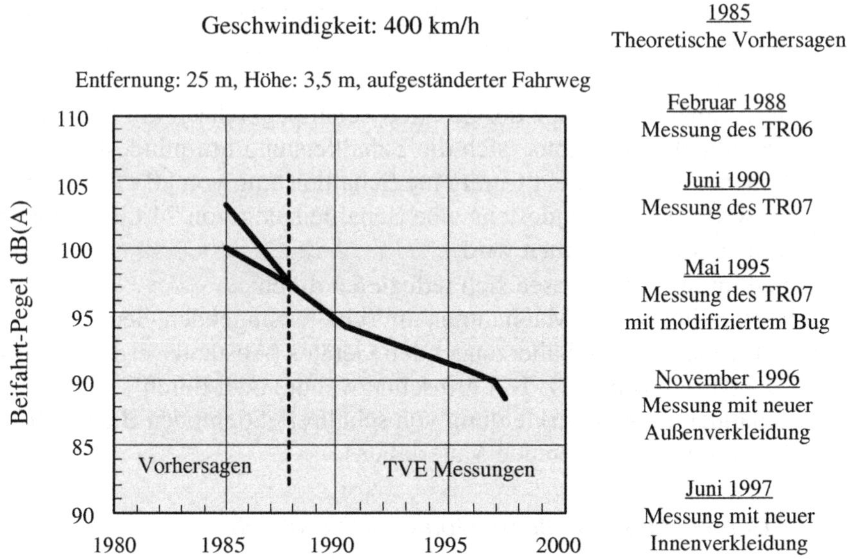

Abb. 5.36 Verbesserung der Schallemissionen beim Transrapid [350]

Gemessene Schalldruckpegel sind von vielen Faktoren abhängig. Daher sind häufig die angegebenen Werte nicht vergleichbar. Als wichtige Faktoren sollen beim Transrapid genannt werden: Art des Fahrwegs (aufgeständert oder nicht aufgeständert, konstruktive Ausbildung), Art des Fahrzeugs und Anzahl der Sektionen. Als wichtige Einflussparameter beim ICE werden genannt: Art (Feste Fahrbahn oder traditionelles Schotterbett) und Zustand des Fahrwegs, Zustand der Radsätze, Stromabnehmer sowie Anzahl der Wagen. In Tabelle 5.46 sind typische Schalldruckpegel bei 25 m Entfernung zum Zug angegeben. Unklar bleiben die Messbedingungen im Einzelnen.

So erhöht sich der Schallpegel z. B. beim Transrapid bei einer Vergrößerung des Zugs von einem 5-Sektionen-Zug zu einem 8-Sektionen-Zug bei 200 km/h etwa um 0,5 dB (A) und bei 400 km/h um etwa 0,3 dB (A).

[350] Schmitz, Hebbelmann: Predictions for sound emission of Transrapid. Seite 3

Tabelle 5.46 Gemessene Schallemissionen (Spitzenpegel) bei 25 m Abstand [351] [352] [353]

	Schallpegel in dB (A)							
	100 km/h	160 km/h	200 km/h	250 km/h	300 km/h	400 km/h	450 km/h	500 km/h
Güterzug	88-92							
S-Bahn	89-91							
Intercity			90-95					
ICE			82-84[3)]	87-93[2)] 85-88[3)]	87-91[3)]			
TGV					95-105			
Transrapid		74	79	82,5	85,5	93,5		
Transrapid [1]	73,5	74	78,5	81,5	86,5	94	96	101

1) Eigene Ermittlungen auf der Basis der Messungen von Schmitz/Hebbelmann mit Transrapid 08, 8 Sektionen, aufgeständerter Betonfahrweg (7 m), Messhöhe 1,2 m, Geschwindigkeiten über 400 km/h als Prognoserechnungen

2) nach Rade

3) nach Kratz

5.5.2.4 Beurteilungspegel

Im Abschnitt 5.5.2.3 wurden gemessene Spitzenpegel dargestellt, die nur kurzzeitig auftreten. Die Belästigung durch Lärm wird jedoch auf der Grundlage des Mittelungspegels L_m beurteilt. Nach DIN 45 641 wird dieser ermittelt über:

$$L_m = 10 \cdot lg \left[\frac{1}{T_r} \int_{T_r} 10^{0,1 \cdot L(t)} dt \right] \tag{5.50}$$

mit

T_r Beurteilungszeitraum – Tag 06:00 Uhr bis 22:00 Uhr; Nacht 22:00 Uhr bis 06:00 Uhr

$L(t)$ Schallpegel in dB (A) zur Zeit t

351 Rade: Der Transrapid – Konfliktfelder – Konfliktlinien – Positionen. Seite 53

352 Kratz: Umweltfreundliche Fahrzeuge für Fernverkehr der Bahn. Seite 93

353 Umweltbundesamt: Was Sie schon immer über Lärmschutz wissen wollten. Seite 66

Diese Berechnungsmethode stellt sicher, dass Schallspitzen besonders stark berücksichtigt werden. Der Beurteilungspegel wird aus dem Mittelungspegel durch verschiedene Zu- und Abschläge gebildet. Die Genehmigungsfähigkeit einer baulichen Anlage erfolgt auf der Basis des Beurteilungspegels.

Transrapid

Die Schallbewertung erfolgt beim Transrapid anhand des Stundenmittelungspegels unter Berücksichtigung der Anzahl der Fahrten gemäß Magnetschwebebahnverordnung, Artikel 2 Magnetschwebebahn-Lärmschutzverordnung (MbLschVO). [354] Dort ist vorgegeben:

§ 2

Immissionsgrenzwerte

(1) Zum Schutz der Nachbarschaft vor schädlichen Umwelteinwirkungen durch Verkehrsgeräusche von Magnetschwebebahnen ist bei dem Bau oder der wesentlichen Änderung von Verkehrswegen der Magnetschwebebahnen sicherzustellen, dass der Beurteilungspegel dieser Verkehrsgeräusche einen der folgenden Immissionsgrenzwerte nicht überschreitet:

		Tag 6:00 – 22:00 Uhr	*Nacht 22:00 – 6:00 Uhr*
1.	*an Krankenhäusern, Schulen, Kurheimen und Altersheimen*	*57 dB (A)*	*47 dB (A)*
2.	*in reinen und allgemeinen Wohngebieten und Kleinsiedungsgebieten*	*59 dB (A)*	*49 dB (A)*
3.	*in Kerngebieten, Dorfgebieten und Mischgebieten*	*64 dB (A)*	*54 dB (A)*
4.	*in Gewerbegebieten*	*69 dB (A)*	*59 dB (A)*

Die Beurteilung der Schallimmissionen und der Auswahl von Schallschutzmaßnahmen wird ortsabhängig durch den Vergleich mit den gesetzlichen Grenzwerten für die Tageszeit bei der Projektauslegung vorgenommen. Nach § 3 MbLschVO ist der Emissionspegel der Mittelungspegel in 25 m Abstand. Die Berechnung erfolgt über:

- Fahrzeugart,
- Fahrzeuglänge,

[354] Meine, Rebentisch: Gesetzlich vorgeschriebene Genehmigungsverfahren für Magnetschwebebahnen in Deutschland. Seite 83

- Geschwindigkeit,
- Fahrwegsart und
- Anzahl der Fahrten.

Als Beispiel für eine Berechnung wird auf Abb. 5.37 verwiesen. Berücksichtigt ist bis 300 km/h ein Bonus von 5 dB, der in Deutschland für spurgeführten Verkehr bis 300 km/h gegeben wird. Dieser Bonus wurde auf Grund von empirischen Untersuchungen ermittelt, nach denen der Schienenverkehrslärm als weniger belastend empfunden wird als Straßenverkehrslärm. [355] Es stellt sich die Frage, warum dieser Bonus bei Geschwindigkeiten über 300 km/h nicht gegeben wird. Da unter wirtschaftlichen Bedingungen das Rad-Schiene-System Geschwindigkeiten über 300 km/h nicht erreicht, kann unterstellt werden, dass hier der Eisenbahn nachgeholfen werden soll.

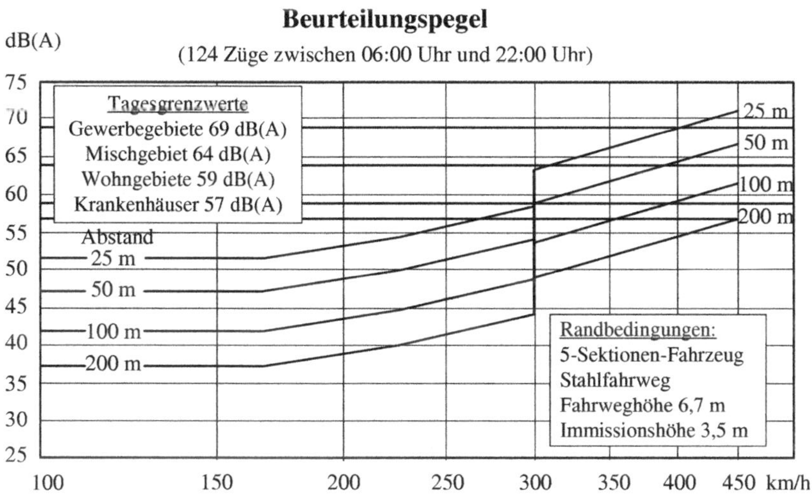

Abb. 5.37 Beispiel einer Schallberechnung nach Magnetschwebebahnverordnung [356]

Für die Strecke Berlin-Hamburg ergaben die Berechnungen für den TR 08, unter Annahme eines Stahlfahrweges für ein 5-Sektionen-Fahrzeug mit 128,3 m Länge bei 450 km/h einen Schallemissionspegel von

[355] Jäger: Neue Erkenntnisse bei der Bewertung von Schienenverkehrslärm. Seite 469

[356] Rausch: Systemtechnik der Magnetschnellbahn Transrapid. Seite 30

71,5 dB (A) bei Tag und 63,7 dB (A) bei Nacht. Die Breite des 49 dB (A)-Korridors lag in diesem ungünstigen Fall bei 230 m. [357]

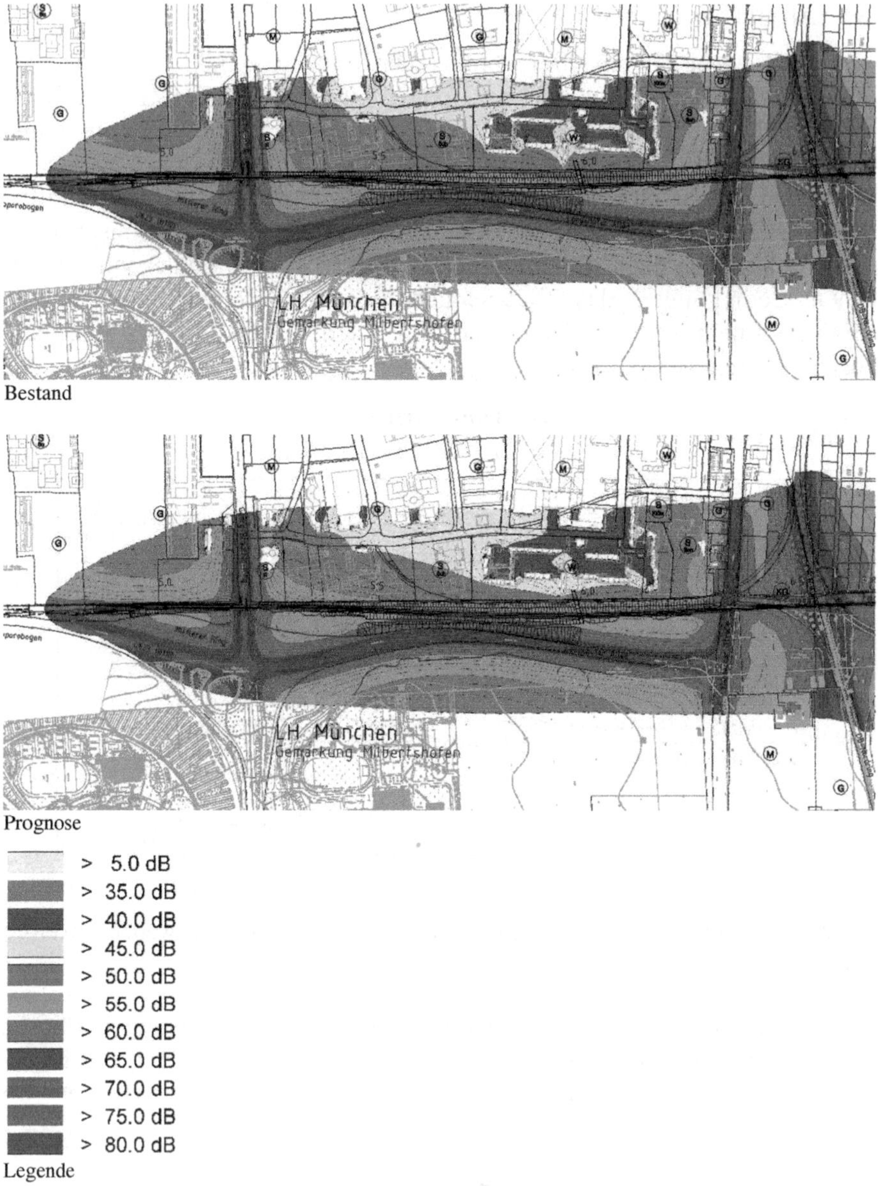

Abb. 5.38 Isophonenkarte aus dem Projekt München [358]

[357] Lehmann: Erfahrungen bei der schall- und erschütterungstechnischen Planung. Seite 86

Die Ergebnisse der Schallschutzberechnungen werden häufig auch in Isophonenkarten dargestellt. In Abb. 5.38 ist solch eine Isophonenkarte aus dem Projekt München dargestellt. Dunkel gefärbt sind Bereiche mit höherer Lärmbelästigung. So wird deutlich, dass im Bereich der Straßenkreuzung am rechten Bildrand die Lärmbelästigung steigt. Die größere Bebauung oberhalb der in der Mitte dargestellten Trasse erfährt durch eine Schallschutzwand jedoch eine Verbesserung.

Interessant ist auch die Frage, in welchen Abständen von Ortschaften eine Transrapidtrasse geplant werden muss, um den Schallschutz einzuhalten. Um die Schallpegelgrenze von 70 dB (A) einzuhalten, sind für unterschiedliche Anzahlen von Zugfahrten die Abstände für den TR 07 in Tabelle 5.47 angegeben. 128 Fahrten pro Tag entsprechen in 16 Stunden alle 15 Minuten einem Zug. Dies ist ein relativ hoher Wert, wenn man z. B. die Strecke Berlin-Hamburg betrachtet, wo Fernschnellzüge im Stundentakt verkehren. Dabei wechselt sich der ICE mit einem normalen Fernschnellzug alle zwei Stunden ab. Wie aus Tabelle 5.47 ersichtlich wird, kann die Trasse in vielen Fällen noch in einem Abstand von 25 m geführt werden.

Tabelle 5.47 Notwendige Abstände oder mögliche Geschwindigkeiten [359]

Anzahl der Fahrten pro Tag	Mit Geschwindigkeit von ...	Minimal notwendiger Abstand
32	500 km/h	25 m
128	400 km/h	30 m
192	400 km/h	40 m
384	300 km/h	30 m
384	400 km/h	60 m

06:00 bis 22:00, aufgeständerte Betonfahrbahn, TR 07 mit 10 Sektionen, Verwendung von Hochrechnungen

Rad-Schiene-System

Der Lärmschutz bei Rad-Schiene-Systemen ist nach der „Sechzehnten Verordnung zur Durchführung des Bundes-Immissionsgesetzes (Verkehrslärmschutzverordnung – 16. BImSchV)“ vom 12. 06. 1990 sicherzustellen. Diese Verordnung gilt gleichermaßen für öffentliche Straßen sowie für Schienenwege der Eisenbahnen und Straßenbahnen.

[358] Abbildung: Bayerische Magnetbahnvorbereitungsgesellschaft mbH, München
[359] Schmitz, Hebbelmann: Predictions for sound emission of Transrapid. Seite 15

Die zulässigen Immissionsschutzwerte entsprechen denen, die nach § 2 MbLschVO vorgeschrieben sind. Das Berechnungsverfahren unterscheidet sich jedoch von dem, das bei der Magnetschwebebahn zur Anwendung kommt. Es gilt nur für lange, gerade Gleise. Für andere Situationen wird auf Berechnungsmethoden der DB AG verwiesen.

Das Berechnungsverfahren nach der 16. BImSchV geht von einem Mittelungspegel L_m [dB(A)] aus, der für Emission jeweils am Tag (T) und während der Nacht (N) errechnet werden kann ($L_{m,T}$ und $L_{m,N}$). Dieser ist zu ermitteln für einen Abstand von 25 m von der Mitte der Achse des Gleises zu:

$$L_{m,T}^{(25)} \text{ oder } L_{m,N}^{(25)} = 51 + 10 \cdot lg[n \cdot (5 - 0{,}04 \cdot p)] \tag{5.51}$$

mit

n mittlere Anzahl der Züge einer Zugklasse pro Stunde [-] und

p Anteil der Fahrzeuge mit Scheibenbremsen [%].

Somit ergibt sich z. B. bei 20 Zügen pro Stunde und 80 % Scheibenbremsenanteil:

$$L_{m,T}^{(25)} \text{ oder } L_{m,N}^{(25)} = 51 + 10 \cdot lg\,[20 \cdot (5 - 0{,}04 \cdot 0{,}8)] = 70{,}97\ dB(A)$$

Dieser Wert wird korrigiert für verschiedene, die Emission beeinflussende Faktoren:

D_{Fz} Korrektur zur Berücksichtigung der Fahrzeugart, z. B. D_{Fz} = - 4 dB (A) für Fahrzeuge mit zulässigen Geschwindigkeiten $v > 100$ km/h mit Radabsorbern;

$D_{l,v}$ Korrekturwert aus Einfluss der Zuglänge und Geschwindigkeit, z. B. $D_{l,v}$ = 9,03 dB (A) für 200 m Zuglänge und 200 km/h;

D_{Fb} Korrekturwert aus Einfluss der Fahrbahn, z. B. D_{Fb} = 5 dB (A) für nicht absorbierende Feste Fahrbahn;

D_{sL} Pegeländerung durch unterschiedliche Abstände zwischen Emissionsort und dem maßgebenden Immissionsort, z. B. D_{sL} = - 5,10 dB (A) bei einer Entfernung von 100 m;

D_{MB} Pegeländerung durch Boden- und Meteorologiedämpfung, z. B. D_{MB} = - 4,6 dB (A) bei 1 m Höhenunterschied des Geländes zwischen Emissionsort und dem maßgebenden Immissionsort bei einer Entfernung von 100 m;

D_B Pegeländerung durch topografische Gegebenheiten, bauliche Maßnahmen und Reflexionen, zu errechnen nach der

Richtlinie „Schall 03" der DB AG. Beispiel Korrekturwert für Brücken $D_B = D_{Bü} = 5$ dB (A) [360]

D_B „Schienenbonus" $S = -5$ dB (A), Korrekturwert zur Berücksichtigung der geringeren Störwirkung des Schienenverkehrlärms.

Die Beispiele würden zu folgendem Wert führen:

$$L_{r,T} \text{ oder } L_{r,N} = L_m + D_{Fz} + D_{l,v} + D_{Fb} + D_{sL} + D_{MB} + D_B + D_B$$

$$= 70{,}97 - 4 + 9{,}03 + 5 - 5{,}10 - 4{,}6 + 5 - 5$$

$$= 71{,}30 \text{ dB (A)}$$

Der vorliegende Fall würde zu einer Überschreitung des zulässigen Wertes selbst in Gewerbegebieten führen. Krell gibt Berechnungsverfahren an, nach denen die Wirksamkeit verschiedener Maßnahmen beurteilt werden kann, die zur Minderung der Immission geeignet sind, wie z. B. Lärmschutzwände. [361]

5.5.2.5 Beurteilung des Schallschutzes bei Transrapid und Rad-Schiene-System

Schallimmissionen belästigen heute einen Großteil unserer Bevölkerung. Schallschutz und schnelle Verkehrssysteme widersprechen sich, da physikalisch bedingt bei höheren Geschwindigkeiten höhere Schallpegel entstehen. Daher sind Verkehrssysteme notwendig, die systembedingt so wenig Schallemissionen wie möglich verursachen. Der Transrapid ist solch ein Verkehrssystem.

Das Rollen eines Stahlrades auf Schienen ist mit einer Schallemission verbunden, die mit höheren Geschwindigkeiten beträchtlich ansteigt. Der Stromabnehmer ist beim Rad-Schiene-System systembedingt notwendig und ebenfalls eine beträchtliche Schallquelle. Aber auch die Antriebs- und Lüftermotoren tragen beim Rad-Schiene-System zu dem insgesamt sehr hohen Schallleistungspegel bei. Nicht unbedingt an den Bedürfnissen der Bevölkerung orientiert, jedoch wissenschaftlich durch eine empirische Untersuchung nachgewiesen, hat die Gesetzgebung spurgebundenen Verkehrssystemen einen Bonus von 5 dB gegeben. [362] Aus nicht verständlichen Gründen ist dieser jedoch auf 300 km/h begrenzt. Trotzdem müssen an

---

[360] Matthews. Bahnbau. Seite 274

[361] Krell: Handbuch für Lärmschutz. Seite 127

[362] Jäger: Neue Erkenntnisse bei der Bewertung von Schienenverkehrslärm. Seite 472

Hochgeschwindigkeitsstrecken nach dem Rad-Schiene-System regelmäßig kilometerlange Lärmschutzwände gebaut werden. Die hierdurch hervorgerufenen optischen Sichtbarrieren und die optische Teilung der Landschaft werden leider in die Systembewertung nicht einbezogen.

Aufgrund der insgesamt relativ geringen Schallemissionen des Transrapid liegt der Anteil von Streckenabschnitten mit aktivem Schallschutz abhängig vom Projekt bei unter 5 % der Streckenlänge. [363]

Breimeier stellt fest, dass bei gleicher Geschwindigkeit das Rad-Schiene-System wesentlich lauter ist als der Transrapid. Gleichzeitig schwächt er diese Aussage jedoch ab, indem er feststellt: *„Da die Schall-Emission mit steigender Geschwindigkeit anwächst, ist im Bereich der im Betriebseinsatz zu erwartenden Geschwindigkeiten der Transrapid (400 km/h) hingegen nicht "leiser" als der ICE (300 km/h).“* [364]

Die Aussage ist weitgehend richtig, da die gemessenen Schallspitzenwerte bei den beiden Systemen und den angegebenen Geschwindigkeiten in der gleichen Größenordnung liegen (siehe Tabelle 5.46). Die Argumentation ist jedoch nicht zielführend. Bei gleichen zugelassenen Immissionsgrenzwerten kann der Transrapid deutlich schneller fahren. Hier zeigt sich einer der großen Vorteile des Transrapid. Falls z. B. bei einer Stadteinfahrt für ein Mischgebiet maximal 64 dB (A) als Grenzwert vorgegeben ist, so könnte der Transrapid sogar noch bei einer Entfernung von 25 m zur Immissionsstelle mit 300 km/h fahren (siehe Abb. 5.37). Beim Rad-Schiene-System sind auf jeden Fall teure Lärmschutzwände erforderlich.

Zu beachten ist, dass im Rahmen von Planfeststellungsbeschlüssen den Eigentümern von Gebäuden dann Entschädigungen nach § 42 BImSchG zuerkannt werden, sofern die zulässigen Immissionen überschritten werden.

Verschiedentlich wird eine Überarbeitung des Normenwerkes gefordert. Insbesondere wird darauf hingewiesen, dass durch die Verordnungen nicht mehr der Stand der Technik repräsentiert wird. Im Vergleich mit anderen Regelungen und Empfehlungen zum Schutz vor schädlichen Geräuschen (z. B. TA Lärm, DIN 18 005, Entschließung der Gesundheitsministerkonferenz 1994, Sachverständigenrat für Umweltfragen 1999) sind die Immissionswerte in der 16. BImSchV und der MbLschVO deutlich höher angesetzt.

Notwendig wäre eine Überarbeitung der Normen, die eine Beurteilung der Schallemissionen nach neuestem Wissen zulässt:

---

[363] Rausch: Systemtechnik der Magnetschnellbahn Transrapid. Seite 280

[364] Breimeier: Transrapid oder Eisenbahn. Seite 24

- Beurteilung nach Art des Schalls und dem Timbre (ganzes Schallspektrum oder nur ein Ton);
- Existenz eines regelmäßigen Fahrplanes (Personen gewöhnen sich an einen regelmäßigen Fahrplan);
- keine Änderung des Schallcharakters – immer dasselbe, bekannte Schallspektrum;
- kein Einfluss durch den Fahrer (absolut automatischer Betrieb);
- Schall kann nicht zur Informationsübertragung benutzt werden (systembedingt kein Hupen, Pfeifen);
- genereller Schienenbonus für spurgebundenen Verkehr oder aber konsequente Abschaffung.

Falls die zulässigen Immissionen reduziert würden, käme dies insbesondere dem relativ leise in die Innenstädte einfahrenden Transrapid zu Gute.

5.5.3 Erschütterungen

Natürliche Erschütterungen erleben wir hauptsächlich durch starken Wind. Diese Erschütterungen haben gewöhnlich keinerlei Schäden zur Folge. Dagegen können schwere Felsstürze, besonders aber Erdbeben, zu massiven Schäden an Gebäuden führen. In der vom Menschen gestalteten Umwelt erfahren wir Erschütterungen besonders durch den Verkehr. Zum Klirren von Gläsern in Schränken kann sowohl der schwere LKW-Verkehr aber auch der spurgebundene Bahnverkehr führen, wie dies tagtäglich Personen erfahren, die in Großstädten über und entlang von U-Bahn-Strecken oder entlang von Rad-Schiene-Hochgeschwindigkeitsstrecken leben. Besonders nach Ausbau von existierenden Strecken zu Schnellfahrstrecken musste vielfach festgestellt werden, dass nach Beginn des Schnellfahrbetriebs durch die Erschütterungen beträchtliche Schäden an Gebäuden in Form von Rissen auftraten.

Bauarbeiten sind ebenfalls häufig mit Erschütterungen verbunden. Diese entstehen, indem große Massen planmäßig (z. B. Rammen, Abbruch) auf den Boden oder andere Bauteile einwirken. Es werden auch gezielt Vibrationen eingesetzt, insbesondere um Baustoffe zu verdichten (Rüttler beim Betoneinbau, Rüttelplatten und Vibrationswalzen zur Verdichtung von Erdbaustoffen). Rammen oder Rüttler werden zum Einbringen von Pfählen oder Spundwänden verwendet. In vielen Fällen führt dies zu Rissbildungen und anderen Schäden an bestehenden Gebäuden.

Nach dem Bundes-Immissionsschutzgesetz werden grundsätzlich Immissionen durch Erschütterung als schädliche Umwelteinflüsse qualifiziert, gesetzliche Regelungen für die Beurteilung von Erschütterungen gibt es dagegen nicht.

Erschütterungen können nicht geschlossen rechnerisch prognostiziert werden. Sie werden an einzelnen Gebäuden gemessen. Somit lassen sich die Erschütterungen, die regelmäßig durch Rad-Schiene-Systeme und schweren LKW-Verkehr erzeugt werden, dokumentieren. Die DIN 4150 Teil 2 „Erschütterungen im Bauwesen, Einwirkungen auf Menschen in Gebäuden" nennt Anhaltswerte für Erschütterungsimmissionen, bei deren Einhaltung nicht mit erheblichen Belästigungen zu rechnen ist. Unterschieden wird zwischen maximal bewerteten Schwingstärken $KB_{F,max}$ und den Beurteilungs-Schwingstärken $KB_{F,Tr}$. Eine Überschreitung der Werte führt jedoch nicht unbedingt zu einer erheblichen Belästigung der in den Gebäuden lebenden Menschen. [365]

Erschütterungen werden beim Rad-Schiene-System erzeugt durch:

- periodische Schwankungen der Fahrwegsteifigkeit,
- Unebenheiten der Schienenlauffläche,
- Abweichungen von der vorgegebenen Gleislage,
- Unrundheit der Räder und Flachstellen auf den Radlaufflächen,
- Eigenschwingungen von Fahrzeugteilen, beispielsweise der Drehgestelle und der Radsätze.

Weiterhin entstehen Erschütterungen auch durch Störstellen, wie

- Weichen,
- unebene Schweißstellen sowie
- Widerlager und Stützen von Brücken.

Neben der konstruktiven Ausbildung des Oberbaus, der verwendeten Schienenprofile, der Radsatzabstände und der Fahrzeugmasse haben auch die Fahrbahnlage und die Geschwindigkeit einen wesentlichen Einfluss auf die Stärke und den Frequenzbereich der Erschütterungsanregung. Während eine Trassenlage auf einem Damm, im Einschnitt oder im Tunnel die Erschütterungen eher abmindert, nimmt die Erschütterungsstärke mit zunehmender Geschwindigkeit bis zu einer systemabhängigen Grenze in der Regel zu. Nach den Annahmen der DIN 4150 Teil 1 (06/2001) endet der Einwirkungsbereich der Schienenverkehrserschütterungen in einem Abstand von ca. 80 m gemessen vom Anregungsort. Ausnahmen sind auf Untergrund mit Weichschichten bekannt.

---

[365] Lehmann: Erfahrungen bei der schall- und erschütterungstechnischen Planung. Seite 88

An der Transrapid-Versuchsstrecke im Emsland wurden Erschütterungsmessungen durchgeführt. In Abb. 5.39 sind die Erschütterungspegel des Transrapid nach Rausch [366] dargestellt.

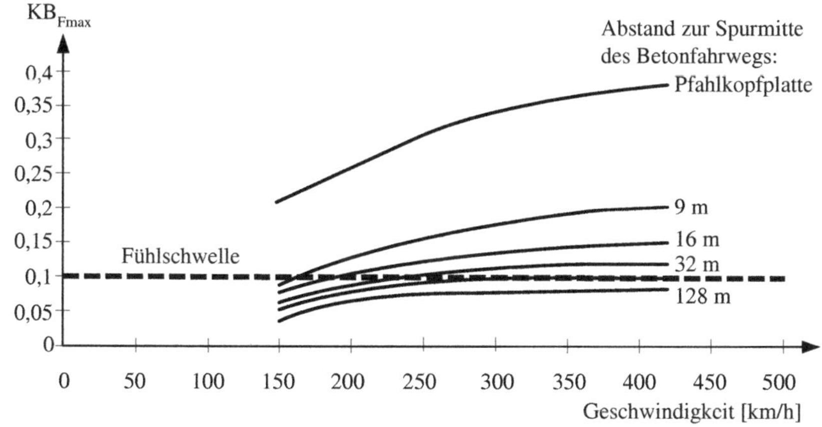

Abb. 5.39 Erschütterungspegel des Transrapid [367]

In Abb. 5.39 werden die ermittelten $KB_{F,max}$-Werte abhängig von der Geschwindigkeit dargestellt. Dazu ist in der Abbildung als Beurteilungsgrenze die Fühlschwelle eingetragen. Bereits ab einem Abstand von ca. 45 m bis 55 m können die Erschütterungen eines 400 km/h schnellen Transrapid in der Regel nicht mehr wahrgenommen werden.

Tabelle 5.48 Anhaltswerte für die Beurteilung von Erschütterungsimmissionen in Wohnungen und vergleichbar genutzter Räume

Einwirkungsort gemäß BauNVO	zul. $KB_{F,max}$	
	tags	nachts
Industriegebiet, GI	0,40	0,30
Gewerbegebiet, GE	0,30	0,20
Dorfgebiet MD, Mischgebiet MI, Kerngebiet MK	0,20	0,15
allgemeines Wohngebiet WA, reines Wohngebiet WR Kleinsiedlungsgebiet WS	0,15	0,10
Sondergebiete SO	0,1	0,1

[366] Rausch: Systemtechnik der Magnetschnellbahn Transrapid. Seite 30
[367] Rausch: Systemtechnik der Magnetschnellbahn Transrapid. Seite 30

In Tabelle 5.48 sind die $KB_{F,max}$-Werte in Abhängigkeit von der Tageszeit und der Lage des Immissionsortes aufgeführt, bei deren Unterschreitung gemäß DIN 4150 Teil 2 (06/1999) von keinen störenden Einwirkungen auf Menschen in Gebäuden ausgegangen wird. Bei genaueren Berechnungen und Untersuchungen wären im Einzelfall auch höhere $KB_{F,max}$-Werte zulässig.

Vergleicht man die Angaben in der Tabelle 5.48 mit den gemessenen Werten der Abb. 5.39 an der Transrapid Versuchsanlage Emsland, ist festzustellen, dass der Betrieb eines Transrapid in hohen Geschwindigkeitsbereichen die Vorgaben der Norm in Kern-, Misch- und ländlichen Gebieten bereits in einem Abstand von ca. 15 m auch in der Nacht einhält. In Wohngebieten werden die am Tag geltenden Vorgaben bereits im Abstand von ca. 12 m unterschritten.

Zu ähnlichen Ergebnissen führen auch die Untersuchungen von Rausch. Nach seinen Erkenntnissen liegen bei identischen Mess- und Auswerteverfahren sowie gleichen Boden- und Ausbreitungsverhältnissen die Pegel des Transrapid auch bei Geschwindigkeiten über 400 km/h unter denen der Eisenbahn bei etwa 135 km/h. [368]

5.5.4 Elektrische, magnetische und elektromagnetische Felder

Elektromagnetische Felder kann der Mensch nicht spüren. Daher wird die Diskussion hierüber häufig nicht auf wissenschaftlicher Basis geführt. Begriffe wie Elektrosmog, Elektrostress oder Erdstrahlungen werden dabei verwendet, obwohl diese keine wissenschaftliche Basis haben. Weltweit beschäftigen sich jedoch viele Wissenschaftler mit den Wirkungen elektrischer, magnetischer und elektromagnetischer Felder auf den Menschen. Es gibt eine Vielzahl von Untersuchungen, die schädliche Wirkungen bei bestimmten Strahlenexpositionen nachweisen. Daher gibt es auch umfangreiche internationale Empfehlungen und nationale Vorschriften zum Schutz der Bevölkerung. Die Zusammenhänge sind teilweise kompliziert. Eine umfangreiche Darstellung der Zusammenhänge würde den Umfang dieses Buches sprengen. Es wird daher auf umfangreiche Literatur verwiesen, die bei der Strahlenschutzkommission [369], beim Bundesamt für Strahlenschutz [370] und bei der International Commission on Non-Ionizing Radiation Protection (ICNIR) [371] vorhanden ist.

---

[368] Rausch: Systemtechnik der Magnetschnellbahn Transrapid. Seite 30

[369] www.ssk.de

[370] www.bfs.de

[371] www:icnirp.de

Magnetfelder sind eine Begleiterscheinung elektrischer Ströme und umgeben uns daher in unserer modernen Umwelt überall. Sie können nützlich sein, wie das natürliche Erdmagnetfeld, das uns vor kosmischer energiereicher Strahlung schützt. Viele Menschen vertrauen auf die heilsame Wirkung der Magnetfelder, z. B. durch die Magnetfeldtherapie oder durch die Anwendung von Magnetpflastern. Andererseits werden magnetische Felder mit Urängsten verbunden, vor denen man sich schützen muss, wie uns insbesondere Vertreter von speziellen Arten der Baubiologie erklären wollen.

Mit magnetischen Wechselfeldern können Gefahren verbunden sein. Niederfrequente elektrische Felder entstehen in Leitungen, an denen eine Wechselspannung anliegt, in denen aber kein Strom fließt. Dieses elektrische Feld wird in [V/m] gemessen. Typische, im Haushalt vorkommende Werte sind in Tabelle 5.49 wiedergegeben.

Tabelle 5.49 Elektrische Feldstärken

Gerät		Abstand	Elektrische Feldstärke
Metall-Nachttischlampe	ungeerdet	50 cm	80 V/m
Metall-Nachttischlampe	geerdet	50 cm	< 2 V/m
Wand mit brüchigen Stegleitungen		50 cm	> 100 V/m
Wand mit konventionellen NYM-Kabeln		50 cm	< 10 V/m
Farbfernseher	eingeschaltet	50 cm	300 V/m
Farbfernseher	Stand-By	50 cm	30 V/m
Heizkissen, Wärmedecke		1 cm	4500 V/m

Zu beachten ist außerdem, dass durch elektrische Gleichfelder statische Felder entstehen können, die sich z. B. durch abstoßende Haare zeigen, sich durch kleine Funken entladen oder sich in der Natur durch Blitze zeigen.

Sobald Strom fließt, bildet sich ein magnetisches Feld, das in Tesla [T] gemessen wird [$1 T = 1 Vs/m^2$]. Da die magnetische Feldstärke von 1 T sehr hoch ist und in der Praxis kaum vorkommt, wird meistens als Einheit µT oder nT verwendet. Typische im Haushalt vorkommende magnetische Feldstärken sind in Tabelle 5.50 wiedergegeben.

Neben den niederfrequenten magnetischen Feldern sind auch hochfrequente Felder zu betrachten, die zur Daten- und Informationsübertragung verwendet werden. Neben den für die Radioübertragung verwendeten Lang-, Mittel- und Ultrakurzwellen spielen heute besonders Frequenzen ab

100 kHz bis 300 GHz eine große Rolle. Bestimmte Frequenzen können durch Resonanz Körper erwärmen. Bekannt ist der Mikrowellenherd, der mit einer Frequenz von 21,45 GHz arbeitet. Darüber arbeiten moderne Mobiltelefone mit digital gepulsten Wellen. Dabei werden z. B. alle 4,61 ms Fragmente gesendet, die vom Empfänger wieder zusammengesetzt werden. Diese hochfrequenten magnetischen Wellen stehen im Mittelpunkt der Diskussion, wenn es um die gesundheitlichen Folgen des sog. Elektrosmog geht.

Tabelle 5.50 Niederfrequente magnetische Wechselfelder

Gerät	Abstand	Magnetische Feldstärke [μT]
Niedervolt-Halogenschreibtischlampe	50 cm	> 4,5
Kabel in Wänden bei 1.000 W Strom	20 cm	< 0,1
Heizdecke, Heizkissen	1 cm	> 5,0
Fernseher	50 cm	3,5
Nachtstromspeicherheizung – Zuleitung	50 cm	2,2

Häufig werden Befürchtungen geäußert, dass von den durch den Transrapid erzeugten Magnetfeldern gesundheitliche Schäden zu erwarten sind. Dabei wird besonders auf Personen verwiesen, die Herzschrittmacher tragen. Durch wissenschaftliche Untersuchungen konnte festgestellt werden, dass die beim Transrapid auftretenden magnetischen Feldstärken vergleichbar zu denen sind, denen wir im Haushalt ausgesetzt sind. Die von Rausch [372] veröffentlichten Werte für das Fahrzeug sind in Abb. 5.40 und für den Fahrweg in Abb. 5.41 dargestellt. Somit kann jede Person, auch Träger von Herzschrittmachern, bedenkenlos den Transrapid benutzen. Auch alle technischen Geräte, die wir täglich benutzen, können bedenkenlos im Transrapid transportiert werden (z. B. mechanische Armbanduhren) oder genutzt werden (z. B. Mobilfunkgeräte). Auch für Personen, die sich in unmittelbarer Nähe des Fahrwegs aufhalten, besteht keinerlei Gefahr.

Es wird ausdrücklich darauf hingewiesen, dass bei dem elektrodynamischen Schwebeprinzip, das bei der japanischen Entwicklung zur Anwendung kommt, sehr hohe Magnetfelder auftreten. Zu beachten ist, dass auch in elektrisch betriebenen Eisenbahnen magnetische Felder bestehen. Brecher hat nachgewiesen, dass im TR 07 und im TR 08 die gemessenen magnetischen Felder in der gleichen Größenordnung liegen wie bei verschiedenen amerikanischen Zügen und beim französischen TGV-A, teil-

[372] Rausch: Systemtechnik der Magnetschnellbahn Transrapid. Seite 31

weise sind sie sogar niedriger. Bei Geräten des täglichen Gebrauchs, wie z. B. bei Haartrocknern, können diese um den Faktor 1.000 höher sein. [373]

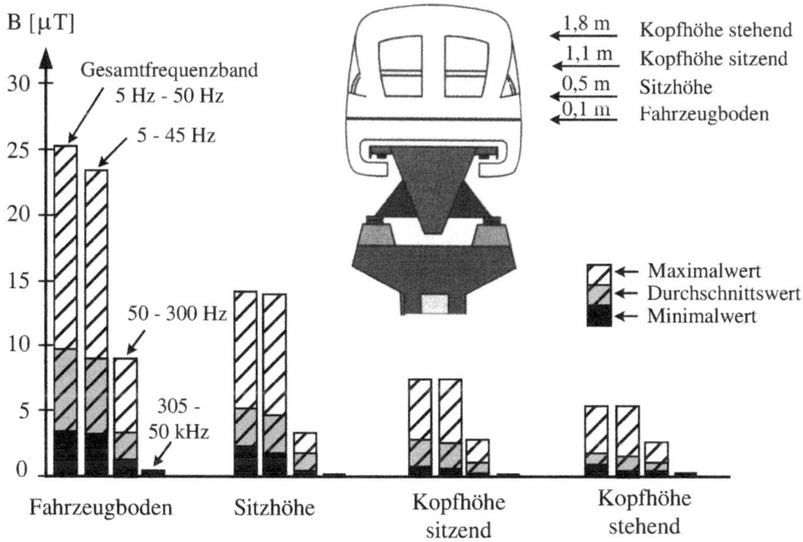

Abb. 5.40 Magnetfeldstärken im Fahrzeug [374]

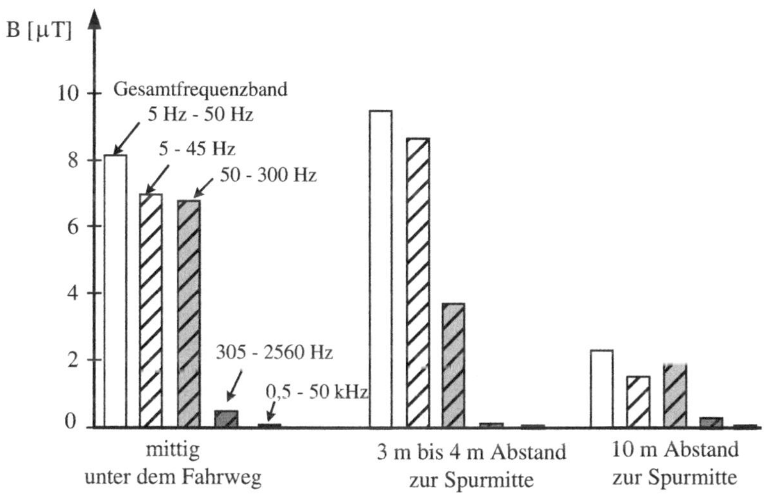

Abb. 5.41 Magnetfeldstärke am Fahrweg [375]

---

[373] Brecher: TR08 Maglev Electromagnetic Fields (EMF) and Radiation (RMR). Seite 668

[374] Rausch: Systemtechnik der Magnetschnellbahn Transrapid. Seite 31

5.6 Sicherheit

Die Lebenserfahrung zeigt uns, dass die Benutzung von Verkehrsmitteln mit unterschiedlichen Gefahren verbunden ist. Reiter können abgeworfen werden. Bei Kutschen gab es durch scheuende Pferde und beim Befahren von größeren Gefällen wegen unzulänglicher Bremsen häufig schwere Unfälle. Mit dem Aufkommen der Eisenbahn wird von explodierenden Dampflokomotiven, Zusammenstößen, Entgleisungen, Brückeneinstürzen und anderen Unfällen berichtet. [376] [377] Erwähnt werden soll einer der ersten schweren Unfälle. Am 28. 12. 1879 wurde in Schottland ein Zug, aus St. Andrews kommend und in Richtung Dundee unterwegs, von einer Orkanböe erfasst und in die Mündung des Flusses Tay gerissen. Der Sturm hatte die Firth-of-Tay-Brücke zusammenstürzen lassen. 74 Menschen starben. Das Ereignis wurde durch die Ballade von Theodor Fontane bekannt.

5.6.1 Kennzahlen zur Sicherheit

Durch Kennzahlen wird versucht, die Sicherheit unterschiedlicher Verkehrssysteme gegeneinander abzugrenzen. Meistens wird dazu die Kennzahl Unfälle pro eine Milliarde Personenkilometer verwendet. Die in Tabelle 5.51 angegebenen Kennzahlen geben vollkommen unterschiedliche Werte wieder.

Tabelle 5.51 Verkehrstote bei verschiedenen Verkehrsmitteln

	DB AG [378]	FAZ vom 22.2.2005 [379]
	Tote/10^9 Pkm	Tote/10^9 Pkm
Eisenbahn	0,2	3
Bus	0,4	0,12
Flugzeug	0,4	1
PKW	5,9	7

Es stellt sich die Frage, warum die angegebenen Kennzahlen so unterschiedlich sind. Kennzahlen werden aus zwei originären Daten gebildet.

[375] Rausch: Systemtechnik der Magnetschnellbahn Transrapid. Seite 31

[376] Volz: Eisenbahnunfälle 1871 – 1912.

[377] Schlegel, Ritzau: Schatten der Eisenbahngeschichte.

[378] Angaben DB AG unter Bezug auf eine Untersuchung der EU über einen Zeitraum von 30 Jahren (1971 bis 2001).

[379] FAZ: Brandgefahr in Bussen gering. 22. 02. 2005

Im vorliegenden Fall sind dies die in einer Periode erfassten Toten und die durch die Gesamtheit der jeweiligen Verkehrsmittel in diesem Zeitraum zurückgelegten Strecken. Es ist offensichtlich, dass bereits die originären Daten schwierig zu ermitteln sind. So stellt sich insbesondere die Frage, ob nur Tote zu zählen sind, die das Verkehrsmittel benutzt haben oder auch solche, die im Zusammenhang mit der Nutzung der Verkehrsmittel zu Tode kamen. Am Beispiel Eisenbahn bedeutet dies: sind nur Todesfälle von Passagieren zu zählen, oder auch im Bahn-Jargon als „Personenschäden" bezeichnete Todesfälle von Personen, die sich in selbstmörderischer Absicht vor einen Zug werfen. Die Abgrenzung ist im Einzelfall äußerst schwierig und geht selbst aus den Zahlen der Statistischen Bundes- und Landesämter nicht immer eindeutig hervor.

Ebenso schwierig gestaltet sich im betrachteten Fall die Ermittlung der zurückgelegten Personenkilometer. Diese können meistens nur durch Hochrechnungen aus anderen originären Zahlen ermittelt werden. Durch die großen Reiseentfernungen ergeben sich beim Flugzeug bei jeder Flugbewegung sehr viele Personenkilometer, wodurch sich bei diesem Verkehrsmittel relativ günstige Kennzahlen ergeben.

Darüber hinaus müssen die jeweiligen Verkehrsmittel sauber abgegrenzt werden. So ändert sich die Kennzahl für das Flugzeug beträchtlich, falls nur in Flugplänen ausgewiesene Flüge betrachtet werden (Linienflüge) oder auch gecharterte Privatflugzeuge sowie private Klein- und Leichtflugzeuge. Außerdem stellt sich die Frage, wie schwere, aber seltene Unfälle mit vielen Toten, wie diese z. B. bei der Eisenbahn durch den Unfall in Eschede oder bei schweren Flugzeugunfällen auftreten, über die Jahre berücksichtigt werden.

Generell interessieren in diesem Vergleich auch andere Verkehrssysteme, wie das Fahrrad oder Schiffe. Wie aber kann man für diese Verkehrssysteme diese Kennzahl ermitteln? Außerdem kann der Fußgängerverkehr mit dem Bezug auf die Personenkilometer nicht adäquat berücksichtigt werden.

Generell zu untersuchen ist, inwieweit eine Kennzahl geeignet ist, das individuelle Risiko zu beschreiben, das durch die Nutzung eines Verkehrsmittels besteht. Oder sollen durch eine Kennzahl die gesamtgesellschaftlichen Risiken beschrieben werden, die durch die Existenz eines Verkehrsmittels entstehen. Erläutert werden kann dies wiederum bei der Eisenbahn: das persönliche Risiko, durch einen Eisenbahnunfall (z. B. Zusammenstoß zweier Züge) zu Tode zu kommen, ist relativ gering. Das persönliche Risiko, bei die Nutzung der Eisenbahn zu Tode zu kommen, ist jedoch schon deutlich größer. In diesem Fall werden auch Todesfälle mitgezählt, die z. B. innerhalb des Bahnhofs beim Besteigen der Wagen vorkommen. Schließlich müssen bei einer gesamtgesellschaftlichen Betrachtung auch die sog. „Personenschäden“ (Suizide durch Überfahrenlassen) irgendwann in die Statistik mit aufgenommen werden. Bei der gesamtgesellschaftlichen Betrachtung sind auch Todesfälle zu zählen, die z. B. bei Zusammenstößen zwischen PKW und einem Zug an niveaugleichen Bahnübergängen auftreten.

Es stellt sich somit die prinzipielle Frage, welche Kennzahl unserem Risikoempfinden am besten entspricht. Ob dies bei der Bezugsgröße Personenkilometer gegeben ist, darf zumindest bezweifelt werden. Aus diesem Grund wird vorgeschlagen, für die persönlichen Risiken besser andere Kennzahlen zu verwenden, z. B. mit den folgenden Bezugsgrößen:

- Stunden der Benutzung oder
- Anzahl der Reisen.

Proske gibt die in Tabelle 5.52 aufgeführten Todeszahlen pro Milliarde Reisen an. [380]

Tabelle 5.52 Anzahl Todesopfer abhängig von der Anzahl der Reisen

Verkehrsmittel	Todesopfer pro Milliarde Reisen
Flugzeug	ca. 54
Auto	ca. 44
Bahn	ca. 27
Bus	ca. 4

5.6.2 Beeinflussung der Sicherheit

Unabhängig vom Verkehrssystem haben Unfälle mit zunehmender Geschwindigkeit meist schwerere Folgen. Zu erwähnen ist in diesem Zusammenhang das bis dato [381] schwerste Nachkriegs-Eisenbahnunglück in Deutschland, bei dem am 03. 06. 1998 in Eschede 101 Menschen starben und 119 schwer verletzt wurden. Am hinteren Drehgestell des ersten ICE 1-Wagens versagte ein Radreifen, der gummigefedert mit der Radscheibe verbunden war. Eine Notbremsung wurde trotz heftiger Geräusche nicht eingeleitet. Beim Überfahren einer Weiche mit 195 km/h bis 200 km/h entgleiste das betroffene Drehgestell, mit fatalen Folgen. Nachdem ein Wagen mit dem Mittelpfeiler einer Brücke kollidiert war, entgleisten die restlichen Wagen. Schließlich begrub der einstürzende Brücken-

---

[380] Proske: Katalog der Risiken. Seite 105

[381] Stand Frühjahr 2005

überbau einige Wagen unter sich. [382] Ursächlich für den Unfall war zum größten Teil das DB-Netz-Management mit Schwerpunkten bei Wartungsmängeln, unklaren Kompetenzfestlegungen und unzureichenden Vorschriften. An erster Stelle steht jedoch ein systematisches Problem der Eisenbahn. Bedingt durch die schwer beherrschbaren Vibrationen beim Rad-Schiene-System wurde versucht, durch gummigelagerte Radreifen einen höheren Reisekomfort und geringere Lärmemissionen zu erreichen. Die technische Umsetzung scheiterte jedoch.

An diesem Beispiel wird deutlich, dass Sicherheit von Verkehrssystemen auf dem Sicherheitsniveau unterschiedlicher Ebenen beruht:

1. systembedingte Sicherheit (siehe Abschnitt 5.6.3)
2. konstruktiv-technische Sicherheit (siehe Abschnitt 5.6.4)
3. betriebliche und organisatorische Sicherheit (siehe Abschnitt 5.6.5).

5.6.3 Systembedingte Sicherheit

- Das Rad-Schiene-System ist nicht entgleisungssicher. Insbesondere durch Kollision mit Gegenständen auf den Gleisen (z. B. ICE-Kollision mit Traktor am 1. 4. 2004 bei Erfringen-Kirchen oder mit Gegenständen wie Steinen, Stahlplatten etc.) kann ein Zug zum Entgleisen kommen. Entgleisungen können verheerende Folgen haben, wie das Unglück in Eschede gezeigt hat. Entgleisungen durch Rad- oder Radreifenbruch verfolgt die Eisenbahn schon immer. Von Stockert berichtet von Unfällen aus diesem Grund in den Jahren 1875 und 1880. [383] Der verheerende Unfall in Eschede im Jahr 1998, der durch einen Radreifenbruch ausgelöst wurde, wurde in Abschnitt 5.6.1 geschildert. Der Transrapid kann dagegen nicht entgleisen, da das Fahrzeug den Fahrweg umgreift!
- Systembedingt ist es beim Rad-Schiene-System nicht ausgeschlossen, dass sich zwei Züge auf demselben Gleis befinden und aufeinander zufahren. Von solch einem Unfall, der sich im Jahr 1998 ereignete und bei dem ein Lokomotivführer getötet wurde, berichtet z. B. Preuß. [384] 1995 stieß in Garmisch-Partenkirchen der „Gläserne Zug“ mit einem Regionalexpress zusammen und führte zum Tod eines Passagiers, 19 Reisende wurden verletzt. [385] Viele weitere Zusammenstöße könnten aufgezählt werden. Nicht minder gravierend sind die Folgen von Flan-

[382] Preuß: Eisenbahnunfälle bei der Deutschen Bahn. Seite 15 ff
[383] von Stockert: Eisenbahnunfälle. Seite 65 und 67
[384] Preuß: Eisenbahnunfälle bei der Deutschen Bahn. Seite 171
[385] Preuß: Eisenbahnunfälle bei der Deutschen Bahn. Seite 89

kenfahrten, von denen auch regelmäßig berichtet wird. [386] Zwar wird mit aufwendiger Zugleittechnik, wie z. B. der linienförmigen Zugbeeinflussung (LZB) versucht, Zusammenstöße zu verhindern. Mit absoluter Sicherheit ausschließen kann man diese trotzdem nicht, da jeder Zug seinen eigenen Antrieb hat. Beim Transrapid ist es prinzipiell nicht möglich, dass sich zwei Züge entgegengesetzt auf einem Gleis bewegen, da die Züge vom Linearmotor immer in dieselbe Richtung bewegt werden. Darüber hinaus kann sich ein Magnetschwebezug nur bewegen, wenn er angetrieben wird. Da der Transrapid keine Räder hat, bleibt er ohne Antrieb allein durch die Reibungswiderstände zwischen Fahrweg und Fahrzeug stehen. Ein antriebsloser Eisenbahnwagen oder gar ein ganzer Eisenbahnzug kann sich dagegen auf einer Gefällstrecke selbständig in Bewegung setzen und auf einen anderen Zug aufprallen.

- Verschleiß spielt systembedingt beim Rad-Schiene-System eine dominante Rolle, wie sich dies durch den ICE-Unfall in Eschede drastisch gezeigt hat. Der gebrochene Radreifen hatte einen Herstelldurchmesser von 920 mm. Nach den Wartungsprotokollen vom 26. 05. 1998 war das Rad nach einer Laufleistung von 1.900.000 km auf 862 mm abgefahren. Am 03. 06. 1998, also wenige Tage nach der letzten Diagnose, geschah der Unfall. Der Radreifen selbst war somit von einem Ausgangsmaß von 60 mm auf 31 mm abgefahren. Beim Transrapid werden die Trag- und Führkräfte über nicht bewegliche, mechanische Bauteile vom Magnet auf das Schwebegestell und von dort auf den Wagenkasten übertragen. Es treten aerodynamische Lasten auf, die Fahrzeugstruktur muss entsprechend betriebsfest ausgelegt und qualifiziert sein. Da es keinen Antrieb mit beweglichen Teilen gibt, kann auch kein mechanischer Verschleiß auftreten. Die systembedingte Sicherheit ist daher als wesentlich höher anzusehen.

Schwer verständlich sind teilweise Argumente, die von Befürwortern des Rad-Schiene-Systems vorgetragen werden. So behauptet z. B. Breimeier: *„Andererseits ist die Entgleisungsfähigkeit der Eisenbahn keineswegs nur als negativer Aspekt zu sehen. Im Fall einer Kollision eröffnet sich dem Eisenbahnfahrzeug die Möglichkeit, neben der Fahrbahn rutschend durch erhöhte Reibung Energie abzubauen."* [387] Zwar gibt es prinzipiell die Möglichkeit, bei einer Havarie kinetische Energie durch Reibung gezielt in Wärme umzusetzen. Dieses Prinzip wird ja auch durch Kiesstrecken an langen Gefällestrecken genutzt, um LKW abzubremsen, deren Bremsen versagt haben. Bei der Eisenbahn sind derartige Kiesstrecken aber unbe-

[386] Preuß: Eisenbahnunfälle bei der Deutschen Bahn. Seite 93.

[387] Breimeier: Transrapid oder Eisenbahn. Seite 24

kannt. Zudem entgleisen Züge nicht nur auf freiem Feld, sondern auch in Einschnitten oder unter Brücken und verkeilen sich dort, wie der tragische Unfall von Eschede gezeigt hat. Das 100%ig sichere Führungssystem des Transrapid kann folglich nicht hoch genug gewürdigt werden.

Ebenso schwer verständlich ist ein weiteres Argument, das Breimeier vorträgt: „Überfährt die Magnetbahn eine (unverhofft auftretende) bedeutende Unstetigkeit der Fahrbahn oder trifft sie auf ein Hindernis, kann sie hingegen nicht ausweichen." [388]

Die als unverhofft auftretenden Unstetigkeiten umschriebenen Hindernisse sind bei der Eisenbahn z. B. auf Bahnübergängen liegengebliebene Kraftfahrzeuge. Auch durch extreme Temperaturen kann es bei der Eisenbahn zu Verwerfungen des Gleises durch Wärmedehnung kommen. In all diesen Fällen ist der Anhalteweg des Zuges meist länger als die Sichtweite des Lokomotivführers, und es kommt zwangsläufig zu Kollisionen oder Entgleisungen. Durch die bevorzugt aufgeständerte Bauweise des Transrapidfahrwegs sind der Straßenverkehr und der Transrapid von vornherein in zwei Ebenen eingeordnet, so dass Kollisionen ausgeschlossen sind. Die Gefahr der Unterspülung des Transrapidfahrweges ist wesentlich geringer einzuschätzen als bei der Eisenbahn, da das Wasser zwischen den Stützen des Fahrweges ungehindert abfließen kann. Wärmespannungen können nicht entstehen, da die einzelnen Fahrwegträger des Transrapid Dehnungen zulassen. Beim Zusammenstoß von zwei Massen ist der Impuls als das Produkt von Masse mal Geschwindigkeit für die resultierende Bewegung ausschlaggebend. Da der Transrapid eine sehr hohe Geschwindigkeit hat, ist auch sein Impuls gegenüber einer auf dem Fahrweg befindlichen Masse sehr groß. Es ist also zu erwarten, dass in den allermeisten Fällen das Hindernis vom Fahrweg geschleudert wird. Um höchste Sicherheit zu gewährleisten, werden umfangreiche Materialversuche durchgeführt, um den Transrapid-Zug trotz Leichtbau außerordentlich unempfindlich gegen Havarien zu gestalten. Zur Anwendung kommen dabei Kohlefasern, wie diese auch beim Bau der Sicherheitszellen bei Formel-1-Rennwagen verwendet werden.

5.6.4 Konstruktiv-technische Sicherheit

- Ein aufgeständerter Fahrweg kann im Vergleich zu einem ebenerdigen Fahrweg generell als wesentlich sicherer gewertet werden, da eine Kollisionen mit anderen Verkehrsteilnehmern weitgehend ausgeschlossen ist. Dies gilt insbesondere, wenn die lichte Durchfahrtshöhe

[388] Breimeier: Transrapid oder Eisenbahn. Seite 24

mehr als 4 m beträgt. Ein aufgeständerter Fahrweg ist prinzipiell auch beim Rad-Schiene-System möglich. So wird z. B. die neue Hochgeschwindigkeitsstrecke von Taipei nach Kaohsiung in Taiwan über weite Strecken aufgeständert geführt. Das Los C-270, erstellt durch die Arge Bilfinger Berger – CEC, hat eine Gesamtlänge von 42,80 km. Davon bestehen 38 km aus einem Viadukt mit Standardträgern mit einer Spannweite von 35 m. Der finanzielle Aufwand hierfür ist aber beträchtlich und ist normalerweise nicht gerechtfertigt. Anders jedoch beim Transrapid: Die Konstruktion hat im Vergleich zum Rad-Schiene-System wesentlich geringere Lasten zu tragen, so dass in Verbindung mit der Fahrbahn eine aufgeständerte Konstruktion nicht nur wirtschaftlich akzeptabel ist, sondern vielfach die bevorzugte Lösung darstellt. Als Vorteil der aufgeständerten Konstruktion können folgende Aspekte aufgeführt werden: Wegen der Höhe ist der Transrapid wesentlich besser gegen fremde Eingriffe geschützt. „Personenschäden" durch Suizid können weitgehend ausgeschlossen werden. Abstürzende Fahrzeuge von Straßenüberführungen sind nicht möglich. In diesem Zusammenhang ist darauf hinzuweisen, dass es die bevorzugte Variante ist, spurgebundene Verkehrssysteme über andere Verkehrswege hinweg zu führen und nicht umgekehrt. Damit können Eingriffe in das spurgebundene System weitgehend vermieden werden.

- Es wird allgemein akzeptiert, dass elektronische Bauteile, wie z. B. Transistor-Schaltungen um ein Vielfaches sicherer funktionieren als mechanische Schaltungen und auch seltener ausfallen. Mechanisch beanspruchte Teile unterliegen einem Verschleiß. Mechanische Teile sind damit fehleranfälliger und müssen mit einem adäquaten Inspektions-, Wartungs- und Instandhaltungsaufwand unterhalten werden. Die Eisenbahn zeichnet sich durch eine Vielzahl von mechanischen Teilen aus: Motoren, Antrieb, Stromabnehmer, besonders aber die Radsätze, Schienen und die mechanisch wirkenden Bremsen. Von Stockert berichtet, dass Unfälle wegen Achsbruch zu Beginn des 19. Jahrhunderts noch relativ häufig waren. [389] Unfälle wegen Schienenbruchs sind auch heute nicht auszuschließen. [390] Leider muss in diesem Zusammenhang noch einmal das tragische Unglück des ICE Wilhelm-Conrad-Röntgen am 03. 06. 1998 genannt werden. Ursache waren – wie bereits erwähnt – Materialermüdungen an einem Radreifen, der nach 1.900.000 km Fahrstrecke von seinem Ausgangs-Durchmesser von 920 mm auf 862 mm abgefahren war.

---

[389] von Stockert: Eisenbahnunfälle.

[390] Preuß: Eisenbahnunfälle bei der Deutschen Bahn. Seite 137

- Ein automatischer führerloser Fahrbetrieb verhindert weitgehend menschliches Versagen. Eine Vielzahl von Eisenbahnunfällen zeugt davon, dass Züge zusammenstießen, nachdem wegen menschlichem Versagen Fahrsignale nicht beachtet wurden oder einfach Missverständnisse vorlagen. Von Seiten der Bahn wird häufig argumentiert, dass durch die linienförmige Zugbeeinflussung" (LZB) ein Betrieb erreicht wird, der mit einem automatischen, führerlosen Fahrbetrieb vergleichbar sei. Jedoch wird von mehreren Unfällen trotz LZB berichtet. [391] Bei der S-Bahn in Nürnberg soll ab Frühjahr 2006 erstmals in Deutschland ein führerloser Bahnbetrieb eingeführt werden. In Lille (Nordfrankreich) wird bereits seit 1983 mit dem von MATRA entwickelten System VAL (Vehicule Automatique Légere) eine Stadtbahn automatisch betrieben. Der zusätzliche technische Aufwand im Vergleich zum LZB ist beträchtlich. Beim Transrapid ist dagegen der führerlose Betrieb systembedingt realisiert, da die Antriebsmotoren nicht im Fahrzeug sitzen.
  Beim Transrapid besteht das Operation Control System (OCS) aus zentralen und dezentralen Rechnersystemen, die mit SIMIS®-Rechnern (Sicheres Microcomputersystem von Siemens) realisiert wurden. Das OCS steuert alle Betriebsfunktionen, wie Streckensicherung, -ortung, Fahrzeugsicherung, Weichensicherung und den Antrieb. [392] Eine weitere Komponente des OCS ist der zentrale Funkkommunikationsrechner, der die Betriebskommunikation zum Fahrzeug ermöglicht. Im Fahrzeug überwacht ein fahrzeugseitiger Computer (Vehicle Safety Computer – VCS) das Fahrzeug. Im Fehlerfall führen die fahrzeugseitigen Komponenten das betroffene Fahrzeug sicher zum nächsten Halteplatz. [393]
- Die baulich-konstruktive Sicherheit der Bahntrassen war nach dem Unfall in Eschede Grund für eine Untersuchung, die das Eisenbahn-Bundesamt bei einer Schweizer Ingenieurgesellschaft in Auftrag gegeben hat. Bewertet wurde, inwieweit bei Geschwindigkeiten über 160 km/h eine Verbesserung der Sicherheit des Eisenbahnverkehrs erreicht werden kann, durch:
  - Reduzierung der Anzahl der Weichen in Durchfahrgleisen,
  - Vergrößerung des Abstandes zwischen Weichen und Brücken, Schutz von Brückenpfeilern durch Anprallschutz oder Leitwände,
  - Verzicht auf Brückenpfeiler,
  - Vergrößerung des lichten Raums unter Brücken sowie

[391] Preuß: Eisenbahnunfälle bei der Deutschen Bahn. Seite 106
[392] Käppel: Transrapid Shanghai – Betriebliche Aspekte und Erfahrungen. Seite 78
[393] Schünemann: Die Betriebsleittechnik des Transrapid. Seite 88

- Einbau von Führungen, Fangvorrichtungen oder Leitkanten in Gleisen.

Die meisten der angesprochenen Maßnahmen entfallen bereits konstruktiv beim Transrapid, da dieser bevorzugt in Hochlage trassiert wird.[394]

5.6.5 Betriebliche und organisatorische Sicherheit

Die betriebliche und organisatorische Sicherheit ist bei jedem schienengebundenen Verkehrssystem durch mehr oder weniger umfangreiche Regelungen bestimmt. Die Eisenbahn kann hierbei auf mehr als 170 Jahre Erfahrung verweisen. Generell ist festzuhalten, dass bei der Eisenbahn in vielen Fällen immer noch einfache Sicherungssysteme verwendet werden, insbesondere außerhalb des Hochgeschwindigkeitsverkehrs. Im Zusammenhang mit dem Unfall am 6. Februar 2000 in Brühl stellte das Gericht fest, *„dass die Missstände vor allem in der Privatisierung und Umstrukturierung der Bahn liegen. Es habe keine Regelungen gegeben, die der Gefährlichkeit der Strecke gerecht geworden wäre. Aus den Zeugen waren latent Organisationsmängel, blinde Routine, Sparzwänge, Überforderungen und unklare Zuständigkeiten herauszuhören."* [395] Zweifellos muss konstatiert werden, dass die DB AG zwischenzeitlich in vielen Bereichen Verbesserungen nachzuweisen hat. Das gesamte Eisenbahn-Streckennetz bleibt jedoch ein betrieblich und organisatorisch ein wesentlich komplizierteres System als ein Liniennetz, das sich bei einem Transrapid-Netz ergeben würde. Auf dem Eisenbahn-Streckennetz fahren unterschiedliche Bahnen mit unterschiedlichen Geschwindigkeiten und unterschiedlichen Zugsicherungssystemen (S-Bahn, Güterverkehr, Hochgeschwindigkeitsbahnen). Ein Transrapid-Netz wäre einheitlich gestaltet und damit systembedingt sicherer. Generell muss daher festgestellt werden, dass aus betrieblicher und organisatorischer Sicht der Transrapid als wesentlich sicherer eingeschätzt werden kann.

5.6.5.1 Linienzugbeeinflussung beim Rad-Schiene-System

Traditionell werden Züge mit Fahrgeschwindigkeiten bis v_{max} = 160 km/h der DB AG mit dem ortsfesten Signalsystem gesteuert. Ganz unterschiedliche Problemstellungen haben zur Entwicklung der Linienförmigen Zugbeeinflussung (LZB) geführt, wie z. B.:

[394] Preuß: Eisenbahnunfälle bei der Deutschen Bahn. Seite 34

[395] Preuß: Eisenbahnunfälle bei der Deutschen Bahn. Seite 51

- Die immer größer werdende Variationsbreite der tatsächlichen Geschwindigkeiten mit Bremswegen bei Hauptbahnen in der Regel von s_{Brems} = 1.000 m, für v_{max} = 200 km/h jedoch bereits s_{Brems} = 1.500 m.
- Vorhandene Strecken waren in ihrer Auslastung nahezu erschöpft. Durch neue Zugsicherungssysteme sollte es somit möglich werden, dass innerhalb derselben Zeit mehr Züge über eine Strecke fahren können.
- Energieeinsparungen besonders im Nahverkehr. [396]

Physikalisch erfolgt eine Nachrichtenübertragung zwischen der LZB-Zentrale und allen Zügen mit einer genauen Ortung dieser über einen zwischen den Schienen verlegten Linienleiter. Bei der DB AG erfolgt die Nachrichtenübertragung durch induktive Ankopplung zwischen Fahrzeugantenne und einer zwischen den beiden Schienen verlegten, nicht abgeschirmten elektrischen Doppelleitung. Somit ist in der LZB-Zentrale jederzeit bekannt, wo sich jeder Zug befindet, mit welcher Geschwindigkeit er fährt und welche Eigenschaften der Zug aufweist (Zuglänge, max. Zuggeschwindigkeit, Anfahr- und Bremsverzögerungen, Bremsverhalten). Die LZB-geführten Triebfahrzeuge erhalten ihre Fahranweisungen aus der Linienzugbeeinflussung in den Führerstand übertragen. Sie ersetzen die Geschwindigkeitsangaben im Buchfahrplan. Ortsfeste Signale entlang der Strecke können somit entfallen, schlechte Sichtverhältnisse bleiben somit ohne Auswirkung auf die Betriebsabwicklung.

Die Einteilung der freien Strecke in mehrere Blockabschnitte bleibt nach wie vor erhalten. Auch ein LZB-geführter Zug kann sich nur innerhalb eines Blocks befinden. Falls Züge ohne LZB die Strecke befahren, wird für diese die Blocklänge durch die Hauptsignale bestimmt. Dies führt dann zu einer Leistungseinbuße der Strecke. [397]

Die Linienzugbeeinflussung kann für den automatischen Zugbetrieb genutzt werden. Ein Triebfahrzeugführer ist weiterhin erforderlich, der sich dann aber in erhöhtem Maße überwachenden Tätigkeiten widmen kann. Ein führerloser Betrieb ist mit dem LZB nicht möglich, da weiterhin der Abfahrauftrag vom Fahrzeugführer gegeben werden muss.

Zusammenfassend kann festgehalten werden, dass auf Strecken, die mit LZB ausgerüstet sind, im Vergleich zur konventionellen Zugsicherung ein wesentlich höheres Sicherheitsniveau erreicht wird. Jedoch können insbesondere Unfälle mit Zügen, die nicht mit LZB ausgestattet sind, systembedingt nicht ausgeschlossen werden. Fälle von Flankenfahrten mit LZB-

[396] Fiedler: Bahnwesen. Seite 269
[397] Fiedler: Bahnwesen. Seite 273

beeinflussten Zügen sind im Bereich der DB AG bereits aufgetreten. Außerdem ist der Linienleiter nicht gegen Angriffe von außen gesichert.

5.6.5.2 Betriebsleittechnik beim Transrapid

Der prinzipielle Unterschied beim Betrieb des ICE und des Transrapid besteht darin, dass der Transrapid führerlos betrieben wird. Die Betriebsleittechnik (Operation Control System – OCS) ermöglicht den sicheren, automatischen Betrieb des Transrapid. Alle Subsysteme wie z. B. Antrieb, Fahrzeug und Weichen werden durch das OCS überwacht und gesteuert und so zu einem hochverfügbaren Gesamtsystem integriert. [398]

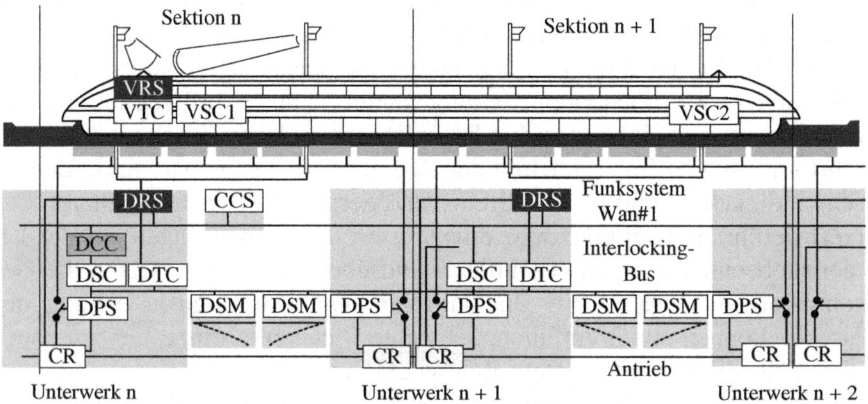

CCS Centralised Control System (Betriebszentrale)
DCC Decentralised Control System (Dezentraler Steuerungsrechner)
DSC Decentralised Safety Computer (Dezentraler Sicherungsrechner)
DPS Decentralised Propulsion Shut-off (Dezentrale Antriebsabschaltung)
DSM Decentralised Switch Module (Dezentraler Weichensicherungsrechner)
DTC Decentralised Transmission Computer (Dezentraler Übertragungsrechner)
VTC Vehicle Transmission Computer (Fahrzeugseitiger Übertragungsrechner)
VSC Vehicle Safety Computer (Fahrzeugseitiger Sicherungsrechner)
VRS Vehicle Radio System (Fahrzeugseitiges Funksystem)
DRS Decentralised Radio System (Dezentrales Funksystem)
CR Converter (Umrichter)

Abb. 5.42 Betriebs- und Sicherheitssystem [399]

[398] Schünemann: Die Betriebstechnik des Transrapid. Seite 88
[399] Schünemann: Die Betriebsleittechnik des Transrapid. Seite 89

Das OCS ist komplett redundant ausgelegt. Die zentralen Komponenten sind in der Betriebszentrale untergebracht. Dezentrale Komponenten befinden sich in den Unterwerken, Stationen und Weichenschalthäusern. Die Kommunikation mit den fahrzeugseitigen Komponenten erfolgt über ein dezentrales und fahrzeugseitiges Funksystem. [400] Das Fahrzeug selbst hat in den beiden Endsektionen jeweils einen Sicherungsrechner. Die Komponenten des OCS sind in Abb. 42 dargestellt.

Für die erste kommerziell betriebene Anwendungsstrecke in Shanghai wurde das Betriebs- und Sicherheitssystem umfangreichen Erprobungen und aufwendigen Abnahmeprozeduren durch staatliche chinesische Genehmigungsbehörden (SHTPCH), das Eisenbahn-Bundesamt (EBA) [401], den Besitzer und Betreiber (SMTDC), durch das nationale chinesische Maglev Forschungs- und Entwicklungszentrum (NMTC), die Lieferanten und weitere deutsche Gutachter (z. B. TÜV, IfB) geprüft. [402] [403] Besondere Bedeutung wurde auf die Begutachtung des Systemsicherheitsnachweises als letzter Schritt einer Folge von Begutachtungen gelegt. Die Begutachtungen zogen sich über die gesamte Planungs- und Erstellungsphase hin und betrafen sowohl die Sicherheit des technischen Systems als auch die des Betriebs. [404] [405]

Betriebssicherheitskonzepte basieren auf einem Risk Analysis and Management System (RAMS) nach EN 50 126. Solch ein Sicherheitskonzept berücksichtigt Risiken, die sich aus dem technischen System selbst ergeben, aber auch auf Grund von Risiken aus anderen Bereichen. Aus verschiedenen Methoden wird in Deutschland zur Zeit die MEM-Methode (Minimale Endogene Mortalität) bevorzugt, in der die Mortalitätsrate eines 5 bis 15 Jahre alten Mädchens als Basis benutzt wird. [406] Unabhängig hiervon sind zur Zeit die Diskussionen mit dem EBA hinsichtlich der Risikobeurteilung bei der möglichen Anwendungsstrecke in München noch nicht abgeschlossen.

Zusammenfassend lässt sich festhalten, dass sowohl die systembedingte, die konstruktiv-technische als auch die betriebliche und organisatorische Sicherheit beim Transrapid als sehr hoch einzuschätzen ist. Zu begründen ist dies damit, dass beim Transrapid die Fahrzeug-, Fahrweg-, Antriebs-,

[400] Müller: Das funkbasierte Datenübertragungssystem. Seite 106
[401] Rebentisch: Erfahrungen aus dem Shanghai-Projekt. Seite 89
[402] Tao: Saftey Assessment & Approval System. Seite 640
[403] Stephan: Erfahrungen bei der Zulassung. Seite 115
[404] Otto: System Saftey Verification. Seite 649
[405] Otto: Gesamtbegutachtung der Transrapid Anwendung. Seite 93
[406] Rausch, Janssen, Kokott: The Transrapid Munich Airport Link Operation, Safety and Approval. Seite 656

Leit- und Sicherungstechnik wesentlich stärker funktional miteinander verknüpft sind, als bei jedem anderen Verkehrssystem. [407] Dies führt somit, insbesondere im Vergleich zum Rad-Schiene-System, zu einem noch höherem Sicherheitsniveau als dies beim Rad-Schiene-System im Vergleich zum Individualverkehr schon ist.

[407] Segerer: Systemauslegung der Magnetschnellbahn. Seite 129

6 Wirtschaftlicher Systemvergleich

6.1 Allgemeine Gedanken zum wirtschaftlichen Systemvergleich

Die Investitionsrechnung bietet verschiedene Verfahren an, um die Vorteilhaftigkeit investiver Maßnahmen zu prüfen. Hierzu liegt umfangreiche betriebswirtschaftliche Literatur vor. Z. B. wird auf Götze/Bloech [408] und Kruschwitz [409] verwiesen. Generell können die verschiedenen betriebswirtschaftlichen Investitionsrechenmethoden einem Unternehmer nur Hinweise auf die betriebswirtschaftliche Vorteilhaftigkeit einer Investition geben. Da in die Berechnungen nur solche Einflüsse eingehen können, die in Geldwerten auszudrücken sind, werden die Entscheidungen schließlich unternehmerisch getroffen, wobei Chancen und Risiken einfließen. Unabhängig davon löst sich gerade der erfolgreiche Entscheidungsträger von starren Verfahren, indem er Chancen sucht und diese erfolgreich realisiert.

Die gleichen Regeln, die für unternehmerisch Handelnde gelten, sind auch auf staatliches Handeln anzuwenden. Ein starres Festhalten an den Ergebnissen von Investitionsrechnungen kann niemals die Risiken und Chancen abbilden, die bei Investitionsentscheidungen z. B. für oder gegen bestimmte Systeme der Hochgeschwindigkeitsbahnen sprechen.

In den nachfolgenden Abschnitten werden verschiedene methodische Ansätze für wirtschaftliche Systemvergleiche erläutert. Zu beachten ist, dass diese Ausführungen zwangsweise allgemein bleiben müssen, da nur an einem konkreten Projekt wirtschaftliche Systemvergleichsrechnungen durchgeführt werden können. Nachfolgend soll insbesondere auch auf die Grenzen solcher Rechnungen hingewiesen werden. Sie schließen damit indirekt einen Appell an die Entscheidungsträger in den Ministerien und an sonstige Stellen ein, auch Chancen adäquat ins Kalkül zu ziehen. Dies gilt besonders bei einem neuen Verkehrssystem, wie dies der Transrapid darstellt. Für die DB AG als Betreiber einer ersten Strecke in München könn-

---

[408] Götze, Bloech: Investitionsrechnung.

[409] Kruschwitz: Investitionsrechnung.

ten sich Chancen ergeben, indem mit den gewonnenen Erfahrungen weltweit Strecken betrieben werden.

An dieser Stelle soll auch kurz auf den Unterschied zwischen Preisen und Kosten eingegangen werden. Ein Unternehmer kalkuliert seine Kosten für die von ihm zu erbringende Leistung oder das herzustellende Produkt. Auf diese Kosten werden bei einer Vollkostenrechnung Zuschläge für allgemeine Geschäftskosten, Risiken und einen Unternehmergewinn addiert. Der Ansatz eines Unternehmergewinnes ist notwendig und im weitesten Sinne vergleichbar mit Zinserträgen bei einer Kapitalanlage. Die kalkulierten Gesamtkosten entsprechen dem Nettopreis, der vom Besteller oder Käufer zu zahlen ist. Für den Besteller oder Käufer stellt dieser Preis wiederum Kosten dar. Bei ihm treten weitere Transaktionskosten (z. B. Anbahnungs-, Vereinbarungs- und Kontrollkosten) und gegebenenfalls Genehmigungsgebühren und Planungskosten auf.

6.2 Methoden der Investitionsrechnung

6.2.1 Statische Investitionsrechenverfahren

Die Diskussion bei anstehenden Entscheidungen für oder gegen große Infrastrukturprojekte im Personenverkehr wird meistens dominiert von Diskussionen über die Investitionskosten. Daher soll als typischer Vertreter der statischen Investitionsrechnungen die Kostenvergleichsrechnung vorgestellt werden. Bei den Investitionskosten K_I ist zu unterscheiden zwischen:

- baulichen Investitionen oder Investitionen in die Infrastruktur sowie
- Investitionen in Fahrzeuge, bei der Eisenbahn auch häufig „Rollendes Material“ genannt.

Zusätzlich fallen jedoch noch vor der Betriebsaufnahme weitere investitionsnahe Kosten an, wie Planungskosten und Gebühren, allgemeine Betreibervorlaufkosten und die Kosten der Inbetriebnahme. In der betriebswirtschaftlichen Theorie kann auf dieser Basis eine Kostenvergleichsrechung durchgeführt werden. Somit wird bei zwei Alternativen A und B die Alternative A vorgezogen

$$A \succ B \text{, falls } K_{I,A} < K_{I,B} .$$

Nach kurzem Nachdenken wird man jedoch zu der Erkenntnis kommen, dass die Investitionsfolgekosten, das heißt die Betriebskosten K_B, ebenso betrachtet werden müssen. Die Betriebskosten K_B können folgendermaßen strukturiert werden:

- Reparatur- und Instandhaltungskosten der Infrastruktur (einschließlich Materialkosten),
- Reparatur- und Instandhaltungskosten der Fahrzeuge (einschließlich Materialkosten),
- Energiekosten,
- Kosten des Betriebs- und Servicepersonals,
- sonstige Materialkosten,
- Marketingkosten,
- Vertriebskosten,
- Kosten für Versicherungen sowie
- Gebühren.

Die Betriebskosten können über alle Jahre der betrieblichen Nutzung aufaddiert werden. Somit gilt:

$$K_{ges} = K_I + K_B \tag{6.1}$$

Wiederum wird bei zwei Alternativen A und B die Alternative A vorgezo gen

$$A \succ B \text{, falls } K_{ges,A} < K_{ges,B} .$$

6.2.2 Dynamische Investitionsrechenverfahren

Eine statische Addition aller Betriebskosten ist betriebswirtschaftlich nicht befriedigend, da Kosten, die erst in ferner Zukunft auftreten, als heutiger Barwert geringer sind. Der heute anzulegende Nominalbetrag für eine künftige Ausgabe von z. B. 100,- € liegt somit unter 100,- €. Dieser niedrigere Wert wird Kapitalbarwert oder Kapitalwert genannt. Er ermittelt sich mit Hilfe von Zins- und Zinseszinsberechnungen.

Eine dynamische Investitionsrechnung ist der statischen vorzuziehen, falls sich eine Investition über relativ lange Zeiträume auswirkt. Dies ist zweifellos bei Investitionen in die Verkehrsinfrastruktur gegeben. Gleichzeitig muss aber davor gewarnt werden, diese Berechnungen über mehr als 10 bis maximal 15 Jahre vorzunehmen. In Verbindung mit der Wahl des Zinssatzes kann auf der Basis einer theoretisch abgesicherten und allgemein anerkannten Methode in vielen Fällen leicht jedes gewünschte Ergebnis errechnet werden. Dies soll an nachfolgendem Beispiel gezeigt werden, indem Zinssätze von $p = 6$ % und $p = 7$ % unterstellt werden.

Folgende Ausgangsdaten werden gewählt:

Investition	I_0 = 1.000.000,- €
Jährlicher Einnahmeüberschuss (Gewinn)	G_i = 70.000,- €
Restwert, unabhängig von der Betrachtungsdauer	R = 0,- €

Der Kapitalwert K_0 errechnet sich nach folgender Gleichung:

$$K_0 = G_i \cdot \frac{1 - q^{-n}}{p} - I_0 \quad \text{mit } q = 1 + \frac{p}{100} \tag{6.2}$$

Hieraus ergeben sich die in Tabelle 6.1 ermittelten Kapitalwerte. Nach 33,4 Jahren ergibt sich bei $p = 6$ % ein Kapitalwert von 0 €. Das heißt, dass nach 33,4 Jahren eine Verzinsung des eingesetzten Kapitals von 6 % erreicht wird. Falls z. B. ein Betrachtungszeitraum von 50 Jahren gewählt wird, ist die Investition als positiv anzusehen.

Interessant ist, dass mit einem vorgegebenen Zinssatz von 7 % selbst nach 100 Jahren noch kein positiver Barwert erreicht wird, die Investition also abzulehnen ist. Ebenso wird über 100 Jahre kein positiver Barwert erzielt, falls bei $p = 6$ % der jährliche Gewinn nur 60.000,- € beträgt. Es wird somit deutlich, dass selbst durch kleinste Änderungen des Verhältnisses von Investitionssumme und Gewinn sowie des angesetzten Zinssatzes die Ergebnisse fast beliebig beeinflusst werden können.

Tabelle 6.1 Beispielrechung Kapitalwerte

Betrachtungszeitraum i [Jahre]	Kapitalwert mit Zinssatz $p = 0{,}06$	Kapitalwert mit Zinssatz $p = 0{,}07$
10	- 484.793,91 €	- 508.349,29 €
20	- 197.105,51 €	- 258.419,00 €
30	- 36.461,82 €	-131.367,12 €
50	103.330,24 €	- 33.947,76 €
75	151.909,37 €	- 6.254,85 €
100	163.228,24 €	- 1.152,45 €

Bei der Anwendung der Kapitalwertmethode ergeben sich somit zwei zentrale Fragen:

- Über welche Zeiträume sind die Betrachtungen anzustellen? Da Verkehrsinvestitionen langfristige Investitionen darstellen, werden häufig Nutzungsdauern von 30 Jahren, 50 Jahren oder noch mehr Jahren für die

Berechnungen angenommen. Dies ist jedoch wie oben dargestellt bedenklich, da bereits kleinste Änderungen in den Ausgangsparametern die Ergebnisse bedingt durch die Zinseszinseffekte stark beeinflussen.
- Welcher Zinssatz ist anzusetzen? In der betriebswirtschaftlichen Literatur werden häufig Zinssätze von 6 % bis 8 % oder ein Zinssatz, orientiert an den langjährigen banküblichen Zinssätzen für 10-jährige Anleihen, empfohlen. Wie oben gezeigt, hat aber gerade die Wahl des Zinssatzes bei langfristigen Betrachtungen einen sehr starken Einfluss auf das Ergebnis.

Die Autoren empfehlen daher, dass generell dynamische Investitionsrechenverfahren angewendet werden. Gleichzeitig müssen jedoch Sensitivitätsanalysen (siehe Abschnitt 8.3.2) vorgenommen werden, um abschätzen zu können, wie stabil die Ergebnisse sind. In vielen Fällen wird man dann zu dem Ergebnis kommen, dass die durchgeführten Investitionsrechnungen nur ein schwaches Indiz für die Realisierungsentscheidung darstellen. Dahinter steckt die Erkenntnis, dass es nicht möglich ist, über längere Zeiträume die Zinsentwicklung und die Kostenentwicklung sicher voraussagen zu können. Der Blick in die Zukunft bleibt uns verwehrt!

Der Bundesverkehrswegeplan sieht als Rechenverfahren die Kapitalwertmethode mit einem Zinssatz von $p = 3$ % vor! Inwieweit ein Zinssatz von $p = 3$ % die Situation richtig wiedergibt, soll hier nicht weiter diskutiert werden.

Neben der Kapitalwertmethode existieren weitere dynamische Investitionsrechenverfahren:

- die interne Zinsfußrechnung,
- die Annuitätenrechnung und
- die Amortisationsrechnung.

Aus prinzipiellen Überlegungen sollte die interne Zinsfußrechung bevorzugt werden, da hiermit die Kapitalverzinsung aus der Investitionsentscheidung errechnet wird. Mathematisch ist der interne Zinsfuß jedoch nicht geschlossen lösbar, so dass der Rechenaufwand steigt. Darüber hinaus gibt es Spezialverfahren, wie z. B. die MAPI-Methode [410], die gelegentlich bei Ersatzinvestitionen von Betriebsmitteln angewendet wird oder die VOFI-Methode [411], die bei der Projektentwicklung auch die unterschiedlichen Einflüsse der Finanzierung und der Steuern berücksichtigt.

---

[410] Machinery and Allied Products Institute

[411] Vollständiger Finanzierungsplan

6.2.3 Kosten-Erlös- und Kosten-Nutzen-Rechnung

Beim Vergleich verschiedener Investitionsmöglichkeiten wird man häufig feststellen, dass einerseits die Investitions- und Betriebskosten unterschiedlich sind, andererseits aber auch die Erlöse. Bereits im Abschnitt 6.2.2 wurde bei der theoretischen Betrachtung der Kapitalwertmethode ein jährlicher Gewinn angesetzt. Dieser Gewinn ergibt sich bei Investitionen in Verkehrsinfrastrukturprojekte unter Einbeziehung von:

- Fahrgeldeinnahmen und
- Subventionen (einmalige und regelmäßige).

Bei differenzierter Betrachtung wird man zu der Erkenntnis kommen, dass neben den unmittelbar mit der Investition zusammenhängenden Kosten und Erlösen auch mittelbare und indirekte Kosten und Erlöse auftreten. Unter mittelbaren Kosten werden jene Kosten verstanden, die nicht direkt für das Verkehrsprojekt aufgebracht werden. Ohne die mittelbaren Maßnahmen ist die Realisierung der Verkehrsprojekte aus genehmigungsrechtlichen Gründen nicht durchzusetzen. Gerade in den vergangenen Jahren haben die mittelbaren Kosten stark zugenommen. Zu den mittelbaren Kosten zählen z. B.:

- Verlegung und Ertüchtigung von nicht zum Projekt gehörenden Infrastrukturen (Straßen, Leitungen),
- Schallschutzmaßnahmen an Objekten Dritter (z. B. Einbau von Schallschutzfenstern in Wohngebäuden entlang der Trasse),
- Maßnahmen zum Schutz von Fauna, Flora, Habitat (z. B. Umverlegung und Neuanlage von Biotopen).

Ein Problem bei der Berücksichtigung der mittelbaren Kosten ergibt sich häufig durch Quersubventionierungen. Falls z. B. bedingt durch den Neubau einer Verkehrsanlage die Stromversorgung ertüchtigt werden muss, so stellt sich die Frage, bei wem die Kosten auflaufen:

- beim Energieversorger, der diese letztendlich über die Vergütungsentgelte refinanziert,
- beim Betreiber, der die Ertüchtigungsmaßnahmen über andere Kostenstellen verrechnet oder
- beim Projekt selbst, entweder als mittelbare Kosten oder gar als unmittelbare Kosten.

Diese Art von Fragen stellen sich natürlich besonders bei Investitionen in ein neues Verkehrssystem, wie dies der Transrapid darstellt. Bei Investitionen in das Rad-Schiene-System kann in bestimmten Fällen eine bestehende Infrastruktur genutzt werden (z. B. Einfahrten in die Städte auf bestehenden Gleisanlagen). Häufig wird sich aber später herausstellen, dass trotzdem in großem Maße mittelbare Kosten und Investitionen in den Ausbau oder gar in den Neubau erforderlich werden.

Es ist allgemein bekannt, dass sich Investitionen in spurgebundene Verkehrssysteme regelmäßig nicht ausschließlich aus den Fahrgeldeinnahmen refinanzieren lassen. Unter dem Verdikt, mit der Kapitalwertmethode ein positives Nutzen-Kosten-Verhältnis ermitteln zu müssen, werden dann alle möglichen Kosten- und Nutzenansätze nach oben oder unten gerechnet. Vergleichbar wird bei Investitionen in Straßen in gleicher Weise verfahren. Es werden Gutachten und Gegengutachten erstellt, die alle den Blick in die Zukunft vorausnehmen und auf den tönernen Füßen der Kapitalwertmethode beruhen!

Die Durchführung einer Kosten-Nutzen-Analyse ist nach dem Bundesverkehrswegeplan vorgeschrieben. Beim Verkehrsträger Schiene wird der Betrachtungszeitraum unabhängig von den Nutzungsdauern der Anlageteile einheitlich vorgegeben. Es erfolgt eine gesonderte Berücksichtigung von Reinvestitionen bei Anlageteilen mit kürzeren Nutzungsdauern sowie von Restwerten zum Ende des Betrachtungszeitraumes. Der Betrachtungszeitraum wurde beim Bundesverkehrswegeplan 2003 auf 36 Jahre festgelegt, wobei 5 Jahre Bauzeit und 31 Jahre Nutzungsdauer vorgegeben wurden. [412]

6.2.4 Lebenszykluskostenbetrachtungen

Die aus der Investitionsrechnung bekannten Verfahren werden bei Investitionsentscheidungen in der Industrie gewöhnlich mit Zeithorizonten von unter 10 Jahren angewendet. Bei Investitionen in langlebige Wirtschaftsgüter, insbesondere in bauliche Anlagen, stellt sich häufig die Frage, welche Investition sich über den gesamten Lebenszyklus als besonders wirtschaftlich herausstellt. Hieraus ergeben sich dann die Lebenszykluskosten (Life-Cycle-Costs – LCC).

Lebenszyklusanalysen wurden ursprünglich bei Immobilienbetrachtungen vorgenommen. So kann z. B. untersucht werden, ob ein teurer Parkettboden oder ein anfänglich billigerer Teppichboden langfristig wirtschaftlicher ist. Dabei wird dann z. B. unterstellt, dass der Parkettboden über eine Nutzungszeit von 80 Jahren zwei mal abgeschliffen und neu versiegelt wird. Der Teppichboden soll dagegen jeweils nach 10 Jahren und somit insgesamt 7-mal erneuert werden. Selbstverständlich werden die Berech-

[412] BMVBW: Bundesverkehrswegeplan 2003 – Die gesamtwirtschaftliche Bewertung. Seite 34 f und 140

nungen auch hier mit Hilfe der Kapitalwertmethode auf einen Barwert abgezinst.

Lebenszyklusbetrachtungen basieren methodisch auf denselben Grundlagen wie die Investitionsrechnungen, haben jedoch einen anderen Focus. Sie dienen primär zur Optimierung von Investitionsprojekten. Dabei soll untersucht werden, ob eine in der Investition teurere aber länger nutzbare Komponente gewählt wird oder die billigere, die jedoch nicht so lange nutzbar ist. Dabei können selbstverständlich Ausfallszenarien und Risikobetrachtungen eingebunden werden. Lebenszyklusbetrachtungen finden heute bei vielen Investitionen aller Art Anwendung, so auch bei Verkehrssystemen.

6.3 Stufen der Kostenermittlung

Methodisch werden die Kosten für Bauinvestitionen bereits mit den ersten Planungsüberlegungen ermittelt und dann in mehreren Stufen fortgeschrieben, bis schließlich nach der Fertigstellung die endgültigen Kosten festgestellt werden können. Die DIN 267 „Kosten von Hochbauten“ definiert die Kostenermittlung in vier Stufen:

- Kostenschätzung während der Vorplanung,
- Kostenberechnung mit der Entwurfsplanung,
- Kostenanschlag nach den Vergaben und
- Kostenfeststellung nach Abschluss der Baumaßnahme.

Aus Tabelle 6.2 ist zu entnehmen, dass die Kostenschätzung eine Abweichung von bis zu 25 oder 30 % in Bezug auf die Kostenfeststellung zulässt. Inwieweit diese Gliederung und Strukturierung sinnvoll ist, soll hier nicht weiter diskutiert werden (siehe hierzu Schach/Sperling [413]). Es wird aber deutlich, dass bei den ersten Untersuchungen nur grobe Kosteninformationen vorliegen. Dies ist sicherlich auch dem bautechnischen Laien verständlich, da, solange noch keine detaillierte Trassierung und keine detaillierten Pläne einschließlich der konkreten Qualitätsvorgaben vorliegen, die Kosten nur grob ermittelt werden können. Stufenweise löst man sich mit fortschreitender Planung von den groben, unsicheren Ansätzen, die noch mit vielfältigen Risiken behaftet sind.

---

[413] Schach, Sperling: Baukosten.

Tabelle 6.2 Stufen der Kostenermittlung nach DIN 276 [414]

Kriterium	Kosten-schätzung	Kosten-berechnung	Kosten-anschlag	Kosten-feststellung
Bearbeitungs-zeitraum	Vorplanung (Phase 2)*	Entwurfs-planung (Phase 3)*	Mitwirkung bei der Vergabe (Phase 7)*	Objekt-überwachung (Phase 8)*
Genauigkeit	überschlägige Ermittlung	Angenäherte Ermittlung	Möglichst genaue Ermittlung	Exakter Nachweis entstandener Kosten
Abweichung	bis 25-30 %	bis 10-12 %	3-5 %	keine
Verbindlichkeit	unverbindlich	verbindlich	verbindlich je nach Vertrag	verbindlich nach Phase 9
Bearbeitungs-grundlagen und Mindestforde-rungen	zeichnerisch: Strichskizzen rechnerisch: Grobkennzahlen zu Bauwerk und Baukosten DIN 276; 1. Ebene	Entwurfszeichnungen, Bauwerksparameter, Mengengerüst, mittelfeine Flächen- und Kostenkennzahlen	Ausführungs-zeichnungen, Leistungsverzeichnis, Preisangebote, Preisspiegel, Bauverträge	Kostenanschlag Aufmaße, Rechnungen, Zwischen- und Schlussrechnungen, Rechnungsanerkennung, Zahlungen

* Phase nach der Honorarordnung für Architekten und Ingenieure (HOAI)

Mit der Vergabe der Bauleistungen an ausführende Bauunternehmen kann wesentlich besser auf die vermutliche Abrechnungssumme hochgerechnet werden. Jedoch verbleiben gerade bei Baumaßnahmen, die mit umfangreichen Erdarbeiten verbunden sind, vielfältige Risiken beim Bauherrn. Diese lassen sich nur bedingt auf die Bauunternehmen verlagern. Außerdem muss festgestellt werden, dass Bauherren regelmäßig dazu tendieren, während des Bauens Änderungen anzuordnen. Diese Änderungen können z. B. aus Auflagen der Baugenehmigung herrühren, in weitaus mehr Fällen resultieren diese jedoch aus neuen Erkenntnissen, die sich während der Bauphase ergeben. Es ist verständlich, dass zusätzliche oder geänderte Leistungen (siehe § 2 Nr. 5 und § 2 Nr. 6 VOB/B) zu berechtigten Nachtragsforderungen der Bauunternehmen führen können. Initiiert werden diese Nachträge aber immer durch den Bauherrn. Würde er so bauen lassen, wie dies vertraglich vereinbart war, so gäbe es keine Nachträge.

[414] Schach, Sperling: Baukosten. Seite 290

Für Schienenverkehrsanlagen der DB AG sind insgesamt sechs Kostenermittlungsstufen festgelegt, wobei der Kostenberechnung noch die Kostenveranschlagung und die Festschreibung folgen. [415] Generell ist festzuhalten, dass besonders bei Infrastrukturprojekten der DB AG die zu erwartenden Kosten in frühen Planungsphasen sehr schwer zu ermitteln sind. Daher sind die bei der Kostenschätzung nach DIN 276 vorgesehenen Abweichungen von 25 bis 30 % eher als untere Grenze anzusehen. Gründe hierfür sind neben dem bereits erwähnten starken Einfluss des Baugrundes auf die Baukosten auch die langen Bauzeiten, relativ umfangreiche Ausgleichsmaßnahmen und mittelbare Maßnahmen, die erst in späteren Planungsphasen ersichtlich werden. Beim Transrapid kommt erschwerend hinzu, dass außer der Anwendungsstrecke in Lathen in Deutschland noch keine Transrapidtrasse gebaut wurde. Kostenkennzahlen, insbesondere für den Fahrweg, liegen daher nur ansatzweise vor.

6.4 Kostenartengliederungen

Falls Kosten verglichen werden sollen, so betrifft dies nicht nur die Gesamtkosten, sondern auch einzelne, identische oder ähnliche Teile der Gesamtkosten. Betriebswirtschaftlich wird dies durch eine Kostenartengliederung vorgenommen.

Tabelle 6.3 Kostengliederung nach Elementen nach DIN 276, Tabelle 1 (Auszug)

Bauteileigenschaften bis zur 3. Ebene der Kostengliederung nach DIN 276	
KGr	Bauelement
310	Baugrube
320	Gründung
330	Außenwände
331	Tragende Außenwände
332	Nichttragende Außenwände
333	Außenstützen
334	Außentüren
335	Außenwandbekleidung – außen
336	Außenwandbekleidung – innen
337	Elementierte Außenwände
338	Sonnenschutz
339	Außenwände, sonst.

[415] Schach: Investitionskosten der Verkehrswege Transrapid und ICE. Seite 60

Für Hochbauten wird allgemein die Kostengliederung nach DIN 276 Tabelle 1 verwendet. Diese ist auszugsweise in Tabelle 6.3 widergegeben. Es handelt sich hierbei um einen Bauelementekatalog. Diese Gliederung ist nicht an den Baugewerken oder den ausführenden Unternehmen orientiert. So finden sich in der Kostengruppe 330 „Außenwände" Rohbauunternehmen, Putzer, Maler sowie Fenster- und Fassadenbauer.

Die DB AG verwendet ein Kostenarten-Gliederungssystem auf der Grundlage der DIN 276 Tabelle 1. [416] Die Gliederung ist von der DB AG um eine Vielzahl von bahntypischen Elementen ergänzt worden. Ein Auszug ist in Tabelle 6.4 dargestellt.

Tabelle 6.4 Spezifische Kostengliederung nach dem Kostenermittlungshandbuch der DB AG (Auszug) [417]

3 03 0 0 0	Außenwände	
	3 03 1 0 0	Tragende Außenwände
	.....	
3 11 0 0 0	Erdbauwerke	
	3 11 1 0 0	Damm/Hanganschnitt
	3 11 1 1 0	Dammschüttung
	3 11 1 2 0	Böschungssicherung
	.....	
3 18 0 0 0	Tunnel	
	3 18 1 0 0	Eingleisig offene Bauweise
	.....	

Die in Bezug auf die DIN 276 stark erweiterte Struktur hat zur Folge, dass die über drei Ebenen laufende Nummernstruktur auf fünf erweitert werden muss. Außerdem wurde die Einstelligkeit jeder Ebene aufgegeben und in der zweiten Ebene eine Zweistelligkeit eingeführt.

Die Kostenstruktur der DB AG eignet sich leider nicht für den Transrapid. So müssen beim Transrapid in sinnvoller Weise beim Fahrweg auch die Kosten für Antrieb und Stromschienen erfasst werden. Damit enthält der Fahrweg beim Transrapid Kostenelemente, die beim konventionellen Rad-Schiene System in den Fahrzeugen enthalten sind.

Bei verschiedenen Untersuchungen [418] zum Transrapid findet sich daher eine Kostenartengliederung, die für die spezifischen Bedürfnisse des

[416] DB AG: Kostengruppenkatalog (KGK) – Modul 808.0211.
[417] DB AG: Kostenermittlungsbuch (KEB) – Modul 808.0210.

Transrapid besser geeignet ist. Wie aus Tabelle 6.5 zu entnehmen ist, werden insgesamt 17 Kostenarten unterschieden, wobei die Nummern 1 bis 14 die Investitionskosten bilden. Interessant sind die Kostenarten 15 bis 17, die sich nicht im Kostengruppenkatalog der DB AG wiederfinden.

Tabelle 6.5 Kostenartengliederung für Magnetbahnprojekte

Nr.		Kostenart
1	Infrastruktur	Grunderwerb
2		Unterbau
3		Tunnel
4		Brücken
5		Überbau
6		Bauliche Anlagen
7		Betriebsleittechnik - sicherheitsrelevant
8		Betriebsleittechnik – nicht sicherheitsrelevant
9		Energieversorgung
10		Antrieb, Stromschienen
11		Lärmschutz
12		Planung
13		Mittelbare Kosten
14		Fahrzeuge
		Summe Investitionskosten
15		Betreibervorlaufkosten
16		Inbetriebnahmekosten
17		Prüfgebühren
		Summe Sonstiges
		GESAMTKOSTEN

Beide Kostenstrukturen lassen jedoch in vielen Bereichen keinen direkten Vergleich zwischen den beiden Systemen zu. In Tabelle 6.6 ist daher eine Struktur wiedergegeben, welche diese Defizite überwindet und auch dann angewendet werden kann, wenn eine vergleichende Trassenuntersuchung zwischen Transrapid und Rad-Schiene-Hochgeschwindigkeitsbahn vorgenommen werden soll. [419]

[418] Diese Gliederung wurde bei der Vorstudie zur Streckenauswahl auf der Basis der Grundsatzvereinbarung zwischen Bund, Bahn und Industrie vom 20. 02. 2000 und in den Machbarkeitstudien für Magnetschnellbahnstrecken in Bayern und Nordrhein-Westfalen 2002 verwendet.

[419] Diese Gliederung findet bei der vergleichenden Trassenuntersuchung der Strecke Berlin-Dresden-Prag-Brno-Wien-Bratislava-Budapest im Europäischen Korridor IV Anwendung. Diese wird erstellt durch das Kompetenzzentrum für Hochleistungsbahnen und Magnetbahnsysteme an der TU Dresden.

Kostenartengliederungen sollten so aufgebaut sein, dass sie den Stufen der Kostenermittlung (siehe Abschnitt 6.3) folgen können. Dies ist jedoch ab dem Zeitpunkt der Vergabe mit erheblichen Schwierigkeiten verbunden, da dann von der elementorientierten Struktur auf die ausführungsorientierte gewechselt werden muss. Die DIN 276 empfiehlt hierfür eine Struktur, die sich an der Nummerierung der Leistungsbereiche des Standardleistungsbuches für das Bauwesen orientiert.

Die Schnittstellen zwischen den einzelnen Kostenarten sind genau zu definieren. So werden z. B. üblicherweise die Statorpakete dem Fahrweg und die zugehörige Langstatorwicklung der Betriebstechnik (M1.1 MSB-Antrieb) zugeordnet.

Tabelle 6.6 Kostenartenstruktur zum Vergleich von Magnetbahn und Rad-Schiene-System

	Magnetschnellbahn		**Rad-Schiene-System**
M1	**Betriebstechnik**	**R1**	**Betriebstechnik**
M1.1	MSB-Antrieb	R1.1	Oberleitung
M1.2	Energieversorgung	R1.2	Energieversorgung
M1.3	Betriebsleittechnik	R1.3	Leit- und Sicherungstechnik
M1.4	MSB-Betriebsanlagen	R1.4	Bauliche Anlagen, Betriebssystem
M2	**Fahrzeuge**	**R2**	**Fahrzeuge**
M2.1	MSB-Fahrzeuge	R2.1	ICE-Züge
M2.2	MSB-Betriebsfahrzeuge	R2.2	Instandhaltungsfahrzeuge
M3	**Fahrweg**	**R3**	**Fahrweg**
M3.1	Grundstückskosten	R3.1	Grundstückskosten
M3.2	Fahrwegüberbau und -unterbau	R3.2	Fahrwegoberbau und -unterbau
M3.3	Spurwechseleinrichtungen	R3.3	Spurwechseleinrichtungen, Weichen
M3.4	Sonderbauwerke	R3.4	Sonderbauwerke
M3.5	Bauliche Anlagen	R3.5	Bauliche Anlagen
M3.6	Landschaftspflegerische Begleitmaßnahmen	R3.6	Landschaftspflegerische Begleitmaßnahmen
M3.7	Mittelbare Kosten	R3.7	Mittelbare Kosten
M4	**Planungskosten**	**R4**	**Planungskosten**
M4.1	Planungskosten	R4.1	Planungskosten
M4.2	Projektmanagement	R4.2	Projektmanagement
M4.3	Gebühren, Beiträge, Vorlaufkosten, etc.	R4.3	Gebühren, Beiträge, Vorlaufkosten, etc.
M5	**Betriebskosten**	**R5**	**Betriebskosten**

6.5 Grobkennzahlen für die Investitionskosten der Infrastruktur

(Erste Ebene)
Als Grobkennzahl für die Investitionskosten von allen Verkehrswegen wird regelmäßig die Kostenkennzahl: Kosten/Kilometer verwendet. Meistens wird dabei der Streckenkilometer, auch als Doppelkilometer [Dkm] bezeichnet, verwendet. Diese Kostenkennzahl [420] ist leicht verständlich und leicht zu ermitteln, birgt jedoch auch diverse Gefahren und Nachteile. Bevor einige Werte vorgestellt werden, soll kurz auf die generelle Schwierigkeit beim Umgang mit Kennzahlen eingegangen werden.

Jede Kennzahl bildet die projektspezifischen Besonderheiten ab und kann daher nur mit größter Sorgfalt auf andere Projekte übertragen werden. Es gibt jedoch keine identischen Projekte! Die Verwendung von Kennzahlen ist daher nur dann möglich, wenn man die Besonderheiten beider Projekte kennt und diese durch geeignete Anpassungen der Kennzahl berücksichtigen kann. Die Kosten von Verkehrsprojekten hängen insbesondere ab von:

- der Topografie (Anzahl Tunnel, Brücken etc.),
- der Geologie (vorgefundener Baugrund),
- den Trassierungsparametern (minimale Kurvenradien, maximale Steigungen),
- der vorhandenen Bebauungsstruktur (daraus ergibt sich die Notwendigkeit für Schallschutzmaßnahmen an Wohn- und Bürohäusern, für Über- und Unterführungsbauwerke mit anderer Infrastruktur) oder
- der Ökologie (Ausgleichsmaßnahmen für Fauna, Flora, Habitat).

In Tabelle 6.7 sind die Kostenkennzahlen für die wichtigsten Neubaustrecken der DB AG aufgeführt. Wie aus der Tabelle entnommen werden kann, liegen die Kosten zur Zeit der Inbetriebnahme zwischen 9,91 Mio. €/Dkm und 27,44 Mio. €/Dkm. Dabei ist zu beachten, dass sich die Kosten für die neueste Strecke Köln-Rhein/Main inzwischen bereits auf 33,90 Mio. €/Dkm erhöht haben und sich wahrscheinlich noch weiter erhöhen werden.

Die DB AG hat die Ausschreibung der Strecke Köln-Rhein/Main zu einem frühen Planungszeitpunkt funktional vorgenommen. Während der Realisierung haben sich nicht unbeträchtliche Annahmen aus der Ausschreibung als nicht zutreffend dargestellt. In der Folge mussten die Planungen

---

[420] Hier wird generell der Begriff Kostenkennzahl verwendet. Häufig werden auch die Begriffe Richtwert und Verrechnungssatz benutzt.

geändert und aufwendigere Lösungen realisiert werden. Die Mehrkosten wurden von den Bauunternehmen an die DB AG weitergereicht. Bei einer späteren, gewerkeweisen Ausschreibung mit Leistungsverzeichnis, die auf planfestgestellten Unterlagen und einer sorgfältigen Bauvorerkundung basiert hätte, wären diese als sog. „Sowiesokosten" angefallen. Die Autoren tragen daher nicht die vielfach vorgetragene Meinung, dass die relativ hohen Kosten dieser Strecke allein auf Fehler bei Ausschreibung und Vergabe und in überhöhten Nachträgen der Unternehmen begründet liegen.

Tabelle 6.7 Gesamtkostenentwicklungen von ICE-Neubaustrecken

Strecke	Streckenlänge [km]	Jahr	Informationsstand	Gesamtkosten [Mrd. €]	Spezifische Kosten [Mio. €/Dkm]
Hannover-Fulda-Würzburg	328	1973	Planung	2,15	6,55
		1991	Inbetriebnahme	5,73	17,46
Mannheim-Stuttgart	100	1991	Inbetriebnahme	2,15	21,47
Hannover-Berlin	263	1998	Inbetriebnahme	2,61	9,91
Köln-Rhein/Main	177	1991	Planung	1,74	9,83
		1995	Planung	3,99	22,53
		2002	Inbetriebnahme	4,86	27,44
		2005	Vorl. Kostenfeststellung	6,0	33,90

Aus der Tabelle 6.7 wird außerdem deutlich, dass Baupreise wie alle anderen Preise langfristig inflationsbedingten Steigerungen unterworfen sind. Zum Ausdruck kommen hierin Lohnkostenerhöhungen, Material- und Gerätekostenerhöhungen, aber auch höhere Kosten durch aufwendigere Bauverfahren (z. B. lärmarme Bauverfahren). Zum unmittelbaren Vergleich zweier Kostenkennzahlen müssen daher Baupreissteigerungsfaktoren verwendet werden, um die Kostenkennzahl auf ein gleiches Betrachtungsjahr zu beziehen. Von den Statistischen Landesämtern und vom Statistischen Bundesamt werden regelmäßig Baupreissteigerungsfaktoren genannt. Wie die Erfahrungen der letzten Jahre gezeigt haben, unterliegen die Baumaßnahmen der DB AG eigenen Gesetzmäßigkeiten bei den Preissteigerungen.

In der Öffentlichkeit hat sich nachhaltig eingeprägt, dass die während der Realisierungsentscheidung von ICE-Neubaustrecken vorliegenden Kostenschätzungen später beim Bau regelmäßig um ein Mehrfaches überschritten wurden. In Abb.6.1 sind die Werte aus Tabelle 6.7 auf der Zeitachse aufgetragen. Die Strecke Hannover-Berlin hebt sich aus der allgemeinen Tendenz ab. Trotz aller Vorbehalte, inwieweit die Strecken wegen ihrer Unterschiedlichkeit, z. B. hinsichtlich Topografie und planerischer Vorgaben (Mischverkehr/artreiner Personenverkehr), miteinander verglichen werden können, lassen sich alle Werte überraschend gut durch eine lineare Regression der Form $k = 0{,}7995 \cdot x - 1.572{,}93$ [Mio. €/Dkm] mit dem Korrelationskoeffizienten $R = 0{,}876$ abbilden. Wenn diese Funktion in die Zukunft fortgeschrieben werden kann, dann ist im Jahre 2010 mit Kosten von ca. 34,1 Mio. €/Dkm und im Jahre 2015 mit ca. 38,1 Mio. €/Dkm zu rechnen. Dies entspricht einer jährlichen Preissteigerung von ca. 0,8 Mio. €/(Dkm·a).

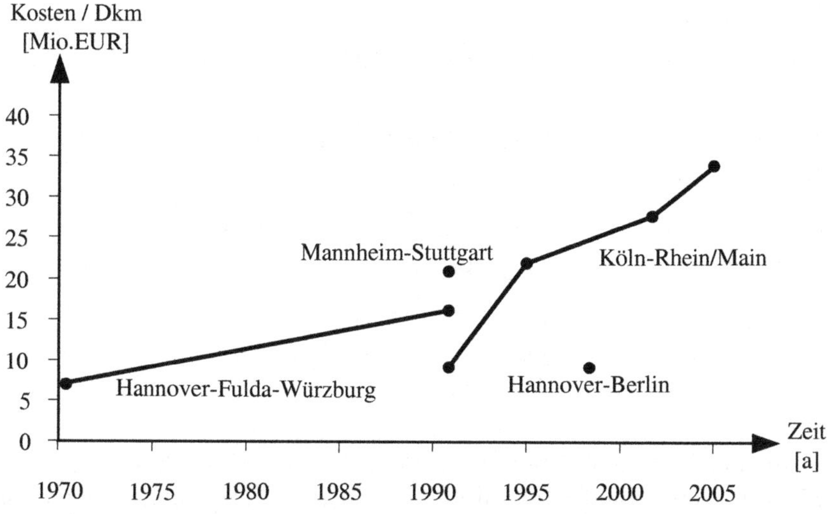

Abb.6.1 Gesamtkostenentwicklung von ICE-Neubaustrecken

Für die Ermittlung vergleichbarer Kostenkennzahlen für den Transrapid stehen aus der Vergangenheit keine Zahlen zur Verfügung, da bisher in Deutschland keine Transrapidstrecke gebaut wurde. Falls jedoch die Ermittlung der Investitionskosten aus der Machbarkeitsstudie für Magnetschnellbahnstrecke in München als Vergleich herangezogen wird, so sind Investitionskosten von 1.391,5 Mio. € [421] im Betrachtungsjahr 2002

[421] In der Machbarkeitsstudie Bayern werden Investitionskosten von 1.554,8 Mio. € einschließlich 163,3 Mio. € für die Fahrzeuge angegeben. Zusätzlich sind für

zugrunde zu legen.[422] Bei einer Streckenlänge von 37,40 km ergeben sich hieraus Investitionskosten von k = 37,2 Mio. €/Dkm. Zu bemerken ist, dass sich auf einer relativ kurzen Streckenlänge, wie sie hier vorliegt, die baulichen Anlagen (z. B. Instandhaltungszentrale) überproportional in den auf die Streckenlänge bezogenen Kosten auswirken. Hinzu kommt, dass zur Zeit aus verschiedenen Gründen, wie z. B. wegen erhöhter Sicherheitsanforderungen in Form eines durchgehenden Begleitsteges, mit Mehrkosten gerechnet wird. Gleichzeitig ist diese Strecke aber nicht typisch für eine Transrapidstrecke, da insgesamt 7,2 km (das entspricht 19 % der Strecke) in Tunneln verlaufen sollen. Für eine Transrapid-Fernstrecke ist nur mit einem Tunnelanteil von etwa 5 % zu rechnen. Die spezifischen Streckenkosten sinken dabei nicht unbeträchtlich.

Die Investitionskosten für die Infrastruktur liegen beim Transrapid zum jetzigen Zeitpunkt höher als beim Rad-Schiene-System. Kostenerhöhend wirkt sich sicherlich die Integration des Langstators in den Fahrweg aus. Inwieweit der aufgeständerte Fahrweg kostentreibend ist, ist nicht deutlich abzuschätzen, da zumindest in Deutschland bisher längere Strecken im Wettbewerb noch nicht gebaut wurden. Sicher ist aber, dass den Kosten des aufgeständerten Fahrwegs geringere Kosten beim Grunderwerb, deutlich geringere Kosten bei den Erdbaumaßnahmen, geringere Kosten für den ökologischen Ausgleich und deutlich reduzierte Baurisiken gegenüberstehen.

Hinsichtlich der Investitionskosten stellt Breimeier fest: *„Der Fahrweg des Transrapid ist kapitalaufwendiger als derjenige der Eisenbahn. Investitionsschätzungen aus jüngster Zeit bestätigen die Tendenz:*

Eisenbahnneubaustrecke im Flachland	*16,394 Mio. €/km*
Transrapidstrecke im Flachland	*20,396 Mio. €/km*
Metrorapid-Strecke	*32,434 Mio. €/km*
Transrapid-Strecke München	*37,826 Mio. €/km"* [423]

Die von Breimeier angegebenen Kostenkennzahlen für die Eisenbahn sind in mehrfacher Hinsicht zu hinterfragen. Breimeier ermittelt diese Kostenkennzahlen aus den Kostenfeststellungen für den ICE der Trassen Hannover-Würzburg und Mannheim-Stuttgart, die als Strecken für den Mischverkehr realisiert wurden. Für beide Maßnahmen ergeben sich mittlere Kosten mit Preisstand 2000 in Höhe von 22,449 Mio. €/Dkm. Dieser Wert stimmt gut mit den Werten in Tabelle 6.7 überein. In einer nachfolgenden

die Kostenarten 15 bis 17 (siehe Tabelle 6.5) insgesamt 48,0 Mio. € angegeben.

[422] Planungsgemeinschaft Metrorapid-Transrapid: Machbarkeitsstudie Bayern und NRW – Teil II. Seite 207

[423] Breimeier: Transrapid oder Eisenbahn. Seite 32.

Berechnung eliminiert Breimeier dann die Kosten für Brücken und Tunnel, um auf Ansätze für eine Strecke im Flachland zu kommen. Trassen im Flachland sind in Deutschland und wohl auch im gesamten Europa aber eher ein Sonderfall. Außerdem werden auch im Flachland Brücken notwendig, da Flüsse überquert und Straßen gekreuzt werden müssen. Wie die Strecke Köln-Rhein/Main zeigt, sind im typischen Mittelgebirgsbereich die Kosten rund doppelt so hoch, wie von Breimeier angegeben.

6.6 Streckenbezogene Kostenartengliederung

(Zweite Ebene)
In Abschnitt 6.4 wurden die verschiedenen Kostenartengliederungen, die beim Rad-Schiene-System und beim Transrapid angewendet werden, dargestellt. Entsprechend dieser oder anderer Gliederungen können Kostenkennzahlen gebildet werden.

6.6.1 Streckenbezogene Kostenkennzahlen der zweiten Ebene für das Rad-Schiene-System

Sollen differenziertere Kostenkennzahlen ermittelt werden, so sollten bevorzugt die in Abschnitt 6.4 vorgestellten Kostenartenstrukturen verwendet werden. Leider werden, bedingt durch die bauwerksspezifischen Vergaben, regelmäßig die Kosten nach anderen Strukturen festgestellt.

Kaiser [424] gibt unter Bezug auf Daten der Deutschen Bundesbahn für die Neubaustrecken Hannover-Würzburg und Mannheim-Stuttgart eine Kostenaufschlüsselung an, die in Tabelle 6.8 wiedergegeben ist. Grundlage der in Tabelle 6.8 ermittelten Werte sind die gewichteten Kosten/Dkm aus Tabelle 6.7. Zu beachten ist der Preisstand 1988/1991. Außerdem wird nochmals darauf hingewiesen, dass solche Kennzahlen zur Beurteilung der damaligen Situation zwar bedeutend sind, eine Übertragung auf künftige Projekte jedoch nur unter Vorbehalten möglich ist. So sind unter heutigen Gesichtspunkten die relativ niedrigen Kostenanteile für den Umweltschutz (nur 1,5 %) und für die Planung (nur 6,5 %) auffällig. Ebenfalls relativ niedrig erscheinen die Kosten für den Grunderwerb (nur 3,3 %). Typisch sind dagegen die hohen Kosten für den Tunnelbau mit 35,5 %.

[424] Kaiser: Bauen für eine neue Bahn. Seite 129

Tabelle 6.8 Zusammensetzung der Investitionskosten bei den Eisenbahnneubaustrecken Hannover-Würzburg und Mannheim-Stuttgart [425] (Preisstand 1988/1991)

	Prozentualer Anteil an der Investition in [%]	Kosten pro Streckenkilometer (Basis gemittelte Streckenkosten) [Mio. €/Dkm]
Grundeigentum	3,3	0,61
Bahnkörper	12,5	2,30
Stützmauern	1,2	0,22
Tunnel	35,5	6,53
Talbrücken	6,9	1,27
Kreuzungsbauwerke	3,8	0,70
Bauliche Anlagen	1,4	0,26
Umweltschutz	1,5	0,28
Oberbau	6,6	1,21
Signaleinrichtung	5,0	0,92
Telekommunikationsanlagen	2,0	0,37
Oberleitungen	5,0	0,92
Bahnstromversorgung	3,3	0,61
Anlagen Dritter	5,2	0,96
Planung	6,5	1,20
Summe (gerundet)	100,0	18,40

Es muss ausdrücklich darauf hingewiesen werden, dass sich die Kennzahlen auf die gesamte Strecke beziehen und nicht auf die Bauteillängen. Dies betrifft insbesondere Tunnel und Brücken. In Tabelle 6.9 sind die prozentualen Tunnellängen der beiden Strecken angegeben. Im Mittel ergibt sich ein Streckenanteil von 35 %. Hieraus ergibt sich dann eine Kostenkennzahl für Tunnel bezogen auf deren Länge von 18,7 Mio. €/Dkm.

6.6.2 Streckenbezogene Kostenkennzahlen der zweiten Ebene für den Transrapid

Grundlage einer Analyse der Kostenkennzahlen der zweiten Ebene sind die in der „Machbarkeitsstudie für Magnetschnellbahnen in Bayern und Nordrhein-Westfalen“ genannten Kosten für die Strecke in München. Die Autoren weisen ausdrücklich darauf hin, dass die ermittelten Kennzahlen

[425] Kaiser: Bauen für eine neue Bahn. Seite 131

bei einem spezifischen Projekt (hier München) ermittelt wurden. Eine Übertragbarkeit auf andere Projekte ist nur möglich, wenn die spezifischen Situationen beider Projekte bekannt sind und entsprechend berücksichtigt werden. In München ergaben sich zum Planungsstand 2002 Gesamtkosten von 1.391,5 Mio. €. Auf den Streckenkilometer bezogen entspricht dies 37,2 Mio. €/Dkm. In Tabelle 6.9 sind die Kennzahlen der Kosten pro Doppelkilometer [Mio. €/Dkm] für die jeweiligen Anlagenteile dargestellt.

Tabelle 6.9 Zusammensetzung der Investitionskosten der Transrapidstrecke in München (Planungsstand 2002, ohne Fahrzeuge) [426]

Nr.	Bezeichnung der Anlagenteile	Investitionskosten [Mio. €]	Prozentualer Anteil an der Investition in [%]	Kosten pro Streckenkilometer [Mio. €/Dkm]
1	Grunderwerb	29,9	2,1	0,80
2	Unterbau	58,5	4,2	1,56
3	Tunnel	338,6	24,3	9,05
4	Brücken	3,5	0,3	0,09
5	Überbau	308,9	22,2	8,26
6	Bauliche Anlagen	61,8	4,4	1,65
7	Betriebsleittechnik (sicherheitsrelevant)	52,6	3,8	1,41
8	Betriebsleittechnik (nicht sicherheitsrelevant)	44,4	3,2	1,19
9	Energieversorgung	27,9	2,0	0,75
10	Antrieb, Stromschienen	192,6	13,8	5,15
11	Lärmschutz	5,5	0,4	0,15
12	Planung	181,5	13,0	4,85
13	Mittelbare Kosten	85,8	6,2	2,29
	Summe Investitionskosten	1.391,5	100,0	37,21

Die in München vorgefundene Situation ist als sehr spezifisch zu betrachten. Dies zeigt sich z. B. in einer für Hochgeschwindigkeitsstrecken relativ kurzen Entfernung von nur 37,4 km. Entsprechend sind z. B. die auf den Kilometer bezogenen Kosten für die baulichen Anlagen und die Betriebsleittechnik relativ hoch. Wenn die Anwendungsstrecke doppelt so lange wäre, würden sich diese Kosten nur begrenzt erhöhen. Außerdem handelt es sich in München um eine Strecke, die, bedingt durch die städtische Lage, über Tunnel von insgesamt 7,2 km Länge verfügt. Dies ist für

[426] Planungsgemeinschaft Metrorapid-Transrapid: Machbarkeitsstudie Bayern und NRW – Teil II. Seite 207

den Transrapid nicht typisch. Außerdem sind im städtischen Bereich die Aufwendungen für den Lärmschutz höher als auf einer Überlandstrecke.

Die Betrachtungen sind auf die Gesamtstrecke bezogen und daher wiederum für einige Bereiche missdeutend. Dies gilt insbesondere für Grunderwerb, Unterbau und Tunnel. In Bereichen, in denen die Trasse unterirdisch geführt wird, ist kein Grunderwerb erforderlich. Somit sind diese nur auf 37,4 - 7,2 = 30,20 km zu beziehen. Gleiches gilt für den Unterbau, unter dem Kosten für Dämme, Einschnitte, Stützbauwerke und den MSB-Unterbau, sowohl aufgeständert wie ebenerdig, zusammengefasst werden. Im Tunnel fallen nur die Kosten für den Tunnel selbst und die Fahrwegüberbaukosten an. In Tabelle 6.10 sind die bauteilspezifischen Streckenkosten angegeben.

Tabelle 6.10 Investitionskosten für die Transrapidstrecke in München (Planungsstand 2005)

Nr.	Bezeichnung der Anlagenteile	Investitons-kosten [Mio. €]	Anzusetzende Streckenlänge [km]	Kosten pro Bauteilkilometer [Mio. €/Dkm]
1	Grunderwerb	29,9	30,20	0,99
2	Unterbau	58,5	30,20	1,94
3	Tunnel	338,6	7,20	47,03

Leider muss festgestellt werden, dass sich die Kostenschätzung durch die Fortschreibung der Kosten inzwischen um ca. 29,5 % erhöht hat. In Tabelle 6.11 sind die aktuell [427] zu erwartenden, jedoch noch nicht offiziell bestätigten Kosten absolut und in Prozent angegeben.

Auffällig ist, dass die Änderungen bei der neuen Kostenschätzung in den einzelnen Kostenarten sehr unterschiedlich ausgefallen sind. Reduktionen können bei Tunnel, Lärmschutz und Planung festgestellt werden. Auffällig sind jedoch insbesondere die Steigerungen bei den baulichen Anlagen um 149,5 Mio. € (entspricht einer Steigerung von 241,9 %), bei den Überbaukosten um 91,9 Mio. € (Steigerung 29,8 %) und bei der Betriebsleittechnik um 94,9 Mio. € (Steigerung 97,8 %). Die Kosten pro Streckenkilometer verändern sich entsprechend. Die Werte auf der Basis von 2002 sind denen von 2005 in Tabelle 6.12 gegenübergestellt.

[427] Stand Juni 2005

Tabelle 6.11 Entwicklung der Investitionskosten bei der Transrapidstrecke in München (Planungsstand 2002 zu 2005)

Nr.	Bezeichnung der Anlagenteile	Investitionskosten Stand 2002 [Mio. €]	Investitionskosten Stand 2005 [Mio. €]	Erwartete Steigerung absolut [Mio. €]	Erwartete Kostensteigerungen [%]
1	Grunderwerb	29,9	32,7	2,8	9,4
2	Unterbau	58,5	94,1	35,6	60,9
3	Tunnel	338,6	311,9	-26,7	-7,9
4	Brücken	3,5	9,6	6,1	174,3
5	Überbau	308,9	400,8	91,9	29,8
6	Bauliche Anlagen	61,8	211,3	149,5	241,9
7+8	Betriebsleittechnik (sicherheits- und nicht sicherheitsrelevant)	97,0	191,9	94,9	97,8
9	Energieversorgung	27,9	60,1	32,2	115,4
10	Antrieb, Stromschienen	192,6	269,4	76,8	39,9
11	Lärmschutz	5,5	3,8	-1,7	-30,9
12	Planung	181,5	135,8	-45,7	-25,2
13	Mittelbare Kosten	85,8	80,8	-5	-5,8
	Summe Investitionskosten	1.391,5	1.802,2	410,7	29,5

Tabelle 6.12 Gegenüberstellung der Investitionskosten der Transrapidstrecke in München

Nr.	Bezeichnung der Anlagenteile	Kosten pro Streckenkilometer Stand 2002 [Mio. €/Dkm]	Kosten pro Streckenkilometer Stand 2005 [Mio. €/Dkm]
1	Grunderwerb	0,80	0,87
2	Unterbau	1,56	2,52
3	Tunnel	9,05	8,34
4	Brücken	0,09	0,26
5	Überbau	8,26	10,72
6	Bauliche Anlagen	1,65	5,65
7+8	Betriebsleittechnik	2,60	5,13
9	Energieversorgung	0,75	1,61
10	Antrieb, Stromschienen	5,15	7,20
11	Lärmschutz	0,15	0,10
12	Planung	4,85	3,63
13	Mittelbare Kosten	2,29	2,16
	Summe Investitionskosten	39,80	48,19

Vergleichbar zu Tabelle 6.10 sind die Investitionsstreckenkosten für Grunderwerb, Unterbau und Tunnel auf der Basis 2005 in Tabelle 6.13 angegeben.

Tabelle 6.13 Investitions-Streckenkosten der Transrapidstrecke in München (Planungsstand 2005)

Nr.	Bezeichnung der Anlagenteile	Investitions-kosten [Mio. €]	Anzusetzende Streckenlänge [km]	Kosten pro Bauteilkilometer [Mio. €/Dkm]
1	Grunderwerb	32,7	30,20	1,08
2	Unterbau	94,1	30,20	3,12
3	Tunnel	311,9	7,2	43,32

6.7 Kostenkennzahlen für Grobelemente (Dritte Ebene)

Eine seriöse kostenmäßige Bewertung einer Planung von Hochgeschwindigkeitsstrecken ist mit den in den Abschnitten 6.5 und 6.6 ermittelten Kennzahlen nicht möglich, da die spezifischen Besonderheiten nicht ausreichend beurteilt werden können. Erforderlich sind Berechnungen mit Mengenermittlungen und der kostenmäßigen Bewertung der einzelnen baulichen Grobelemente. Falls aber Mengenermittlungen vorgenommen werden sollen, müssen zumindest erste Pläne vorhanden sein

Sofern nicht Pauschalverträge abgeschlossen werden, stellen Leistungsverzeichnisse die Grundlage der Bauverträge dar. Die Leistungspositionen sollen die Leistung so eindeutig und erschöpfend beschreiben, dass alle Bewerber die Beschreibung im gleichen Sinne verstehen müssen und ihre Preise sicher und ohne umfangreiche Vorarbeiten berechnen können (§ 9 VOB/A). Für jede einzelne Position wird von den Planern des Bauherrn die voraussichtliche Abrechnungsmenge als sog. LV-Menge ermittelt. Der Bauunternehmer kalkuliert zu jeder Position einen Einheitspreis. Dieser wird Vertragsbestandteil. Bei der Schlussrechnung wird die tatsächliche ausgeführte Menge zu jeder Position ermittelt und mit dem vereinbarten Einheitspreis multipliziert. Der Schlussrechnungsbetrag ergibt sich aus der Summe der Rechnungsbeträge aller Positionen.

Eine Kostenermittlung in frühen Phasen der Planung ist auf dieser Basis jedoch leider nicht möglich, da einerseits die detaillierten Planungsvoraussetzungen nicht gegeben sind und andererseits der Aufwand für die Ermittlung aller Mengen zu hoch wäre. Benötigt wird daher ein Verfahren mit

Grobelementen und zugehörigen Mengenermittlungen. Grobelemente werden häufig auch Leitpositionen oder Sammelpositionen genannt.

Alle zugehörigen Mengenermittlungen sollen sich aus wenigen Planungsdaten leicht ermitteln lassen. Diese Mengenermittlung sollte weitgehend automatisch durch feste Regeln möglich sein. Als Beispiel lassen sich die zu erwerbenden Grundstücksflächen über die Trassenhöhe über oder unter Urgelände ermitteln. Aus der Dammhöhe ergibt sich die Breite des Dammfußes und mit einfachen Zuschlägen die insgesamt zu erwerbende Grundstücksfläche. Zuschläge müssen so gewählt werden, dass auch alle Nebenflächen und die Grundstücksflächen für ökologische Ausgleichsmaßnahmen abgedeckt sind. Ebenfalls aus der Differenz zwischen Trassenhöhe und der Höhe des Urgeländes lassen sich die Erdmassen berechnen, die in die Dämme eingebracht oder in Einschnitten gelöst und abtransportiert werden müssen.

6.7.1 Grobelemente für die Kostenermittlung von baulichen Anlagen

6.7.1.1 Grobelemente für die Kostenermittlung von baulichen Anlagen für das Rad-Schiene-System

In Tabelle 6.14 sind Grobelemente aufgeführt, die für die Investitionskostenermittlung der baulichen Anlagen beim Rad-Schiene-System verwendet werden können.

Tabelle 6.14 Grobelemente für die Kostenermittlung des Fahrwegs für das Rad-Schiene-System

Kosten-gruppe	Bezeichnung	Unterkosten-gruppe	Bezeichnung
R 3	Fahrweg		
R 3.1	Grundstückskosten		
		R 3.1.1	Grunderwerb
		R 3.1.1.1	Land- und forstwirtschaftliche Fläche
		R 3.1.1.2	Stadt, normal besiedelt
		R 3.1.1.3	Großstadt, Ballungsraum
R 3.2	Fahrwegoberbau und -unterbau	R 3.2.1	Fahrwegoberbau
		R 3.2.1.1	Gleis, Feste Fahrbahn
		R 3.2.1.2	nicht besetzt
		R 3.2.1.3	nicht besetzt
		R 3.2.2	Fahrwegunterbau
		R 3.2.2.1	Damm

		R 3.2.2.2	Einschnitt
		R 3.2.2.3	Stützbauwerk
		R 3.2.2.3.1	Trog
		R 3.2.2.3.2	Stützmauer
		R 3.2.2.4	nicht besetzt
		R 3.2.2.5	nicht besetzt
R 3.3	Spurwechsel-einrichtungen		
R 3.4	Sonderbauwerke		
		R 3.4.1	Tunnel
		R 3.4.1.1	Tunnel, offene Bauweise mit Verbau
		R 3.4.1.2	Tunnel, bergmännische Bauweise
		R 3.4.2	Brücken
		R 3.4.2.1	Eisenbahnüberführungen
		R 3.4.2.1.1	Eisenbahnüberführung, Feldweg, Land- und Bundesstraße
		R 3.4.2.1.2	Eisenbahnüberführung, Autobahn
		R 3.4.2.2	Talbrücke
		R 3.4.2.3	Strombrücke
		R 3.4.3	Straßenüberführungen
		R 3.4.3.1	Straßenüberführung; Feldweg, Land- und Bundesstraße
		R 3.4.3.2	Straßenüberführung; Autobahn
R 3.5	Bauliche Anlagen		
		R 3.5.1	Stationen
		R 3.5.2	Schutzanlagen (Schallschutz)
		R 3.5.3	Sonstige Anlagen (Straßen, Wege, Plätze)
R 3.6	Landschaftspflegerische Maßnahmen		
		R 3.6.1	Ausgleichsmaßnahmen
R 3.7	Mittelbare Kosten		

Zu allen Grobkennzahlen lassen sich aus einer Trassenplanung relativ einfach überschlägige Mengen ermitteln. Dies ist über die folgenden wenigen Ausgangsdaten möglich:

x_1 Grundstücksart {Land, Stadt, Großstadt}

x_2 Höhe der Schienenoberkante oder des Fahrwegüberbaus über oder unter Urgeländehöhe

x_3 Spurwechseleinrichtung {Anzahl}

x_4 Tunnel {offene Bauweise, bergmännische Bauweise}

x_5 Brücke {Eisenbahnüberführung, Talbrücke, Strombrücke}

x_6 Straßenüberführung {Feldweg, Land- und Bundesstraße, Autobahn}

x_7 Schallschutz

6.7.1.2 Grobelemente für die Kostenermittlung von baulichen Anlagen für den Transrapid

Vergleichbar zum Rad-Schiene-System lassen sich Grobelemente für den Transrapid-Fahrweg definieren. Diese sind in Tabelle 6.15 dargestellt. In einzelnen Punkten unterscheiden sich die Strukturen des Rad-Schiene-Systems und des Transrapid. Je nach Trassenhöhe muss z. B. eine Rad-Schiene-Trasse mit Brücken über bestehende Straßen und sonstige Hindernisse geführt werden. Hierfür ist das Element R 3.4.2.1 vorgesehen. Bedingt durch die aufgeständerte Trassenführung ist ein vergleichbares Element beim Transrapid nicht notwendig. Dafür gibt es die Elemente M 3.2.1.2 „Aufgeständerter Fahrwegüberbau“ und das Element M 3.2.1.3 „Ebenerdiger Fahrwegüberbau“.

Tabelle 6.15 Grobelemente für die Kostenermittlung des Fahrwegs für den Transrapid

Kosten-gruppe	Bezeichnung	Unterkosten-gruppe	Bezeichnung
M 3	Fahrweg		
M 3.1	Grundstückskosten		
		M 3.1.1	Grunderwerb
		M 3.1.1.1	Land- und forstwirtschaftliche Fläche
		M 3.1.1.2	Stadt, normal besiedelt
		M 3.1.1.3	Großstadt, Ballungsraum
M 3.2	Fahrwegüberbau und -unterbau	M 3.2.1	Fahrwegüberbau
		M 3.2.1.1	nicht besetzt
		M 3.2.1.2	Aufgeständerter Fahrwegüberbau
		M 3.2.1.3	Ebenerdiger Fahrwegüberbau
		M 3.2.2	Fahrwegunterbau
		M 3.2.2.1	Damm
		M 3.2.2.2	Einschnitt
		M 3.2.2.3	Stützbauwerk
		M 3.2.2.3.1	Trog
		M 3.2.2.3.2	Stützmauer
		M 3.2.2.4	MSB-Fahrwegunterbau aufgeständert
		M 3.2.2.5	MSB-Fahrwegunterbau ebenerdig-parallel zur Autobahn
M 3.3	Spurwechsel-einrichtungen		
M 3.4	Sonderbauwerke		
		M 3.4.1	Tunnel
		M 3.4.1.1	Tunnel, offene Bauweise mit Verbau

		M 3.4.1.2	Tunnel, bergmännische Bauweise
		M 3.4.2	Brücken
		M 3.4.2.1	nicht besetzt
		M 3.4.2.2	Talbrücke
		M 3.4.2.3	Strombrücke
		M 3.4.3	Straßenüberführungen
		M 3.4.3.1	Straßenüberführung; Feldweg, Land- und Bundesstraße
		M 3.4.3.2	Straßenüberführung; Autobahn
M 3.5	Bauliche Anlagen		
		M 3.5.1	Stationen
		M 3.5.2	Schutzanlagen (Schallschutz)
		M 3.5.3	Sonstige Anlagen (Straßen, Wege, Plätze)
M 3.6	Landschaftspflegerische Maßnahmen		
		M 3.6.1	Ausgleichsmaßnahmen
M 3.7	Mittelbare Kosten		

6.7.2 Kostenkennzahlen für die Grobelemente

Traditionell werden Kostenkennzahlen deterministisch benutzt. Das heißt, dass z. B. die Kosten einer Straßenüberführung mit 1.700,- €/m² Brückenfläche angesetzt werden. Gleichzeitig ist aber allen Beteiligten bewusst, dass die Kosten für alle Brückenbauten mit relativ großer Wahrscheinlichkeit irgendwo zwischen 1.500,- €/m² und 2.400,- €/m² schwanken. Dabei können für bestimmte Brücken z. B. Kosten von 1.623,- €/m², für andere Kosten von z. B. 1.973,- €/m² festgestellt werden. Die Kostenkennwerte sind somit stochastisch verteilt.

Bemerkenswert ist nun außerdem, dass die Verteilungen fast ausnahmslos rechtsschief sind. Das heißt, dass einige wenige Brücken sehr teuer sein können. Unter einen unteren Wert werden die Kosten aber nie fallen. Der Mittelwert liegt somit näher bei der unteren Kostengrenze und weiter von der oberen Kostengrenze entfernt. Typisch ist auch, dass die Kennzahlen nicht normalverteilt sind. Die Gaußsche Normalverteilung ist nach unten und oben nicht begrenzt. Das heißt, dass bei der Verwendung einer Gaußschen Normalverteilung auch negative Kosten auftreten könnten.

Die Theorie der Zufallsverteilungen bietet jedoch eine große Zahl von Verteilungen, die nach oben und unten begrenzt sind. Aus der Vielzahl von Verteilungen eignen sich für Kostenbetrachtungen besonders die Gleichverteilung, die Dreiecksverteilung, die Beta-, die Erlang- und die Pertverteilung. Zu beachten ist, dass die Dreiecks-, Pert-, Erlang- und die Betaverteilung schief sein und sich somit den typischen Kostenverteilungen anpassen können. In Abb. 6.2 sind typische Verteilungen dargestellt.

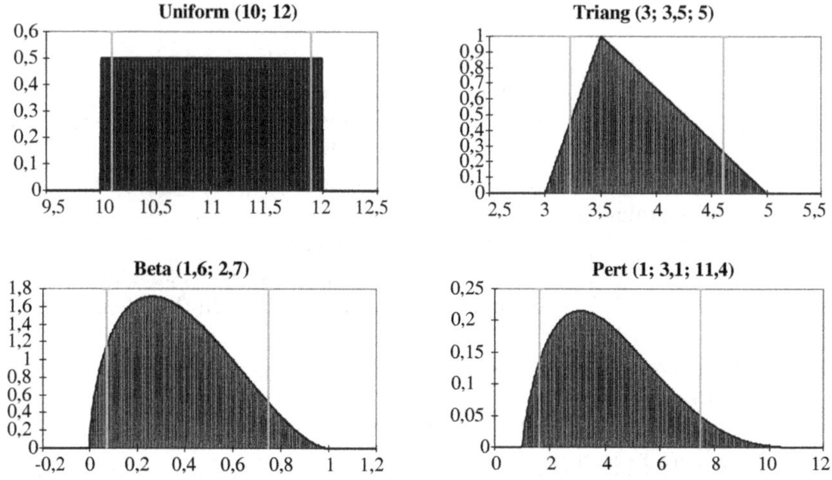

Abb. 6.2 Besonders geeignete Verteilungsfunktionen für stochastische Kostenansätze

Falls Kostenfeststellungen zu mehreren ausgeführten Bauwerken vorliegen, können die stochastischen Kostenverteilungen über Regressionsanalysen ermittelt werden. Falls dies nicht der Fall ist, wird man über Expertenbefragungen angemessene Verteilungsarten und die zugehörigen Formparameter ermitteln müssen.

Es wird dringend empfohlen, insbesondere in frühen Projektphasen mit stochastischen Ansätzen zu rechnen, da die erzielbaren Vertragspreise einer natürlichen Streuung unterliegen. Gegebenenfalls können auch stochastische Mengenansätze gewählt werden, da auch die Mengen, bedingt durch den nicht abgeschlossenen Planungsprozess, noch nicht festliegen. Als Ergebnis erhält man stochastische Kostenverteilungen.

Aus den einzelnen Kostenansätzen lassen sich mit Hilfe einer Simulation unter Ansatz der Monte-Carlo- oder der Latin-Hypercube-Simulation die zu erwartenden Gesamtkosten ermitteln. Berechnungen haben ergeben, dass etwa 10.000 Simulationsläufe erforderlich sind.

Das Prinzip der stochastischen Kostenermittlung soll an einem kleinen Beispiel demonstriert werden. Wird z. B. eine leicht linksschiefe Dreieckskostenverteilung (Mittelwert 6,- €/m², unterer Wert 3,- €/m², oberer Wert 8,- €/m²) mit einer rechtsschiefen (Mittelwert 120,- €/m², unterer Wert 40,- €/m², oberer Wert 240,- €/m²) addiert, so erhält man als Ergebnis eine rechtsschiefe Summenverteilung mit Mittelwert 138,02 €/m². Es wird ausdrücklich darauf hingewiesen, dass dieser Wert nicht der Addition der beiden Mittelwerte (6,- €/m² + 120,- €/m² = 126,- €/m²) entspricht. Von besonderer Bedeutung ist jedoch die Aussage, dass mit 90 % Wahrscheinlichkeit das Ergebnis zwischen 72,41 €/m² und 211,48 €/m² liegt (siehe Abb. 6.3).

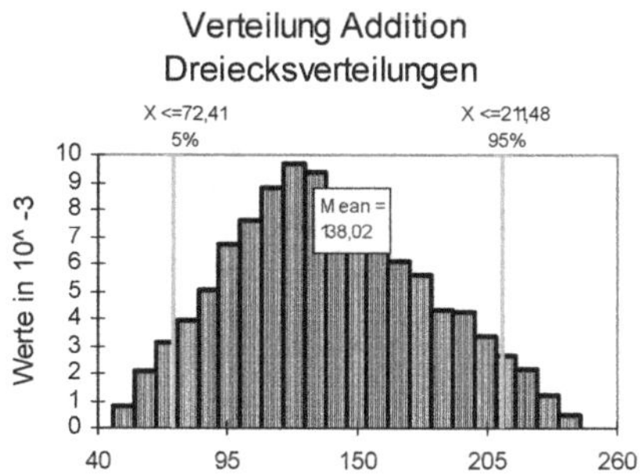

Abb. 6.3 Ergebnis der Addition stochastisch verteilter Kosten

6.7.2.1 Stochastische Kostenverteilungen des Fahrwegs für das Rad-Schiene-System

Nachfolgend sollen einige typische stochastische Kostenansätze für eine Rad-Schiene-Trasse dargestellt werden. Die angegebenen Werte wurden in Anlehnung an den Kostenkennwertekatalog (KKK) [428] aus dem Kostenermittlungshandbuch (KEB) [429] der DB AG ermittelt.

Kosten für den Grunderwerb

Für land- und forstwirtschaftliche Fläche: Rechteckverteilung; Minimum 3,- €/m², Maximum 8,- €/m².

Die Ansätze werden häufig als gleichverteilt angenommen. Es wird eine Rechteckverteilung gewählt, da keine Wahrscheinlichkeit angegeben werden kann, ob für den Grunderwerb mehr oder weniger zu bezahlen ist.

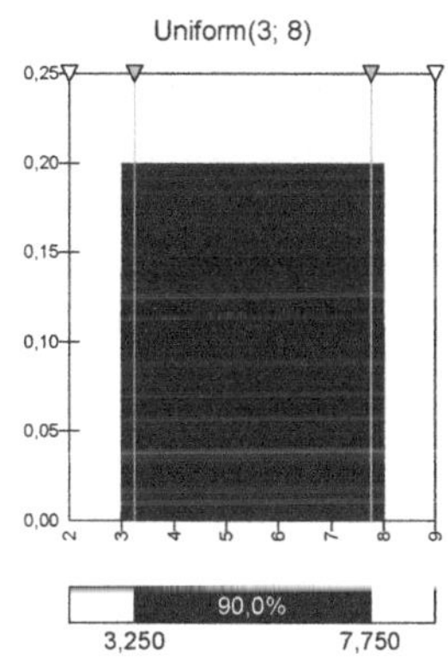

[428] DB AG: Kostenkennwertekatalog (KKK) – Modul 808.0212.

[429] DB AG: Kostenermittlungsbuch (KEB) – Modul 808.0210.

Gleis, Feste Fahrbahn und Schienen

Für den Doppelmeter inklusive hydraulisch gebundener Tragschicht:

Pertverteilung; Minimum 1.360,- €/Dm, Wahrscheinlich 1.540,- €/Dm, Maximum 1.800,- €/Dm.

Es wird eine rechtsschiefe Pertverteilung gewählt, da die Pertverteilung im Vergleich zur Dreiecksverteilung eine breitere Schulter aufweist und mit Ausreißern nach oben gerechnet werden muss.

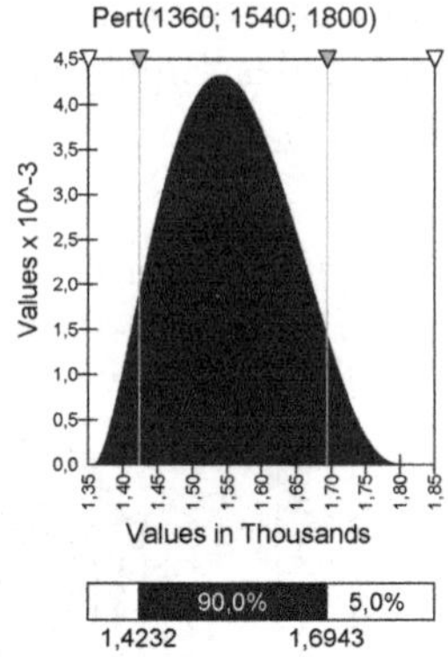

Erdbau für Dammarbeiten

Gesamter Erdbau inklusive Frostschutzschicht, Böschungssicherung, Geotextil, Mitten- und Tiefenentwässerung sowie Planum:

Pertverteilung; Minimum 5,- €/m³, Wahrscheinlich 22,- €/m³, Maximum 25,- €/m³.

Es wird eine linksschiefe Pertverteilung gewählt, da vereinzelt mit extrem günstigen Erdbauangeboten gerechnet werden kann.

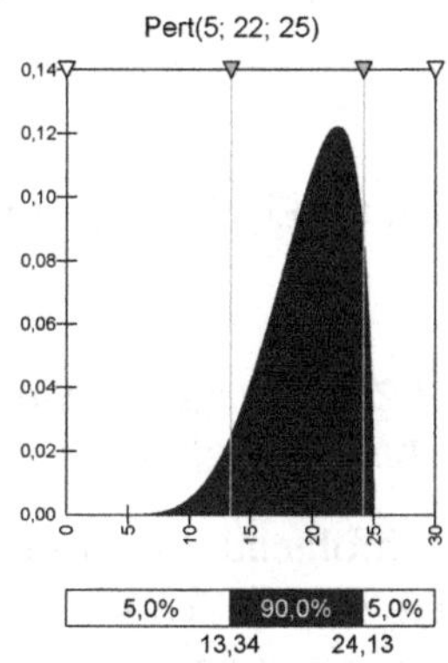

Baufeld frei machen

Dreieckverteilung; Minimum 6,- €/m², Wahrscheinlich 8,- €/m², Maximum 10,- €/m².

Kosten liegen nach Expertenbefragung bei 8,- €/m² und schwanken zwischen 6,- €/m² und 10,- €/m². Es wird daher eine symmetrische Dreiecksverteilung angenommen.

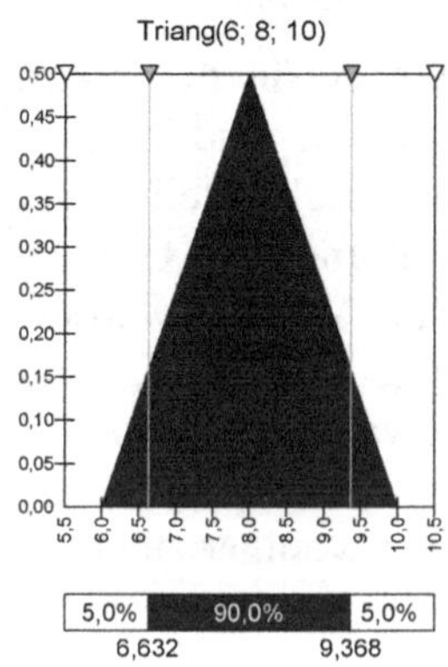

Baustraße

Dreieckverteilung; Minimum 84,- €/m, Wahrscheinlich 96,- €/m, Maximum 108,- €/m.
Kosten schwanken nach der Expertenbefragung zwischen 84,- €/m und 108,- €/m. Es wird daher eine symmetrische Dreiecksverteilung angenommen.

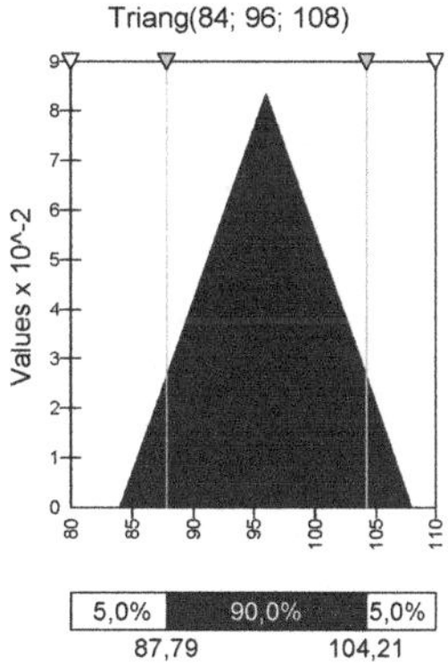

Tunnel, offene Bauweise mit Verbau (ohne Erschütterungsschutz und ohne Fahrbahn), zweigleisig

Erlangverteilung; Minimum 25.000,- €/Dm, Wahrscheinlich 32.500,- €/Dm, Maximum 54.000,- €/Dm.
Bei 20 % der Tunnel wird eine Grundwasserabsenkung angenommen. Die offene Bauweise ist im allgemeinen zweigleisig, da alle 1.000 m relativ problemlos ein Ausgang angeordnet werden kann. Da die Kostenverteilung als stark rechtsschief unterstellt wird (einzelne Tunnel können sehr teuer werden), wird die Erlangverteilung gewählt.

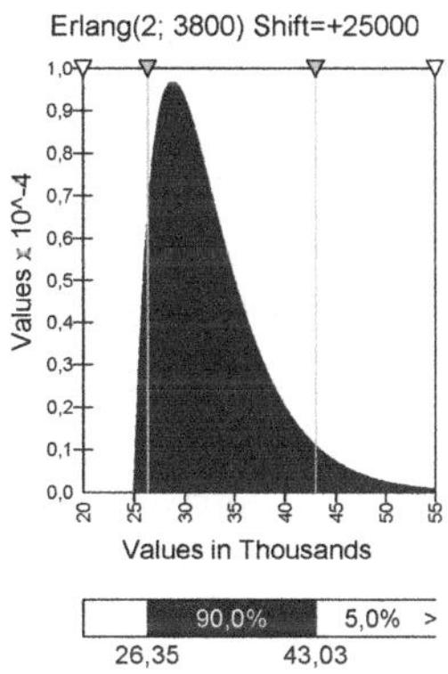

Erschütterungsschutz bei Tunnel in offener Bauweise

Betaverteilung, Minimum 800,- €/Dm; Wahrscheinlich 1.200,- €/Dm, Maximum 2.000,- €/Dm.

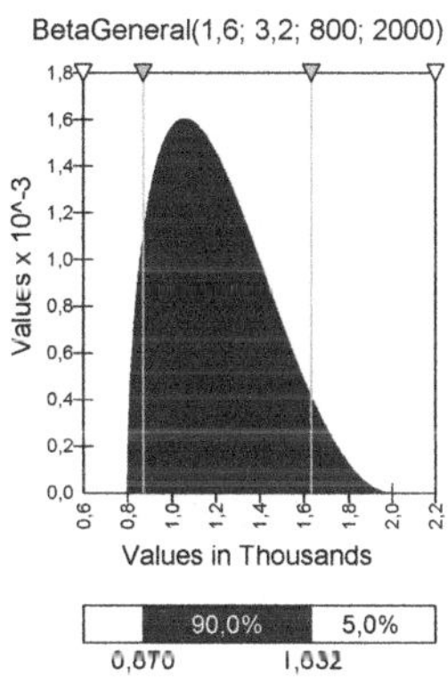

Tunnel, bergmännische Bauweise (ohne Erschütterungsschutz und ohne Fahrbahn), zweiröhrig
Erlangverteilung; Minimum 38.000,- €/Dm, Wahrscheinlich 43.000,- €/Dm, Maximum 88.000,- €/Dm.
Da die Kostenverteilung als stark rechtsschief unterstellt wird (einzelne Tunnel können sehr teuer werden), wird die Erlangverteilung gewählt.

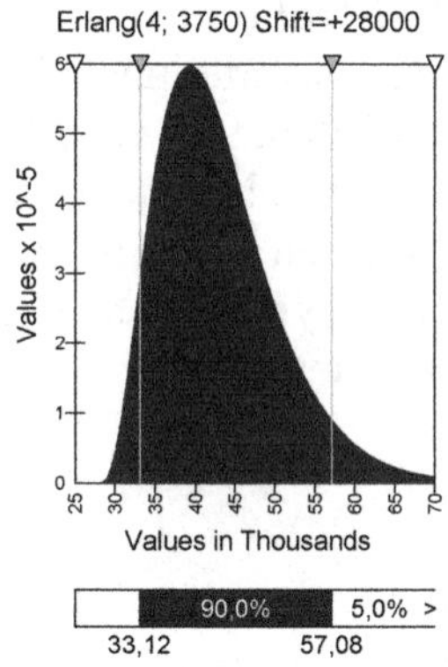

In Abb. 6.4 ist das Ergebnis der Berechnung der zu erwartenden Investitionskosten einer Rad-Schiene-Trasse mit folgenden wesentlichen Annahmen dargestellt:

- Grunderwerb: landwirtschaftliche Fläche 80 %, Großstadt 10 %, einfache Stadtgebiete 10 %,
- Trasse auf Damm und im Einschnitt: mittlere Damm- und Einschnitthöhe 3 m, insgesamt 50 % der Trassenlänge,
- Doppelfahrweg als Feste Fahrbahn,
- 15 % ebenerdig,
- Tunnelanteil 25 %,
- Brückenanteil 10 %,
- Ausgleichsinseln bei 30 % der Gesamtstrecke, im Mittel 8 m breit und Ausgleichsflächen für 100 % der versiegelten Fläche,
- Schallschutz 20 %.

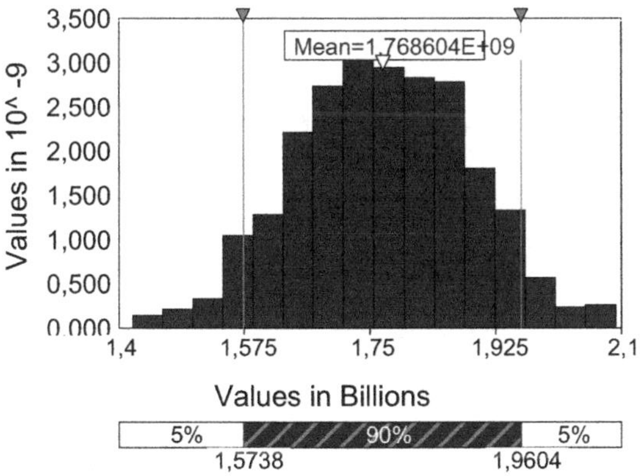

Abb. 6.4 Erwartete Kosten für eine typische Hochgeschwindigkeitsstrecke des Rad-Schiene-Systems in Deutschland (Werte für 100 Kilometer Länge)

Im Ergebnis erhält man mittlere Kosten in Höhe von 17,7 Mio. €/Dkm, wobei diese mit 90 % Wahrscheinlichkeit zwischen 15,7 Mio. €/Dkm und 19,6 Mio. €/Dkm liegen. Es wird ausdrücklich darauf hingewiesen, dass in dieser Berechnung ausschließlich der Fahrweg betrachtet wurde. Daher fehlen z. B. Signaleinrichtungen und Oberleitung.

6.7.2.2 Stochastische Kostenverteilungen für den Fahrweg des Transrapid

Gerade beim Transrapid erscheint es besonders wichtig, mit stochastischen Kostenverteilungen zu arbeiten, da außer der Transrapid Versuchsstrecke Emsland keinerlei Erfahrungen mit dem Bau von Transrapidstrecken in Deutschland vorliegen.

Dabei ist zu beachten, dass gerade die aufgeständerte Fahrbahn planerisch sehr viele Vorteile mit sich bringt. Die Kosten der aufgeständerten Fahrbahn dürften aber sehr stark von der Trassenlänge abhängig sein, da beträchtliche Investitionen in das oder die Fertigteilwerke notwendig sind, in denen die Fahrwegträger gefertigt werden. Ob ein oder mehrere Fertigteilwerke erforderlich sind, hängt wiederum von der zur Verfügung stehenden Bauzeit und der Trassenlänge ab. Bei kurzer Bauzeit und einer großen Trassenlänge werden mehrere Fertigteilwerke notwendig. Dagegen kann man eventuell bei einer langen Bauzeit und einer ebenfalls relativ langen Trasse möglicherweise mit einem Fertigteilwerk auskommen, das an einer zentralen Lage positioniert ist.

Es ist darauf hinzuweisen, dass insbesondere in Ballungsgebieten der aufgeständerte Fahrweg, insbesondere wegen den Schallschutzanforderungen, häufig nicht realisiert werden kann. Daraus resultieren nicht unbeträchtliche Kosten für Einschnitte, Tunnel und Brücken, so dass die Vorteile nicht vollständig umgesetzt werden können. Diese Situation ist z. B. in München gegeben, so dass die dortigen Trassenkosten relativ hoch sind.

Für den Transrapid lassen sich z. B. folgende stochastische Kostenansätze angeben:

Fahrwegträger aufgeständert (ohne Statorpakete)
Betaverteilung; Minimum 7.700,- €/Dm, Wahrscheinlich 8.400,- €/Dm, Maximum 9.300,- €/Dm.
Es wird eine leicht rechtsschiefe Kostenverteilung unterstellt. In den Kosten sind nur die Träger einschließlich der Lager enthalten (gemittelter Wert unterschiedlicher Trägerlängen). Die Fahrwegunterkonstruktion (Fundamente, Pfeiler, Querträger) ist separat anzusetzen.

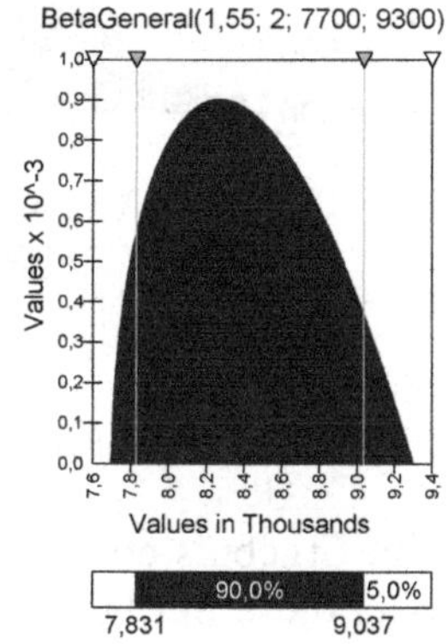

Fahrwegträger ebenerdig (ohne Statorpakete)
Betaverteilung; Minimum 2.300,- €/Dm, Wahrscheinlich 2.800,- €/Dm, Maximum 3.200,- €/Dm.
Es wird eine weitgehend symmetrische Kostenverteilung unterstellt (ohne Erdarbeiten). Es bleibt offen, ob die Konstruktion mit Einzelträgern oder als Plattenfahrweg ausgebildet wird.

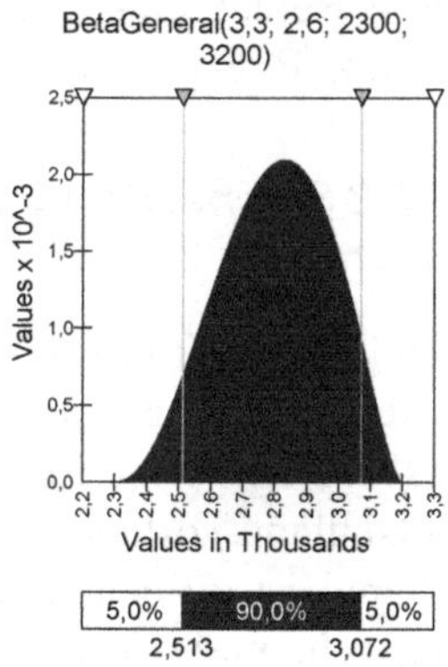

Langstatorpakete
Pertverteilung; Minimum 1.500,- €/Dm, Wahrscheinlich 1.600,- €/Dm, Maximum 1.900,- €/Dm.

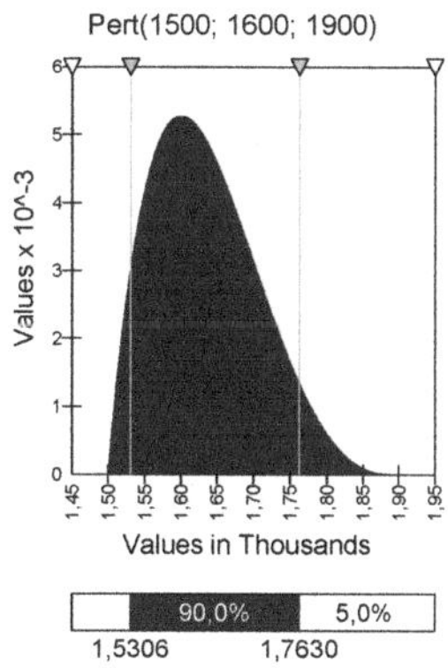

Fahrwegunterkonstruktion aufgeständert
Generell sollte sichergestellt werden, dass unterhalb des Transrapid-Fahrwegs eine lichte Höhe von 4,00 m verbleibt. Bei einer angenommenen Trägerhöhe von etwa 2,00 m sollte die Differenz zwischen Urgelände und Fahrweghöhe mindestens $h_{Diff} = 6{,}00$ m betragen. Maßgebend ist diese Differenzhöhe. Da die Kosten für den Fahrwegunterbau relativ stark von der Differenzhöhe abhängen, sind mehrere Ansätze vorzugeben. Die Kosten beinhalten Fundamentierung, Stützen und Querträger.

Höhe $h_{Diff} = 6{,}00$ bis 8,00 m:
Erlangverteilung; Minimum 660,- €/Dm, Wahrscheinlich 730,- €/Dm, Maximum 1.300,- €/Dm.

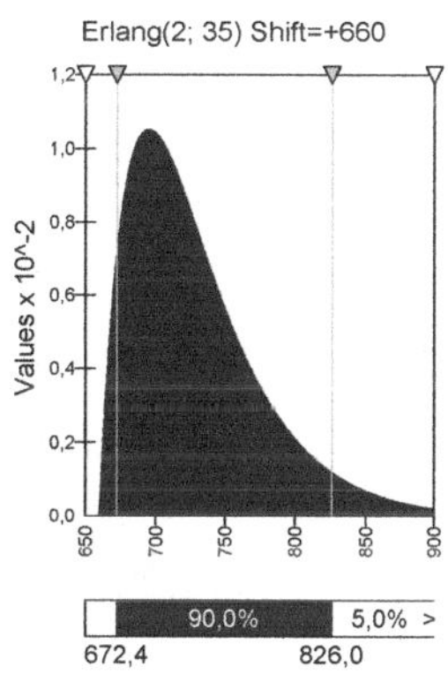

Höhe h_{Diff} = 8,00 bis 10,00 m:
Erlangverteilung; Minimum 750,- €/Dm, Wahrscheinlich 825,- €/Dm, Maximum 1.650,- €/Dm.

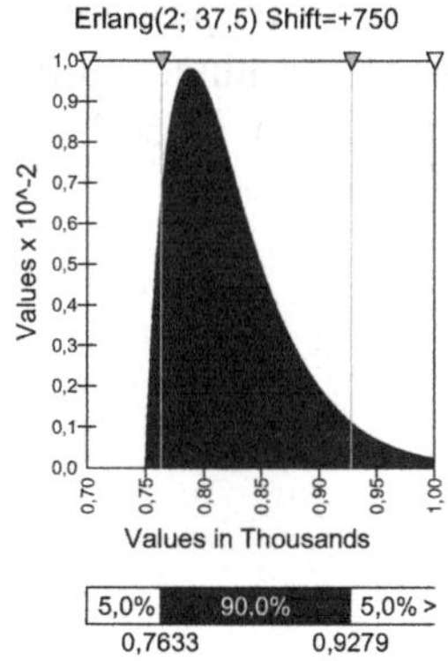

In Abb. 6.5 ist das Ergebnis der Berechnung der zu erwartenden Investitionskosten einer Transrapidtrasse mit folgenden wesentlichen Annahmen dargestellt:

- Grunderwerb: landwirtschaftliche Fläche 80%, Großstadt 10%, einfache Stadtgebiete 10%,
- Trasse: aufgeständert 62 %, ebenerdig gebündelt 30 %,
- Tunnelanteil: 5 %,
- Brückenanteil: 3 % (Tal- und Strombrücken),
- Ausgleichsinseln 0%, da als Regelfall die aufgeständerte Fahrbahn angenommen wird; 100% Ausgleichsflächen für versiegelte Flächen,
- Schallschutz 10 %.

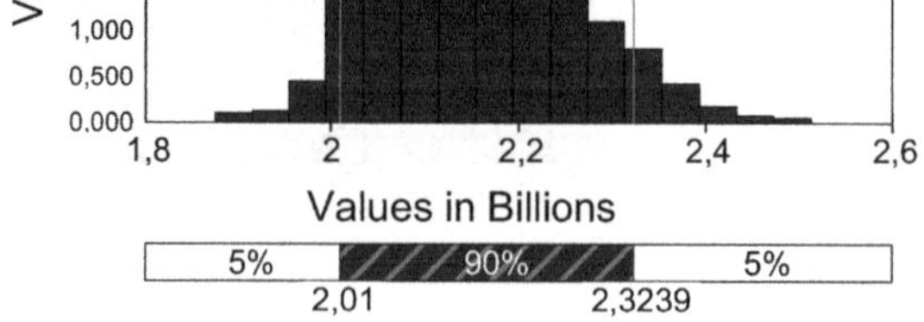

Abb. 6.5 Erwartete Kosten für eine typische Hochgeschwindigkeitsstrecke des Transrapid in Deutschland (Werte für 100 Kilometer Länge)

Im Ergebnis erhält man mittlere Kosten in Höhe von 21,5 Mio. €/Dkm, wobei diese mit 90 % Wahrscheinlichkeit zwischen 20,1 Mio. €/Dkm und 23,2 Mio. €/Dkm liegen. Es wird ausdrücklich darauf hingewiesen, dass in dieser Berechnung ausschließlich der Fahrweg betrachtet wurde. Daher fehlen z. B. Betriebsleittechnik und Unterwerke.

Beim Vergleich der Ergebnisse der Simulation für das Rad-Schiene-System und für den Transrapid ergibt sich für die betrachteten Baukostenanteile das Ergebnis, dass sowohl bei den unteren Fraktilen als auch beim Mittelwert und bei den oberen Fraktilen das Rad-Schiene-System etwas günstiger als der Transrapid ist. Bei der unterstellten Strecke durch eine für Deutschland typische Landschaft wirken insbesondere beim Rad-Schiene-System die Sonderbauwerke (Brücken, Tunnel etc.) und mittelbare Kosten kostensteigernd. Zusätzlich zu den in Abb. 6.4 angegebenen Kosten sind die Kosten für die Betriebstechnik hinzuzurechnen, so dass letztendlich die Kosten in einer Größenordnung liegen, die bei realen Projekten festgestellt wurden (siehe Abschnitt 6.5). Beim Transrapid wirkt die flexible Trassierung kostendämpfend, wobei der Fahrweg selbst nicht unbeträchtliche Kosten verursacht. Auch beim Transrapid fehlen bei den in Abb. 6.5 dargestellten Ergebnissen die Kosten für die Betriebstechnik, die höher als beim Rad-Schiene-System sind. Abschließend muss ausdrücklich darauf hingewiesen werden, dass nur bei einer konkreten Trassenplanung ein echter Kostenvergleich vorgenommen werden kann.

6.8 Investitionskosten für Fahrzeuge

6.8.1 Investitionskosten für ICE-Züge

Die Investitionskosten für einzelne Züge hängen selbstverständlich von vielen Faktoren ab, wie insbesondere:

- Art des Zuges: Züge, die äußerlich für den Laien identisch aussehen, können sich im Preis bedingt durch die technische Ausstattung deutlich unterscheiden. Hierdurch ergeben sich beträchtliche Preisunterschiede. Wie beim Pkw sind auch die äußerlich kaum zu unterscheidenden ICE T und ICE 3 in der Antriebsleistung sehr unterschiedlich (siehe Kapitel 3). Dies wirkt sich nicht unbeträchtlich in den Kosten aus.
- Anzahl der Zuge, die gekauft werden: Es ist leicht verständlich, dass niedrigere Stückpreise erzielt werden, wenn z. B. 20 Züge statt 10 Züge gekauft werden.
- Technische Spezifikationen der Züge: Die nationalen Eisenbahnsysteme unterscheiden sich hauptsächlich in den drei Bereichen

- Spurweite,
- Stromversorgung (Spannung und Frequenz),
- Zugleitsystem.

Die Normalspur (1.435 mm), auch als Regel- oder Vollspur bezeichnet, ist in Zentraleuropa dominierend. In Russland beträgt die Spurweite 1.524 mm, in Spanien und Portugal 1.672 mm. Die unterschiedlichen Spurweiten wirken sich aber praktisch nicht in den Preisen für Züge aus, zumal auch in Spanien für den Hochgeschwindigkeitsverkehr die Normalspur verwendet wird.
Die Stromversorgung spielt jedoch eine große Rolle. So werden in vielen Ländern neu elektrifizierte Strecken meistens kompatibel mit der landesweiten Stromversorgung mit einer Frequenz von 50 Hz errichtet. Die Spannung beträgt dann gewöhnlich 25 kV. Dies ist in Frankreich, Spanien und Dänemark der Fall. In Deutschland, Österreich und der Schweiz fahren dagegen Hochgeschwindigkeitszüge mit Bahnstrom, das heißt 16 2/3 Hz und 15 kV. Erst durch die moderne Leistungselektronik lassen sich Züge so konstruieren, dass diese auf den verschiedenen Stromsystemen eingesetzt werden können.
Die größten Probleme bereiten jedoch die verschiedenen Signal- und Sicherungstechniken, die in fast allen europäischen Ländern in den vergangenen Jahrzehnten nach nationalen Spezifikationen entwickelt wurden. Maßgeblich bedingt ist dies durch die fortschreitende Automatisierung über elektronische Signal- und Sicherungssysteme. Jede nationale Eisenbahngesellschaft hat hier Eigenentwicklungen vorangetrieben, meistens zur Stützung der nationalen Eisenbahnindustrie, teilweise durch die jeweiligen Regierungen finanziell massiv unterstützt. Somit haben wir heute eine beklagenswerte Situation erreicht. Während jeder Pkw und Lkw problemlos über Ländergrenzen fahren kann, ist dies bei der Eisenbahn nur durch den Einsatz von Mehrsystemzügen möglich. Diese unterliegen aufwendigen Zulassungsverfahren der nationalen Eisenbahngesellschaften.

Ein ICE 3-Zug, bestehend aus 8 Wagen mit Platz für 415 Fahrgäste (siehe Abschnitte 2.3.3, 5.2.2 und 5.3.1.1) kostet in Abhängigkeit der genannten Faktoren zwischen 20 und 24 Mio. €. Im Vergleich dazu kostet der in ICE T mit Neigetechnik mit 5 oder 7 Wagen etwa 15 Mio. €. Im Preisunterschied kommt zum Ausdruck, dass der ICE 3 eine Dauerleistung von 8.000 kW hat und damit eine Höchstgeschwindigkeit von 300 km/h erreicht. Die Höchstgeschwindigkeit des ICE T beträgt dagegen nur 230 km/h. Hierzu ist eine Antriebsleistung von etwa 4.000 kW ausreichend.

In Tabelle 6.16 sind einige Kennzahlen zu den Investitionskosten dargestellt. Die Werte des ICE T (Neigezug mit v_{max} = 230 km/h) sind zum Vergleich ebenfalls aufgeführt, obwohl dieser die Anforderungen an ein Hochgeschwindigkeitssystem durch die deutlich niedrigere Höchstgeschwindigkeit nur bedingt erfüllt. Man erkennt aber deutlich, dass sowohl die absoluten Investitionskosten als auch einige Kennzahlen bei einer Erhöhung der zugelassenen Höchstgeschwindigkeit von 230 km/h auf 300 km/h deutlich steigen.

Abschließend darf darauf hingewiesen werden, dass die Kosten für einen TGV-Réseau mit vergleichbarer Antriebsleistung (8.800 kW) mit 8 Wagen und 377 Sitzplätzen, 320 km/h Höchstgeschwindigkeit im Plandienst mit 12 Mio. € angegeben werden.[430]

Tabelle 6.16 Investitionskosten ICE-Züge

		ICE 3/403 (Einsystem)	ICE 3/406 (Viersystem)	ICE T
Investitionskosten	Mio. €	ca. 20	ca. 24	ca. 15
zugelassene Höchstgeschwindigkeit	km/h	300	300	230
Investitionskosten pro Sitzplatz (415 bei BR 403, 404 bei BR 406 und 382 beim ICE T)	€/Pl.	48.000,-	60.000,-	39.000,-
Investitionskosten pro Wagen (ICE 3: 8; ICE T 7)	€/Wagen	2,5 Mio.	3,0 Mio.	2,1 Mio.
Investitionskosten pro installierte kW Antriebsleistung (ICE 3: 8.000 kW; ICE T: 4.000 kW)	€/kW	2.500,-	3.000,-	3.750,-

6.8.2 Investitionskosten für Transrapid-Züge

Die Kosten für Transrapid-Fahrzeuge können nur bedingt mit denen für Rad-Schiene-Fahrzeuge verglichen werden, da der Transrapid ein Alleinstellungsmerkmal aufweist und sicherlich nicht unbeträchtliche Entwicklungskosten refinanziert werden müssen. Für die Rad-Schiene-Fahrzeuge gilt dies in geringerem Maße, da zwischen den Herstellern von TGV, Shinkansen und ICE eine gewisse Konkurrenz gegeben ist. Außerdem

430 http://www.hochgeschwindigkeitszuege.com/france/index_tgv_reseau.htm 22. 07. 2005

wurden 78 % der Entwicklungskosten des ICE durch das BMFT und die DB AG gefördert (siehe Abschnitt 2.4).

Aus diesem Grund soll kurz ein Seitenblick auf die Airbus S.A.S. mit dem künftigen A 380 geworfen werden. Auch hier sind erhebliche öffentliche Mittel in die Forschung und Entwicklung geflossen. Die Entwicklungskosten für den A 380 werden zur Zeit mit 12 Mrd. € angegeben. Nach den Angaben von Airbus wird erst nach dem Verkauf von 250 Exemplaren die Gewinnschwelle erreicht. Der Listenpreis beträgt 250 Mio. €. Es ist jedoch nachzulesen, dass die Erstkunden große Nachlässe aushandeln konnten und das Flugzeug bereits für 140 Mio. € erhalten.

Der Öffentlichkeit ist unklar, ob die Transrapid-Systemindustrie zur Zeit versucht, mit besonders niedrigen Preisen den Durchbruch dieses innovativen Verkehrssystems endlich zu erreichen. Die bisher getätigten Entwicklungskosten könnten dann mit späteren Projekten refinanziert werden. Andererseits kann aber ebenso unterstellt werden, dass die Systemindustrie mit hohen Preisen versucht, die Entwicklungskosten möglichst schnell zu amortisieren.

Auf einen weiteren Punkt, der für technische Systeme typisch ist, soll hingewiesen werden. Alle Systeme benötigen eine regelmäßige Instandhaltung. Besonders sicherheitsrelevante Komponenten werden vorsorglich nach bestimmten Betriebszeiten ausgetauscht. Hierfür ist ein Ersatzteillager notwendig. Die Kosten für die Erstausstattung mit Ersatzteilen können einen zweistelligen Prozentsatz der Investitionskosten ausmachen. Der Kaufpreis soll jedoch möglichst attraktiv erscheinen. Daher werden diese zwingend notwendigen Ersatzteilkosten beim Kaufpreis regelmäßig nicht mit angegeben. Bei den aufzubringenden Investitionskosten müssen diese jedoch unbedingt mit eingerechnet werden.

Zu welchen Preisen wird beim Projekt München kalkuliert? In der Machbarkeitsstudie [431] wurden im Jahre 2002 für die Kostenart „Fahrzeuge“ 164,3 Mio. € für vier Transrapid-Fahrzeuge angesetzt. In aktuellen Unterlagen werden Beträge in der Größenordnung von 215 Mio. € angegeben. Für diese Beträge sollen aktuell fünf Züge mit je drei Sektionen beschafft werden. Vergleichbar zum ICE wurden für den Transrapid in Tabelle 6.17 Kennzahlen ermittelt. Bei der Diskussion der Zahlen ist zu beachten, dass der Transrapid in München für den Kurzstreckenverkehr konzipiert ist und daher auch Stehplätze vorsieht, damit selbst in Spitzenstunden der Fahrgastandrang bewältigt werden kann. Somit werden in der letzten Zeile von Tabelle 6.17 Sitz- und Stehplätze addiert, obwohl die Qualität unterschiedlich ist.

[431] Planungsgemeinschaft Metrorapid-Transrapid: Machbarkeitsstudie Bayern und NRW – Teil II. Seite 100

Tabelle 6.17 Investitionskosten Fahrzeuge beim Transrapid, Projekt München

		Stand 2002	Stand 2005 (unbestätigt)
Investitionskosten	Mio. €	164,3	ca. 215
Anzahl der Züge	Stck.	4	5
Investitionskosten pro Zug	Mio. €	41,1	43,0
Investitionskosten pro Wagen	€/Wagen	13,7 Mio.	14,3 Mio.
Investitionskosten pro Sitzplatz (148 Sitzplätze)	€/Sitzplatz	278.000	291.000
Investitionskosten pro Platz (insgesamt 320 Plätze, davon 172 Stehplätze)	€/Platz	130.000	134.000

Die ermittelten Kennzahlen sind im Vergleich zum Rad-Schiene-System deutlich größer. Zu beachten ist jedoch, dass der Transrapid eine wesentlich höhere Beförderungskapazität aufweist und damit für die gleiche Beförderungsleistung weniger Fahrzeuge notwendig sind. In Abschnitt 5.3.6.1 wurde für den Transrapid eine um 43 % höhere Beförderungskapazität errechnet. Somit wären obige Zahlen um 30 % (1/1,43) zu reduzieren, um diese mit den Werten des ICE 3 direkt vergleichen zu können.

Letztendlich muss nochmals darauf hingewiesen werden, dass nicht Kennzahlen, sondern nur eine projektspezifische Untersuchung, welche auch die Betriebskosten und die Erlöse mit einbezieht, Auskunft über die Wirtschaftlichkeit geben kann. Diese Betrachtung ist für den Besteller ausschlaggebend. Bei einer gesamtheitlichen Betrachtung müssen aber auch die sog. „weichen Faktoren" bei einer Investitionsbetrachtung berücksichtigt werden, welche ökologische, volkswirtschaftliche und industriepolitische Faktoren einschließen. Eine reine Nutzen-Kosten-Analyse ist damit aber überfordert (siehe hierzu die Kapitel 7 und 8).

6.9 Betriebskosten

Die Strukturierung der Betriebskosten kann in Form einer Kostenmatrix erfolgen, wobei eine differenzierte Kostenartenstruktur die Grundlage bildet. Diese sollte mindestens folgende Hauptkostenarten aufweisen:

- Personalkosten einschließlich Sozial- und Lohnnebenkosten,
- Materialkosten, insbesondere Ersatzteile, Verbrauchs- und Reinigungsmaterial,

- Energiekosten (elektrische Energie, Gas und Heizöl),
- Versicherungen,
- Fremdleistungen (z. B. Reinigungsunternehmen, Bauunterhaltung),
- Sonstige Kosten (z. B. Vertriebskosten für Fahrkartenautomaten sowie für Provisionen an Reisebüros und andere Verkehrsträger, Mieten und Pachten).

Auf der zweiten Achse sind die Kostenstellen aufzuführen:

- Operativer Betrieb (z. B. Fahrdienstleitung, Zugbegleitung, Reinigung, Informations- und Call-Center),
- Hilfs- und Nebenbetriebe, insbesondere Instandhaltungs-, Reparatur- und Wartungsabteilungen,
- Verwaltung (z. B. Leitung, Kaufmännische Abteilung einschließlich Vertrieb und Controlling, Marketing, DV-Abteilung, Technische Abteilungen, Betriebsplanung),
- Sonstige Abteilungen.

Die Ermittlung der spezifischen Kosten für die einzelnen Kostenarten ist regelmäßig durch Schnittstellen- und Abgrenzungsprobleme geprägt. Deshalb sind veröffentlichte Werte immer mit einer gewissen Vorsicht zu betrachten. Als Beispiel für ein Schnittstellenproblem können z. B. die Energiekosten herangezogen werden. So stellt sich die Frage, ob unter Energiekosten die reinen Bezugskosten zu verstehen oder darin auch alle Kosten für bahneigene Umwandlung und Zuleitungen einzurechnen sind? Gerade auch im innereuropäischen Vergleich der Energiekosten der Bahngesellschaften zeigt sich, dass die Schnittstellen teilweise ganz anders sind.

Ein weiteres Problem stellen die Verwaltungskosten dar. Je mehr Abteilungen als Profitcenter ausgelagert sind (z. B. Hilfs-, Neben-, Wartungs- und Reparaturbetriebe, wie auch Versicherung und Marketing), desto geringer werden die Umlagekosten. Es stellt sich aber immer die Frage, ob Umlagekosten mit eingerechnet und welche Anteile dort enthalten sind.

6.9.1 Betriebskosten beim Rad-Schiene-System

6.9.1.1 Pauschale Ansätze für die Instandhaltung beim Rad-Schiene-System

Die Instandhaltungskosten können mit einem prozentualen Ansatz der Investitionskosten ermittelt werden. Bei konkreten Projektvergleichen sind diese über Einzelansätze zu ermitteln. Breimeier hat verschiedene Quellen ausgewertet und zusammengestellt. Diese sind in Tabelle 6.18 wiedergegeben.

Tabelle 6.18 Durchschnittliche jährliche Instandhaltungskosten für das Rad-Schiene-System in % der Investitionskosten [432]

Bauteil	BVWP-Methodik [433]	Standard. Bewertung [434]	UITP-Methodik [435]	Grassmann [436]
Bahnkörper, freie Strecke	0,5	0,6	0,6	0,6
Tunnel	0,2	0,1	-	0,2
Brücken		-	-	-
- Massivteile	0,6	0,6	0,5	0,5
- Stahlteile		1,0	1,4	1,4
Konventioneller Oberbau	4,4	3,0	1,5	1,5
Bauliche Anlagen/Gebäude	4,0	2,0	-	1,5
Signalanlagen	3,0	-	3,0	3,0
- Stellwerk u. Blockanlagen		3,0		
- Außenanlagen		6,0		
Fernmeldeanlagen	5,0	7,0	7,0	7,0
Bahnstromversorgung	0,4	2,0	1,0	1,0
Fahrleitung	3,0	2,5	2,0	2,0
Umweltschutz	0,1			
- Lärmschutzwände		2,1		

Die Werte der verschiedenen Autoren stimmen relativ gut überein. Kritisch zu hinterfragen ist jedoch, inwieweit diese auf Hochgeschwindigkeitsstrecken übertragen werden können. Die Belastungen sind dort wesentlich höher. Aus diesem Grund hat die DB AG den konventionellen Schotteroberbau durch die Feste Fahrbahn ersetzt (siehe Abschnitt 5.1.3.1). Zweifellos zeichnet sich die Feste Fahrbahn durch einen geringen Instandhaltungsaufwand aus. Sobald jedoch eine Kompletterneuerung notwendig wird, treten kaum beherrschbare Probleme mit nicht vorhersehbaren Kosten auf.

In Tabelle 6.19 sind die Investitionskosten aufgeteilt auf die verschiedenen Bauteile für die Neubaustrecken Hannover-Würzburg und Mannheim-Stuttgart aufgeführt. Unter Ansatz der prozentualen Instandhaltungswerte nach den Vorgaben des Verfahrens des BVWP ergibt sich ein jährlicher Instandhaltungsaufwand von 226.016 €/(Dkm · a).

[432] Breimeier: Transrapid oder Eisenbahn. Seite 67
[433] BMV: Gesamtwirtschaftliche Bewertung von Verkehrswegeinvestitionen.
[434] Intraplan, Heimerl: Standardisierte Bewertung für den ÖPNV.
[435] UITP: Kriterien für die Wahl von Stadtbahnsystemen.
[436] Grassmann: Handbuch des Eisenbahnbauwesens.

Tabelle 6.19 Investitions- und Instandhaltungskosten beim Rad-Schiene-System

	Prozentualer Anteil an der Investition [%][437]	Absolutanteil an der Investition [€/Dkm]	Prozentualer Instandhaltungsaufwand [%][438]	Absoluter Instandhaltungsaufwand [€/(Dkm·a)]
Grundeigentum	3,3	740.817	0	0
Bahnkörper	12,5	2.806.125	0,5	14.031
Stützmauern	1,2	269.388	4,0	10.776
Tunnel	35,5	7.969.395	0,2	15.939
Talbrücken	6,9	1.548.981	0,6	9.294
Kreuzungsbauwerke	3,8	853.062	0,6	5.118
Bauliche Anlagen	1,4	314.286	4,0	12.591
Umweltschutz	1,5	336.735	0,1	337
Oberbau	6,6	1.481.634	4,4	65.191
Signaleinrichtung	5,0	1.122.450	3,0	33.674
Fernmeldeanlagen	2,0	448.980	5,0	22.449
Oberleitungen	5,0	1.122.450	3,0	33.674
Bahnstromversorgung	3,3	740.817	0,4	2.963
Anlagen Dritter	5,2	1.167.348	0	0
Planung	6,5	1.459.185	0	0
Summe	99,7	22.381.653	1,0	226.016

In der Summe ergeben sich für die beiden untersuchten Strecken Instandhaltungskosten in Höhe von ca. 1 % der Investitionssumme. Dies überrascht auf den ersten Blick, wenn man sich an die hohen Prozentsätze für Oberbau, Fernmeldeanlagen oder Signaleinrichtungen erinnert. Moderierend wirken jedoch die 0,2 % für die Tunnel, die knapp über 30 % der Gesamtinvestitionskosten ausmachen.

6.9.1.2 Wartung, Inspektion und Instandhaltung des Gleiskörpers

Auch wenn auf Neubaustrecken für den Hochgeschwindigkeitsverkehr nur noch die Feste Fahrbahn gebaut wird, fallen insbesondere an den Schienen Instandhaltungskosten für Schleifen und Erneuerung an. Von Lichtenber-

[437] Kaiser: Bauen für eine neue Bahn. Seite 131

[438] Breimeier: Transrapid oder Eisenbahn. Seite 67

ger [439] werden die in Tabelle 6.20 aufgeführten typischen Instandhaltungszyklen angegeben.

Tabelle 6.20 Typische Instandhaltungszyklen

Aufgabe	Belastungskennwert [Mio. t]	Lebensdauer in Jahren [a]
Schleifen	20 bis 30	1 bis 3
Schienenerneuerung	300 bis 1.000	10 bis 15
Herzstücke von Weichen		5

Gleichzeitig muss aber beachtet werden, dass viele Faktoren die angegebenen Instandhaltungszyklen stark beeinflussen, wie insbesondere die Anfangsqualitäten, die wiederum von den Arbeitsmethoden, der maschinellen Ausrüstung und den Gleisbaumaterialien abhängig sind. Lichtenberger [440] gibt für Europäische Bahnen folgende Lebenszykluskosten an:

Instandhaltungskosten	33,- €/m
Erneuerungskosten	24,- €/m
Lebenszykluskosten	57,- €/m (33,- bis 76,-)

6.9.1.3 Wartung, Inspektion und Instandhaltung der Züge

In der Machbarkeitsstudie für den Metrorapid [441] werden für den ICE 3 Unterhaltungskosten für die Fahrzeuge in Höhe von 2,00 €/Zkm angegeben. Falls somit ein Zug mit einer mittleren Geschwindigkeit von 130 km/h 16 h im Einsatz ist, legt er pro Tag 2.080 km zurück. Damit ergeben sich 4.160,- €/d an Kosten für Reinigung, Inspektion und Wartung.

Auf den ersten Blick erscheint der Satz eher niedrig. Es muss bedacht werden, dass neben dem Aufwand für die tägliche Innen- und Außenreinigung auch Personalkosten und solche für die Abschreibung, Verzinsung und Reparatur von Wartungsanlagen anfallen. Außerdem müssten die Kosten für Reinigungswasser und Reinigungsmittel enthalten sein.

[439] Lichtenberger: Handbuch Gleis. Seite 350 ff

[440] Lichtenberger: Handbuch Gleis. Seite 504

[441] Planungsgemeinschaft Metrorapid-Transrapid: Machbarkeitsstudie Bayern und NRW – Teil III. Seite 305

6.9.2 Betriebskosten beim Transrapid

6.9.2.1 Pauschale Ansätze für die Instandhaltung beim Transrapid

Vergleichbar dem Vorgehen beim Rad-Schiene-System, das heißt mit demselben methodischen Ansatz und denselben Prozentsätzen, sollen die Instandhaltungskosten bei der Transrapidstrecke in München (ohne Fahrzeuge) ermittelt werden. Für den Fahrweg wurde ein prozentualer Ansatz von 0,5 % der Investitionskosten vergleichbar zum Bahnkörper gewählt. Dieser Wert liegt knapp unter den 0,6 % für Brücken. Es kann jedoch erwartet werden, dass dieser Wert in der Realität eher niedriger ausfällt. Da es sich bei den baulichen Anlagen und den mittelbaren Kosten nicht um trassenspezifische Anlagenteile handelt, werden diese hier nicht weiter betrachtet, damit die Vergleichbarkeit mit dem Rad-Schiene-System gegeben ist. In Tabelle 6.21 sind die Ergebnisse der Berechnung angegeben.

Tabelle 6.21 Investitions- und Instandhaltungskosten beim Transrapid (Projekt München)

		Spez. Kosten [Mio. €/km]	Prozentualer Instandhaltungsaufwand [%]	Absoluter Instandhaltungsaufwand [€/(Dkm·a)]
1	Grunderwerb	0,815	0	0
2	Unterbau	1,594	0,5	7.970
3	Tunnel	9,226	0,2	18.452
4	Brücken	0,095	0,6	572
5	Überbau	8,417	0,5	42.084
6	Bauliche Anlagen	(1,684)	0	0
7	Betriebsleittechnik, sicherheitsrelevant	1,433	3	42.997
8	Betriebsleittechnik, nicht sicherheitsrelevant	1,210	3	36.294
9	Energieversorgung	0,760	0,4	3.041
10	Antrieb, Stromschienen	5,248	0,4	20.992
11	Lärmschutz	0,150	0,1	150
12	Planung	4,946	0	0
13	Mittelbare Kosten	(2,338)	0	0
	Summe	33,894	0,51	172.552

Im Vergleich zum Rad-Schiene-System (226.016 €/(Dkm·a); Abschnitt 6.9.1.1) ergibt sich bei höheren Investitionskosten beim Transrapid in München mit 172.552 €/(Dkm·a) ein niedrigerer Wert. Dies entspricht den generellen Erwartungen, da beim Transrapid unter anderem kein mechanischer Verschleiß auftritt. Es muss jedoch darauf hingewiesen werden, dass die Strecke in München nicht direkt mit den Fernstrecken vergleichbar ist. Falls der Tunnelanteil auf den beim Transrapid typischen Anteil von 5 % der Streckenlänge reduziert wird, ergibt sich ein jährlicher Instandhaltungsaufwand von nur noch 158.714 €/(Dkm·a).

Der ermittelte Wert stimmt überraschend gut mit den Angaben überein, die in der Machbarkeitsstudie zur Transrapidstrecke in München angegeben wurden. [442] Dort werden in einer anderen Strukturierung für die obigen Bereiche 5,33 Mio. €/a (ohne Stationsausstattung, Sonstige Bauliche Anlagen und MSB-Züge) genannt. Hieraus errechnen sich ca. 150.000 €/(Dkm·a).

6.9.2.2 Wartung, Inspektion und Instandhaltung der Transrapid-Züge

In der Machbarkeitsstudie zur Transrapidstrecke in München werden jährliche Kosten für die Instandhaltung für die Transrapid-Züge in Höhe von 2,55 Mio. €/a genannt. Die geplanten vier Züge sollen im täglichen Regelbetrieb eine Strecke von 8.454 km zurücklegen. Hieraus errechnen sich im Mittel 2.113 km pro Zug. Die einzelnen Züge erreichen diese Strecke mit 27 bis 30,5 Umläufen. [443] Im Vergleich dazu würde ein Transrapid auf einer Fernstrecke etwa eine tägliche Laufleistung von 5.000 km erreichen (siehe Abschnitt 5.3.6.1).

Aus den 2,55 Mio. €/a errechnet sich ein Betrag von 6.986,30 €/d und somit ein Betrag von 1.746,- €/d pro Zug. Um einen annähernden Vergleich mit einem ICE-Zug vornehmen zu können, ist zu beachten, dass die Transrapid-Züge in München nur aus drei Sektionen bestehen. Somit sind die ermittelten Kennzahlen für den Transrapid um 5/3 zu erhöhen. Damit ergeben sich tägliche Instandhaltungskosten in Höhe von (5/3 · 1.746,- €/d pro Zug =) 2.910,- €/d pro 5-Sektionenzug.

Dieser Wert liegt deutlich unter dem errechneten Betrag von 4.160,- €/d für das Rad-Schiene-System. Tendenziell ist der Wert plausibel, da mechanische Teile für den Antrieb der Transrapid-Fahrzeuge fehlen und somit auch nicht gewartet werden müssen. Der Wartungsaufwand für die elektronischen Baugruppen dürfte bei beiden Systemen vergleichbar sein, da der ICE 3 die nicht unbeträchtliche Leistungselektronik mit sich führt.

---

[442] Planungsgemeinschaft Metrorapid-Transrapid: Machbarkeitstudie Bayern und NRW – Teil II. Seite 215

[443] Planungsgemeinschaft Metrorapid-Transrapid: Machbarkeitstudie Bayern und NRW – Teil II. Seite 84

6.10 Erlöse

Wie bereits in Abschnitt 6.2.3 dargelegt, werden bei einer Betrachtung, die sich ausschließlich auf die Investitions- und Betriebskosten bezieht, nicht alle Einflüsse umfassend berücksichtigt. Da verschiedene Verkehrsangebote auch unterschiedliche Erlöse einspielen, müssen diese ebenso betrachtet werden. Konkrete Erlösbetrachtungen sind jedoch immer mit konkreten Planungsvorgaben verbunden. Daher müssen die Betrachtungen hier relativ allgemein bleiben. Die Erlöse hängen von verschiedenen Faktoren ab. Zu nennen sind insbesondere:

- Tarifstruktur,
- Attraktivität des Verkehrsystems (z. B. Fahrzeit oder mittlere Fahrgeschwindigkeit, Verkehrsfrequenz und Fahrplanangebot, Sauberkeit und Komfort) und
- Subventionen (Bestellerentgelt).

Die Attraktivität des Transrapid ist in jedem Fall höher einzuschätzen als die des ICE 3, allein schon bedingt durch die kürzen Fahrzeiten. Außerdem verspricht die Möglichkeit mit 400 km/h, 450 km/h oder gar mit 500 km/h zu reisen, ein besseres Image.

Attraktivität und Image führen in der Regel auch zu höheren Erlösen. So ist eine Fahrt mit dem ICE allgemein mit höheren Kosten verbunden als mit langsameren und weniger komfortablen Zügen. Vor einigen Jahren hatte die DB AG noch Regionalexpresszüge. Diese fuhren auf einigen Strecken ähnlich schnell wie der ICE. Auch die Innenausstattung der Wagen war attraktiv gestaltet. Die Fahrpreise waren jedoch deutlich niedriger als beim ICE. Auch heute noch kann ein Kunde mit etwas mehr Zeit Geld sparen. In Tabelle 6.22 sind einige Verbindungen von Frankfurt a. M. nach Köln aus dem Fahrplan 2004/2005 angegeben. Die billigste Verbindung für 35,- € führt über Mainz, ist mit einem Umsteigen verbunden und dauert 2 h 21 min. Die teuerste Verbindung ist auch die schnellste, sie dauert 1 h 10 min und kostet 53,- €. Verbindungen mit einer Fahrtdauer von 1 h 22 min und 1 h 36 min kosten ebenfalls 53,- €, sind jedoch mit Umsteigen verbunden. Wie aus der Tabelle 6.22 hervorgeht, verhält sich die DB AG nicht ganz modellkonform, da z. B. bei der direkten Verbindung mit der Fahrzeit von 1 h 10 min und bei der Verbindung mit zweimaligem Umsteigen und einer Fahrzeit von 1 h 36 min jeweils ein Fahrpreis von 53,- € verlangt wird. Eigentlich müsste eine langsamere Verbindung, die dazu noch mit Umsteigen verbunden ist, billiger angeboten werden.

Tabelle 6.22 Einfluss der Attraktivität auf den Fahrpreis

Fahrtdauer	Abfahrt	Ankunft	Umsteigen	Preis [€]	Anmerkung
2 h 19 min	17:47	20:06	2	49,-	S-Bahn. IC, ICE Umsteigen Mainz und Frankfurt Flughafen Fernbahnhof
1 h 10 min	18:00	19:10	0	53,-	ICE,
1 h 36 min	18:26	20:06	2	53,-	ICE, Umsteigen Frankfurt Süd und Köln Messe/Deutz
1 h 22 min	18:26	20:02	1	53,-	ICE Umsteigen Frankfurt Flughafen Fernbahnhof
2 h 21 min	18:44	21:05	1	35,-	IC, EC, Umsteigen Mainz

Auch bei der geplanten Transrapidstrecke in München werden die Erlösberechnungen mit erhöhten Fahrpreisen durchgeführt. Als Standard-Aufpreis wird von 5,- € pro Fahrt ausgegangen. Als „Gegenleistung" reduziert sich die Fahrzeit um 30 min. [444] Eine Untersuchung hat gezeigt, dass sich eine Nachfragesteigerung um 8,5 % bei den Fluggästen mit Herkunfts- bzw. Zielort im Raum des Münchener Verkehrs Verbundes ergeben würde. Neben der um 30 Minuten verkürzten Fahrzeit ist diese Steigerung auch auf das bessere Image und den höheren Bedienungskomfort des Transrapid zurückzuführen. Es wird von einer Steigerung von 10,7 % bei den Fluggästen mit Herkunfts- und Zielort im erweiterten Untersuchungsgebiet ausgegangen. Etwas niedrigere Steigerungen werden bei Flughafenbeschäftigten und Besuchern erwartet. [445] Nach den Berechnungen werden 7,9 Mio. Personenfahrten pro Jahr auf den Transrapid entfallen. Bedeutend ist jedoch, dass sich 3,0 Mio. Fahrgäste pro Jahr von der Verlagerung von der Straße ergeben. Weitere 2,9 Mio. Fahrgäste pro Jahr werden durch die Verlagerung von der S-Bahn und 1,0 Mio. von den Lufthansa-Fernbussen hinzukommen. Der Rest ergibt sich aus induziertem Verkehr und aus der Erhöhung des Originäraufkommens.

---

[444] Planungsgemeinschaft Metrorapid-Transrapid: Machbarkeitsstudie Bayern und NRW – Teil II. Seite 45

[445] Planungsgemeinschaft Metrorapid-Transrapid: Machbarkeitsstudie Bayern und NRW – Teil II. Seite 46

In einer Sensitivitätsanalyse wurde eine weitere Erhöhung des Standard-Aufpreises auf 6,- € untersucht. In diesem Fall würde sich die Transrapid-Nachfrage um 0,6 Mio. Fahrgäste pro Jahr reduzieren. [446] Die Erlöse würden sich jedoch gegenüber dem Präferenzplanfall von 58,11 Mio. €/a auf 60, 68 Mio. €/a erhöhen. [447]

Ermittelt werden diese Aussagen durch Verkehrsprognose- und Elastizitäts-Modelle. Grundlage sind Netzmodelle, in welchen die Verkehrsströme, Fahrzeiten und Fahrpreise aller zu betrachtenden Verkehrsträger sowie sozioökonomische Daten, wie Bevölkerungszahlen und Haushaltseinkommen eingebracht sind. Die Datensammlung kann sehr aufwendig sein. Durch Veränderung der Elastizitäten (Widerstände) ergeben sich Verkehrsverlagerungen. Fahrzeitreduktionen und Preisreduktionen werden durch geringere Elastizitäten abgebildet. Durch eine Verringerung der Widerstände ergibt sich ein höheres Verkehrsaufkommen. Dieses generiert eventuell ein höheres Verkehrsangebot durch zusätzliche Züge. Dieses bessere Fahrplanangebot generiert wiederum eine höhere Nachfrage. Theoretisch können die Ergebnisse dann als sicher angesehen werden, wenn auf einzelnen Kanten des Netzes kleinere Veränderungen eingebracht werden, z. B. die Fahrzeit um 10 % reduziert wird. Die Ergebnisse werden unsicherer, je größer die Netzänderungen ausfallen. Dies ist dann der Fall, wenn z. B. eine komplett neue Transrapid-Strecke in ein bestehendes Netz eingebracht wird.

Es muss darauf hingewiesen werden, dass die Justierung der Modelle und die Auswahl geeigneter Elastizitätsfunktionen schwierig ist und selbst unter Fachleuten häufig zu Diskussionen führt. Zu beachten ist außerdem, dass bei langfristigen Prognosen allgemeine Verhaltensänderungen bei der Mobilität, die z. B. aus der Veränderung des Wirtschaftswachstums und durch Bevölkerungswanderungen entstehen, zu berücksichtigen sind. Darüber hinaus wirken sich auf Verkehrsaufkommen selbstverständlich auch Entwicklungen wie Marktpräsenz von Billigfliegern, Mauterhebung und Steuern beim PKW oder der für Urlaubsreisen verfügbare Anteil am Familieneinkommen aus.

[446] Planungsgemeinschaft Metrorapid-Transrapid: Machbarkeitsstudie Bayern und NRW – Teil II. Seite 60

[447] Planungsgemeinschaft Metrorapid-Transrapid: Machbarkeitsstudie Bayern und NRW – Teil II. Seite 67

7 Verkehrspolitischer, volkswirtschaftlicher und industriepolitischer Vergleich

In den Kapiteln 5 und 6 wurden technische und wirtschaftliche Aspekte der beiden Hochgeschwindigkeitssysteme betrachtet. Ein gesamtheitlicher Systemvergleich muss jedoch die zweifellos wichtigen Faktoren der Verkehrspolitik, der Volkswirtschaft und der Industriepolitik einschließen. In den nachfolgenden Abschnitten werden die wichtigsten Zusammenhänge hierzu dargestellt. Es folgt eine kritische Diskussion der für den Transrapid und die Rad-Schiene-Hochgeschwindigkeitsbahnen wichtigen Aspekte.

7.1 Verkehrspolitischer Systemvergleich

7.1.1 Mobilität und Verkehr

Mobilität stammt vom Lateinischen „mobilis" und bezeichnet die grundsätzliche Möglichkeit von Personen und Gütern, räumliche Distanzen zu überwinden. [448] Mobilität ist ein Grundbedürfnis unserer Gesellschaft. Sie garantiert ein hohes Maß an Freiheit und Lebensqualität und ist wichtiger Bestandteil des Berufslebens und der Freizeit. Industrie, Handel, Gewerbe und Dienstleistungen sind existenziell auf einen reibungslosen Waren- und Güterverkehr angewiesen. [449] Für das Zusammenwachsen Europas, die Integration neuer Mitgliedsstaaten in die Europäische Union und die wirtschaftliche Entwicklung ist die Mobilität der Bürger unverzichtbar. Hochgeschwindigkeitssysteme können und sollen hierfür einen wichtigen Beitrag leisten.

Mobilität ist vielfältig und kann in mehrere Unterformen unterteilt werden. Bei dem hier betrachteten Hochgeschwindigkeitsverkehr muss zwischen Fern- und Nahverkehr unterschieden werden. Rad-Schiene-Hochgeschwindigkeitsbahnen und der Transrapid sind Verkehrssysteme für den öffentlichen Personenverkehr und für alle Bürger uneingeschränkt

[448] Eckey/Stock: Verkehrsökonomie. Seite 1
[449] Grandjot: Verkehrspolitik. Seite 116 ff

nutzbar. Sie können die Mobilität zwischen definierten Haltepunkten gewährleisten.

Mobilität ist unmittelbar mit subjektiven individuellen Wünschen und vorhandenen objektiven Möglichkeiten verbunden. Die subjektiven Mobilitätswünsche werden bestimmt durch Einkommen und Präferenzen (z. B. sozialer Status, familiäre Situation, Alter und Freizeitgestaltung). Die objektiven Mobilitätsmöglichkeiten werden bestimmt durch Siedlungsstruktur, Verkehrsinfrastruktur, Verkehrsmittelverfügbarkeit, Preise und eingesetzte verkehrspolitische Instrumente. Hierbei existiert eine Summe von Einflussgrößen, wie beispielsweise Taktung, Reisegeschwindigkeit oder Zuverlässigkeit. [450]

Subjektive Mobilitätswünsche und objektive Mobilitätsmöglichkeiten sind untrennbar miteinander verbunden und entscheiden letztlich gemeinsam über die Wahl des Verkehrsmittels. Dabei stehen Pkw, Flugzeug und Bahnen in Konkurrenz. Subjektive Mobilitätswünsche sind unabhängig vom Verkehrsangebot und können von außen kaum beeinflusst werden. Die Wahl des Verkehrsmittels wird deshalb erheblich durch die objektiven Mobilitätsmöglichkeiten beeinflusst, die das Verkehrsangebot und dessen Attraktivität bestimmt.

Vergleicht man die im Vordergrund stehenden Kriterien für die Auswahl eines Verkehrsmittels, so ergibt sich das in Tabelle 7.1 dargestellte Bild. Es zeigt sich, dass beim Transrapid die Vorteile von Bahn, Flugzeug und Pkw zusammenfließen und seine Überlegenheit begründen.

Tabelle 7.1 Hauptgründe für die Verkehrsmittelwahl

Kriterium	Eisenbahn	Flugzeug	Pkw	Transrapid
Reisezeit		✓	(✓)	✓
Reiseservice		✓		✓
Sicherheit	✓	✓		✓
Komfort	✓		✓	✓
Pünktlichkeit	✓	(✓)		✓
niedrige Kosten	✓			✓
Umweltverträglichkeit	✓	(✓)		✓
räumliche Verfügbarkeit			✓	
zeitliche Verfügbarkeit			✓	
Gepäcktransport			✓	

[450] Eckey/Stock: Verkehrsökonomie. Seite 3 f

Die wachsende Mobilität, die größere Verfügbarkeit von Verkehrsmitteln und höhere Geschwindigkeiten ermöglichen einem größeren Teil der Weltbevölkerung die Teilhabe am motorisierten Verkehr. Gleichzeitig wachsen aber das Verkehrsaufkommen und damit die ökologischen Probleme. Es besteht eine deutliche Abhängigkeit zwischen Fahrleistung, Energieverbrauch und Emissionen. Ziel muss sein, den Zuwachs an notwendiger Verkehrsleistung von den Umweltwirkungen zu entkoppeln, um Mobilität ohne weitere Umweltschäden zu gewährleisten. Der Anteil umweltverträglicher Verkehrsmittel muss erhöht werden, um die langfristige Sicherung der Mobilität von Personen und Gütern nachhaltig zu gewährleisten. Im Zusammenhang mit diesem Ziel wird oft von nachhaltiger Mobilität gesprochen. Diese ist gekennzeichnet durch folgende Aspekte:

- Neben dem Umweltaspekt finden auch wirtschaftliche, soziale und ökologische Gesichtspunkte Berücksichtigung.
- Die Steigerung von Effizienz und Qualität (nicht Quantität) steht im Vordergrund.
- Die Verbesserung von objektiver und subjektiv empfundener Verkehrssicherheit ist gewährleistet.
- Die Rolle des Menschen wird als Subjekt (nicht als Objekt) der Mobilität verstanden. [451]

Das Ziel, Mobilität und Verkehrswachstum von den Umweltwirkungen im Sinne einer nachhaltigen Mobilität zu entkoppeln, können beide Hochgeschwindigkeitssysteme unterstützen. Weiterhin wird die Mobilität maßgeblich charakterisiert durch:

- die Anzahl der zurückgelegten Wege (beziehungsweise Fahrten) pro Person und Tag. Sie liegt seit langer Zeit relativ konstant bei im Mittel 3 Wegen je Person und Tag.
- die Reisezeit für verschiedene Mobilitätsaktivitäten, die im Mittel ca. 1 Stunde je Person und Tag beträgt.
- die Wahl des Verkehrsmittels, die den Modal-Split beeinflusst, sowie
- die Reisegeschwindigkeit, die das individuelle Mobilitätsverhalten erheblich mitbestimmt. [452]

Beim Vergleich der beiden Hochgeschwindigkeitssysteme unter dem Gesichtspunkt der Mobilität wird deutlich, dass der Transrapid durch die ökologisch günstigeren Eigenschaften, durch die bessere Nachhaltigkeit und die besseren Mobilitätskriterien (Reisezeit, Reisegeschwindigkeit) Vorteile aufweist (siehe Kapitel 5).

---

[451] Grandjot: Verkehrspolitik. Seite 116

[452] Grandjot: Verkehrspolitik. Seite 116 ff

7.1.2 Verkehrspolitik

Verkehr ist eine Teilmenge der Mobilität, unter der die Ortsveränderung von Personen und Gütern verstanden wird. [453] Verkehr wird heute nicht mehr nur als eine notwendige Raumüberbrückung aufgefasst, sondern ist eine Dienstleistung im Sinne ganzheitlicher Mobilitäts- und Logistikkonzepte. Diese trägt maßgeblich zur Wertschöpfung einer Volkswirtschaft bei. [454] [455] Die Verkehrsentwicklung ist eine wichtige Komponente für das Wachstum der Volkswirtschaft. Sie muss jedoch durch geeignete verkehrspolitische Maßnahmen und Instrumente gesteuert werden.

Verkehrspolitik im Sinne des praktischen Handelns ist die Gestaltung des Verkehrs durch die bewusste Einflussnahme auf Struktur und Ablauf verkehrswirtschaftlicher Prozesse und der verkehrlich relevanten Gegebenheiten. Einfluss auf die Verkehrspolitik nehmen insbesondere öffentlich-rechtliche Körperschaften (Staat und staatliche Unternehmungen), organisierte rechtlich vereinigte Institutionen (Verbände, Verkehrsunternehmen) und lose verbundene Interessengruppen (Aktionsgemeinschaften). [456] [457]

7.1.2.1 Anliegen, Ziele und Aufgaben der Verkehrspolitik

Verkehrspolitik ist durch die Einbettung in die gesellschaftspolitischen Ziele Mittel der Gesellschaftspolitik. Sie ist dem obersten Ziel der Politik, der Förderung des Gemeinwohls, untergeordnet. Unter diesem Oberziel lassen sich alle Maßnahmen begründen, auch wenn sie eine sachgerechte, rationale Verkehrspolitik konterkarieren. Dieses Ziel wird gern als probates Mittel von Verkehrspolitikern gebraucht, um nicht sachgemäße, aber populäre Maßnahmen zu begründen und durchzusetzen. [458] Auch in der Diskussion um das Für und Wider des Transrapid werden gelegentlich derartige Argumentationen herangezogen. Rationale verkehrspolitische Aktivitäten erfordern jedoch eine solide Basis.

Die Ziele der Verkehrspolitik sind die konkretisierten Vorstellungen über die politisch erwünschten Soll-Zustände im Verkehrssektor. [459] Generelle Aussagen über die Inhalte lassen sich nicht treffen, da die Ziele stark zeitgebunden und Änderungen unterworfen sind. Ebenso variieren die po-

[453] Eckey/Stock: Verkehrsökonomie. Seite 4
[454] Grandjot: Verkehrspolitik. Seite 6
[455] Köberlein: Kompendium Verkehrspolitik. Seite 76
[456] Grandjot: Verkehrspolitik. Seite 16
[457] Eckey/Stock: Verkehrsökonomie. Seite 43
[458] Grandjot: Verkehrspolitik. Seite 18
[459] Köberlein: Kompendium Verkehrspolitik. Seite 15 ff

litischen Vorstellungen in regelmäßigen Abständen. [460] Verkehrspolitische Ziele sind häufig nur Unterziele übergeordneter allgemeiner staatlicher Zielsetzungen. Von den Entscheidungsträgern wird deshalb eine Kombination verkehrspolitischer Ziele verfolgt, die sich an einem übergeordneten Leitbild orientiert.

Die Verkehrspolitik unterscheidet zwischen ordnungspolitischen und strukturpolitischen Zielen. Durch ordnungspolitische Ziele wird vorgegeben, welche Anteile von Straße, Luft und Schiene erreicht werden sollen. Außerdem soll die Funktionsfähigkeit von Verkehrsmärkten sichergestellt werden, z. B. durch eine volkswirtschaftlich sinnvolle Aufgabenteilung der Verkehrsträger. Darüber hinaus zielen diese auf die Sicherstellung einer verkehrlichen Mindestversorgung, eine verursachungsgerechte Zuweisung der Nutzung der Infrastruktur sowie eine gerechte Zuweisung der ökologischen Auswirkungen, welche die einzelnen Verkehrsträger erzeugen. Durch die strukturpolitischen Ziele sollen gerechte Rahmenbedingungen für die Entwicklung der Volkswirtschaft gegeben werden. Sie leiten sich aus dem Interesse der „Allgemeinheit" am Verkehrssystem ab und spiegeln die gesellschaftliche Bedeutung des Verkehrs wider. Die Umsetzung erfolgt z. B. durch raumordnungspolitische und wachstumspolitische Vorgaben, die auch der Verwirklichung von Zielen der globalen Wachstumspolitik und der Konjunkturpolitik dienen.

7.1.2.2 Varianten der Verkehrspolitik

In der Verkehrspolitik können zwei grundsätzliche Varianten unterschieden werden. Die marktwirtschaftliche Variante zielt auf eine möglichst effiziente Befriedigung der Mobilitätsbedürfnisse der Bevölkerung durch einen Verzicht auf staatliche Interventionen, die preisverzerrend, wettbewerbsmindernd oder strukturkonservierend sind. Der Einfluss des Staates wird nur in den Bereichen zugestanden, in denen Marktversagen nachgewiesen wird. Die interventionistische Variante will individuelle Mobilitätsbedürfnisse nur zustehen, soweit diese nicht im Widerspruch zu übergeordneten Zielen, insbesondere ökologischen, stehen. Emissionen werden nur insoweit zugelassen, wie sie von der Natur ohne Verschlechterung ihrer ökologischen Qualität „verarbeitet" werden können. Die verkehrslenkenden Eingriffe haben Verkehrsvermeidung, Umlenkung des Verkehrs zu umweltfreundlichen Verkehrsträgern und die umweltfreundliche Abwicklung bisheriger Verkehrsmengen mit bisherigen Verkehrsträgern zum Ziel. [461]

---

[460] Tuchfeldt: Wirtschaftspolitik. Seite 182

[461] Eckey/Stock: Verkehrsökonometrie. Seite 263 ff

Das Sozialstaatsprinzip erfordert eine Kombination beider Varianten, da das regional- bzw. raumordnungspolitische Ziel „einheitlicher Lebensverhältnisse" im Bundesgebiet gemäß Art. 72 Abs. 2 und Art. 106 Abs. 3 des Grundgesetzes der Bundesrepublik [462] verwirklicht werden soll. Insbesondere der öffentliche Personenverkehr in ländlichen und peripheren Regionen erzielt hieraus seine Berechtigung. Darüber hinaus dient der Verkehrssektor der Verwirklichung personenbezogener Sozialpolitik. Durch Sozialtarife für besondere Personengruppen, wie Schüler, Rentner, Schwerbehinderte, etc. und ein flächendeckendes Angebot an öffentlichen Verkehrsmitteln sollen einkommensschwache Schichten ihrem „Grundbedürfnis" nach Mobilität nachkommen können. [463] Zur Verwirklichung des Sozialstaatsprinzips wird z. B. der Nahverkehr vom Bund jährlich mit insgesamt rund 7 Mrd. Euro „Regionalisierungsmitteln" bezuschusst. [464]

In der Diskussion um den Nutzen des Verkehrssystems Transrapid bestehen bei seinen Befürwortern und Gegnern unterschiedliche Vorstellungen zu verkehrspolitischen Notwendigkeiten. Sie zeigen sich in den konträren Meinungsgegensätzen bei den absolut unvereinbaren Standpunkten bezüglich der Grundfrage nach Verkehrsvermeidung. [465] Die aktuellen Prognosen zur Verkehrsentwicklung lassen jedoch eine weitere Steigerung des Verkehrsaufkommens erwarten. Daran hat sich die Verkehrspolitik zu orientieren.

7.1.2.3 Nationale und europäische Verkehrspolitik

Die nationale Verkehrspolitik wird maßgeblich geprägt durch die Förderung des Wirtschaftswachstums, konjunkturpolitische Ziele, Vollbeschäftigung, Förderung der regionalen Strukturpolitik und Berücksichtigung der Ziele der Raumordnung. Die Verkehrspolitik der Bundesregierung ist primär darauf ausgerichtet, die Mobilitätsbedürfnisse der Bürger und der Wirtschaft möglichst kostengünstig und verkehrssicher zu befriedigen. Diese Zielstellung leitet sich aus dem strukturpolitischen Ziel der Sicherung des individuellen Freiheitsspielraums ab. Daneben sollen ordnungs-

---

[462] Gemäß Art. 72 Abs. 2 GG hat der Bund Gesetzgebungsrecht, wenn und soweit die Herstellung gleichwertiger Lebensverhältnisse im Bundesgebiet im gesamtstaatlichen Interesse eine bundesgesetzliche Regelung erforderlich macht. Nach Art. 106 Abs. 3 GG ist das Steueraufkommen zwischen Bund und Ländern so aufeinander abzustimmen, dass die Einheitlichkeit der Lebensverhältnisse im Bundesgebiet gewahrt wird.

[463] Eckey/Stock: Verkehrsökonometrie. Seite 258

[464] FAZ: Mehdorn bekennt sich zum Verlustbringer Güterbahn. 27. Mai 2005, Seite 17

[465] Kutter: Verkehrstechnologien kontrovers. Seite 13 f

politische Ziele erreicht werden. Diese sind z. B. die optimale Zusammenarbeit der Verkehrsunternehmen, fairer Wettbewerb und freie Wahl des Verkehrsmittels. Hinzu kommen Zielrestriktionen wie Verkehrssicherheit und Förderung der internationalen Zusammenarbeit. [466]

Diese verkehrspolitischen Ziele kommen in der Bundesverkehrswegeplanung direkt zum Ausdruck und zum Tragen. Der BVWP orientiert sich an den zentralen verkehrspolitischen und gesellschaftlichen Zielvorstellungen. In einem Zielkatalog sind im Einzelnen verankert:

- eine Gewährleistung dauerhaft umweltgerechter Mobilität,
- die Stärkung des Wirtschaftsstandortes Deutschland zur Schaffung bzw. Sicherung von Arbeitsplätzen,
- eine Förderung nachhaltiger Raum- und Siedlungsstrukturen,
- die Schaffung fairer und vergleichbarer Wettbewerbsbedingungen für alle Verkehrsträger,
- eine Verbesserung der Verkehrssicherheit für die Verkehrsteilnehmer und die Allgemeinheit,
- eine Verringerung der Inanspruchnahme von Natur, Landschaft und nicht erneuerbaren Ressourcen,
- die Reduktion der Emissionen von Lärm, Schadstoffen und Klimagasen (vor allem CO_2) sowie
- die Förderung der europäischen Integration. [467]

Der BVWP umfasst alle Verkehrsträger und bevorzugt primär kein spezifisches Verkehrssystem. Gleichwohl soll das Verkehrssystem auch durch die Förderung moderner Verkehrstechnologien gestärkt werden. Die Entwicklung und Einführung des neuen Verkehrssystems Transrapid wird aufgrund seiner herausragenden Bedeutung für den Industriestandort Deutschland unterstützt. Die Magnetschwebetechnik soll auch in Deutschland zur Anwendung kommen und durch den Bund bezuschusst werden. [468]

Aus der Notwendigkeit der internationalen Zusammenarbeit im Verkehrssektor lassen sich folgende grundsätzliche Ziele der europäischen Verkehrspolitik ableiten:

- Die Freizügigkeit der Verkehrsdienstleistungen ist das wichtigste Ziel der internationalen Verkehrspolitik. Internationale Handelsbeziehungen sollen nicht durch Grenzkontrollen gehindert werden. Voraussetzung hierfür ist eine effiziente grenzüberschreitende Verkehrsinfrastruktur.

---

[466] Grandjot: Verkehrspolitik. Seite 18 f

[467] BMVBW: Bundesverkehrswegeplan 2003. Seite 22 f

[468] BMVBW: Bundesverkehrswegeplan 2003. Seite 23

- Die Anpassung der Rechtssysteme soll einen ungehinderten Personen- und Güterverkehr ermöglichen. Hierfür sind einheitliche Haftungsgrundlagen eine Grundvoraussetzung.
- Eine gemeinsame europäische Verkehrspolitik soll verkehrspolitische Zielvorstellungen verfolgen, die in der Europäischen Union einheitlich gelten und umgesetzt werden. [469]

Zur Umsetzung der Zielvorstellungen einer europäischen Verkehrspolitik hat die Kommission der Europäischen Gemeinschaft im Jahr 2001 das Weißbuch „Die europäische Verkehrspolitik bis 2010 – Weichenstellung für die Zukunft" veröffentlicht. [470] Im Aktionsprogramm für eine gemeinsame Verkehrspolitik sind drei Hauptziele zusammengefasst:

- Es soll eine Qualitätsverbesserung in Bezug auf Wettbewerb, Sicherheit und Auswirkungen auf die Umwelt erreicht werden.
- Die Förderung der Effizienz und der freien Auswahl der Verkehrsträger soll einen Binnenmarkt für Verkehrsdienstleistungen schaffen.
- Drittstaaten sollen besser angebunden werden.

Außerdem wurden Transeuropäische Netze (TEN) entwickelt. Sie dienen der staatenübergreifenden Verflechtung des gesamteuropäischen Verkehrs. Die Europäische Kommission fördert damit eine gesamteuropäische Planung der Verkehrsnetze in den Bereichen Straßenverkehr, Binnenwasserstraßen, kombinierter Verkehr und Hochgeschwindigkeitsverkehr. Aufgrund der Erweiterung der Europäischen Union und der Integration der neuen Mitgliedstaaten wurden die Transeuropäischen Netze nach Osten und Südosten um die Paneuropäischen Netze (PAN) erweitert.

7.1.3 Verkehrsentwicklung und Verkehrspolitik im Personenverkehr

7.1.3.1 Rückblick auf die Verkehrsentwicklung

Deutschland ist heute ein Transitland, das durch zunehmende Verkehrsströme, die Zunahme von Singlehaushalten sowie die überproportionale Ausweitung des Individualverkehrs mit dem Pkw geprägt ist. Der Straßenverkehrsraum verengt sich zunehmend und stellt hohe Anforderungen an das Investitionsvolumen für die Verkehrsinfrastruktur. [471] Das Ver-

[469] Grandjot: Verkehrspolitik. Seite 67

[470] Kommission der Europäischen Gemeinschaften: Die europäische Verkehrspolitik bis 2010.

[471] BMVBW: Verkehrsbericht 2000. Seite 8

kehrsaufkommen verteilt sich auf die sechs Verkehrszwecke Beruf, Ausbildung, Geschäft, Einkauf, Freizeit und Urlaub. Der Anteil des Urlaubs- und Freizeitverkehrs an der Personenverkehrsleistung in der Bundesrepublik Deutschland ist bis heute auf ca. 50 % angestiegen. [472]

Tabelle 7.2 Verkehrsentwicklung von 1960 bis 2003 [473]

Jahr	Eisenbahn [Mrd. Pkm]	Anteil [%]	Öffentl. Straßenpersonenverkehr [Mrd. Pkm]	Anteil [%]	Luftverkehr [Mrd. Pkm]	Anteil [%]	MIV [Mrd. Pkm]	Anteil [%]	Gesamt [Mrd. Pkm]
1960	40,9	15,6	48,5	18,5	1,6	0,6	170,9	65,3	261,9
1965	40,6	10,6	51,2	13,3	3,3	0,9	288,8	75,2	383,9
1970	39,2	8,1	58,4	12,1	6,6	1,4	379,5	78,5	483,7
1975	39,2	7,0	67,7	12,2	8,4	1,5	441,1	79,3	556,4
1980	41,0	6,8	74,1	12,3	11,0	1,8	477,4	79,1	603,5
1985	43,5	7,1	62,3	10,2	12,7	2,1	495,1	80,7	613,6
1990	44,6	6,1	65,0	8,9	18,4	2,5	601,8	82,5	729,8
1995	71,0	7,0	77,0	7,6	32,5	3,2	835,9	82,2	1.016,4
2000	75,4	7,2	77,3	7,4	42,7	4,1	855,1	81,4	1.050,5
2001	75,8	7,1	77,0	7,2	41,9	3,9	876,2	81,8	1.070,9
2002	71,4	6,7	75,7	7,1	40,8	3,8	884,2	82,5	1.072,1
2003*	71,3	6,7	75,8	7,1	43,3	4,1	872,3	82,1	1.062,7

* zum Teil vorläufige Werte

In Tabelle 7.2 ist die Entwicklung des Personenverkehrs von 1960 bis 2003 dargestellt. Daraus lassen sich folgende zentrale Aussagen ableiten:

- Die Verkehrsleistungen im Personenverkehr sind in den vergangenen Jahrzehnten enorm angestiegen.
- Beim motorisierten Individualverkehr ist ein starker Zuwachs zu verzeichnen. Dies ist insbesondere auf das verfügbare Einkommen zurückzuführen.
- Der Anteil der Verkehrsleistungen der öffentlichen Verkehrsmittel stagnierte im letzten Jahrzehnt auf einem relativ niedrigen Niveau.

[472] Eckey/Stock: Verkehrsökonomie. Seite 7

[473] BMVBW: Verkehr in Zahlen 2002/2003. Seite 212-213 und BMVBW: Verkehr in Zahlen 2004/2005. Seite 216-219

- Die demografische Entwicklung führt zu einem Rückgang traditionell wichtiger Kundschaft des ÖPNV. Dieser Effekt kommt vor allem im ländlichen Raum zum Tragen.
- Bedingt durch soziodemografische und ökonomische Veränderungen in der Gesellschaft hat sich der Anteil des öffentlichen Personenverkehrs am Modal Split vermindert.

7.1.3.2 Prognosen zur Verkehrsentwicklung

Die Kapazitäten der deutschen Verkehrsnetze stoßen zunehmend an ihre Grenzen. Der motorisierte Individualverkehr und der Luftverkehr sind in den zurückliegenden Jahrzehnten besonders stark angewachsen. [474] Dies gilt auch für den Güterverkehr auf der Straße, der auch in den kommenden Jahren stark anwachsen wird. [475]

Deutschland ist das Land mit den meisten Nachbarn in Europa und wird von der Zunahme der wirtschaftlichen Verflechtungen und der Steigerung des Transportaufkommens besonders betroffen sein. Seit der Erweiterung der Europäischen Union nach Osten und Südosten nehmen die Verkehrsströme insbesondere in Ost-West-Richtung stark zu. [476]

Tabelle 7.3 Prognostizierte Verkehrsleistung im Personenverkehr bis zum Jahr 2015 [477]

Verkehrsträger	1997		2015		Änderung 2015/1997
	Mrd. Pkm	Anteil [%]	Mrd. Pkm	Anteil [%]	[%]
Eisenbahnverkehr	74	7,8	98	8,7	+ 32
Individualverkehr	750	79,6	873	77,3	+ 16
Luftverkehr	36	3,8	73	6,5	+ 103
Öffentlicher Straßenverkehr	83	8,8	86	7,6	+ 4
insgesamt	**943**	**100**	**1.130**	**100**	**+ 20**

In Tabelle 7.3 ist die prognostizierte Entwicklung im Personenverkehr bis zum Jahr 2015 dargestellt, wie sie dem Bundesverkehrswegeplan 2003 zugrunde gelegt wurde. Es wird demnach erwartet, dass bis zum Jahr 2015 die Verkehrsleistung im Personenverkehr um insgesamt 20 % anwächst. Die Steigerung der Verkehrsleistung für die Eisenbahn mutet mit einer

---

474 Loos: Transrapid als viertes Verkehrssystem. Seite 29
475 BMVBW: Verkehrsbericht 2000. Seite 11
476 Platzer: Herausforderungen der Verkehrspolitik in Ostmitteleuropa. Seite 56
477 BMVBW: Bundesverkehrswegeplan 2003. Seite 11

Steigerungsrate von 32 % sehr ambitioniert an. Betrachtet man die aktuellen Entwicklungen der Verkehrsleistung der Eisenbahn im Personenverkehr zwischen 2001 und 2003, so ist festzustellen, dass die Verkehrsleistung von 75,8 Mrd. Pkm im Jahr 2001 auf 71,3 Mrd. Pkm im Jahr 2003 gesunken ist. Der Anteil der Eisenbahn am Modal-Split ging somit von 7,1 % auf 6,7 % zurück. [478]

Tabelle 7.4 Prognostizierte Verkehrsleistung im Güterverkehr bis zum Jahr 2015 [479]

Verkehrsträger	1997		2015		Änderung 2015/1997
	Mrd. tkm	Anteil [%]	Mrd. tkm	Anteil [%]	[%]
Eisenbahnverkehr	73	19,7	148	24,3	+ 103
Straßenguterverkehr	236	63,6	374	61,5	+ 58
Binnenschifffahrt	62	16,7	86	14,1	+ 39
insgesamt	**371**	**100**	**608**	**100**	**+ 64**

Tabelle 7.4 zeigt die prognostizierte Entwicklung im Güterverkehr bis zum Jahr 2015, wie sie dem Bundesverkehrswegeplan 2003 zugrunde gelegt wurde. Es wird davon ausgegangen, dass die Verkehrsleistung im Güterverkehr insgesamt um 64 % bis zum Jahr 2015 anwachsen wird. Bei der Verkehrsleistung für die Eisenbahn ist man von Steigerungen von 103 % ausgegangen. Die realen Entwicklungen des Anteils der Eisenbahn an der Verkehrsleistung im Güterverkehr zwischen 1997 und 2003 sprechen jedoch eine andere Sprache. So stellt man bei der Betrachtung fest, dass der Anteil der Eisenbahn an der Verkehrsleistung tatsächlich von 16,4 % auf 15,5 % gefallen ist. [480]

Die bisherigen Entwicklungen im Personen- und Güterverkehr zeigen, dass trotz hoher Anstrengungen der DB AG und der Verkehrspolitik der Anteil der Schiene am Modal-Split nicht gesteigert werden konnte. Entlastungswirkungen für das Straßenverkehrsnetz durch die Schiene sind deshalb ausgeblieben. Gleichzeitig haben die Auslastungen im Luftraum deutlich zugenommen, so dass davon auszugehen ist, dass kaum noch eine Steigerung von Kurzstreckenflügen möglich ist. Es gibt derzeit keinen Grund anzunehmen, dass sich diese Trends umkehren könnten. Mit dem Transrapid dagegen könnten aufgrund seiner Leistungsfähigkeit und Attraktivität Anteile vom Straßen- und Luftverkehr auf die „Schiene" verlagert werden. Das starke Anwachsen des Straßen- und Luftverkehrs könnte

[478] BMVBW: Verkehr in Zahlen 2004/2005. Seite 217 und 219
[479] BMVBW: Bundesverkehrswegeplan 2003. Seite 11
[480] BMVBW: Verkehr in Zahlen 2004/2005. Seite 243

durch Verkehrsverlagerungseffekte gebremst und negative Umweltwirkungen reduziert werden.

7.1.4 Verkehrspolitische Anforderungen an den Hochgeschwindigkeitsverkehr

7.1.4.1 Entwicklungen im Hochgeschwindigkeitsverkehr

1969 wurde vom damaligen Verkehrsministerium eine Studie für ein Hochleistungsschnellverkehrssystem (HSB-Studie) in Auftrag gegeben. Inhalt dieser ingenieurtechnischen Systemanalyse war es, Schnellverkehrssysteme für den Transport von Personen, Gütern und Kraftfahrzeugen zu untersuchen, welche nicht auf bestimmte Technologien festgelegt sind. Dabei wurden im Einzelnen untersucht:

- Möglichkeiten zur Verbesserung der Verkehrsverhältnisse zwischen dem nord- und süddeutschen Raum durch ein spurgeführtes Hochleistungsschnellverkehrssystem,
- Entlastung der Fernstraßen durch Umlenkung des Güter- und Personenverkehrs,
- Einordnung in ein europäisches Schnellverkehrssystem sowie
- Möglichkeiten zur Umsetzung eines Hochleistungsschnellverkehrssystems durch technische und organisatorische Verbesserung des konventionellen Schienenverkehrs. [481]

Schon damals war man sich der Problematik des Wachstums des Straßen- und Luftverkehrs bewusst. Man erkannte die wachsende Bedeutung und formulierte Anforderungen an den Fernverkehr. Die Entwicklung von Ballungszentren und die Forderungen des Umweltschutzes sollten dabei erfüllt werden. Ein Ergebnis der HSB-Studie war die Erkenntnis, dass Bau und Betrieb eines neuartigen, bodengebundenen und spurgeführten Hochgeschwindigkeitsverkehrssystems in Deutschland volkswirtschaftlich sinnvoll ist. Darauf wurde die Entwicklung neuer Bahnsysteme begründet, die die physikalischen Grenzen der Rad-Schiene-Technologie überwinden sollten. Die Förderung und Konzentration galt aus verschiedenen Ansätzen heraus der deutschen Magnetschwebetechnik und dem System Transrapid. [482]

Parallel entwickelte die Deutsche Bundesbahn im Auftrag des Bundesministeriums für Verkehr das Hochgeschwindigkeitssystem ICE. Flankiert

---

[481] HSB-Studiengesellschaft : HSB – Studie über ein Schnellverkehrssystem. Seite 1 f

[482] Raschbichler: Die Auswirkungen von Hochgeschwindigkeitsverkehr. Seite 78

wurden diese Bestrebungen vom Aufbau eines Transeuropäischen Netzes für den Hochgeschwindigkeitsverkehr (TEN) (vgl. Abschnitt 0). Der ICE konnte ab 1991 in das existierende Eisenbahnnetz integriert werden. Auf den bestehenden Gleiskörpern war und ist jedoch ein Hochgeschwindigkeitsverkehr nur eingeschränkt möglich. Auf bestehenden und ausgebauten Stecken darf der ICE nur maximal 200 km/h, in besonderen Fällen auch 230 km/h, fahren. Der bedeutsame Geschwindigkeitsbereich bis 300 km/h konnte deshalb erst mit der Inbetriebnahme einzelner Neubaustrecken ab 1998 erschlossen werden. Der Anteil der Neubaustrecken am Fernverkehrsnetz ist jedoch nach wie vor gering. Denn sowohl bei Neubau- wie auch bei Ausbaustrecken ($v_{max} \leq 230$ km/h) sind die erforderlichen Investitionen erheblich. Ein flächendeckender Einsatz des ICE mit Betriebsgeschwindigkeiten über 200 km/h ist auch nach ersten Realisierungserfolgen nicht zu erwarten.

Raschbichler kommt für den Hochgeschwindigkeitsverkehr zu dem vernichtenden Urteil, dass durch das Rad-Schiene-System des ICE keine verkehrliche Steigerung und qualitative Verbesserung des gesamten Verkehrsnetzes in Deutschland erreicht sei. Ausgeschlossen hiervon bleiben lediglich die Verbindungen einiger überregionaler Oberzentren, die jedoch auch schon vorher durch den Flugverkehr verbunden waren und weiterhin sind. Von einer Mobilitätserhöhung kann nur im Zusammenhang mit einer Zunahme der Entfernungen bei Berufspendlern gesprochen werden. Die Schiene als wichtiger Verkehrsträger in Deutschland konnte ihren Modal-Split-Anteil am gestiegenen Gesamtverkehrsaufkommen nicht halten und hat gegenüber dem Individualverkehr an Boden eingebüßt. [483]

7.1.4.2 Verkehrspolitische Anforderungen

Ein Hochgeschwindigkeitsverkehrssystem muss die zentralen Elemente der Verkehrspolitik – Erhöhung der Geschwindigkeit, Flexibilität, Vernetzung und Umweltverträglichkeit – erfüllen und in das bestehende Gesamtverkehrssystem integriert werden können. Es soll nahtlos die Lücke zwischen Straßenverkehr, Flugverkehr und Eisenbahn schließen. Daraus erwachsen Anforderungen hinsichtlich Geschwindigkeit, Bedienungsfrequenz, Flächenbedienung, Komfort, Sicherheit und Umweltfreundlichkeit.

Wie bereits in der HSB-Studie von 1971 formuliert, hat ein Hochgeschwindigkeitsverkehrssystem betriebliche, ökonomische und ökologische Anforderungen zu erfüllen, die noch heute Gültigkeit besitzen. Konkret sind zu nennen:

---

[483] Raschbichler: Die Auswirkungen von Hochgeschwindigkeitsverkehr. Seite 85

- hohe Geschwindigkeit,
- geringe Reise- und Abfertigungszeiten,
- hohe Zugfrequenz,
- hohe Sicherheit und Zuverlässigkeit,
- Anbindung an bestehende und neue flächenbedienende Verkehrssysteme,
- gute Einordnung in eine volkswirtschaftlich sinnvolle Verkehrskonzeption,
- hohe Flexibilität bei Schwankungen des Verkehrsvolumens,
- hoher Auslastungsgrad,
- hoher Fahrkomfort,
- geringe Transportkosten,
- geringer Flächenverbrauch,
- geringer Betriebsmitteleinsatz und Betriebsmittelbedarf,
- günstiges Verhältnis von Nutzen und Kosten,
- geringe Emissionen (Schall, Schadstoffe, Erschütterungen),
- geringer Energiebedarf sowie
- Interoperabilität.

Der ICE, der sich aus dem konventionellen Eisenbahnsystem entwickelt hat und große Teile des vorhandenen Streckennetzes nutzen kann, erfüllt viele dieser verkehrspolitischen Forderungen. Im direkten Vergleich mit dem Transrapid wird jedoch deutlich, dass der ICE insbesondere hinsichtlich der Reisezeiten, der Sicherheit und der Ökologie niedrigere Zielwerte erreicht.

Bei der Realisierung eines europäischen Verkehrsnetzes für den Hochgeschwindigkeitsverkehr muss zunehmend der transnationale Verkehr, der für das Zusammenwachsen Europas eine große Bedeutung hat, sichergestellt sein. Forderungen für das Rad-Schiene-System wurden in der Richtlinie 96/48/EG vom 23. Juli 1996 über die Interoperabilität des transeuropäischen Hochgeschwindigkeitsbahnsystems (Interoperabilitätsrichtlinie) formuliert. Trotz dieser Richtlinie existiert bis heute kein transeuropäisches Hochgeschwindigkeitsbahnsystem, wenn von Verlängerungen der nationalen Strecken z. B. nach London, Brüssel oder in die Schweiz abgesehen wird. Anstrengungen zur Entwicklung kompatibler Normen für die unterschiedlichen Hochgeschwindigkeitsbahnsysteme werden nach wie vor nur zögerlich unternommen und kommen nur langsam voran. Für einen grenzüberschreitenden Hochgeschwindigkeitsverkehr fehlt es an koordinierter Stromversorgung, Lichtraumprofilen und Gleiskörpern.[484] Die

[484] Raschbichler: Die Auswirkungen von Hochgeschwindigkeitsverkehr. Seite 239

Etablierung von europaweiten Standards erfolgte bisher nur in einzelnen Bereichen, z. B. durch die Technischen Spezifikationen für die Interoperabilität (TSI) vom 30. 05. 2002, und ist umfassend für Eisenbahnen unwahrscheinlich.

In den Diskussionen zum europäischen Hochgeschwindigkeitsverkehr und dessen Perspektiven werden dem Rad-Schiene-System häufig große Potenziale eingeräumt. Die Konsequenzen aus der Bahnreform würden zu preisgünstigeren und komfortableren europäischen Linien führen. Das „verkehrspolitische Inselsystem" Transrapid sei hingegen Konkurrenz und stehe dem begonnenen Ausbau eines europäischen Hochgeschwindigkeitssystems entgegen. Dieser Argumentation muss jedoch widersprochen werden. [485] Ein Hochgeschwindigkeitsverkehrssystem in Rad-Schiene-Technik erfordert eine ebenso stringente Integration und Kombination mit den übrigen Verkehrsträgern, um seine Wirkung zu entfalten. Eine Realisierung von Magnetschnellbahnstrecken kann auch nur auf Teilstrecken des europäischen Hochgeschwindigkeitsnetzes erfolgen. Ebenso kann der Transrapid an vorhandene Bahnknotenpunkte angebunden und zumindest teilweise auf oder entlang alter Bahntrassen geführt werden. Außerdem zeigen die teilweise vergeblichen Bemühungen zur Harmonisierung im europäischen Hochgeschwindigkeitsbahnverkehr, dass der Ausbau des europäischen Hochgeschwindigkeitsnetzes keinesfalls unproblematisch verläuft. Für ein wirtschaftliches und unabhängiges Verkehrssystem wie den Transrapid stellen Landesgrenzen keine unüberwindbaren Hürden dar.

Mit dem Transrapid als Verkehrssystem für den europäischen Hochgeschwindigkeitsverkehr könnte ein neues, unabhängiges, leistungsfähiges und zukunftsweisendes Verkehrssystem in Europa etabliert werden. Die verkehrspolitischen Ziele zur Verlagerung von Verkehrsanteilen von der Straße und aus der Luft auf die „Schiene" lassen sich mit dem Transrapid wesentlich besser umsetzen. Der Transrapid stellt eine echte Alternative zum innereuropäischen Flugverkehr dar und kann das Schienennetz für den Güterverkehr entlasten. Diesen Zielstellungen stehen jedoch die Interessen einzelner Staaten und Interessenvertreter entgegen, die bereits bei den Bestrebungen für eine europäische Eisenbahnforschung zum Tragen gekommen sind.

[485] Rade: Der Transrapid – Konfliktfelder – Konfliktlinien – Positionen. Seite 27 ff

7.2 Volkswirtschaftlicher Systemvergleich

7.2.1 Verkehrswirtschaft als Teil der Volkswirtschaft

Die Volkswirtschaft Deutschlands ist durch eine flächenmäßig dicht besiedelte Siedlungsstruktur, weit verzweigte Produktionsstätten sowie eine hochspezialisierte und komplexe Arbeitsteilung charakterisiert. Warenaustausch unter Lieferanten und Produzenten sowie Warenverteilung zu Kunden sind wesentliche Elemente der Wertschöpfungskette und damit notwendig für kontinuierliches und qualitatives Wirtschaftswachstum. Die Volkswirtschaft stützt sich somit wesentlich auf das Verkehrssystem. Verkehrspolitik ist gleichzeitig Wirtschaftspolitik.

Verkehr besitzt im volkswirtschaftlichen Sinne eine große Bedeutung für eine arbeitsteilige Wirtschaft und die Produktivität. Ihm werden unter anderem folgende zentrale gesamtwirtschaftliche Funktionen zugeschrieben:

- Verkehr ist eine Dienstleistung zur Befriedigung von Konsumbedürfnissen.
- Er ist Grundlage der Arbeitsteilung und Basis der wirtschaftlichen Entwicklung, der Rationalisierung und des Wachstums.
- Der Verkehr hat eine raumerschließende Funktion und ist Basis für die freie Standortwahl von Unternehmen, Warenaustausch und Kommunikation.
- Verkehr ist ein zentrales Element für funktionierende Märkte.
- Verkehr garantiert die Bildung eines einheitlichen Staatsgefüges.

Zwischen Verkehr und Wirtschaft existieren bedeutsame Wechselwirkungen. Die Wirtschaft kann ihr Potenzial nur ausnutzen, wenn eine leistungsfähige Infrastruktur bereitsteht. Hieraus folgt der Leitgedanke, dass das Verkehrswachstum dem Wirtschaftswachstum vorangehen muss. Eine Entkopplung von Wirtschafts- und Verkehrswachstum ist nicht möglich. So hat Baum errechnet, dass die Arbeitsproduktivität in der Bundesrepublik Deutschland zwischen 1965 und 1990 ohne Verkehrswachstum um 20 % geringer ausgefallen und die Bruttowertschöpfung um 23 % niedriger gewesen wäre. [486]

[486] Baum: Bedeutung des Verkehrs für Wachstum und Beschäftigung.

Eine zentrale Aufgabe des Staates besteht seit jeher in seiner Einflussnahme auf das Verkehrswesen und den Verkehrssektor. Dies ist unter anderem aus folgenden Gründen geboten: [487]

- Investitionen in die Verkehrsinfrastruktur sind langfristiger Natur. Der Anteil der fixen Kosten ist sehr hoch.
- Die Verkehrsnachfrage unterliegt saisonalen Schwankungen. Die Kapazität muss auf die Saisonspitze ausgerichtet werden.
- Öffentliche und private Unternehmen stehen miteinander im Wettbewerb. Neben Großunternehmen agieren auch Kleinunternehmen.
- Nach geltendem EU-Recht muss der internationale Marktzugang sichergestellt werden.

Auch im Hochgeschwindigkeitsverkehr ist eine gewisse staatliche Einflussnahme unvermeidlich, allein schon aufgrund des Investitionsumfangs und der staatlichen Daseinsvorsorge. Verkehrsinfrastrukturprojekte für den spurgebundenen Hochgeschwindigkeitsverkehr müssen mit staatlichen Investitionsmitteln finanziert werden. Die Forderung, der Transrapid sei ausschließlich privat zu finanzieren, ist daher abzulehnen.

Neben der Bedeutung des Verkehrs für die Volkswirtschaft ist die Verkehrswirtschaft selbst ein wichtiges Element. Die Verkehrswirtschaft ist die Gesamtheit der technischen, ökonomischen und organisatorischen Aktivitäten, die unmittelbar oder mittelbar die räumliche Übertragung von Gütern (einschließlich Nachrichten) und Personen bezwecken. [488] So entspricht der Anteil der Erwerbstätigen in der Verkehrswirtschaft mit zuletzt insgesamt ca. 1,56 Mio. Erwerbstätigen ca. 4 % der Erwerbstätigen aller Wirtschaftsbereiche. [489]

Durch die Inanspruchnahme von Umweltressourcen, die von Produktion oder Konsum durch Unternehmen oder Konsumenten ausgehen, entstehen in der Volkswirtschaft bei anderen Wirtschaftseinheiten Wirkungen, die als externe Effekte bezeichnet werden. Diese können die wirtschaftliche Situation anderer Wirtschaftssubjekte positiv (Nutzen- oder Gewinnsteigerung) oder negativ (Nutzen- oder Gewinnminderung) beeinflussen. Analoge Wirkungen in der Volkswirtschaft werden durch den Verkehr verursacht. Sie werden als externe Nutzen bzw. externe Kosten des Verkehrs bezeichnet. Über die Höhe dieser externen Kosten und Nutzen entscheiden zum einen der Grad der Umweltverträglichkeit des Verkehrssystems und zum anderen projektspezifische Gegebenheiten eines Verkehrsinfrastruk-

[487] Köberlein: Kompendium Verkehrspolitik. Seite 115 f; Grandjot: Verkehrspolitik. Seite 34 f; Eckey/Stock: Verkehrsökonometrie. Seite 216 f

[488] Grandjot: Verkehrspolitik. Seite 24

[489] BMVBW: Verkehr in Zahlen 2004/2005. Seite 45

turprojektes. Die externen Nutzen werden in Abschnitt 7.2.2 und die externen Kosten des Verkehrs in Abschnitt 7.2.3 diskutiert und hinsichtlich der beiden Hochgeschwindigkeitssysteme beurteilt.

7.2.2 Volkswirtschaftlicher Nutzen des Verkehrs

Verkehrssysteme und Verkehrsinfrastrukturprojekte dürfen kein Selbstzweck sein, sondern müssen einen Gesamtnutzen für die Gesellschaft generieren. Unter dem volkswirtschaftlichem Nutzen des Verkehrs werden realökonomische Vorteile aus der Raumüberwindung verstanden. Sie können z. B. als Steigerungen des Bruttosozialprodukts quantifiziert werden, die sich aus Verkehrsleistungen und dem Wirtschaftswachstum infolge von Produktivitätssteigerungen durch Verkehr ergeben. Nur externe Nutzen des Verkehrs begründen einen staatlichen Handlungsbedarf, z. B. durch Subventionen des Verkehrs. [490]

Das übergeordnete verkehrspolitische Ziel besteht darin, volkswirtschaftliche Vorteile durch die Bereitstellung einer leistungsfähigen Verkehrsinfrastruktur zu gewährleisten. Diese positiven externen Effekte des Verkehrs auf die Volkswirtschaft werden anhand der regionalen Auswirkungen und anhand der Auswirkungen auf die Raum- und Siedlungsstruktur untersucht.

7.2.2.1 Beschäftigungswirkungen

Ein breites Infrastrukturangebot ist für die Wirtschaft ein entscheidender Standortfaktor. Von Verkehrsinfrastrukturinvestitionen gehen neben den gesamtwirtschaftlichen Wachstumsimpulsen entscheidende regionale Wachstumsimpulse aus. Bezogen auf die regionale Wirtschaftsentwicklung lassen sich zwei Arten von Entwicklungsimpulsen unterscheiden: [491]

- Durch Verkehrsinfrastrukturinvestitionen treten regionalwirtschaftliche Wirkungen während der Bauphase auf. Sie sind eher kurzfristiger Natur und entstehen durch den Anteil der Investitionen, der in einer Region verbleibt. Von regionalpolitischer Bedeutung ist nur dieser Teil der Finanzmittel, der in der Region als zusätzliches Einkommen zur Verfügung steht. Entscheidend für diese Einkommensänderungen sind die regionalen Wirtschafts- und Unternehmensstrukturen.

[490] Baum, Esser, Höhnscheid: Volkswirtschaftliche Kosten und Nutzen des Verkehrs. Seite 124

[491] Grandjot: Verkehrspolitik. Seite 88 f

- Darüber hinaus treten durch Investitionen in die Verkehrsinfrastruktur Wirkungen während der Betriebsphase auf. Diese sind langfristiger Natur und verbessern die lokale und regionale Standortposition aufgrund neuer Verkehrswege. Positive Beschäftigungseffekte in der Betriebsphase entstehen durch die Veränderung des lokalen oder regionalen Arbeitsplatzangebotes.

Für die Erhaltung und Schaffung von Beschäftigung durch Verkehrsinfrastrukturinvestitionen liegen unterschiedliche Angaben vor. So führen nach Berechnungen des DIW staatliche Investitionen von ca. 500 Mio. € im Verkehrsbereich zu einer Erhöhung des Bruttosozialprodukts um gut 1 Mrd. €. Die Arbeitslosenzahl kann damit um mehr als 10.000 gesenkt werden. [492] Nach Berechnungen von Hartwig entstehen bei einer Investition von 1 Mrd. € Beschäftigungseffekte von über 21.500 Mannjahren. Davon entfallen rund 12.000 Mannjahre Beschäftigung auf das Baugewerbe und über 6.000 Mannjahre auf die Produktion bei Vorleistungen. Hinzu kommen Beschäftigungswirkungen in anderen Industriebereichen durch induzierte Effekte infolge ansteigendem Konsum. [493] Darüber hinaus ist zu beachten, dass Bauinvestitionen in vorgelagerten Wirtschaftsbereichen (Maschinenbau, Chemie, Baustoffindustrie, etc.) zu nachhaltigen Beschäftigungseffekten führen. Aus diesem Grund wurde insbesondere in den 1970er und 1980er Jahren durch Investitionen in die Verkehrsinfrastruktur die Konjunktur erfolgreich unterstützt.

Mnich und Aleff haben für die geplante Anwendungsstrecke des Transrapid Berlin-Hamburg die in Tabelle 7.5 dargestellten primären Beschäftigungseffekte ermittelt, die bei einer Realisierung entstanden wären.

Tabelle 7.5 Primäre Beschäftigungseffekte für die geplante Transrapidstrecke Berlin-Hamburg

Beschäftigungseffekte pro Jahr	Mnich [494]	Aleff [495]
Bauphase	30.000	18.000
Betriebsphase	1.000	3.500

[492] Bach et al.: Wechselwirkungen der Infrastrukturausstattung. Seite 153 f

[493] Gemeinsame Presseerklärung Bundesverband der Deutschen Zementindustrie und Hauptverband der Deutschen Bauindustrie: Verkehrsinvestitionen schaffen Arbeitsplätze. 2005. Die Zahlen zu den Beschäftigungswirkungen basieren auf Hartwig, Armbrecht: Volkswirtschaftliche Effekte unterlassener Verkehrsinfrastrukturinvestitionen – Kurzbericht.

[494] Mnich: Magnetschnellbahn Transrapid – Beschäftigungseffekte.

[495] Aleff: Beschäftigungseffekte infolge der Magnetschnellbahn Transrapid.

Es ist jedoch festzustellen, dass die Bestimmung der beschäftigungspolitischen Wirkungen strittig ist. So erachten Eckey/Stock Wirkungen während der Bauphase als volkswirtschaftlich irrelevant, da die gebundenen Investitionen in anderen Bereichen Nachfragerückgänge verursachen und andere Verwendungsmöglichkeiten bestehen. Verkehrswege und die dafür notwendigen Investitionen würden daher ihre Berechtigung ausschließlich aus wohlstandssteigernden Effekten während der Betriebsphase erzielen. [496]

Für eine volkswirtschaftliche Gesamtbewertung müssen eine Vielzahl harter und weicher Faktoren in monetärer Form berücksichtigt werden. Für die primären volkswirtschaftlichen Effekte fällt es meist nicht schwer, diese in die volkswirtschaftliche Gesamtrechnung methodisch einzubeziehen. Dagegen sind Sekundäreffekte insbesondere für einzelne Regionen und Einzelmaßnahmen schwierig zu bewerten. [497]

Tendenziell kann davon ausgegangen werden, dass die existierenden Ballungszentren in Deutschland weiter anwachsen werden, sowohl in den Kernstädten als auch in deren Umland. Einen besonderen Zuwachs werden diejenigen Räume verzeichnen, die an europäischen Verkehrsachsen liegen. Dort überlagern sich interregionale und internationale Transport- und Distributionsfunktionen. [498]

Verkehrsinvestitionen können nur Entwicklungsimpulse geben wenn vorhandene Ressourcen, z. B. einer Region, bereits ein gewisses Entwicklungspotential aufweisen. Dies betrifft z. B. Bevölkerung, Arbeitskräfte, Rohstoffe, vorhandene Industrie- oder Dienstleistungsbetriebe oder attraktive Fremdenverkehrsangebote. Gute Infrastruktur ist eine notwendige, jedoch keine hinreichende Bedingung für eine positive wirtschaftliche Entwicklung von Regionen.

Beispielsweise gilt dies für die Neuansiedlung eines Industriebetriebes in einem Gewerbegebiet. Ein volkswirtschaftlicher Nutzen durch eine Verkehrsinfrastrukturinvestition [499] entsteht erst dann, wenn dieser Industriebetrieb ohne diese Investition überhaupt nicht oder nur in reduzierter Form bestehen würde. [500] Das heißt gleichzeitig, dass ein Verlagerungseffekt keinen volkswirtschaftlichen Nutzen erzeugt und bestenfalls raumord-

[496] Eckey/Stock: Verkehrsökonometrie. Seite 80

[497] Hübner et al.: Transrapid zwischen Ökonomie und Ökologie. Seite 55

[498] BBR: Raumentwicklung und Raumordnung in Deutschland. Seite 36

[499] Hübner et al. fassen volkswirtschaftlichen Nutzen/Kosten nicht nur im Sinne der volkswirtschaftlichen Gesamtrechnung als monetäre Wertschöpfungen/Wertverzehr sondern auch als Auswirkungen im Sinne von nicht monetär quantifizierbaren Vor- und Nachteilen auf.

[500] Maier, Atzkern: Verkehrsgeographie. Seite 75 ff

nungspolitische Ausgeglichenheit schafft. Diese Problematik ist bei Prognosen möglicher Sekundäreffekte durch Verkehrsinvestitionen recht schwierig abzubilden. Die Auswirkungen sind schwer zuzuordnen und gegen Effekte abzugrenzen, die durch diese Investition andernorts in gleicher Art entstanden wären. [501]

Zwischen der Verkehrsinfrastruktur und der allgemein als Attraktivität bezeichneten Güte einer Region besteht ein direkter Zusammenhang. Das Verkehrsleistungsangebot und die Verkehrsinfrastruktur üben einen direkten Einfluss auf die Lebensverhältnisse in den Regionen aus. So wirkt eine gut ausgebaute Verkehrsinfrastruktur attraktiv und verbessert den Aktionsradius und die Möglichkeiten der Bevölkerung und der Unternehmen. Durch mögliche Transportkostensenkungen wird die Wettbewerbsfähigkeit der regionalen Wirtschaft gestärkt. [502]

Zusammenfassend lässt sich festhalten, dass für einen Vergleich der regionalwirtschaftlichen Effekte durch Bau und Betrieb der gleichen Hochgeschwindigkeitsverbindung in Magnetschwebetechnik und in Rad-Schiene-Technik diese in der Summe in etwa gleich sind. Während durch die leicht höheren Investitionskosten für die Magnetschwebetechnik höhere Beschäftigungswirkungen in der Region zu erwarten sind, kehrt sich dieser Vorteil durch die höheren Betriebskosten für das Rad-Schiene-System während der Betriebsphase um. Gleichzeitig kann der Transrapid jedoch gewisse Vorteile gegenüber dem Rad-Schiene-System aufgrund seiner Attraktivität verbuchen, die sich ebenfalls in positiven Beschäftigungswirkungen während der Betriebsphase niederschlagen.

7.2.2.2 Wirkungen auf die Raum- und Siedlungsstruktur

Die Raum- und Siedlungsstruktur ist dadurch gekennzeichnet, dass die Orte der Aktivitäten Wohnen, Arbeiten, Einkaufen und Erholen räumlich verschieden sind. Sie führen deshalb zu Austauschvorgängen und Verkehr. Das Verkehrssystem und die Raum- und Siedlungsstruktur sind deshalb wechselseitig miteinander verbunden und verursachen eine mehr oder weniger hohe Verkehrsleistung. So ist die Raum- und Siedlungsstruktur einerseits die Basis für ein Verkehrssystem. Andererseits beeinflussen die Verkehrsinfrastrukturen die Raum- und Siedlungsstruktur hinsichtlich deren Standortmerkmalen. [503] Durch eine entsprechend gestaltete Raum- und Siedlungsstruktur kann die Verkehrsleistung positiv beeinflusst werden.

---

[501] Hübner et al.: Transrapid zwischen Ökonomie und Ökologie. Seite 55

[502] Eckey/Stock: Verkehrsökonometrie. Seite 79 ff

[503] BBR: Raumentwicklung und Raumordnung in Deutschland. Seite 7

Die Raum- und Siedlungsstruktur weist darüber hinaus dynamisch wachsende Ballungsräume auf, die durch Verkehrskorridore und Verkehrsinfrastrukturen untereinander verbunden sind. Diese Ballungsräume sind durch hohe Verkehrsanteile aller Verkehrsträger, Großräumigkeit, europäische Orientierung und hohe Verdichtung gekennzeichnet. Gleichwohl sind diese raumstrukturellen Vorteile aber mit Bündelungseffekten verbunden, die die Belastungen der dort lebenden Menschen erhöhen. [504]

Eine leistungsfähige Verkehrsinfrastruktur besitzt eine große Bedeutung für die Gestaltung räumlicher Strukturen. Sie ist Voraussetzung für die regionale Anbindung an Wachstums- und Ballungszentren und damit räumliche Stabilität und Entwicklung. Infrastrukturinvestitionen sind deshalb bedeutsam für die Raum- und Siedlungsstruktur. Ziel ist die Schaffung gleicher Lebensverhältnisse und einer ausgewogenen Raum- und Siedlungsstruktur. Hierfür sollen die aus unterschiedlichen Gründen benachteiligten Randregionen mit einer ausreichenden Verkehrsinfrastruktur versorgt werden. Hinzu kommen weitere positiv zu beurteilende Effekte. So sollen durch staatliche Investitionsmittel regionale und interregionale Einkommenseffekte erzeugt werden. Außerdem können durch die Investitionen Wachstumseffekte durch Erhöhung des Sozialprodukts beziehungsweise des Wohlstandes einer Volkswirtschaft entstehen.

Der traditionelle Hochgeschwindigkeitsverkehr mit dem Rad-Schiene-System verbindet Metropolen und Zentren der Regionen und hat für den Personenfernverkehr eine interregionale Bedeutung. Gleichzeitig besteht ein direkter Zusammenhang zwischen dem Angebot an Verkehrsleistungen verschiedener Verkehrsträger und der Wahl des Verkehrsträgers durch den Benutzer. [505] Dies erfordert schnelle, komfortable, zuverlässige und attraktive Angebote im Hochgeschwindigkeitsverkehr. Nach Loos führen die Vorteile des Transrapid zur Substitution von bedeutsamen Verkehrsanteilen des Flugverkehrs. Die besonderen Eigenschaften der hohen Reisegeschwindigkeit, Umweltverträglichkeit und Wirtschaftlichkeit des Transrapid prädestinieren ihn für Hochgeschwindigkeitsverbindungen zwischen deutschen und europäischen Ballungszentren. [506]

Aufgrund der deutschen Raum- und Siedlungsstruktur, die durch eine flächenmäßig dichte Besiedelung mit Oberzentren im Abstand von meist 60 Kilometern geprägt ist, kann der Transrapid seine Stärken in der Verbindung genau dieser Distanzen ausspielen. Aufgrund seines guten Beschleunigungsvermögens und der hohen Reisegeschwindigkeit ist er zur

[504] Raschbichler: Die Auswirkungen von Hochgeschwindigkeitsverkehr. Seite 108
[505] Eckey/Stock: Verkehrsökonometrie. Seite 302 ff
[506] Loos: Transrapid als „Viertes Verkehrssystem“. Seite 88 f

Verbindung dieser Oberzentren wesentlich besser geeignet als der ICE (siehe Abschnitt 5.3).

Der ICE besitzt zwar ansatzweise ein Netz für den schienengebundenen Hochgeschwindigkeitsverkehr, da seit Anfang der 1990er Jahre erhebliche Investitionen in Neubau, Ausbau und Erhaltung geflossen sind. Dies verschafft ihm jedoch kaum Vorteile gegenüber dem Transrapid, da auch der Hochgeschwindigkeitsverkehr mit dem ICE artrein als eigenständiges Verkehrssystem betrieben und in bestehende Verkehrssysteme integriert werden muss. Daher erfordert der Hochgeschwindigkeitsverkehr mit dem ICE ebenso neue Trassen wie mit dem Transrapid. Der Anteil der Hochgeschwindigkeitsstrecken auf denen eine Betriebsgeschwindigkeit von 250 km/h und mehr erreicht werden kann, betrug im Jahr 2002 in Deutschland nur etwa 2 %. [507] Außerdem handelt es sich dabei meist um Teilstücke von größeren Verbindungen innerhalb des Eisenbahnnetzes. Diese wurden isoliert ausgebaut und sind an den Knotenpunkten in das bestehende Netz integriert. Dies schafft zwar den Vorteil, bestehende Trassen im Bereich von großen Bahnhöfen nutzen zu können. Jedoch sind auch hierbei erhebliche Ausbaumaßnahmen erforderlich. Nachteilig wirkt sich die Abhängigkeit vom übrigen Schienennetz aus. Von einer unabhängigen Gesamtnetzstruktur kann nicht die Rede sein. Hinzu kommt, dass die Anordnung der ca. 6.000 Bahnhöfe nicht mehr den modernen Bedürfnissen genügt. Quell- und Zielpunkte der Fernreisenden liegen heute nicht mehr im Stadtzentrum, sondern an Peripheriepunkten wie Flughäfen oder Messestandorten mit einem Einzugsradius von 50 km. Die Anfahrt erfolgt meist mit dem Pkw, der traditionelle ÖPNV hat wenig Gewicht. [508] Es bleibt festzuhalten, dass ein flächendeckender Hochgeschwindigkeitsverkehr bis 300 km/h mit dem ICE nicht absehbar ist.

Generell ist festzustellen, dass die Erfassung und Bewertung der Wirkungen von Verkehrswegeinvestitionen auf die Raum- und Siedlungsstruktur mit erheblichen methodischen Unsicherheiten behaftet ist. Die Bedeutung der Verkehrsinfrastruktur für die Raum- und Siedlungsstruktur wird daher unterschiedlich bewertet. Es besteht jedoch Übereinstimmung, dass Verkehrsinfrastrukturinvestitionen zu einem positiven Einfluss auf die Erreichbarkeit von zentralen Einrichtungen, auf die Erhöhung der Attraktivität von Betriebs- und Wohnstandorten sowie auf die Stabilisierung von peripheren und ländlichen Räumen durch Vermeidung von Pendelverkehr führen. [509] Der Transrapid besitzt hinsichtlich der Wirkungen auf die

[507] 750 km / 35.500 km = 0,021 = 2,1 %.

[508] Raschbichler: Die Auswirkungen von Hochgeschwindigkeitsverkehr. Seite 65 und 139

[509] Aberle: Transportwirtschaft. Seite 449 ff

Raum- und Siedlungsstruktur aufgrund seines Leistungsvermögens und seiner Umweltfreundlichkeit zur schnellen Verbindung von Oberzentren und Ballungsräumen deutliche Vorteile gegenüber dem Rad-Schiene-System. Die Substitutionswirkungen, insbesondere vom Flugverkehr, sind deshalb deutlich größer als beim ICE.

7.2.3 Volkswirtschaftliche Kosten des Verkehrs

Bei der volkswirtschaftlichen Beurteilung des Verkehrs sind nicht nur rein betriebswirtschaftliche Effekte, sondern auch Einflüsse auf den Menschen, die Gesellschaft und die Umwelt zu betrachten. Diese werden als externe Effekte bezeichnet und sind als negative Folgen des Verkehrs spürbar. Zu nennen sind z. B. folgende Aspekte:

- Verkehrsmitteleinsatz und Verkehrswege verursachen negative Umwelteffekte (Lärm- und Schadstoffemissionen, Erschütterungen, Bodenverunreinigungen, Bodenversiegelung, Landverbrauch, negative Auswirkungen auf Fauna, Flora und Grundwasser sowie Trennwirkungen).
- Die Lebensbereiche Wohnen, Arbeiten, Ausbildung, Einkauf und Freizeit werden getrennt. Damit verbunden sind temporäre Entleerung städtischer und ländlicher Bereiche sowie soziale Entfremdung.
- Verkehrsunfälle und Staukosten führen zu direkten und indirekten volkswirtschaftlichen Kosten (Sach- und Personenschäden, Vernichtung von Sach- und Personalkapazitäten, Staukosten).

Der Transrapid besitzt hinsichtlich seiner Umweltauswirkungen klare Vorteile gegenüber dem Rad-Schiene-System. Er führt zu geringeren Umweltschädigungen als alle anderen Verkehrsträger. [510] Zu nennen sind insbesondere seine geringeren Schall- und Schadstoffemissionen (siehe Abschnitt 5.5.2), die Vermeidung von Zerschneidungseffekten durch seinen aufgeständerten Fahrweg (siehe Abschnitt 5.1.3) sowie der niedrige Flächenbedarf (siehe Abschnitt 5.1.2). Der Transrapid kann Verkehrsträgeranteile vom ökologisch problematischen Individual- und Flugverkehr abwerben. Diese Besonderheiten verursachen tendenziell geringere externe Kosten. In der gesamtwirtschaftlichen Betrachtung von Ver-

[510] Thyssen: Magnetschnellbahn Transrapid.
Von Thyssen werden die Umweltgefährdungen für die Verkehrsträger Straßenverkehr, Luftverkehr, Schienenverkehr und Transrapid hinsichtlich 16 ökologischer Zielkriterien bewertet. Nur bei den drei Kriterien Energiebedarf für den Verkehrswegebau, Traktionsenergie sowie Veränderung des visuellen Erscheinungsbildes schneidet der Transrapid schlechter als der Schienenverkehr ab.

kehrsinfrastrukturinvestitionen verschaffen ihm diese Aspekte markante Vorteile.

Die Verbräuche an produktiven Ressourcen wie Energie, Zeit, Arbeitskraft, Kapital und Umwelt durch die Verkehrsinfrastruktur können als volkswirtschaftliche Kosten des Verkehrs bewertet werden. [511] Ein Hauptproblem der externen Kosten besteht darin, dass sich negative externe Effekte nicht über das marktwirtschaftliche Preissystem erfassen lassen. Sie finden im betrieblichen Rechnungswesen bei privaten und öffentlichen Haushalten in der Regel keine Berücksichtigung.

Für die Beurteilung von Verkehrsinfrastrukturprojekten im Rahmen von monetären Bewertungsverfahren müssen die externen Kosten der einzelnen Verkehrsträger ermittelt und verglichen werden. In einer Studie von INFRAS/IWW wurden in 17 europäischen Ländern die Umweltauswirkungen durch Verkehrsaktivitäten untersucht und sozioökonomisch für das Bezugsjahr 2000 quantifiziert. Die wesentlichen Ergebnisse waren: [512]

- Die gesamten externen Kosten des Verkehrs werden ohne Staukosten auf ca. 650 Mrd. € für das Jahr 2000 beziffert. Dies entspricht ca. 7,3 % des gesamten Bruttoinlandsprodukts der 17 europäischen Länder. Die Unfallkosten machen davon rund 24 % aus.
- Die externen Kosten dieser 650 Mrd. € verteilen sich auf den Straßenverkehr mit ca. 84 %, den Luftverkehr mit ca. 14 %, den Schienenverkehr mit ca. 2 % und die Schifffahrt mit ca. 0,5 %.
- Die Durchschnittskosten im Personenverkehr betragen je Verkehrseinheit für den Pkw rund 76 € pro 1.000 Pkm, für den Bus rund 38 € pro 1.000 Pkm, für den Luftverkehr rund 53 € pro 1000 Pkm und für den Schienenverkehr rund 23 € pro 1.000 Pkm.
- Die gesamten externen Kosten stiegen preisbereinigt im Zeitraum von 1995 bis 2000 um ca. 12 % an, was vorrangig auf das gestiegene Verkehrsaufkommen zurückzuführen ist.
- Die gesamten externen Kosten des Verkehrs mit Staukosten der 17 Länder betragen ca. 753 Mrd. €. Dies entspricht ca. 8,5 % des Bruttoinlandsprodukts.

Von Loos werden ebenfalls Folgen des Verkehrs aufgrund von Engpässen im Straßenverkehrsnetz und Kapazitätsproblemen im Flugverkehr benannt. [513] Demnach addieren sich die Staulängen an Spitzentagen auf bis zu 1.000 Kilometer. Der zusätzliche Kraftstoffverbrauch hierfür beträgt ca.

---

[511] Baum, Esser, Höhnscheid: Volkswirtschaftliche Kosten und Nutzen des Verkehrs. Seite 10

[512] INFRAS/IWW: Externe Kosten des Verkehrs. Seite 5 ff

[513] Loos: Transrapid als „Viertes Verkehrssystem". Seite 83

14 Mrd. Liter pro Jahr. Gleichzeitig entsteht ein Zeitverlust durch nicht optimierte Verkehrsverhältnisse, der mit rund 3 Mrd. Stunden zu Buche schlägt. Im Ergebnis der Verkehrsstaus entstehen volkswirtschaftliche Verluste in einer Höhe von jährlich ca. 100 Mrd. €. Die Kosten für die Instandhaltung der Autobahnen und Bundesfernstraßen belaufen sich auf rund 4,5 Mrd. €/a.

Darüber hinaus verursachen die Kapazitätsprobleme im Flugverkehr Kosten für Verspätungen in Höhe von ca. 4 Mrd. €/a. Der Anteil der verspäteten Abflüge mit mehr als 15 Minuten beträgt heute bereits 20 %. Als Größenordnung für die Mehrkosten durch Verspätungen werden rund 40 bis 50 €/min genannt. Die Kosten durch Warteschleifen allein für die Deutsche Lufthansa AG betragen ca. 38,5 Mio. €/a.

Große Unsicherheiten bestehen bei der monetären Bewertung der belastenden Folgewirkungen und Folgekosten. So treten einerseits Erfassungsschwierigkeiten bei der Ermittlung des Mengengerüsts der Belastungs- und Schadtatbestände und andererseits bei der Monetarisierung der Schäden auf. So sind z. B. Ursache-Wirkungs-Mechanismen schwer zu identifizieren oder Schäden den einzelnen Verursachern schwer zuzuordnen. Die Schwierigkeiten führen zu extremen Schwankungsbreiten und bieten Anlass zu wissenschaftlichen, gesellschaftlichen und politischen Auseinandersetzungen. [514]

Die Problematik der Bewertung externer Kosten des Verkehrs soll am Beispiel für Verkehrstote deutlich gemacht werden. Die Kosten für Verkehrsunfälle werden in Deutschland z. B. von der Bundesanstalt für Straßenwesen (BaSt) ermittelt. Die Kosten für einen Verkehrstoten wurden danach im Jahre 1999 mit ca. 1,15 Mio. € beziffert. [515] In der Machbarkeitsstudie für Magnetschnellbahnstrecken in Bayern und Nordrhein-Westfalen ging man im Jahre 2002 von 1,238 Mio. € aus. [516] Proske [517] hat sich sehr intensiv mit Unfallrisiken und Unfallkosten beschäftigt. Unter Bezug auf die halbe mittlere Lebenserwartung gibt er einen ICAF-Parameter [518] an, mit dem der statistische Wert eines Menschenlebens ermittelt werden kann. Dieser Wert repräsentiert nicht den finanziellen Wert eines existierenden Menschen, sondern die Bereitschaft der Gesellschaft zum Schutz der Menschen vor möglichen Gefahren. Für Deutschland er-

[514] Grandjot: Verkehrspolitik. Seite 150 ff

[515] Baum, Esser, Höhnscheid: Volkswirtschaftliche Kosten der Personenschäden im Straßenverkehr. Seite 74

[516] Planungsgemeinschaft Metrorapid-Transrapid: Machbarkeitsstudie Bayern – NRW – Teil II. Seite 245

[517] Proske: Katalog der Risiken. Seite 289 ff

[518] ICAF: Implied Cost of Averting Fatility

gibt sich, bezogen auf das Pro-Kopf-Einkommen für das Jahr 1999, ein Wert von 3,220 Mio. €. Für andere statistische Werte wie den Willingness to Pay (WTP) oder den Value of a Statistical Life (VSL) liegen die Ergebnisse in ähnlichen Größenordnungen. Erschwerend kommt jedoch hinzu, dass der statistische Wert eines Menschenlebens offensichtlich nicht über das gesamte Leben konstant ist. Eine weitere Schwierigkeit besteht darin, dass in den genannten Kosten, abgesehen von den persönlichen Kosten für die Betroffenen, nur der Verlust ökonomischer Ressourcen bewertet wird.

Abschließend wird nochmals festgestellt, dass bei der Diskussion um die externen Kosten des Verkehrs deutliche Unsicherheiten bei der Quantifizierung und Bewertung bestehen. Dies wurde am Beispiel der externen Kosten für einen Verkehrstoten erläutert und kann in gleicher Weise auf nahezu alle externen Kosten übertragen werden. Gleichwohl besteht ein direkter Zusammenhang zwischen der Umweltverträglichkeit eines Verkehrssystems und den aus negativen Umweltwirkungen entstehenden externen Kosten. Dem Transrapid wird aufgrund seiner ökologischen Überlegenheit und der wesentlich höheren Sicherheit gegenüber den Rad-Schiene-Systemen ein deutlicher Vorteil zugestanden.

7.3 Industriepolitischer Systemvergleich

7.3.1 Industriepolitische Wirkungen des Verkehrs

Der Industriestandort Deutschland sieht sich heute in immer stärkerem Maße dem globalen Wettbewerb ausgesetzt. Ursachen sind die zunehmende Mobilität von Gütern, Kapital und Informationen sowie Aufholprozesse und nachfragekräftigere Märkte in sich entwickelnden Regionen der Welt. Industriepolitik ist deshalb gleichzeitig Standortpolitik. Nur durch Weiterentwicklung und Neuentwicklungen von Produkten und Dienstleistungen können Marktanteile gehalten und neue Märkte erschlossen werden. Deutschland hat aufgrund seines hohen Lohnniveaus einen komparativen Wettbewerbsnachteil, der zunehmend Arbeitsplätze gefährdet. Dieser Nachteil kann im freien Wettbewerb nur durch den Export von hochwertigen Gütern und Know-how kompensiert werden. Hier besteht dringender Handlungsbedarf aus industrie- und standortpolitischer Sicht.

Ziel der Industrie- und Standortpolitik ist die langfristige Sicherung des Wirtschaftsstandortes Deutschland. Hieraus lassen sich folgende zentrale Forderungen für den Verkehrssektor ableiten:

- Die Arbeitsteilung zwischen den Volkswirtschaften wächst und führt zu stärkeren globalen Verflechtungen. Der staatenübergreifende Verkehr von Personen und Gütern gewinnt weiter an Bedeutung. Die Logistik im Kampf um Markt und Marktanteile wird immer entscheidender. Es müssen deshalb die infrastrukturellen Voraussetzungen, insbesondere im Bereich der Verkehrsinfrastruktur geschaffen und Wachstumsbarrieren vermieden werden. [519]

- Im internationalen Maßstab konkurrieren Regionen (z. B. Rhein-Main), Volkswirtschaften (z. B. die deutsche) und Staatengemeinschaften (z. B. die Europäische Gemeinschaft) mit anderen in der Welt. Erfolge und Misserfolge schlagen sich unter anderem in den Investitionen ausländischer Investoren sowie bei den Arbeitsplätzen nieder. Wie in Abschnitt 7.2 erläutert, ist die Verkehrsinfrastruktur ein entscheidender Standortfaktor für Wirtschaft und Wachstum.
- Der Industriestandort Deutschland ist im internationalen Wettbewerb in zunehmenden Maße auf technologieintensive Produkte und Dienstleistungen angewiesen, um seinen komparativen Nachteil bei den Lohnkostenanteilen zu kompensieren. Die Zukunftsfähigkeit wird maßgeblich durch Forschung und Entwicklung von Innovationen und Spitzentechnologien bestimmt. Tatsächlich sinkt jedoch die Zahl der Wachstumssegmente und Zukunftsindustrien, bei denen Deutschland die Technologieführerschaft besitzt. Industrielle Führerschaft findet überwiegend im Bereich der konventionellen, oft stagnierenden Industrie statt. Obwohl Deutschland mit der Realisierung der Anwendungsstrecke des Transrapid in Shanghai Kompetenzen und Basis-Know-how an die VR China abtreten musste, existiert mit dem Kern-Know-how der Magnetschwebetechnik derzeit noch ein Technologievorsprung. Zusammen mit den bestehenden Stärken in der Fahrzeugtechnik sowie in der Luft- und Raumfahrtechnik kann wieder die industrielle Führerschaft in der Verkehrstechnik erreicht werden. [520]
- Die Industriepolitik muss sich bei der Allokation von volkswirtschaftlichen Ressourcen zwischen den einzelnen Wirtschaftssektoren auf langfristig wettbewerbsfähige Industrien konzentrieren. Diese sind gekennzeichnet durch ein hohes Know-how- oder Forschungsniveau und die Produktion hochwertiger Güter. Zudem müssen gute Exportperspektiven bestehen. Hierzu zählt zweifellos auch die in Deutschland entwickelte Magnetschwebetechnik. Sie ist ein wichtiges Symbol für die Leistungsfähigkeit des Standorts Deutschland und kann positive Effekte auf andere Branchen ausstrahlen. [521]

[519] Loos: Transrapid als „Viertes Verkehrssystem". Seite 91
[520] Loos: Transrapid als „Viertes Verkehrssystem". Seite 86 ff
[521] Rade: Der Transrapid – Konfliktfelder – Konfliktlinien – Positionen. Seite 27 ff

- Wie bei vielen Projekten muss auch beim Transrapid festgestellt werden, dass in Deutschland zwar hervorragende Produkte entwickelt werden, jedoch die Einführung und Vermarktung schwach ist. Eine entschiedene Industriepolitik ist deshalb umso wichtiger. Nur die schnelle Umsetzung von Innovationen in Produkte schafft einen Vorsprung gegenüber den Mitbewerbern auf dem Markt und sichert Wettbewerbsvorteile. Hierzu gehören jedoch Risikofreudigkeit und Aufgeschlossenheit gegenüber Neuerungen, die den Deutschen nur begrenzt attestiert werden. [522]

Der Verkehrssektor ist ein wichtiger Bestandteil der Volkswirtschaft. Er umfasst die Teilbereiche Verkehrsindustrie und Verkehrsdienstleistung mit deren Unternehmen. Die Bedeutung des Verkehrssektors lässt sich recht einfach an folgenden Zahlen der Europäischen Gemeinschaft verdeutlichen: [523]

- Auf den Verkehrssektor entfallen rund 7 % des Bruttosozialprodukts.
- Im Verkehrssektor sind ca. 7 % der Arbeitsplätze angesiedelt.
- Ca. 40 % der öffentlichen Investitionen und nahezu 30 % des Energieverbrauchs werden im Verkehrssektor getätigt.
- Der Anteil des Verkehrs am Familienbudget beträgt durchschnittlich 10 %.
- Der Fahrzeugbau in der Europäischen Gemeinschaft liegt gemessen am Umsatz an zweiter Stelle hinter der Nahrungsmittelindustrie.
- Der Anteil des gesamten Fahrzeugbaus an der Wertschöpfung und Beschäftigung beträgt mehr als 10 %.

Als Maßstab für die Wertigkeit des Verkehrs können ebenso die Verkehrsausgaben herangezogen werden. Der Verkehrshaushalt des Bundes ist der drittgrößte Einzelhaushalt und weist den höchsten Investitionsanteil auf. Dennoch ist festzustellen, dass die Verkehrsausgaben im Zeitablauf relativ gesunken sind. Sie fielen von einem Anteil von 12,7 % im Jahr 1970 auf nur noch 8,2 % im Jahr 2000. [524]

7.3.2 Innovationen und Entwicklungspotenziale im Hochgeschwindigkeitsverkehr

Die Entwicklung des schienengebundenen Hochgeschwindigkeitsverkehrs ist seit den 1980er Jahren intensiv in Deutschland, Japan und Frankreich

[522] Raschbichler: Die Auswirkungen von Hochgeschwindigkeitsverkehr. Seite 226
[523] Grandjot: Verkehrspolitik. Seite 78
[524] Grandjot: Verkehrspolitik. Seite 30

vorangetrieben worden. Die Bemühungen konzentrierten sich beispielsweise auf die Entwicklung neuer Triebkonzepte, auf Bahnsicherungssysteme zur Linienförmigen Zugbeeinflussung (LZB) und auf die Feste Fahrbahn. Die Rad-Schiene-Technik ist alters- und technologiebedingt mittlerweile jedoch nur noch begrenzt innovations- und entwicklungsfähig. So stellen der mechanische Verschleiß, die hohen kinetischen Energien im Hochgeschwindigkeitsbereich, die langen Beschleunigungsphasen und die relativ niedrigen Durchschnittsgeschwindigkeiten technische, sicherheitstechnische und wirtschaftliche Grenzen dar, die vom Rad-Schiene-System nicht mehr weiter verschoben werden können. Ein beachtliches Weiterentwicklungspotenzial ist daher nicht zu erwarten.

Der Transrapid als spurgebundenes Hochgeschwindigkeitsverkehrssystem in Magnetschwebetechnik ist weltweit einzigartig und den existierenden Rad-Schiene-Systemen aufgrund seines hohen Innovationspotenzials in vielen Teilbereichen überlegen. Seine Leistungsfähigkeit, seine Umweltfreundlichkeit und seine Wirtschaftlichkeit prädestinieren ihn bereits heute für den Fernverkehr ebenso wie für hochfrequentierte Punkt-zu-Punkt-Verbindungen, z. B. als Flughafenanbinder.

Gleichwohl besitzt die noch junge Magnetschwebetechnik hohe Entwicklungspotenziale, die einen bisher unerreichten technologischen Standard versprechen. Derzeitig konzentrieren sich die Bemühungen auf die Optimierung und anwendungsorientierte Weiterentwicklungen der Magnetschwebetechnik. Damit können die verkehrlichen, ökonomischen und ökologischen Vorteile der Technologie ausgebaut und verbessert werden. Schwerpunkte bilden Weiterentwicklungen für die Teilsysteme Fahrzeug, Antrieb und Energieversorgung, Betriebsleittechnik und Fahrweg mit Instandhaltung. [525]

7.3.3 Exportchancen im Hochgeschwindigkeitsverkehr

Die deutsche Volkswirtschaft und damit der Lebensstandard werden in großem Maße vom Export beeinflusst. Der Export von Hochgeschwindigkeitssystemen kann hierzu einen positiven Beitrag leisten. Aus volkswirtschaftlicher Sicht ist eine staatliche Förderung sinnvoll, wenn ein volkswirtschaftlicher Nutzen erzielt werden kann. Als ein wesentliches Kriterium hierfür können die Exportchancen herangezogen werden.

Die besondere Bedeutung des Hochgeschwindigkeitsverkehrs im Rahmen der Verkehrspolitik wurde bereits erwähnt. Er zählt zu den dynamisch wachsenden Segmenten im Bereich der Bahntechnik. In Europa wird das

---

[525] Herzberg: Das Weiterentwicklungsprogramm Transrapid. Seite 22

europäische HGV-Netz insbesondere durch Neu- und Ausbauvorhaben in Südeuropa bis 2015 auf über 9.000 km anwachsen. [526]

In den vergangenen Jahren war für den ICE insbesondere Deutschland der Hauptabsatzmarkt. Die DB AG hat erhebliche Summen in neue Fahrzeuge der ICE-Familie investiert. Global betrachtet allerdings mit mehr oder weniger Erfolg. Rückblickend auf die Bestellungen der vergangenen Jahre, verteilen sich die Marktanteile der Hersteller von Hochgeschwindigkeitszügen weltweit wie in Tabelle 7.6 dargestellt.

Tabelle 7.6 Weltmarktanteile von Hochgeschwindigkeitszügen [527]

Hersteller	Bezeichnung	Weltmarktanteil
Alstom	TGV/AGV	ca. 35 %
Kawasaki/Hitachi	Shinkansen	ca. 34 %
Siemens	ICE	ca. 15 %
Bombardier/Talgo	Talgo	ca. 13 %
AnsaldoBreda	ETR/DMU	ca. 3 %

Zukünftig stehen in größerem Umfang in Italien Neubeschaffungen und in Frankreich Ersatzbeschaffungen für die TGV-Züge der ersten Generation an. Dies ist eng mit der Inbetriebnahme neuer Hochgeschwindigkeitsstrecken verbunden. [528] In Deutschland soll noch im Jahr 2005 die Ausbaustrecke München-Ingolstadt und im Jahr 2006 die insgesamt 89 km [529] lange Neubaustrecke Nürnberg-Ingolstadt in Betrieb genommen werden. Wann weitere Strecken hinzukommen, ist wegen der stark reduzierten Investitionsquote für Neu- und Ausbaustrecken derzeit fraglich.

Neben dem europäischen spielt der asiatische Markt eine zunehmend wichtige Rolle für den Hochgeschwindigkeitsverkehr. Das weltweite Marktvolumen für HGV-Züge, insbesondere Neigetechnikzüge, soll bis 2010 auf knapp 2,5 Mrd. € jährlich ansteigen. [530] Inwieweit der deutsche ICE hierbei partizipieren kann, ist aufgrund seiner spezifischen Randparameter, die auf das deutsche Eisenbahnnetz zugeschnitten sind, fraglich.

Mit den Hochgeschwindigkeitssystemen Transrapid und ICE existieren zwei Systeme mit unterschiedlichen Einsatzchancen. Der fast ausschließ-

[526] http://www.messe-berlin.de. 26. 04. 2005
[527] SCI Verkehr: Marktentwicklungen im Hochgeschwindigkeitsverkehr.
[528] SCI Verkehr: Marktentwicklungen im Hochgeschwindigkeitsverkehr.
[529] Von diesen 89 km Länge sind jedoch nur 71 km „echte" Neubaustrecke.
[530] http://www.messe-berlin.de. 26. 04. 2005

lich in Deutschland eingesetzte ICE wurde immer wieder mit Strecken im Ausland in Verbindung gebracht, beispielsweise mit der ca. 1.000 km langen Verbindung Peking (Bejing)-Shanghai. Der Auftrag ging jedoch an die japanische Bahnindustrie. Auf dem Weltmarkt für Hochgeschwindigkeitssysteme sieht sich der ICE starker Konkurrenz aus Frankreich (TGV) und Japan (Shinkansen) ausgesetzt. Von Seiten der Industrie wird dies häufig damit begründet, dass der ICE aufgrund systemspezifischer Festlegungen in der technischen Auslegung Nachteile hat. Außerdem beklagt die deutsche Systemindustrie eine wettbewerbsverzerrende Subventionspolitik durch Frankreich und Japan.

Positiv kann jedoch vermerkt werden, dass im Jahr 2005 von Siemens die ersten 16 Velaro-Züge, die eine Weiterentwicklung des ICE 3 darstellen (siehe Abschnitt 2.4.5), im Wert von ca. 400 Mio. € nach Spanien geliefert werden sollen. Weitere 10 Velaro-Züge sind bereits bestellt. Auch in Russland soll die deutsche ICE-Technik ab dem Jahr 2007 zum Einsatz kommen. Siemens hat einen Großauftrag zur Lieferung von insgesamt 60 ICE-Zügen im Wert von ca. 1,5 Mrd. € und eine Option für weitere 90 ICE-Züge erhalten.

Insgesamt bleibt festzuhalten, dass für den ICE im globalen Wettbewerb die Exportchancen dennoch sehr verhalten ausfallen. Den Argumenten, die Rad-Schiene-Technik sei industriepolitisch sinnvoller als die Magnetschwebetechnik und der Transrapid, da mehr Erfolgschancen bestehen und riesige Absatzmärkte erschlossen werden können, kann nur begrenzt Glauben geschenkt werden. [531] Vielmehr kann mit dem Transrapid strategisch ein Geschäftsfeld besetzt werden, das langfristig weltweite Absatzmöglichkeiten verspricht.

Die Exportchancen des Transrapid sind regelmäßig Gegenstand intensiver Diskussionen. Bereits bei der Planung der ersten Anwendungsstrecke Berlin-Hamburg wurde die hohe Bedeutung einer kommerziellen Referenzstrecke der Magnetschwebetechnik und des Transrapid in Deutschland für die Exportchancen betont. Grundsätzlich bietet sich eine Magnetschnellbahnstrecke wie jede andere Hochgeschwindigkeitsstrecke nur an, wenn hohe Fahrgastzahlen vorliegen und die erzielbaren Fahrpreise zumindest die Betriebskosten decken können. So weist Australien von seiner regionalen Siedlungsstruktur, der Kaufkraft der Bevölkerung und der hoch entwickelten Wirtschaft zwar ideale Voraussetzungen auf. Jedoch sind die Fahrgastaufkommen zu gering, um die Investitionen zu amortisieren. Raschbichler sieht deshalb Nordamerika eher als einen interessanten Zielmarkt an, sofern die vom amerikanischen Senat in Aussicht gestellten staatlichen Investitionsmittel für Probestrecken eines Überlandverkehrs-

[531] Rade: Der Transrapid – Konfliktfelder – Konfliktlinien – Positionen. Seite 27 ff

netzes bereitgestellt werden. [532] In den USA beherrschen der Flugverkehr den Mittel- und Langstreckenverkehr und der Pkw den regionalen Mittel- und Kurzstreckenverkehr. Sowohl der Luftraum als auch der Straßenverkehrsraum operieren in den Metropolen an ihren Kapazitätsgrenzen. Die Magnetschwebetechnik mit Geschwindigkeiten bis 500 km/h könnte sowohl im Kurzstreckenverkehr als auch im Verkehr zwischen den Metropolen deutliche Entlastungswirkungen hervorbringen.

Es bleibt festzuhalten, dass dem Transrapid weltweit kein vergleichbares Produkt gegenübersteht. In nationalen und internationalen Untersuchungen zeichnen sich regelmäßig ein hoher Bedarf und weltweite Anwendungsmöglichkeiten ab (siehe Abschnitt 4.5). Diese können und sollen zu dringend benötigten Beschäftigungswirkungen führen. Da eine Referenzstrecke bisher in Deutschland nicht umgesetzt werden konnte, existieren jedoch bei ausländischen Investoren Vorbehalte. Es besteht deshalb die Gefahr, dass verkehrs-, industrie- und standortpolitische Chancen verpasst werden und der Standort Deutschland Schaden nimmt. Das deutsche Konsortium kann sein Verkehrsprodukt Transrapid nur dann erfolgreich vermarkten und verkaufen, wenn Referenzen und Betriebserfahrungen bestehen. Marktanteile, Kern-Know-how und Erfahrungswissen durch Betrieb und Weiterentwicklung drohen verloren zu gehen, falls keine Anwendungsstrecke in Deutschland gebaut wird. Die zu erwartenden Gewinne bleiben aus, so dass auch die Mittel für Weiterentwicklungen nicht mehr bereitgestellt werden. Sollten weiterhin nur im Ausland Anwendungsstrecken gebaut werden, kann in Deutschland mittelfristig die Wertschöpfung in der Magnetschwebetechnik nicht gehalten werden.

7.3.4 Auswirkungen auf Arbeitsmarkt und Beschäftigung

In Abschnitt 7.3.1 wurde die grundlegende Bedeutung des Verkehrs für die arbeitsteilige Volkswirtschaft betont. Darüber hinaus sind die Beschäftigungswirkungen durch Investitionen in die Verkehrsinfrastruktur und die Transportleistungen sehr bedeutsam. Baum nennt hierfür drei Wirkungsrichtungen: [533]

- Investitionen in die Verkehrsinfrastruktur führen zu direkten Beschäftigungswirkungen in der Bauwirtschaft und in der Zulieferindustrie. Diese Wirkungen sind jedoch nach der Realisierung erschöpft.

[532] Raschbichler: Die Auswirkungen von Hochgeschwindigkeitsverkehr. Seite 237
[533] Baum: Bedeutung des Verkehrs für Wachstum und Beschäftigung.

- Durch Transportleistungen im Personen- und Güterverkehr entstehen dauerhafte Arbeitsplätze bei Verkehrsunternehmen und im Transportgewerbe.
- Die Verbesserungen durch Verkehr und Mobilität führen zu Steigerungen der Produktivität in der Volkswirtschaft. Durch sinkende Kosten und Steigerungen der Wertschöpfung wächst auch die Beschäftigung.

Die Beschäftigungseffekte aus Investitionen in die Infrastruktur und der Transportleistung der Verkehrsträger beziffert Baum für das Jahr 1996 auf etwa 4,3 Mio. Arbeitsplätze. Dies entspricht einem Anteil von ca. 12 % bis 13 % an der gesamtwirtschaftlichen Beschäftigung und unterstreicht die volkswirtschaftliche Bedeutung des gesamten Verkehrssektors. Auf den Personenverkehr der Schiene entfielen im Jahr 1996 davon etwa 350.000 Arbeitsplätze und damit ca. 8 %.[534] Zahlreiche Arbeitsplätze, insbesondere im Schienenverkehrssektor, sind jedoch zunehmend gefährdet. Betrachtet man die Entwicklungen des Verkehrswachstums, so ist festzustellen, dass der Modal-Split-Anteil der Schiene trotz politischer und finanzieller Unterstützung seit Jahren kontinuierlich gesunken ist (siehe Abschnitt 7.1.3). Hinzu kommt, dass die bisher vorgesehenen Investitionen nach dem BVWP 2003 ab 2008 vor allem zu Lasten der Schiene zurückgefahren werden sollen. Und schon jetzt werden die mittlerweile sehr viel verhaltener ausfallenden Investitionen der DB AG beklagt. In der Konsequenz gehen dem Schienenverkehr damit weiter wichtige Voraussetzungen für die Sicherung von Arbeitsplätzen verloren. Die Folgen für die Bahn- und Bauindustrie sind bereits spürbar geworden.

Die Realisierung einer deutschen Anwendungsstrecke und der Export des Transrapid kann dieser Tendenz entgegenwirken. Die Magnetschwebetechnik erhält und schafft in Deutschland Arbeitsplätze. Faktisch sind durch die 30-jährige Förderung der Forschung und Entwicklung durch Bund und Industrie in Deutschland wichtige Beschäftigungswirkungen entstanden und gehalten worden. Dies gilt insbesondere für die hochqualifizierten Beschäftigten der Systemindustrie im Bereich der Kerntechnologie. Aber ebenso betrifft dies die Kompetenzträger bei Bund, DB AG, Planern sowie Bauunternehmen. Insbesondere seit dem Abbruch der geplanten Anwendungsstrecke Berlin- Hamburg und der Fertigstellung der Anwendungsstrecke in Shanghai hat sich die Zahl der Arbeitsplätze erheblich verringert. Um die verbliebenen Arbeitsplätze auch langfristig zu sichern, ist der Bau weiterer Transrapidstrecken unbedingt erforderlich.

Der weitaus größte Teil der Investitionen für das Hochgeschwindigkeitssystem Transrapid fließt in die regionale Wirtschaft im Trassen-

[534] Baum: Bedeutung des Verkehrs für Wachstum und Beschäftigung.

raum.[535] So wurde für die geplante Anwendungsstrecke Berlin-Hamburg ermittelt, dass in der Bauphase von acht Jahren ca. 10.000 Arbeitsplätze im Umfeld der geplanten Trasse geschaffen werden könnten. Für die Betriebsphase ging man von ca. 2.800 Arbeitsplätzen aus. Hinzu kamen hohe Sekundäreffekte in den strukturschwachen Regionen, die ein psychologisches Signal mit positiver Ausstrahlung auf andere Wirtschaftsbereiche sowie die regionale Attraktivität darstellen.[536]

Der Argumentation der Kritiker des Transrapid, die insbesondere aus der regionalen Sicht der traditionellen „Bahn-Standorte" zu vernehmen sind, dass mit einem erheblichen Rückgang in den klassischen Beschäftigungsfeldern der Bahntechnologie zu rechnen sei, kann nicht gefolgt werden.[537] Vorhandene Arbeitsplätze im Bahnbereich werden auch dann langfristig gefährdet, wenn ein notwendiger Strukturwandel ausbleibt. Deutschland muss sich auf innovative Spitzentechnologien konzentrieren, um die Zukunftsfähigkeit des Standorts Deutschland zu fördern.

---

[535] Loos: Transrapid als „Viertes Verkehrssystem". Seite 88 f

[536] Rade: Der Transrapid – Konfliktfelder – Konfliktlinien – Positionen. Seite 27 ff

[537] Kutter: Verkehrstechnologien kontrovers. Seite 11

8 Ein gesamtheitlicher Systemvergleich

In den Kapiteln 5, 6 und 7 wurden die technischen, wirtschaftlichen, verkehrspolitischen, volkswirtschaftlichen und industriepolitischen Einzelkriterien der beiden Hochgeschwindigkeitssysteme unabhängig voneinander bewertet. Es stellt sich nun die Frage, wie diese Einzelkriterien zusammengeführt werden können und wie das Gesamtergebnis lautet. Hierfür werden zunächst bekannte Methoden aus der Verkehrsplanung und der Literatur betrachtet und hinsichtlich ihrer Eignung für die vorliegende Aufgabe beurteilt.

8.1 Methodische Ansätze für Bewertungsverfahren

8.1.1 Planungs- und Entscheidungsprozesse in der Verkehrsplanung

Investitionen in die Verkehrsinfrastruktur erfordern aufgrund ihrer gesamtwirtschaftlichen und gesamtgesellschaftlichen Relevanz abgewogene und koordinierte Entscheidungen über deren Bauwürdigkeit und Dringlichkeit. Die Verwendung und Zuweisung öffentlicher Haushaltsmittel hat prinzipiell nach dem Wirtschaftlichkeitsgebot zu erfolgen. Darüber hinaus sind Nutzen-Kosten-Untersuchungen nach § 6 des Gesetzes über die Grundsätze des Haushaltsrechts des Bundes und der Länder (HGrG) sowie § 7 der Bundeshaushaltsordnung (BHO) durchzuführen.

Die im Rahmen von Planungsprozessen durchzuführenden Bewertungsverfahren nehmen in der Verkehrsplanung deshalb eine zentrale Stellung ein. Sie dienen der Vorbereitung von Abwägungs- und Entscheidungsprozessen zwischen verschiedenen Alternativen für Verkehrsinfrastrukturprojekte. Im Kern geht es um die Beurteilung der ökonomischen Effizienz der einzelnen Vorhaben. Im Mittelpunkt steht die Beantwortung zweier zentraler Fragen:

1. Ist es volkswirtschaftlich sinnvoll, das Verkehrsprojekt mit finanziellen Mitteln aus dem öffentlichen Haushalt durchzuführen?

2. Welches oder welche staatlichen Vorhaben sollen aus der Anzahl potenzieller Alternativen ausgewählt und realisiert werden?

Wie Aberle bemerkt, besitzt die Planung von Verkehrswegen einen hohen Anteil von ingenieurwissenschaftlichen Fragestellungen [538], beispielsweise die Festlegung der Trassierungsparameter, der Geschwindigkeitsprofile oder der ökologischen Maßnahmen entlang der Strecke. Die entsprechenden Planungsergebnisse gehen als wichtige Grundlagen in die ökonomische Bewertung ein. Hinzu treten gesellschaftspolitische Forderungen an die Verkehrspolitik.

Ausgangspunkt und Basis für die Bewertungsverfahren in der Verkehrsplanung sind Planungs- und Prognosemodelle. Sie liefern die erforderlichen Informationen über die zukünftigen, übergeordneten (sowie teilweise auch regionalen) Verkehrsaufkommens- und Verkehrsleistungswerte, über die Verkehrsverflechtungen, die Modal-Split-Anteile und die zu erwartenden Streckenbelastungen. [539] Diese besitzen aufgrund der langen Planungs-, Bau- und Nutzungszeiten der Verkehrsinfrastruktur stets Langzeitcharakter. Erschwerend kommt hinzu, dass sich die gesellschaftlichen und wirtschaftlichen Rahmenbedingungen während dieses Zeitraums verändern können. Dennoch können und müssen Basisannahmen getroffen werden.

Auf der Basis dieser Eingangsparameter werden in abgestuften Bewertungsverfahren Nutzen und Kosten eines Projekts erfasst, monetär bewertet und aggregiert. Die Ergebnisse stellen die für Abwägungs- und Entscheidungsprozesse notwendige strukturierte Bewertung der gesamtwirtschaftlich relevanten Projektwirkungen in Abhängigkeit von spezifischen Zielen bereit. Die Methoden sollen den Entscheidungsträgern die Entscheidung über Handlungsalternativen erleichtern. Das Zustandekommen der daraus abgeleiteten politischen Entscheidungen und deren Wirkungen ist jedoch oftmals wenig transparent und schwer nachvollziehbar. Zudem sind verkehrspolitische Entscheidungsprozesse oftmals langwierig und mit Zielkonflikten zwischen den Beteiligten verbunden.

Die Methoden zur Bewertung von Verkehrsinfrastrukturinvestitionen können wie folgt klassifiziert werden:

- Investitionsrechenverfahren (siehe Abschnitt 6.2), wie insbesondere:
  - Kostenvergleichsrechnung (siehe Abschnitt 6.2.1)
  - Kapitalwertmethode (siehe Abschnitt 6.2.2)
  - Kosten-Erlös-Rechnung (siehe Abschnitt 6.23 und 8.1.2)
- Effizienzanalysen:
  - Nutzen-Kosten-Analyse (NKA) (siehe Abschnitt 8.1.3),

[538] Aberle: Transportwirtschaft. Seite 420

[539] Aberle: Transportwirtschaft. Seite 437

- Nutzwertanalyse (NWA) (siehe Abschnitt 8.1.4) und
- Kosten-Wirksamkeits-Analyse (KWA) (siehe Abschnitt 8.1.5)

- spezielle Bewertungsverfahren

Die Bewertungsverfahren in der Verkehrsplanung basieren auf unterschiedlichen Ansätzen und bestehen nebeneinander, da kein Verfahren prädestiniert ist, alle Effekte angemessen zu berücksichtigen. Von besonderer Bedeutung in der Verkehrsplanung sind insbesondere die drei Formen der Effizienzanalysen, da diese explizit in der Bundeshaushaltsordnung genannt werden. Die am häufigsten angewandten Wirtschaftlichkeitsuntersuchungen im Verkehrsbereich in Deutschland sind Nutzen-Kosten-Analysen und die Standardisierte Bewertung für den ÖPNV.

Die Vorgehensweise bei den Effizienzanalysen und den speziellen Bewertungsverfahren ist im Grunde ähnlich. Sie weisen folgende Teilschritte auf:

Schritt 1 – Festlegung der Rahmenbedingungen

- Beschaffung der benötigten Verkehrsdaten und Eingangsparameter,
- Definition konkreter ökonomischer und gesamtgesellschaftlicher Ziele,
- Problemanalyse und Festlegung von Projektalternativen.

Schritt 2 – Anwendung formalisierter Bewertungsvorschriften

- Ermittlung der mit den definierten Projektalternativen verbundenen Auswirkungen,
- Festlegung von Bewertungsmaßstäben, Gewichtungen und Relationen,
- Überführung der Auswirkungen in Teilbewertungen,
- Zusammenführen der Teilbewertungen zu Gesamt-Entscheidungsgrößen, z. B. dem Nutzen-Kosten-Quotienten,
- ergänzende Untersuchungen zur Interpretation der Ergebnisse, wie z. B. Sensitivitätsanalysen.

Schritt 3 – Treffen einer Entscheidung

- Bewertung der Gesamt-Entscheidungsgrößen der Projektalternativen unter Beachtung der festgelegten Zielvorstellungen,
- Festlegung einer Rangordnung für die Alternativen.

Nachfolgend werden die wesentlichen Bewertungsverfahren aus der Verkehrsplanung vorgestellt und hinsichtlich Bedeutung, Vorgehen sowie Vor- und Nachteilen beurteilt. Die Kostenvergleichsrechnung wird in Abschnitt 6.2.1 und die Kapitalwertmethode in Abschnitt 6.2.2 diskutiert.

8.1.2 Kosten-Erlös-Rechnung

Bedeutung

Bei der Kosten-Erlös-Rechnung stehen rein betriebswirtschaftliche Aspekte wie Wirtschaftlichkeit und Rentabilität im Vordergrund. Eine Einbeziehung gesamtwirtschaftlich relevanter Wirkungen geht in die Bewertung der Projekte (Investitionen) nicht ein. Diese Vergleichsverfahren werden deshalb in der Regel nur bei einfachen Bewertungssituationen unterstützend angewendet. Kennzeichnend für solche Situationen sind:

- der rein monetäre Bewertungsmaßstab,
- das alleinige Bewertungskriterium Wirtschaftlichkeit,
- der vergleichsweise geringe Investitionsumfang und
- die Abwägung zwischen wenigen Alternativen.

Beurteilung

In das Bewertungsverfahren fließen nur direkt in Geldeinheiten quantifizierbare Faktoren ein. Die Entscheidung über die Vorteilhaftigkeit und die Rangfolge von Alternativen wird allein anhand der geringsten zu erwartenden Kosten , des höchsten zu erwartenden Gewinns oder der höchsten zu erwartenden Rendite getroffen. Qualitative oder nicht monetär quantifizierbare Aspekte, z. B. Attraktivität oder Umweltverträglichkeit, werden deshalb nur unzureichend im Entscheidungsprozess berücksichtigt.

Gleichwohl spielt die Wirtschaftlichkeit eines Verkehrsprojektes eine entscheidende Rolle für deren Durchsetzung und Realisierung. Es treten jedoch vielfach Schwierigkeiten bei der Prognose des Fahrgastaufkommens auf, was sich wiederum auf die Finanzierung und Amortisation der Investitions- und Betriebskosten auswirkt. [540].

8.1.3 Kosten-Nutzen-Analyse (KNA) [541]

Bedeutung

Kosten-Nutzen-Analysen spielen eine wichtige Rolle bei der Bewertung von Verkehrsinfrastrukturinvestitionen. Alle größeren öffentlichen Investitionen müssen gemäß § 7 der Bundeshaushaltsordnung und § 2 des Haushaltsgrundsätzegesetzes einer Kosten-Nutzen-Analyse unterzogen werden. [542] Die wohl wichtigsten Anwendungsbereiche sind die Bundesverkehrswegeplanung (siehe Abschnitt 8.2) und die Investitionen des

[540] Englmeier: ICE und Transrapid. Seite 97

[541] Synonym wird in der Literatur auch der Begriff Nutzen-Kosten-Analyse verwendet.

[542] Eckey/Stock: Verkehrsökonometrie. Seite 270

öffentlichen Personennahverkehrs (ÖPNV) (siehe Abschnitt 8.2.3). Die Kosten-Nutzen-Analyse stellt wie die Kosten-Erlös-Rechnung ein rein monetäres Bewertungsverfahren dar, das auf der Wohlfahrtstheorie basiert und die Vor- und Nachteile von Verkehrsinfrastrukturinvestitionen in Form monetärer Messgrößen quantifiziert. Sie orientiert sich dabei konsequent am Nutzen für die Gesellschaft. Dieser kommt indirekt in den einzelnen Teilnutzen, die sich an den Präferenzen des Entscheidungsträgers orientieren, zum Ausdruck.

Vorgehen

Alle entscheidungsrelevanten Aspekte und Auswirkungen während der Lebensdauer der Verkehrsinfrastruktur werden in Form von Nutzen als positiv bewertete Wirkungen und Kosten als negativ bewertete Wirkungen in Geldeinheiten quantifiziert und einander gegenübergestellt. Die Zuordnung zu positiven oder negativen Wirkungen erfolgt anhand definierter Ziele, die aus verkehrspolitischen Zielvorstellungen resultieren. Somit werden auch direkte und indirekte Effekte aus externen Projektwirkungen, z. B. ökologischen, einbezogen.[543] Als Bewertungsmaßstab für die Effizienz wird ein Nutzen-Kosten-Quotient gebildet, anhand dessen die Alternativen bewertet und geordnet werden. Als Referenz für die Effizienz dienen also die positiven und negativen Beiträge zur gesellschaftlichen Wohlfahrt.

Direkt monetär quantifizieren lassen sich ohne größere Probleme meist Investitionskosten, Erhaltungskosten, Betriebskosten sowie für den Nutzer entstehende Kosten beziehungsweise Kosteneinsparungen. Hingegen müssen qualitative Wirkungen wie Unfallkosten, ökologische Kosten oder Verlagerungseffekte zu/von anderen Verkehrsträgern mittels Äquivalenzkostenansätzen quantifiziert werden. In Abb. 8.1 ist der Ablauf der Kosten-Nutzen-Analyse schematisch dargestellt.

Als Entscheidungskriterium und Reihung der Projektalternativen wird vorrangig der Nutzen-Kosten-Quotient, das heißt der Quotient aus den diskontierten Nutzen und Kosten, herangezogen. Unterstützend kann auch der Kapitalwert der Maßnahme, das heißt die Differenz zwischen den Barwerten der Einnahmen und Ausgaben, betrachtet werden. Eine Verkehrsinfrastrukturinvestition darf grundsätzlich nur dann realisiert werden, wenn der gesamtwirtschaftliche Nutzen die gesamtwirtschaftlichen Kosten übersteigt. Wie bereits erwähnt, erfolgt die Reihung von Alternativen nach der Höhe des Nutzen-Kosten-Quotienten, das heißt nach der Höhe der Wohlfahrtsverbesserungen für die Gesellschaft.

[543] Aberle: Transportwirtschaft. Seite 438

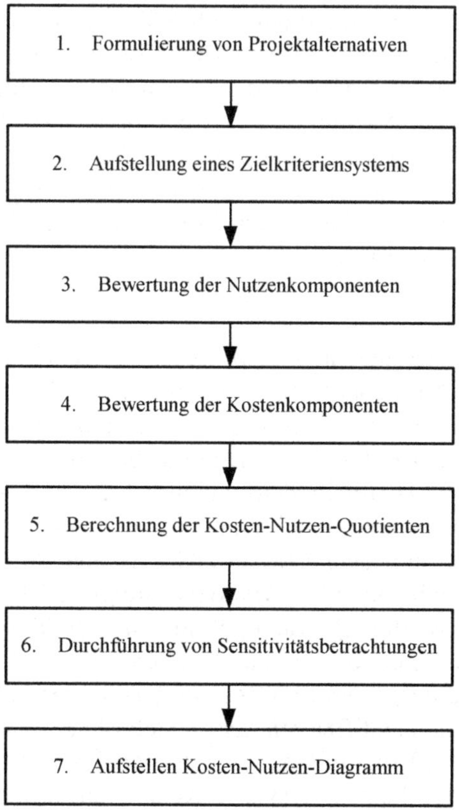

Abb. 8.1 Schematischer Ablauf der Kosten-Nutzen-Analyse

Beurteilung

Bei der Kosten-Nutzen-Analyse wird unterstellt, dass alle Nutzen- und Kostenelemente messbar und monetär quantifizierbar sind. In das Bewertungsverfahren gehen vorrangig die direkten Nutzen und Kosten ein. Indirekte und intangible Wirkungen finden nur in den Wertvorstellungen bei der Bestimmung der monetären Konsequenzen, z. B. den Kosten eines Verkehrstoten (siehe Abschnitt 7.2.3), nicht jedoch bei der eigentlichen Bewertung, ihre Berücksichtigung. Eine Wichtung von Kriterien ist aufgrund der Konstruktion einer Gesamtgröße mit einem gemeinsamen Maßstab nicht möglich.

Da keine gesellschaftlichen Wirkungen unbeachtet bleiben sollen, versucht die Kosten-Nutzen-Analyse alle Wirkungen zu monetarisieren und sowohl die relative Wertigkeit als auch den absoluten Wert für die Volkswirtschaft zu ermitteln. Die Kosten-Nutzen-Analyse ist deshalb mit der grundsätzlichen Kritik der fragwürdigen Monetarisierbarkeit vieler Aspekte verbunden, z. B. für Zeitersparnisse, Unfälle oder ökologische Folgen. Eine monetäre Bewertung von Naturgütern erscheint oftmals logisch unmöglich und darüber hinaus moralisch verwerflich. [544]. Weitere Probleme sind unter anderem:

- die häufig recht unkritische Anwendung der KNA, obwohl eine monetäre Bewertung von Gütern erfolgt, die nicht Marktgesetzmäßigkeiten unterliegen;
- die Fragwürdigkeit der Monetarisierung zu Grunde liegender Annahmen, z. B. ob eingesparte Zeit volkswirtschaftlich sinnvoll verwendet wird;
- die Aufrechnung von Wirkungen, die implizit Kompensierbarkeit und Substituierbarkeit von Wirkungen suggeriert;
- Zielkonflikte, die durch die Substituierbarkeit der Wirkungen überdeckt und unerkannt bleiben;
- verschiedene rechnerische Voraussetzungen, die nicht oder nur teilweise gegeben sind, z. B. die Unabhängigkeit von Nutzenkomponenten (durch Addition vorausgesetzt) oder das kardinale Messniveau der Nutzenkomponenten;
- die Nutzendefinition, die in der Praxis häufig sehr großzügig ausgelegt ist.

8.1.4 Nutzwertanalyse (NWA)

Bedeutung

Die Nutzwertanalyse stellt ein multikriterielles und somit multidimensionales, der Entscheidungsfindung dienendes gesamtwirtschaftliches Erfassungs- und Bewertungsverfahren dar. [545] Auf eine Monetarisierung der Projektwirkungen wird dabei vollständig verzichtet. [546] Vielmehr werden einzelne Projektalternativen bezüglich eines mehrdimensionalen Zielsystems entsprechend den Präferenzen des Entscheidungsträgers bewertet.

Nutzwertanalysen werden in unterschiedlichsten Entscheidungssituationen angewendet. [547] Mögliche Alternativen werden verglichen und geordnet, indem auf eine Projektion der Messgrößen auf einen monetären Indikator verzichtet wird und stattdessen Methoden der Entscheidungstheorie

---

[544] Schuh: Entscheidungsverfahren zur nachhaltigen Entwicklung. Seite 19
[545] Zangemeister: Nutzwertanalyse in der Systemtechnik. Seite 45
[546] Aberle: Transportwirtschaft. Seite 440
[547] Schulte: Investition. Seite 119

angewendet werden. [548] Die Betrachtungen konzentrieren sich auf Nutzenkomponenten. Die Kosten werden indirekt in den Nutzenbetrachtungen berücksichtigt.

Die Nutzwertanalyse stellt ein allgemein anwendbares Verfahren dar, um die Präferenzen eines Entscheidungsträgers bezüglich eines multikriteriellen Zielsystems zu ordnen. Sie kann somit in vielen Entscheidungssituationen, sei es bei Investitionsentscheidungen, bei ökologischen Untersuchungen oder bei allgemeinen gesellschaftlichen Fragestellungen, angewendet werden. [549] In der Verkehrsplanung ist sie jedoch nur von untergeordneter Bedeutung.

Kennzeichnend für die Nutzwertanalyse ist ihr vergleichbares, nichtmonetäres Entscheidungskriterium, mit dem in die Entscheidungssituation sowohl quantifizierbare als auch qualitative Elemente in Form von Nutzwerten (Nutzenpunkten) einbezogen werden können. Nutzwerte bezeichnen subjektiv festzulegende Erfüllungsgrade vorbestimmter qualitativer Ziele. Allerdings verliert sich der Aussagewert der originären Einzelgrößen durch die Transformation in Nutzwerte.

Vorgehen

Die Bewertung von Projektalternativen erfolgt strukturiert anhand von Erfüllungsgraden und Gewichtungen. Die Projektalternativen werden anhand des ermittelten Gesamtnutzwertes in eine Rangfolge gebracht. In Abb. 8.2 ist der Ablauf der Nutzwertanalyse schematisch dargestellt. Die Nutzenskalierung, das heißt die Transformation der unterschiedlichen Wirkungen in eine einheitliche Skala, z. B. ein Punktesystem, erfolgt mittels kardinaler oder ordinaler Maßstäbe. Diese müssen für die unterschiedlichen Wirkungsbereiche nicht einheitlich sein. Über Gewichtungsfaktoren wird der Anteil der einzelnen Teilziele an der Gesamtbewertung beschrieben, auch mehrstufige Gewichtungen über mehrere Ebenen (Zielhierarchie) sind möglich. Die Gewichtung der einzelnen Ziele erfolgt getrennt von der Bewertung der Wirkungen.

Die Reihung der einzelnen Projektalternativen anhand des Gesamtnutzwertes kann nach verschiedenen Prinzipien erfolgen. Beim Maximalprinzip erfolgt die Reihung nach dem höchsten absoluten Gesamtnutzen. Weisen zwei Projektalternativen zufällig den gleichen Nutzen auf, muss ein dominierendes Kriterium für die Entscheidungsfindung verwendet werden. Dies können z. B. die Kosten sein.

[548] Grandjot: Verkehrspolitik. Seite 93

[549] Götze, Bloech: Investitionsrechnung. Seite 187

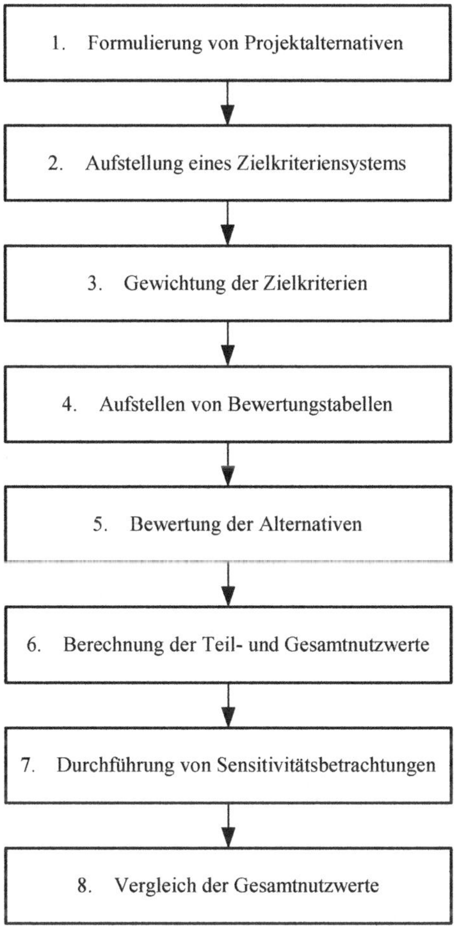

Abb. 8.2 Schematischer Ablauf der Nutzwertanalyse

Beurteilung

Rath und Aberle bemerken zur Nutzwertanalyse, dass obwohl die Transformation der Zielerreichungsgrade (Nutzen) in dimensionslose Teilnutzwerte logisch und plausibel erscheint, dieser Schritt der NWA aber problematisch ist. [550] Der Aussage von Rath und Aberle kann voll zugestimmt werden. Nachteilig wirken sich weiterhin die subjektiven Einflüsse bei der Bestimmung der Zielkriterien, Gewichtungen und Zielerreichungsgrade aus. Die Nutzwertanalyse gibt durch Reduktion der Entscheidungsgrundlagen auf einen Gesamtnutzwert Objektivität vor, unterliegt jedoch stärker als die Kosten-Nutzen-Analyse subjektiven Beurteilungen, da die Auswahl

[550] Aberle: Transportwirtschaft. Seite 440

der Zielkriterien und die Festlegung der Zielgewichtungen stark subjektiv geprägt sind. Zudem unterstellt das Aufaddieren von Wirkungen in Form von Teilnutzen eine Substituierbarkeit und Kompensation der verschiedenen Kriterien.

Kritisch ist zudem anzumerken, dass die Bestimmung von Wertrelationen über eine Transformationsfunktion und eine Gewichtung den engen inhaltlichen Zusammenhang zwischen diesen beiden Teilschritten verschleiert. Die zweifache Umformung der originären Messgrößen kommt letztlich nur einer Definition von Wertrelationen zwischen den auftretenden unterschiedlichen Dimensionen gleich. [551]

Generell hat das Verfahren aus entscheidungstheoretischer Sicht beträchtliche Nachteile, da unter bestimmten Bedingungen Alternativen verfahrensbedingt nicht mehr betrachtet werden, die jedoch aus grundsätzlicher Sicht zu präferieren sind. Es wird z. B. auf das Problem der konkaven Lösungsräume verwiesen.

Der Entscheidungsprozess hat aufgrund der fehlenden Eindeutigkeit der Bewertungsergebnisse subjektiven Charakter. Die Reduktion auf den Gesamtnutzen verdeckt Problembereiche, unerwünschte Wirkungen und Austauschrelationen. Die Offenlegung und differenzierte Begründung der Bewertungen ist deshalb grundlegende Voraussetzung für Transparenz und Nachvollziehbarkeit und damit letztlich Akzeptanz der Ergebnisse.

8.1.5 Kosten-Wirksamkeits-Analyse (KWA)

Bedeutung

Kosten-Wirksamkeits-Analysen erlauben monetäre Vergleiche für Verkehrsinfrastrukturinvestitionen auch dann, wenn die Nutzenwirkungen nicht wie die Kosten monetär bewertet werden können oder sollen. Sie werden jedoch im Vergleich zu Kosten-Nutzen-Analysen und Nutzwertanalysen seltener angewendet. [552] Grundlage der Methode ist die gedankliche Zerlegung der Wirkungsanalyse in ein Wirksamkeits- und ein Kostenmodell. Wie bei der Nutzwertanalyse werden die Wirksamkeiten in gewichteten Teilnutzen ausgedrückt und dann den Kosten gegenübergestellt. Im Auswahlprozess wird diejenige Alternative bevorzugt, die bei gleicher Wirksamkeit die geringsten Kosten verursacht.

---

[551] Intraplan, Heimerl: Standardisierte Bewertung für den ÖPNV. Seite 74

[552] Aberle: Transportwirtschaft. Seite 442

Vorgehen

In der Kosten-Wirksamkeits-Analyse werden die Verfahren der Kosten-Nutzen-Analyse und Nutzwertanalyse verknüpft, indem in der Regel getrennt die Kosten wie bei der Kosten-Nutzen-Analyse in Geldeinheiten gemessen und die nicht-monetären Wirksamkeiten wie bei der Nutzwertanalyse in Mengeneinheiten durch ein gewichtetes Punktesystem in Relation gesetzt werden.

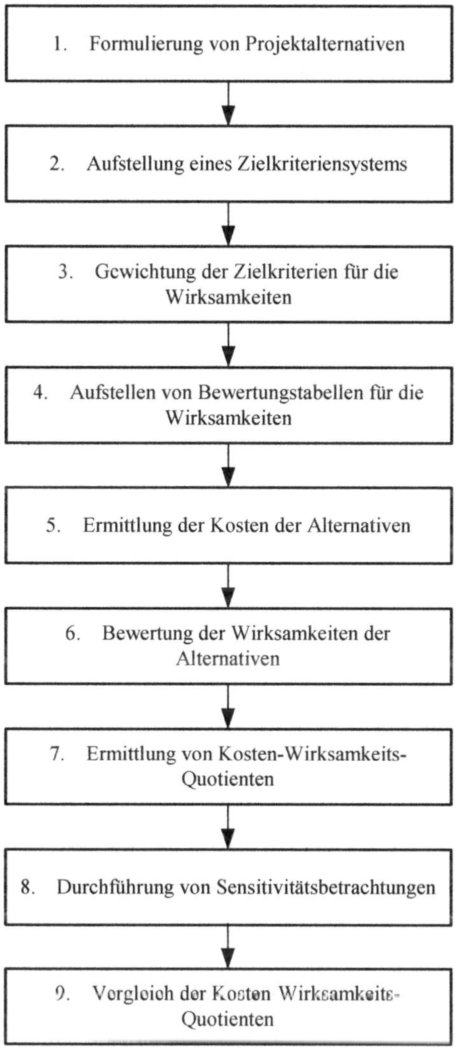

Abb. 8.3 Schematischer Ablauf der Kosten-Wirksamkeits-Analyse

Bei der Kosten-Wirksamkeits-Analyse stehen nicht mehr nur primär der gesamtwirtschaftliche Zusammenhang im Vordergrund, sondern insbesondere die projektspezifischen Ziele und die Gewichtung der Teilziele entsprechend der Wertvorstellung des Entscheidungsträgers. Die Aussagefähigkeit des Verhältnisses von Wirksamkeiten zu Geldeinheiten ist jedoch nicht die gleiche wie bei einem rein monetären Bewertungsergebnis.

In Abb. 8.3 ist der Ablauf der Kosten-Wirksamkeits-Analyse schematisch dargestellt. Ergebnis der Kosten-Wirksamkeits-Analyse ist eine Aussage über die Wirksamkeit oder Effizienz der einzusetzenden Investitionsmittel, aus der sich eine Rangordnung ableiten lässt. Hierfür erfolgt entweder die Zusammenführung der Ergebnisse zu einem Kosten-Wirksamkeits-Quotienten. Oder auf die Zusammenführung der nichtmonetären Bewertungselemente zu einem Wirksamkeitswert wird verzichtet und Kosten und Wirksamkeiten werden in Matrizen gegenübergestellt.

Beurteilung

Rath [553] bemerkt, dass mit der Kosten-Wirksamkeits-Analyse zwar ein umfassendes Bewertungskonzept existiert, die Nachteile einer Verknüpfung monetärer Größen und nichtmonetärer Indikatoren jedoch zumeist erhebliche methodische und interpretative Probleme bereitet und die genaue Definition eines Wirksamkeitsmaßes erfordert. Während die Kosten-Nutzen-Analyse mit einer Bewertungsdimension auskommt und absolute Aussagen für ein Werturteil zulässt, liefert die Kosten-Wirksamkeits-Analyse relative Urteile durch Vergleich der Ergebnisse zweier oder mehrerer Alternativen in zweidimensionaler Darstellung.

Schuh [554] führt an, dass in der Kosten-Wirksamkeits-Analyse eine abschließende Aggregation der Bewertungsergebnisse unterbleibt und dem Urteil des Entscheidungsträgers überlassen wird. Kosten-Wirksamkeits-Analysen stellen damit im Wesentlichen eine Voranalyse dar, um Informationen zu sammeln und in einer Abschätzung positive und negative Handlungsfolgen einer Handlungsalternative in multikriteriellen Entscheidungssituationen gegenüberzustellen. [555] Die Kosten-Wirksamkeits-Analyse bleibt deshalb auf eine begrenzte Vergleichbarkeit der Ergebnisse beschränkt, da insbesondere die Nutzen von innovativen Systemen nur unvollständig beschrieben werden können. [556]

Wie Eckey/Stock bemerken, ist die Wertung der Ergebnisse, die dem Entscheidungsträger überlassen bleibt, problematisch. Zum einen muss

[553] Rath: Durchsetzung neuer Verkehrstechnologien. Seite 203
[554] Schuh: Entscheidungsverfahren zur nachhaltigen Entwicklung. Seite 14
[555] Schulte: Lexikon des Controlling.
[556] Grandjot: Verkehrspolitik. Seite 95

dieser eine Gewichtung und Normierung der einzelnen Wirkungen und Wirksamkeitsmaßstäbe vornehmen. Zum anderen muss der Entscheidungsträger bei der Frage, ob die ermittelten Wirksamkeiten bei den zu erwartenden Kosten eine Realisierung rechtfertigen, eine subjektive Bewertung vornehmen. [557]

In all diesen Bemerkungen wird das prinzipielle Problem deutlich, dass eine Entscheidungsfindung unter Alternativen letztlich auf einer individuellen Beurteilung verschiedener Kriterien beruht, die nicht direkt miteinander vergleichbar und substituierbar sind. Ein Rückzug auf eine scheinbar objektive Betrachtung ausschließlich der Nutzen und Kosten, wie z. B. von Rath empfohlen, ist jedoch nicht zu akzeptieren. Letztendlich können Entscheidungen durch alle Verfahren nur vorbereitet werden. In der Industrie hat der Unternehmer die Entscheidungen zu treffen, im Verkehrsbereich bleiben dies politische Entscheidungen!

8.2 Angewandte Bewertungsverfahren in der Verkehrswegeplanung

8.2.1 Gesamtwirtschaftliche Bewertungsmethodik der Bundesverkehrswegeplanung 2003

Bedeutung

Die Bundesverkehrswegeplanung ist das verkehrsträgerübergreifende Instrument zur Umsetzung der verkehrspolitischen Zielvorstellungen und der übergeordnete Rahmen für Neubau, Ausbau und Erhaltung der Verkehrsinfrastruktur. Auf der Basis von Prognosen zur Verkehrsentwicklung und Bewertungskriterien werden das für Neubau und Ausbau der bestehenden Infrastruktur erforderliche Investitionsvolumen einschließlich der Finanzmittel für Ersatz und Erhaltung dargestellt. [558] Auch neue und moderne Verkehrstechnologien, wie z. B. der Transrapid, können hierfür wichtige Beiträge leisten und sollen unterstützt und gefördert werden. [559] Der Bun-

---

[557] Eckey/Stock: Verkehrsökonometrie. Seite 274

[558] Grandjot: Verkehrspolitik. Seite 95

[559] BMVBW: Bundesverkehrswegeplan 2003. S. III+1 und 23: Die Aufgabe der Verkehrspolitik besteht darin, das Verkehrssystem als Ganzes zu stärken. Dieses Ziel soll unter anderem auch schwerpunktmäßig durch die Förderung moderner Verkehrstechnologien unterstützt werden. So fördert die Bundesregierung auch die Entwicklung und Einführung des neuen Verkehrsträgers Magnetschnellbahnsystem Transrapid. Die Technologie ist für den Industriestandort Deutschland von herausragender Bedeutung und wird deshalb auch in

desverkehrswegeplan 2003 als Generalplanungsebene umfasst als Investitionsrahmenplan ein Kostenvolumen von ca. 150 Mrd. € mit einem Planungshorizont bis 2015.

Investitionsentscheidungen in die Verkehrsinfrastruktur erfordern aufgrund ihrer gesellschaftspolitischen Bedeutung, dem Wirtschaftlichkeitsgebot, begrenzt zur Verfügung stehender Mittel und der verkehrsträgerübergreifenden Verwendung eine Priorisierung möglicher Projekte. Durch das Bewertungsverfahren der BVWP sollen die bei der Entscheidung über Verkehrswegeplanungen in Konflikt stehenden Ziele und berührten Belange abgewogen und in eine gesamtheitlich optimale Lösung einbezogen werden. Die Bundesverkehrswegeplanung schließt mit der politischen Entscheidung, ob die Bauwürdigkeit und die Dringlichkeit für ein Projekt gegeben sind. Bei positiver Entscheidung über ein Projekt darf der Planungs- und Genehmigungsprozess mit Raumordnung, Linienbestimmung und Planfeststellung fortgeführt werden.

Vorgehen

Für den Nachweis der Zweckmäßigkeit werden zu entwickelnde und geplante Investitionsvorhaben einem einheitlichen Bewertungsverfahren unterzogen, um diese örtlich, technisch und verkehrswirtschaftlich unterschiedlichen Vorhaben einheitlich beurteilen zu können. Ausschlaggebende Kriterien für die Entscheidungsfindung sind:

a) Gesamtverkehrsprognosen für Güter- und Personenverkehr sowie
b) gesamtwirtschaftliche Projektbewertungen hinsichtlich Bauwürdigkeit und Dringlichkeit auf Basis von Netzverknüpfung, Ausbautyp und Investitionskosten. [560]

Als Instrument für die Aufnahme von Projekten in den Bundesverkehrswegeplan wird die Gesamtwirtschaftliche Bewertungsmethodik angewendet. Als maßgebliche Beurteilungskriterien werden herangezogen: [561]

- das Nutzen-Kosten-Verhältnis aus der Nutzen-Kosten-Analyse,
- die Ergebnisse der Raumwirksamkeitsanalyse (RWA),
- die Ergebnisse der Umweltrisikoeinschätzung (URE) sowie
- die Ergebnisse der FFH-Verträglichkeitseinschätzung (FFH-VE).

Deutschland zur Anwendung kommen. Die Bundesregierung stellt hierfür Zuschüsse bereit. Ein weiterer wichtiger Gesichtspunkt ist der Ausbau der europäischen Verkehrswege zu einem grenzüberschreitenden Netzwerk, das eine enge Verzahnung zwischen den TEN-V-Leitlinien und dem BVWP erfordert.

[560] BMVBW: Bundesverkehrswegeplan 2003. Seite 22

[561] BMVBW: Bundesverkehrswegeplan 2003. Seite 12

Während das Nutzen-Kosten-Verhältnis hierbei auf einem rein monetären Bezugsmaßstab fußt, sind die übrigen Beurteilungskriterien qualitativer Natur und deren Auswirkungen primär von nicht-monetärem Charakter. Sie werden deshalb im Rahmen der BVWP-Methodik monetarisiert, um als Entscheidungskriterium für die gesamtwirtschaftliche Vorteilhaftigkeit das Nutzen-Kosten-Verhältnis (NKV) heranziehen zu können.

Innerhalb der einzelnen Verkehrsträger Schiene/Straße/Wasserstraße werden die zur Verfügung stehenden Investitionsmittel den Projekten anhand des NKV bis zur Ausschöpfung des Budgets zugeordnet. Diese Projekte bilden die Dringlichkeitsstufe „Vordringlicher Bedarf". Die übrigen volkswirtschaftlich rentablen Projekte mit einem NKV > 1 werden der Dringlichkeitsstufe „Weiterer Bedarf" zugeordnet, Projekte mit einem NKV < 1 werden nicht weiter verfolgt. Die NKV variieren innerhalb der Verkehrsträger teils erheblich, da unterschiedliche Planungsstände, netzkonzeptionelle Erfordernisse und die Aufnahme von Projekten insbesondere aus strukturpolitischen Gründen zu berücksichtigen sind.

Wie bereits Rath bemerkt, darf die Komplexität und das wissenschaftliche Instrumentarium der Bundesverkehrswegeplanung jedoch nicht darüber hinwegtäuschen, dass die Entscheidung über die Realisierung einer geplanten Maßnahme durch Vorgaben und gesetzte Rahmenbedingungen letztlich politische Festlegungen ist. [562]

Die gesamtwirtschaftliche Projektbewertung erfolgt eigenständig und projektbezogen anhand folgender vier Teilschritte: [563]

1. Nutzen-Kosten-Analyse

Wie in Abschnitt 8.1.3 beschrieben, besteht das Ziel der Nutzen-Kosten-Analyse darin, einen projektspezifischen Nutzen-Kosten-Quotienten als Barwert aller Nutzenkomponenten im Zähler und Barwert der Investitionskosten im Nenner zu ermitteln. Hierfür werden alle Änderungen im Wirkungsbereich des erwogenen Verkehrsprojekts herangezogen, die aus einem Vergleich der Nutzen- und Kostensituation mit (Planfall) und ohne (Vergleichsfall) Realisierung resultieren. In der Kosten-Nutzen-Analyse werden die in Tabelle 8.1 dargestellten, zentralen Bewertungskomponenten verwendet:

[562] Rath: Durchsetzung neuer Verkehrstechnologien. Seite 228

[563] BMVPW: Bundesverkehrswegeplan 2003 – Grundzüge der gesamtwirtschaftlichen Bewertungsmethodik. Seite 29 ff

Tabelle 8.1 Bewertungskomponenten in der Kosten-Nutzen-Analyse der Bundesverkehrswegeplanung

Abkürzung	Bezeichnung
NB	Beförderungskosten
NW	Erhaltung der Verkehrswege
NS	Verkehrssicherheit
NE	Erreichbarkeit
NR	Räumliche Wirkungen
NU	Umwelteffekte
NI	Induzierter Verkehr
NH	Anbindung von See- und Flughäfen
K	Investitionskosten

2. Umweltrisikoeinschätzung (URE)

In der Umweltrisikoeinschätzung erfolgt eine qualitative Beurteilung raumbezogener Umweltrisiken und -konflikte, die nicht im Rahmen der Kosten-Nutzen-Analyse berücksichtigt werden. Aufgabe der URE ist es, die Auswirkungen des Vorhabens auf die Schutzgüter nach § 2 Abs. 1 des Gesetzes über die Umweltverträglichkeitsprüfung (UVPG), das heißt auf Menschen, Tiere, Pflanzen, Boden, Wasser, Luft, Klima, Landschaft, Kultur- und sonstige Sachgüter planungsstufenangemessen zu ermitteln, zu beschreiben und zu bewerten. Besondere Beachtung ist den Natura-2000-Gebieten zu schenken. Die URE umfasst folgende Analyse- und Bewertungsschritte:

1. Raumanalyse und -bewertung zur Ermittlung des umweltbezogenen Raumwiderstands: Es erfolgt eine Zuordnung des Raumwiderstands in die Kategorien gering/mittel/hoch/sehr hoch aufgrund der Einstufung nach Restriktionsgrad, Empfindlichkeit gegenüber verkehrsspezifischen Wirkungen sowie der schutzgutübergreifenden Bedeutung bestimmter Gebietskategorien.

2. Beurteilung der Wirkungen des Vorhabens als raumunabhängige Einschätzung der Maßnahmenintensität (Grad der Belastung) in folgende Kategorien:
   - Intensität sehr hoch: Neubau Schiene mit hohem Anteil an Einschnitt- und Dammlagen
   - Intensität hoch: Neubau Schiene mit hohem Anteil an Einschnitt- und Dammlagen
   - Intensität gering: Ausbau Schienenweg mit zusätzlichem Flächenverbrauch

- Intensität sehr gering: Ausbau Schienenweg ohne zusätzlichen Flächenverbrauch

3. Ermittlung des „Umweltrisikos" durch Verknüpfung von Wirkungen und konfliktrelevanten Raumeigenschaften als Maß für die Konfliktintensität des Vorhabens nach folgendem Vorgehen:
   Schritt 1: Einstufung der hinsichtlich ihres Raumwiderstandes bewerteten Einzelflächen in die URE-Grundmatrix durch Verknüpfung des Raumwiderstandes mit der Maßnahmeintensität
   Raumwiderstand: gering/mittel/hoch/sehr hoch
   Maßnahmeintensität: sehr gering/gering/hoch/sehr hoch
   daraus folgt: flächenbezogenes Umweltrisiko: Stufe 1 bis 5
   Schritt 2: zusammenfassende Umweltrisikoeinstufung des Projektes nach Flächenanteilen
   mit projektbezogener Umweltrisikobilanz
   mit Umweltrisikostufen: 1 (sehr gering) bis 5 (sehr hoch)
   Schritt 3: abschließende Einstufung des Umweltrisikos durch fachliche Interpretation und ergänzende FFH-Verträglichkeitseinschätzung

3. Raumwirksamkeitsanalyse (RWA)

Mit der Raumwirksamkeitsanalyse sollen die politischen Zielvorgaben der raumordnerischen Belange Berücksichtigung finden. In der Bundesverkehrswegeplanung werden folgende zentrale Anforderungen der Raumordnung genannt: [564]

- *Verteilungs- und Entwicklungsziele*: Gestützt auf das Verfassungsgebot zur Herstellung gleichwertiger Lebensverhältnisse fordert das Raumordnungsgesetz eine flächendeckende Versorgung der Bevölkerung mit technischer Infrastruktur und ausgeglichene infrastrukturelle Verhältnisse in den Teilräumen. Entwicklungsziele sind die Schaffung von Standortvoraussetzungen für die wirtschaftliche Entwicklung, gute Erreichbarkeit aller Teilräume, Ausbau der wirtschaftsnahen Infrastruktur zur Verbesserung der Standortbedingungen.
- *Entlastungs- und Verlagerungsziele*: Erklärtes Ziel ist die Entlastung verkehrlich hoch belasteter Gebiete. Bewertungsmaßstab für die großräumigen Effekte ist das Ausmaß projektinduzierter Verkehrsverlagerungen auf Schiene und Wasserstraße. Für lokale Entlastungswirkungen

[564] BMVPW: Bundesverkehrswegeplan 2003 – Grundzüge der gesamtwirtschaftlichen Bewertungsmethodik. Abschnitt 4.3.1

in bebauten Bereichen erfolgt eine Quantifizierung über ein städtebauliches Nutzenpotenzial. Für beide Bereiche werden die Zielbeiträge zunächst getrennt ermittelt und dann zu einer Gesamtbewertung (Punkteskala 1 bis 5) zusammengeführt.

Ergebnis der RWA ist eine raumordnerische Präferenzierung der Projektvorschläge. Hierfür werden den Projekten in den Wirkungsbereichen „Verteilung und Entwicklung“ sowie „Entlastung und Verlagerung“ Raumordnungspunkte zugeordnet und anhand der erreichten Gesamtanzahl präferiert.

4. Zusammenführen der Beurteilungskriterien

Für die gesamtwirtschaftliche Bewertung werden die Einzelergebnisse der Beurteilungskriterien abschließend zusammengeführt. Die in unterschiedlichen Dimensionen vorliegenden Ergebnisse erfordern das Setzen von quantitativen Wertrelationen (Punktewerte) und deren Umformung in Gewichtungsfaktoren, so dass auch gegenläufige Wirkungen im Gesamtkriterium berücksichtigt werden. Die Zusammenführung zur Gesamtbewertung erfolgt entsprechend folgendem Vorgehen:

Stufe 1 – Effekte der Raumwirksamkeitsanalyse

Es erfolgt eine Transformation der Ergebnisse der Raumwirksamkeitsanalyse und der Nutzen-Kosten-Analyse durch Transformation des Nutzen-Kosten-Verhältnisses und der Raumordnungspunkte in eine einheitliche Dimension. Hierbei werden folgende Regeln für die gemeinsame Umsetzung in Skalenbeiträge zu Grunde gelegt:

- gesamtwirtschaftliche Bewertung: direkte Umformung des NKV (multipliziert mit dem Faktor 10),
- raumordnerische Präferenzierung: abgestuft positive Beiträge entsprechend der vergebenen „Raumordnungspunkte“, das heißt Gewichtung der Ergebnisse der RWA auf einer Skala von 1 bis 5,
- aus der Addition der Skalenbeiträge (NKV + RWA) folgt eine Rangreihung der Projekte.

Stufe 2 – Effekte der Umweltrisikoeinschätzung

Die Ergebnisse der URE werden analog zum Vorgehen bei der RWA in einer Skala von 1 (geringes Umweltrisiko) bis 5 (sehr hohes Umweltrisiko) gewichtet, wobei die URE *Risiken* und die RWA *Wirkungen* erfasst und bewertet. Abschließende Entscheidungen über konkrete Verfahrensregeln zur Integration der Ergebnisse der URE in die Abwägung über die Prioritätenentscheidungen der BVWP existieren noch nicht. Es ist jedoch davon auszugehen, dass Projekte mit einem sehr hohen Beeinträchtigungsrisiko einer eingehenden UVP einschließlich Alternativenuntersuchung zu unterziehen sind.

Beurteilung
Das Bewertungsverfahren im Rahmen der Bundesverkehrswegeplanung stellt in seiner Gesamtheit ein komplexes und aufwendiges Instrumentarium auf der theoretischen Basis der Kosten-Wirksamkeits-Analyse dar. Für die eingebundene Kosten-Nutzen-Analyse als einen der Schwerpunkte gelten die im Kapitel 8.1.3 angeführten Kritikpunkte, insbesondere die Monetarisierbarkeit qualitativer Aspekte sowie die Kompensierbarkeit und Substituierbarkeit von Wirkungen. Hinzu treten die Schwierigkeiten, die mit der Verknüpfung der Effekte aus der Raumwirksamkeitsanalyse und der Umweltrisikoeinschätzung mit der eingebundenen Kosten-Nutzen-Analyse einhergehen. Diese resultieren primär aus dem Setzen von quantitativen Wertrelationen zwischen den Kriterien sowie deren Umformung in Gewichtungsfaktoren. Problematisch bleibt die Subjektivität, die bei der RWA und URE quasi unvermeidbar ist. Sie impliziert einen erheblichen Spielraum für die politischen Entscheidungsträger.

8.2.2 Bewertungsverfahren nach Heimerl

Bedeutung
Heimerl hat bereits 1985 ein Verfahren vorgestellt, das eine multikriterielle Beurteilung von Verkehrsinvestitionen unter der Beachtung der Problematik der sozio-ökonomischen Bewertung gestattet.[565] In diesem standardisierten Bewertungsansatz werden die Instrumente verschiedener Methoden von Wirtschaftlichkeitsanalysen kombiniert, um die spezifischen Vorteile der Kosten-Nutzen-Analyse, der Kosten-Wirksamkeits-Analyse und der Nutzwertanalyse zu verbinden. Somit können alle möglichen Auswirkungen einer Verkehrsinvestition unabhängig von der Qualität der Erfassungsmöglichkeit in das Beurteilungsverfahren einbezogen werden. Die Transparenz und Nachvollziehbarkeit bei der Auswahl und Bewertung von Alternativen wird gewährleistet, indem eine vollständige Wirkungsanalyse in originären Messgrößen bereitgestellt wird. Durch Variation und Simulation der Bewertungsansätze kann gezeigt werden, bei welchen Konstellationen das eine oder das andere Verkehrssystem für eine untersuchte Relation vorzuziehen ist.

[565] Heimerl, Meier: Multikriterielle Beurteilung von Verkehrsinvestitionen.

Vorgehen

Das Bewertungsverfahren lässt sich in zwei getrennte Arbeitsinhalte aufteilen:

1. Wirkungsanalyse

Es erfolgt eine Erfassung und Quantifizierung von objektiv feststellbaren Auswirkungen auf deren originäre Messgrößen. Basis bildet das in Abb. 8.4 dargestellte mehrstufige Zielsystem, welches die Auswirkungen nach den Gruppen Allgemeinheit, Benutzer und Betreiber kategorisiert. Die Aufstellung bedarf zur Operationalisierung jedoch noch einer Konkretisierung der Messverfahren für die einzelnen Zielkriterien. [566] Den dargestellten Zielkriterien werden drei grundlegende Messmethoden zugeordnet:

- kardinale Messmethoden: Die Wirkungen betrachteter Alternativen können auf einer definierten Skala in Absolutgrößen dargestellt und proportional abgeleitet werden. Kardinal-monetäre und kardinal-physische Messmethoden bilden hierbei zwei Varianten.
- ordinale Messmethoden: Die Auswirkungen der Alternativen können qualitativ einer abgestuften Benotungsskala zugeordnet und relativ bestimmt werden (z. B. besser, gleich, schlechter, etc.).
- nominale Messmethoden: Für die Bewertungskriterien lässt sich nur die Wirkungsrichtung im Hinblick auf die Zielsetzungen bestimmen.

2. Bewertung

Die originären Messgrößen von Einzelauswirkungen werden in einen untereinander vergleichbaren Maßstab transformiert und für die Beurteilung zu zusammenfassenden Kenngrößen aggregiert. Um die unterschiedliche Erfassungs- und Bewertungszuverlässigkeit der einzelnen Zielerträge angemessen zu berücksichtigen, werden abschließend drei Beurteilungsindikatoren ausgewiesen, wobei die Möglichkeiten der verschiedenen Verfahren der Kosten-Nutzen-Untersuchungen ausgenutzt werden. [567]

---

[566] Heimerl regt darüber hinaus an, für ein internationales Schnellbahnsystem den Zielkatalog um Integrationswirkungen, z. B. für die Europäische Gemeinschaft, zu erweitern.

[567] Heimerl, Meier: Multikriterielle Beurteilung von Verkehrsinvestitionen. Seite 48

Ordnung	Zielkriterien
A	**Allgemeinheit**
A1	Wirkungen auf die regionale Struktur (Raum- und Siedlungsstruktur, Trennwirkungen/Zerschneidung, überregionale Netzbildung, grenzüberschreitende Wirkungen)
A2	Wirkungen auf die wirtschaftliche Entwicklung (Sozialprodukt, Wirtschaftsstruktur, Arbeitsplätze, Energiehaushalt)
A3	Wirkungen auf die Umwelt (Lärmentwicklung, Luft- und Gewässerverschmutzung, Landschaftsbild, Flächenbedarf, Trennwirkungen)
A4	Wirkungen auf die Baustruktur (vorhandene Bebauung, Beeinträchtigung des Stadtbilds)
A5	Finanzwirtschaftliche Wirkungen (Investitionen, Betriebskosten)
A6	Volkswirtschaftliche Folgewirkungen (Veränderungen der Reisezeiten und der Unfallsicherheit)
F	**Benutzer/Fahrgäste**
F1	Verfügbarkeit des Verkehrsmittels (individuelle, räumliche und zeitliche Verfügbarkeit)
F2	Reisezeit (Fahrzeiten, Zugangs-/Abgangszeiten, Warte-/Umsteigezeiten)
F3	Sicherheit und Zuverlässigkeit
F4	Komfort/Beanspruchung
F5	Übersichtlichkeit des Systems (Fahrplanabstimmung, Tarifverbund, Gesamtverkehrssystem)
F6	Benutzungskosten (Tarifstruktur, Beförderungspreise)
B	**Betreiber**
B1	Leistungsfähigkeit und Anpassungsfähigkeit
B2	Sicherheit und Zuverlässigkeit
B3	Investitionskosten (Infrastruktur, Fahrzeuge)
B4	Betriebskosten (Infrastruktur, Fahrzeuge, Betriebsführung)
B5	Erträge

Abb. 8.4 Zielkatalog des Bewertungssystems nach Heimerl [568]

Um die Auswirkungen eines Projektes vollständig abzubilden und auch nicht quantifizierbare Kriterien im Bewertungsverfahren zu berücksichtigen, werden die Einzelkriterien stufenweise zusammengefasst und nach ihrer Zuverlässigkeit im Hinblick auf eine Quantifizierung und Bewertung geordnet. Heimerl unterscheidet vier Beurteilungsindikatoren:

A **betriebswirtschaftliche Indikatoren,** die monetär messbar sind (Investitionskosten, Betriebskosten, Erträge, etc.)

[568] Heimerl, Meier: Multikriterielle Beurteilung von Verkehrsinvestitionen. Seite 47

B **gesamtwirtschaftliche Indikatoren,** die sich monetär durch Opportunitäts- oder Vermeidungskostenansätze quantifizieren lassen (z. B. Reisezeit, finanzwirtschaftliche Wirkungen, volkswirtschaftliche Folgewirkungen, etc.)

C **nutzwertanalytische Indikatoren,** die zwar kardinal quantifizierbar sind, sich aber nicht in monetäre Größen transformieren lassen. Es erfolgt deshalb eine Bewertung mit Hilfe der Wertrelationsmatrix.

D **ergänzende Indikatoren,** die nicht quantifizierbare, intangible Wirkungen zusammenfassen, um bedeutsame Aspekte durch verbale Erläuterungen einzubringen und damit einen Informationsverlust bei der Bewertung zu vermeiden.

Neben diesen Indikatoren können noch weitere Aspekte für die Entscheidung bedeutsam sein, wie z. B. budgetäre Zusatzüberlegungen (Finanzrestriktionen, regionale Mittelverteilung), sozial- und wirtschaftspolitische Überlegungen (Arbeitsplatzaspekte, Konjunkturprogramme) oder Fragen der politischen Durchsetzbarkeit. Heimerl empfiehlt, diese nicht weiter zu formalisieren und auf eine Einbeziehung in das Bewertungsverfahren zu verzichten und statt dessen bei der jeweiligen Situation angemessen zu berücksichtigen. [569]

Heimerl kommentiert, dass mit der Transformation der originären Messgrößen von Einzelauswirkungen in eine einheitliche, aggregierbare Maßskala durch die unterschiedliche Dimension der Messgrößen (km/h, s, km, etc.) der nutzwertanalytischen, kardinal in physischen Einheiten ausdrückbaren Zielkriterien, Bewertungsprobleme verbunden sind. Diese müssen ähnlich der traditionellen Nutzwertanalyse in aggregierbare Nutzwerte transformiert werden.

Um das Problem der Nutzwertanalyse, Gewichtungen festlegen zu müssen, zu umgehen, wird für das Bewertungsverfahren eine sog. Wertrelationsmatrix angewendet. Diese repräsentiert die Substitutionsbeziehungen (Wertrelationen) zwischen den unterschiedlichen originären Messgrößen, das heißt die Äquivalenz zwischen primär nicht vergleichbaren Maßstäben. Bei komplexen Zielsystemen, beispielsweise dem von Heimerl vorgeschlagenen Zielsystem mit 19 Zielkriterien aus Abb. 8.4, ist es schwierig, alle Implikationen der Bewertung zu erfassen. Durch die Bildung der Wertrelationsmatrix können die Auswirkungen von den Bewertern vollständig erfasst, diskutiert und gegebenenfalls korrigiert werden, bis sich eine von den Bewertern allgemein akzeptierte Matrix ergibt.

---

[569] Heimerl, Meier: Multikriterielle Beurteilung von Verkehrsinvestitionen. Seite 46

Beurteilung

Heimerl bemerkt, dass das Bewertungsverfahren zwar eine rational fundierte und nachvollziehbare Grundlage durch ein umfassendes Bild der Wirkungen einer Maßnahme in Originärgrößen und den Ergebnisänderungen bei Variation der Wertvorstellungen liefern kann. Jedoch bleibt die Entscheidung letztlich eine politische, da der Entscheidungsträger die Bewertung auf Basis der ermittelten objektiven Fakten selbst vornehmen und entsprechend seiner politischen Wunschvorstellungen modifizieren kann. [570]

Rath kommt bei der Betrachtung der Zielkriterien des Bewertungsverfahrens zu der Erkenntnis, dass das Bewertungsverfahren zwar einen hohen Informationsgehalt besitzt, eine objektive Messung in Geldeinheiten jedoch nicht vorgenommen werden kann. Es verdeutlicht die Problematik der Bewertung von infrastrukturellen Großprojekten, dass auch die theoretisch monetär erfassbaren Kriterien (Kosten und Erträge) große Unsicherheiten bergen und von der Qualität der zu Grunde gelegten Prognosen abhängen. Die Entscheidung über die Einführung einer neuen Fernverkehrstechnologie bleibt daher eine politische Entscheidung. Diesen Aussagen schließen sich die Autoren vorbehaltlos an.

8.2.3 Standardisiertes Bewertungsverfahren für den ÖPNV

Bedeutung

Nach dem Prinzip der von Heimerl entwickelten Methodik aus Kapitel 8.2.2 werden alle Investitionen des öffentlichen Personennahverkehrs (ÖPNV), die nach dem Gemeindeverkehrsfinanzierungsgesetz (GVFG) mit Bundesfinanzhilfen gefördert werden und deren zuwendungsfähige Investitionen 25 Millionen Euro überschreiten, hinsichtlich ihrer gesamtwirtschaftlichen Vorteilhaftigkeit und Förderfähigkeit sowie der zu erwartenden Folgekosten beurteilt. Dabei sind sowohl die einzel- als auch die gesamtwirtschaftlichen sowie die gesamtgesellschaftlichen Effekte und damit die Förderwürdigkeit des Investitionsvorhabens sowohl unter betriebswirtschaftlichen als auch unter Beachtung der Vor- und Nachteile für Benutzer und die Allgemeinheit Rechnung zu berücksichtigen. [571] Mit der Standardisierten Bewertung [572] sollen Entscheidungsgrundlagen für den Einsatz öffentlicher Investitionsmittel vereinheitlicht werden, um örtlich,

[570] Rath: Durchsetzung neuer Verkehrstechnologien. Seite 232

[571] Grandjot: Verkehrspolitik. Seite 99

[572] Intraplan, Heimerl: Standardisierte Bewertung für den ÖPNV.

technisch und verkehrswirtschaftlich unterschiedliche Vorhaben mit gleichen Maßstäben zu beurteilen.

Vorgehen

Das Standardisierte Bewertungsverfahren umfasst zum einen eine gesamtwirtschaftliche Bewertung, bei der eine interregionale Vergleichbarkeit und eine Erfassung der Projektwirkungen als Ganzes im Vordergrund steht. Zum anderen erfolgt eine Folgekostenrechnung nach der Kapitalwertmethode, in der die finanzwirtschaftlichen Auswirkungen (Cash-Flow-Rechnung) und die Erfolgsseite (Gewinn- und Verlustrechnung) des Investitionsvorhabens während der wirtschaftlichen Nutzungsdauer und des damit verbundenen Betriebskonzeptes für Betreiber und Vorhabenträger geklärt werden. Konkret werden dabei die von den Entscheidungsträgern zu tragenden Anteile an den Investitionen in die ortsfeste Verkehrsinfrastruktur, die voraussichtlichen Betriebskosten der betroffenen Verkehrsunternehmen sowie die zu erwartenden Mehreinnahmen für den Fall der Realisierung betrachtet. Die Folgekostenrechnung entspricht dem in Kapitel 8.2.2 dargestellten „betriebswirtschaftlichen Indikator“.

Betrachtet werden diejenigen Veränderungen, die durch die Maßnahme entstehen – Mitfall, das heißt Planfall mit Investitionen – gegenüber den Verhältnissen ohne die Maßnahme – Ohnefall, das heißt Planfall ohne Investitionen. [573] Das Standardisierte Bewertungsverfahren verfolgt im Interesse der Transparenz eine klare Trennung zwischen der Faktenerfassung in Form der Ermittlung der Projektwirkungen in deren originären Messgrößen (Dimensionen) sowie der Bewertung anhand der Bildung von Beurteilungsindikatoren durch Überführung der Teilindikatoren in eine einheitliche Messskala. In Abb. 8.5 ist der Ablauf der Standardisierten Bewertung dargestellt.

[573] Intraplan, Heimerl: Standardisierte Bewertung für den ÖPNV. Seite 10
Der Ohnefall ist aus dem Istzustand unter Berücksichtigung der im Planungszeitraum zu erwartenden Änderungen des Verkehrsangebots abzuleiten.

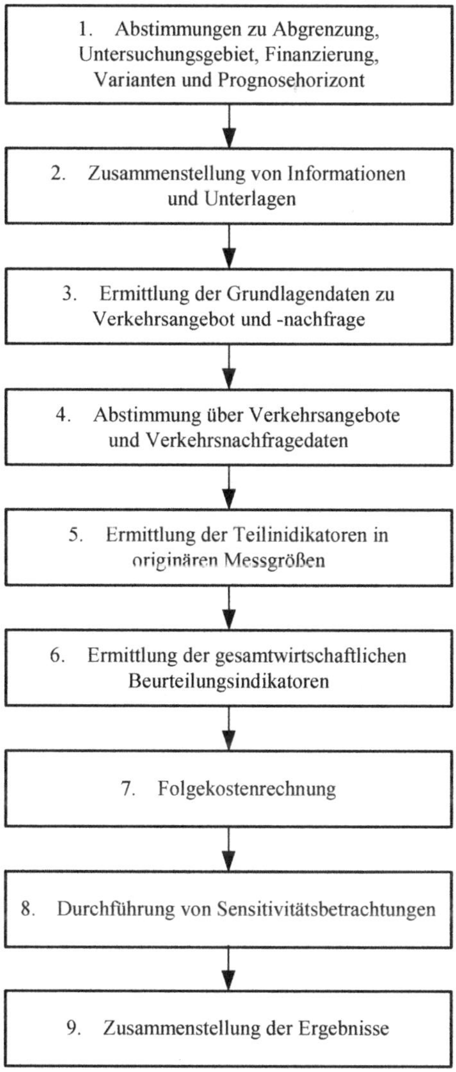

Abb. 8.5 Schematischer Ablauf des Standardisierten Bewertungsverfahrens für den ÖPNV

Bei der Ermittlung der Teilindikatoren in originären Messgrößen (Schritt 5) wird ein detaillierter Zielkatalog zu Grunde gelegt, der Zielkriterien aus den Interessenbereichen der Zielträgergruppen Fahrgäste, Aufgabenträger des ÖPNV und Allgemeinheit widerspiegelt. Die Operationalisierung des Zielsystems basiert auf quantitativen Teilindikatoren. Diese liegen zwar in originären Messgrößen vor, weisen jedoch unterschiedliche Dimensionen, Erfassungsgenauigkeiten und Bewertungssicherheiten, insbesondere zwangsläufig durch subjektive Wertschätzungen, auf. Für eine Beurteilung und Entscheidung erfolgt deshalb in Schritt 6 eine stufenweise Zusammenführung zu gesamtwirtschaftlichen Beurteilungsindikatoren in einheitlich dimensionierte Messskalen und die Bildung zusammenfassender Kenngrößen. Hierfür werden drei Indikatoren wie folgt ermittelt:

E1 Nutzen-Kosten-Indikator
Beinhaltet Teilindikatoren, deren originäre Messgrößen entweder *monetär* oder *monetarisierbar* sind. Da alle Komponenten in monetärer beziehungsweise monetarisierbarer Form vorliegen, können als Entscheidungsgrundlage die Nutzen-Kosten-Differenz und das Nutzen-Kosten-Verhältnis angegeben werden.

E2 Nutzwertanalytischer Indikator
Beinhaltet als erweitertes Wirkungsspektrum die in E1 berücksichtigten Teilindikatoren und zusätzliche Teilindikatoren, die *kardinal* messbar jedoch *nicht monetarisierbar* sind. Die Wertrelationen zwischen den in unterschiedlichen Dimensionen vorliegenden originären Messgrößen werden, im Gegensatz zur NWA, ohne Transformation direkt über eine Gewichtung festgelegt. Die Ermittlung des Beurteilungsindikators erfolgt durch Multiplikation der Werte in originären Messgrößen mit den jeweiligen Gewichten zu Teilnutzwerten und Addition zum Gesamtnutzwert. Der Nutzwertanalytische Indikator E2 ergibt sich dann durch Division des Gesamtnutzwertes durch den in Nutzwertpunkte umgerechneten Kapitaldienst für den ÖV-Fahrweg.

E3 Weitere Kriterien
Sind Teilindikatoren, die nur *ordinal* oder *nominal* erfassbar und nur *schwer* oder gar *nicht quantifizierbar* sind. Sie werden nur verbal erörtert und ergänzend in die Entscheidung einbezogen.Praktisch ist für jeden der Teilindikatoren die jeweilige Wirkungsrichtung (positiv oder negativ) anzugeben und zu begründen.

Die Folgekostenrechnung (Schritt 7) erfolgt differenziert nach den finanziellen Wirkungen für Fahrweg, Betrieb und Aufgabenträger/Verkehrsunternehmen.

Beurteilung
Das Standardisierte Bewertungsverfahren basiert auf dem theoretischen Ansatz der Kosten-Wirksamkeits-Analyse. Die Beurteilung der Förderfähigkeit basiert in der Regel nur auf dem Nutzen-Kosten-Indikator E1. Der Nutzwertanalytische Indikator E2 und weitere nicht oder nur schwer quantifizierbare Kriterien E3 werden nur als ergänzende Entscheidungshilfe he-

rangezogen. Für den Nutzwertanalytischen Indikator E2 erfolgt bei der Festlegung von Wertrelationen zwischen den in unterschiedlichen Dimensionen vorliegenden Messgrößen keine Transformation, um die Ansätze transparent und nachvollziehbar bereitzustellen. Die grundsätzliche Problematik subjektiver Wertannahmen und der Substituierbarkeit beim Setzen von Wertrelationen lässt sich jedoch auch mit diesem Vorgehen nicht umgehen.

Die auf kardinal messbaren Teilindikatoren aufbauenden Beurteilungsindikatoren können eine notwendige politische Entscheidung, in der außerdem auch die verbal erfassten Kriterien berücksichtigt werden müssen, nicht ersetzen. Sie sind ausschließlich als unter technisch/wirtschaftlichen Gesichtspunkten ermittelte Entscheidungshilfen zu verstehen.

8.3 Weitere Methoden für die Bewertungen

8.3.1 Bewertungsverfahren für eine nachhaltige Entwicklung

Bedeutung

Vor dem Hintergrund der heute vielfach geforderten nachhaltigen Entwicklung (Sustainable Development) unserer Lebensverhältnisse, hat Schuh verschiedene Entscheidungsverfahren anwendungsneutral untersucht. Unter einer nachhaltigen Entwicklung wird eine Entwicklung subsummiert, die die Bedürfnisse der Gegenwart befriedigt, ohne zu riskieren, dass künftige Generationen ihre eigenen Bedürfnisse nicht befriedigen können. [574]

Entscheidungsverfahren zur Umsetzung einer nachhaltigen Entwicklung müssen multikriterielle Bewertungen ermöglichen, um die verschiedenen Zielbereiche mit ökonomischen, ökologischen und sozialen Elementen in Form von systematischen Einzelentscheidungen angemessen zu berücksichtigen. Es erfolgt deshalb eine systematische Aufspaltung und Strukturierung des Bewertungsverfahrens, um die Bewertungskomplexität zu reduzieren, die einzelnen Ansatz- und Bewertungsschritte nachvollziehbar zu gestalten sowie die berücksichtigten Ziele und Handlungsalternativen offen zu legen.

Schuh erachtet die für die Bestimmung einer optimalen Handlungsalternative mit verschiedenen Zielkategorien notwendige Zusammenfassung der absoluten Vorteilhaftigkeiten unter Alleinzielstellung als problematisch, da die menschlichen Fähigkeiten zur Informationsaufnahme und Informationsverarbeitung sowie gleichzeitigen Berücksichtigung mehrerer

[574] Hauff: Unsere gemeinsame Zukunft.

Kriterien bei einem abwägenden Vergleich verschiedener Aspekte stark eingeschränkt ist. Für die Entscheidungsfindung sind deshalb unterstützende Entscheidungsverfahren erforderlich.

Vorgehen

Schuh [575] untersucht insgesamt 18 Entscheidungsverfahren, unter anderem die Kosten-Nutzen-Analyse, die Nutzwertanalyse und die Kosten-Wirksamkeits-Analyse vor der Problemstellung einer ganzheitlichen Entscheidungsfindung. Zielstellung ist die Umsetzung einer nachhaltigen Entwicklung für die Anwendung bei vielen Entscheidungen durch viele, relevante Entscheidungsträger, die zu einer nachhaltigen Entwicklung beitragen. Er formuliert eine Reihe methodischer Anforderungen an ein Instrumentarium zur Entscheidungsfindung für die Umsetzung einer nachhaltigen Entwicklung. Dies sind unter anderem:

- situationsspezifische Anpassungen für jede Entscheidungssituation und entsprechende Offenheit unterstützender Entscheidungsverfahren,
- flexible Anpassungsfähigkeit an situative Besonderheiten,
- die Vielzahl relevanter Entscheidungsträger für eine nachhaltige Entwicklung erfordert ein anwendungsfreundliches und praktikables Entscheidungsverfahren,
- Umgang mit mehreren verschiedenen Zielen beziehungsweise Zielkriterien, da das Leitbild der nachhaltigen Entwicklung gerade nicht mit **einer** Zielstellung konkretisiert werden kann,
- ein Zielerreichungsgrad kann aufgrund fehlender Informationen über den Bestand an natürlichen Ressourcen nicht formuliert werden,
- Integrierbarkeit zusätzlicher neuer Alternativen in das Verfahren.

Schuh identifiziert als vorteilhaftestes Entscheidungsverfahren für die vorliegende Problemstellung die Nutzwertanalyse.

Beurteilung

Für Schuh bestehen in der Nutzwertanalyse Vorteile darin, dass das Grundkonzept der Nutzwertanalyse in Details an die spezielle Zielstellung einer nachhaltigen Entwicklung und die jeweilige konkrete Entscheidungssituation angepasst werden kann. Zudem sind die untersuchten Alternativen durch den einheitlichen Bewertungsmaßstab direkt miteinander vergleichbar.

Gleichwohl ist die Nutzwertanalyse, wie bereits in Abschnitt 8.1.4 verdeutlicht, mit gewissen Nachteilen verbunden. Zu nennen sind insbesondere die Subjektivität bei der Gewichtung und Bewertung der Zielerträge.

---

[575] Schuh: Entscheidungsverfahren zur nachhaltigen Entwicklung.

8.3.2 Sensitivitätsanalysen

Bedeutung

Jedes Modell stellt ein vereinfachtes Abbild der Realität dar. [576] Um die Auswirkungen eventueller Änderungen oder Abweichungen dieser Annahmen im Rahmen von Entscheidungsprozessen angemessen zu berücksichtigen, werden den Erfassungs- und Bewertungsverfahren Sensitivitätsanalysen nachgeschaltet. Sie bieten sich insbesondere an, wenn das für den Entscheidungsprozess zu Grunde zu legende Datenmaterial nur ungewiss und deshalb mit gewisser Bandbreiten behaftet ist, wie z. B. bei Prognosen zur Verkehrsentwicklung. Auch bei Instabilitäten der Entscheidungsgröße, das heißt bei großen Veränderungen bei schon geringer Variation der Annahmen oder Bewertung beziehungsweise bei nah beieinander liegenden Ergebnissen bei der Alternativenauswahl können Sensitivitätsanalysen aufschlussreich sein.

Vorgehen

Bei Sensitivitätsanalysen werden die zu untersuchenden Parameter systematisch verändert und deren Auswirkungen untersucht. Der rechnerische Aufwand ist im Einzelnen meist unproblematisch. Mit Hilfe der Sensitivitätsanalysen lassen sich jene Eingangsgrößen identifizieren, die einen relativ großen Einfluss auf das Gesamtergebnis haben. Sensitivitätsanalysen untersuchen somit, wie empfindlich ein ermitteltes Ergebnis reagiert und wie stabil es ist, wenn sich die Eingangsdaten verändern. Zu unterscheiden sind:

- Ergebnis-Änderungs-Rechnung: Es wird untersucht, wie sich das Ergebnis verändert, wenn bestimmte Eingabewerte variiert werden (z. B. ± 10 %, ± 20 %, ± 30 %). Ziel ist es, die Abhängigkeit des Ergebnisses von einzelnen Größen zu erkennen.
- Kritische-Werte-Rechnung: Es wird ermittelt, wie sich das Ergebnis verändert, falls für ein oder mehrere Eingabewerte Extremwerte eingesetzt werden.

Beurteilung

Durch Sensitivitätsanalysen lassen sich zwar die Bedeutung einzelner Einflussgrößen auf das Ergebnis sowie die Zusammenhänge und das Maß an Unsicherheit verdeutlichen. Jedoch kann das eigentliche Bewertungsproblem nicht ersetzt und gelöst werden. Sensitivitätsanalysen haben deshalb

[576] Intraplan, Heimerl: Standardisierte Bewertung für den ÖPNV. Seite 89

bezüglich der (politischen) Entscheidung einen wichtigen, jedoch nur unterstützenden Charakter.

Auch die subjektiv geprägten Auffassungsunterschiede, die regelmäßig über Ausgangsdaten und Wertansätze zwischen den an Untersuchung und Entscheidung Beteiligten bestehen, können durch Sensitivitätsanalysen nicht vollends ausgeräumt werden. Jedoch können sie dazu beitragen, dass der Diskurs objektiviert und gefördert wird.

8.4 Angewandte Bewertungsverfahren für Magnetschnellbahnen

Die in Abschnitt 8.2 vorgestellten Bewertungsverfahren der Verkehrsinfrastrukturplanung werden regelmäßig für Hochgeschwindigkeitsstrecken des Rad-Schiene-Systems herangezogen, um deren Realisierung zu begründen. Auch für konkrete Anwendungsstrecken der Magnetschwebetechnologie wurden diese Bewertungsverfahren angewendet. Die Wirtschaftlichkeit der untersuchten Strecken konnte, z. B. in den Wirtschaftlichkeitsuntersuchungen für die Magnetschnellbahn in München mit einem Nutzen-Kosten-Quotienten von 1,53 nachgewiesen werden. [577] Jedoch wurden die Ergebnisse bisher nicht als hinreichende Begründung angesehen, um die Bauwürdigkeit und Dringlichkeit zu bestätigen. Ausgewählte Methoden für die Bewertung von Magnetschnellbahnstrecken sollen im Folgenden vorgestellt und diskutiert werden.

8.4.1 Bewertung von Magnetbahnsystemen nach Richtlinien der BVWP [578]

Von der Beratergruppe Verkehr und Umwelt (BVU) wurde im Zuge der Auswahl einer ersten Referenzstrecke für das Magnetbahnsystem ein speziell zugeschnittenes Bewertungsverfahren nach den Richtlinien der Bundesverkehrswegeplanung (1985) entwickelt. [579]

Das entwickelte Verfahren entspricht einer modifizierten Kosten-Nutzen-Analyse nach der Methodik der Bundesverkehrswegeplanung. Als Nutzenkomponenten wurden die in Tabelle 8.2 dargestellten Bewertungskomponenten einbezogen:

[577] Planungsgemeinschaft Metrorapid-Transrapid: Machbarkeitsstudie Bayern und NRW – Teil I. Seite 256

[578] Rath: Durchsetzung neuer Verkehrstechnologien. Seite 225 ff

[579] Gresser, Kessel: Verfahren zur Bewertung von Magnetbahnsystemen.

Tabelle 8.2 Bewertungskomponenten in der Kosten-Nutzen-Analyse für Magnetbahnsysteme

Abkürzung	Bezeichnung
NB	Beförderungskosten
NB 1	Fahrzeugvorhaltekostenänderungen (Instandhaltung, Abschreibung, kalkulatorische Verzinsung für MSB-Fahrzeuge, hinzukommende oder wegfallende R-S-Fahrzeuge)
NB 2	Betriebsführungskostenänderungen (bei Abfertigungskosten, variable Personenkosten, Energiekosten, Zugbildungskosten durch Erhöhung oder Verminderung der Betriebsleistung des R-S-/MSB-Systems)
NB 3	Kostenänderungen durch Mehrnachfrage (Verlagerung von Nachfrage des Pkw- und Luftverkehrs, die höhere Beförderungskosten besitzen)
NW	Erhaltung der Verkehrswege
NW 1	Erneuerungskosten der Verkehrswege
NW 2	Laufende Kosten der Verkehrswege
NS	Beiträge zur Verkehrssicherheit (durch Verlagerung auf ein System mit niedrigeren Unfallraten)
NE	Verbesserung der Erreichbarkeit (aus Reisezeitersparnissen durch höhere Geschwindigkeiten)
NR	Regionalwirtschaftliche Effekte (durch Beschäftigungswirkungen während Bau- und Betriebsphase, Verbesserung der Standortgunst, raumordnerische Vorteile)
NU	Entlastung der Umwelt
K	Investitionskosten

Mit dem Bewertungsverfahren wurden 1988 insgesamt fünf potenzielle Magnetschnellbahnstrecken untersucht.[580] Dabei konnte jedoch keine der möglichen Referenzstrecken das im Rahmen der Bundesverkehrswegeplanung geforderte Nutzen-Kosten-Verhältnis von 3,3 erreichen.

Beurteilung

Die Versuchs- und Planungsgesellschaft für Magnetbahnsysteme mbH (MVP) hat das entwickelte Bewertungsverfahren unter anderem dahingehend kritisiert, dass das Magnetschnellbahnsystem gegenüber dem Rad-Schiene-System in mehreren Punkten benachteiligt worden ist. So ist beispielsweise die ökologische Vorteilhaftigkeit unberücksichtigt geblieben und es durften interessante Verbindungen, z. B. Nürnberg-München, Stutt-

[580] Die Magnetbahnstrecken waren: Hamburg-Hannover, Bremen-Hannover, Essen-Bonn, Mannheim-Saarbrücken sowie Augsburg-München.

gart-München oder Frankfurt-Köln überhaupt nicht beziehungsweise nicht weiter untersucht werden. [581]

Rath kommt zu dem Schluss, dass aufgrund der Methodik des Bewertungsverfahrens und der Ergebnisse der Referenzstrecken die Magnetschnellbahn erhebliche Schwierigkeiten hat, sich gegen den Willen der Deutschen Bundesbahn durchzusetzen. Gleichwohl darf eine Referenzstrecke nicht nur aufgrund von Exportchancen realisiert werden, sondern muss volkswirtschaftlich vertretbar sein, was allein bei der betrachteten Referenzstrecke Rhein/Main-Rhein/Ruhr der Fall sei.

Wie bereits in Abschnitt 8.2.1 erwähnt, kann die Komplexität und das wissenschaftliche Instrumentarium der Bundesverkehrswegeplanung nicht darüber hinweg täuschen, dass die Entscheidung über eine Realisierung durch Vorgaben und Rahmenbedingungen letztlich eine politische ist.

Die Auswahl der Alternativen anhand der vorgenommenen Gewichtungen bleibt für Außenstehende bei diesem Bewertungsverfahren schwer nachvollziehbar.

8.4.2 Szenarioanalyse nach Schellhase [582]

Bedeutung und Vorgehen

Mit dem Ziel, eine informatorische Basis zur strategischen Positionierung und Gestaltung des Transrapid für die Strecke Berlin-Hamburg bereitzustellen, wurde 1998 von Schellhase eine Szenarioanalyse für das Magnetschnellbahnsystem Transrapid im Verkehrsmarkt 2010 durchgeführt. Sein Anliegen bestand jedoch nicht darin, Argumente für oder wider den Bau der Transrapidstrecke zu liefern, sondern durch die Beschreibung alternativer zukünftiger Entwicklungsverläufe Chancen und Risiken sowie sich daraus ergebende Ansatzpunkte für die Vermarktung abzuleiten.

Die Szenariotechnik ist als ein dauerhaftes Planungsinstrument für die strategische Unternehmensplanung zu verstehen, indem sie durch die Zusammenführung quantitativer und qualitativer Informationen mögliche Zukunftsszenarien entwirft und darauf aufbauend alternative strategische Handlungskonzepte generiert. In die Szenarien, welche die Bandbreiten künftiger Umweltentwicklungen zeigen, sind Ergebnisse zu Prognosen der allgemeinen wirtschaftlichen Entwicklung, dem Bevölkerungswachstum und dem künftigen Verkehrsaufkommen eingeflossen. Zwei Zukunftsszenarien wurden untersucht:

---

[581] MVP: Referenzstrecken für das Magnetbahnsystem. Seite 54

[582] Schellhase: Der Transrapid im Verkehrsmarkt.

- Szenario A – mit sehr optimistischen Annahmen bezüglich der Nutzung des ÖPNV und Schienenverkehrs sowie pessimistischen Annahmen für den motorisierten Individualverkehr (starkes Verkehrswachstum, hohe Auslastung der Bahn, Entwicklung der Städte Berlin und Hamburg, Verbot innerdeutscher Flüge) sowie
- Szenario B – mit pessimistischen Annahmen bezüglich des ÖPNV und Schienenverkehrs, pessimistischen und optimistischen Annahmen für den motorisierten Individualverkehr (geringes Verkehrswachstum, mangelnde Akzeptanz öffentlicher Verkehrsmittel)

Als potenzielle Zielgruppen wurden Geschäftsreisende und Privatreisende betrachtet und anhand der Kriterien der Wahl der Verkehrsmittel (Transrapid, Bahn, Pkw) dieser Gruppen szenariospezifische Stärken-Schwächen-Analysen erstellt. Daraus konnten für beide Szenarien A und B Empfehlungen entwickelt werden, wie der Transrapid strategisch im Verkehrsmarkt zu positionieren ist.

Beurteilung

Die von Schellhase vorgestellte Szenarioanalyse wurde primär durchgeführt, um eine informatorische Basis zur strategischen Positionierung und Gestaltung des Transrapid im Verkehrsmarkt aus marketingspezifischen Gesichtspunkten unter verschiedenen Umweltzuständen bereitzustellen und die Diskussionen zum Für und Wider zu erweitern. Er ging dabei davon aus, dass das Transrapidprojekt Berlin-Hamburg im Jahr 2010 realisiert ist. Diese Annahme ist, wie allgemein zwischenzeitlich bekannt, hinfällig geworden.

Für einen gesamtheitlichen Systemvergleich sind die Methode und die Ergebnisse nur begrenzt verwendbar. Schellhase selbst nennt als inhärentes Problem des Analyseverfahrens die differierende Zeitpunktbezogenheit und die oftmals nicht vollständige Vergleichbarkeit der in die Betrachtung einfließenden Daten. Hinzu kommt, dass zum einen die Ergebnisse von zwei fixen Standpunkten (Szenario A und B) heraus entwickelt werden, bei denen zumindest fraglich ist, ob diese in der zu Grunde gelegten Form realitätsnah sind. Zum anderen sind die Ergebnisse nur ansatzweise fundiert und tragen große Unsicherheiten in sich.

Dennoch können aus den entwickelten strategischen Optionen, die den Charakter von Empfehlungen tragen, partiell Erkenntnisse in die vorliegende Problematik des gesamtheitlichen Systemvergleichs zwischen Transrapid und Rad-Schiene Hochgeschwindigkeitsbahnen einfließen. Dies gilt z. B. für die Stärken-Schwächen-Profile für Geschäfts- und Privatreisende oder einzelne Empfehlungen zur Positionierung des Transrapid.

8.4.3 Technikwirkungsanalyse nach Hübner et al. [583]

Bedeutung und Vorgehen

Von Hübner et al. wurde eine unternehmensbezogene Technikwirkungsanalyse für den Transrapid durchgeführt, um die unsachlich, tendenziell unfundierte und undifferenziert geführte Diskussion zur Magnetschnellbahn Transrapid und der geplanten Strecke Berlin-Hamburg zu versachlichen. Technologie- beziehungsweise Technikentwicklung und Produktplanung erfordern eine Betrachtung möglicher unerwünschter und unvorhergesehener beziehungsweise unvorhersehbarer Folgen, um deren negative Auswirkungen zu minimieren beziehungsweise möglichst zu vermeiden.

Für die neue Technologie, die große gesellschaftliche Relevanz besitzt, wurden die ökonomischen und ökologischen Wirkungen und Folgen abgeschätzt. Die Betrachtungen erfolgten durch eine Konzentration auf zu erwartende regionalökonomische Effekte sowie eine Analyse der vielfältigen möglichen Wirkungen auf die Ökosphäre, zum einen durch das Transrapidprojekt Berlin-Hamburg und zum anderen für die Magnetschwebetechnologie vor dem Konzept der Nachhaltigkeit (Sustainable Development).

Hauptziel der ökonomischen Untersuchung war es, mögliche volkswirtschaftliche, verkehrswirtschaftliche und insbesondere regionalwirtschaftliche Auswirkungen des Verkehrssystems Transrapid auf die Anrainerregionen der geplanten Strecke Berlin-Hamburg zu ermitteln sowie die Rolle und Bedeutung der Magnetschnellbahn Transrapid im Vergleich mit dem Verkehrssystem ICE herauszustellen.

Im Vordergrund der Betrachtungen von Hübner et al. stehen dabei weniger betriebswirtschaftliche, sondern regionalökonomische und ökologische Folgen und Wirkungen sowie neue Anwendungsmöglichkeiten für die System-Innovation der Magnetschwebetechnik.

In der Untersuchung konnte an Beispielen aus Deutschland, Frankreich und Japan gezeigt werden, dass sich Hochgeschwindigkeitszüge zwar unterschiedlich stark aber dennoch deutlich etabliert haben und die schnelle Beförderung von Reisenden sehr gut angenommen wird. Aufgrund der funktionalen Vergleichbarkeit kann diese Entwicklung auch für den Transrapid erwartet werden. Weiterhin wurden volkswirtschaftliche, verkehrswirtschaftliche und regionalwirtschaftliche Effekte abgeleitet, die zu der Erkenntnis führen, dass Hochgeschwindigkeitsverkehrssysteme einen deutlichen Standortvorteil bedeuten und somit eine ganze Region vorteilhaft beeinflussen können und zwar sowohl in wirtschaftlicher als auch in psychologischer Hinsicht.

[583] Hübner et al.: Transrapid zwischen Ökonomie und Ökologie.

Die Ergebnisse der Expertenbefragungen wurden zu Kernaussagen verdichtet und in verkehrswirtschaftliche und regionalwirtschaftliche Ergebnisse klassifiziert. Es konnte festgestellt werden, dass in den Anrainerregionen große ökonomische Entwicklungspotenziale vorhanden sind und die Errichtung einer Transrapidstrecke Berlin-Hamburg zahlreiche Vorteile besitzt. Gleichwohl wurde erkannt, dass der Transrapid in der Phase der Verkehrswegeplanung in Konkurrenz zum ICE steht und ein Wettbewerb der Systeme beim Export sehr wahrscheinlich ist.

Aus den Betrachtungen der ökologischen Auswirkungen konnte abgeleitet werden, dass der Transrapid ein relativ umweltverträgliches Verkehrsmittel darstellt. Sowohl die analytische als auch die Expertenbefragungen haben belegt, dass in den meisten Wirkungskategorien der Transrapid günstiger oder zumindest gleichwertig gegenüber dem ICE zu bewerten sei. Sollen mittels spurgeführter Verkehrssysteme Betriebsgeschwindigkeiten von mehr als 250 km/h realisiert werden, so sei aus ökologischer Sicht zumindest auf Strecken mit mittlerem und hohem Fahrgastaufkommen der Transrapid der Rad-Schiene-System vorzuziehen. Das Rad-Schiene System habe allerdings auf weniger stark frequentierten Strecken mit deutlich niedrigeren Fahrgeschwindigkeiten seine Berechtigung. Transrapid und ICE seien deshalb nicht primär Konkurrenten, sondern zwei Systeme für ein bedarfsgerechtes Hochgeschwindigkeitsnetz.

Die Ergebnisse der durchgeführten Technikwirkungsanalyse werden von Hübner et al. abschließend in einer Synthese in qualitativer Form sowie unter Berücksichtigung gesellschaftlich-politischer Zukunftsperspektiven gegenübergestellt. Er kommt zu folgenden wichtigen Ergebnissen und Erkenntnissen:

- Positive regionalökonomische Effekte sind bei beiden Verkehrssystemen ohne Zweifel und insbesondere aus dem Betrieb zu erwarten.
- Da jedes Hochgeschwindigkeitsverkehrssystem mit unerwünschten ökologischen Effekten verbunden ist, können nur die relativen Vorteile verschiedener Alternativen geprüft und das System mit weniger unerwünschten ökologischen Effekten ausgewählt werden. Der ökologische Vergleich der beiden Systeme mit verschiedenen Forschungsmethoden hat gezeigt, dass der Transrapid gegenüber dem ICE meist besser abschneidet.
- Eine deutliche Senkung der Fahrgeschwindigkeit des Transrapid z. B. auf 300 km/h würde zwar ein Energieeinsparpotenzial realisieren, gleichwohl jedoch den Umfang der Verkehrsverlagerung von der Straße und aus der Luft relativieren. Der Effekt einer globalen Energieeinsparung ist somit ungewiss.

- Es wird unter Abwägung ökonomischer (Investitions- und Betriebskosten) und ökologischer (Energieverbrauch, Emissionen) Gesichtspunkte eine optimierte Auslegungsgeschwindigkeit als sinnvoll erachtet.
- Es ist zu erwarten, dass durch eine Hochgeschwindigkeitsverbindung Berlin-Hamburg eine fast vollständige Substitution [584] des Flugverkehrs und nur eine begrenzte Substitution des Individualverkehrs erfolgt. Bei Anwendung der Magnetschwebetechnik erfolgt eine starke Substitution des Bahnverkehrs (IC/EC-Verkehr) und eine weniger starke des Pkw-Verkehrs.
- Für den induzierten Verkehr durch das neue Verkehrssystem werden Steigerungen zwischen 2,6 % und 7 % der Gesamtverkehrsleistung des Systems erwartet. Dies ist als gering anzusehen.
- Aus ökologischer Sicht besteht zwischen dem Transrapid und dem ICE ein Konkurrenzverhältnis, sofern bei Planungsentscheidungen das relativ ökologisch verträglichere Verkehrssystem zu wählen ist. Der Transrapid weist hierbei Vorteile auf.
- Die Anwendung der innovativen Magnetschwebetechnologie im Bereich des ÖPNV mit intensivem Verkehrsaufkommen wird positiv bewertet, wobei ein Konkurrenzverhältnis zum Rad-Schiene-System besteht. Aufgrund der geringeren Schallemissionen und größeren Beschleunigung bei höheren Geschwindigkeiten und geringerem Energieverbrauch sind positive ökologische Effekte mit ökonomischem Nutzen möglich.
- Der Einsatz des Transrapid als Flughafenanbinder bietet sich aufgrund der technischen Eigenschaften aus ökologischer und ökonomischer Sicht an. Darüber hinaus ist eine Anwendung der Magnetschwebetechnologie für U- und S-Bahnen und damit für den Export und neue Zielgruppen berechtigt, sofern eine ökologisch verträgliche Energiebereitstellung möglich ist.

Beurteilung

Anhand von Expertenbefragungen wird festgestellt, dass der Transrapid eine weltweit beachtete Innovation des spurgeführten Hochgeschwindigkeitsverkehrs ist. Es lässt sich jedoch aus den gewonnenen Erkenntnissen der Technikwirkungsanalyse nicht ableiten, ob und in welcher Form das System verkehrstechnisch tatsächliche Bedeutung oder sogar flächendeckende Anwendung erreichen kann.

[584] Unter Substitution verstehen Hübner et al. eine indirekte, positive ökologische Wirkung, die durch die Verlagerung von Verkehrsaufkommen von ökologisch „schlechteren“ auf „relativ bessere“ Systeme entsteht.

8.4.4 Machbarkeitsstudie für Magnetschnellbahnstrecken in Bayern und Nordrhein-Westfalen [585]

Nach der Entscheidung vom 05. 02. 2000, die Magnetschnellbahn Berlin-Hamburg nicht zu realisieren, haben sich die Projektpartner Bund, Industrie und DB AG überzeugt gezeigt, dass die Magnetschwebetechnik für den Industriestandort Deutschland von herausragender Bedeutung ist und deshalb auch in Deutschland zur Anwendung kommen wird. Im Auftrag des BMVBW wurde von der Planungsgemeinschaft Metrorapid-Transrapid [586] eine Machbarkeitsstudie für Magnetschnellbahnstrecken in Bayern und Nordrhein Westfalen erstellt, um die grundsätzliche Realisierung von Magnetschnellbahnstrecken in Deutschland zu sondieren. Von den fünf im Vorfeld untersuchten Alternativstrecken wurde entschieden, die Strecken München Hauptbahnhof-München Flughafen und Düsseldorf Hauptbahnhof-Dortmund Hauptbahnhof einer vertieften Machbarkeitsstudie mit integrierter Umweltverträglichkeitsprüfung zu unterziehen. Nach der Fertigstellung wurden die Eckdaten der Machbarkeitsstudie durch das BMVBW auf ihre Plausibilität geprüft und als belastbar eingestuft. [587]

Zu den Teilaufgaben in der Machbarkeitsstudie gehörte neben Planung und Trassierung insbesondere auch die Durchführung von Wirtschaftlichkeitsuntersuchungen. Diese umfassten zum einen Cash-Flow-Untersuchungen für eine rein betriebswirtschaftliche Beurteilung der Projekte hinsichtlich ihrer wirtschaftlichen Tragfähigkeit. Zum anderen wurden die Anwendungsstrecken Nutzen-Kosten-Analysen unterzogen, um deren gesamtgesellschaftliche Tragfähigkeit und Förderwürdigkeit nachzuweisen. Hierfür wurde eine spezielle Methode der Kosten-Nutzen-Analyse entwickelt und angewendet. Da die Magnetschnellbahnstrecken sowohl Wechselwirkungen mit dem Schienenfernverkehr (SPFV) als auch mit dem Schienenpersonennahverkehr inkl. S-Bahn (SPNV) aufwiesen, wurden zur Bewertung der Projekte beide Formen der Wirtschaftlichkeitsuntersuchung kombiniert. [588] Es erfolgte deshalb eine Kombination des üblicherweise im Rahmen der Bundesverkehrswegeplanung für den Schienenpersonenfern-

[585] Planungsgemeinschaft Metrorapid-Transrapid: Machbarkeitsstudie Bayern und NRW – Gesamtprojekt.

[586] Die Planungsgemeinschaft Metrorapid – Transrapid bestand aus den Ingenieurunternehmen Obermeyer/Krebs und Kiefer sowie Spiekermann/Vössing. Außerdem wurden verschiedene Fachplaner hinzugezogen.

[587] Planungsgemeinschaft Metrorapid-Transrapid: Machbarkeitsstudie Bayern und NRW – Teil II. Vorbemerkung und Seite 1

[588] Planungsgemeinschaft Metrorapid-Transrapid: Machbarkeitsstudie Bayern und NRW – Teil II. Seite 292 f sowie Planungsgemeinschaft Metrorapid-Transrapid: Machbarkeitsstudie Bayern und NRW – Teil III. Seite 232

verkehr (SPFV) angewandten Bewertungsverfahrens (vgl. Abschnitt 8.2.1)und der üblicherweise für den öffentlichen Schienenpersonennahverkehr angewandten Standardisierten Bewertung (vgl. Abschnitt 8.2.3). Hierbei ergaben sich jedoch drei zentrale Problembereiche:

1. Problematisch erwies sich einerseits die Einbeziehung realistischer Einheitskostensätze aus dem Bewertungsverfahren der Bundesverkehrswegeplanung. Aktualisierte Daten werden seit 1997 aus Wettbewerbsgründen von der DB AG nicht mehr veröffentlicht.
2. Andererseits muss die Ermittlung von Kosten für das Rad-Schiene-System mit der Kostenermittlung für das MSB-System vergleichbar sein. [589] Dies birgt aufgrund der abweichenden Kostenstrukturen regelmäßig Probleme und Zündstoff für Diskussionen.
3. Die Bewertung der bei der Stromgewinnung entstehenden CO_2-Emissionen und damit die ökologischen Kosten hängen maßgeblich vom zu Grunde gelegten Energiemix ab. [590]

In der Konsequenz dieser Problemstellungen und vor dem Hintergrund der Transparenz, Nachvollziehbarkeit und gesellschaftspolitischen Relevanz der Anwendungsprojekte haben sich die Verfasser der Machbarkeitsstudie deshalb eher am Standardisierten Bewertungsverfahren für den SPNV orientiert. Unter Berücksichtigung verschiedener nationaler und internationaler Erfahrungswerte wurden die Einheitskostensätze für die Eisenbahn geschätzt sowie eine betreiberneutrale Betrachtungsweise und Kostengliederung (siehe Abschnitt 6.4) gewählt, die sich an üblichen Wirtschaftlichkeitsrechnungen orientiert. [591] Die Ermittlung der regionalen CO_2-Emissionsrate erfolgte sowohl für den durchschnittlichen deutschen Energiemix als auch für den regionalen Energiemix des Landes Nordrhein-Westfalen sowie des Freistaats Bayern. [592]

Für das Teilprojekt I – Bayern ergaben sich folgende zentrale Ergebnisse:

- Unter Berücksichtigung des regionalen Energiemix weist der Transrapid einen Nutzen-Kosten-Quotienten von 1,53 und eine Nutzen-Kosten-Differenz von ca. + 685 Mio. € auf.

---

[589] Planungsgemeinschaft Metrorapid-Transrapid: Machbarkeitsstudie Bayern und NRW – Teil II. Vorbemerkung und Seite 232

[590] Planungsgemeinschaft Metrorapid-Transrapid Machbarkeitsstudie Bayern und NRW – Teil III. Vorbemerkung und Seite 247

[591] Planungsgemeinschaft Metrorapid-Transrapid: Machbarkeitsstudie Bayern und NRW – Teil III. Vorbemerkung und Seite 232 f

[592] Planungsgemeinschaft Metrorapid-Transrapid: Machbarkeitsstudie Bayern und NRW – Teil III. Vorbemerkung und Seite 248

- Unter Berücksichtigung des durchschnittlichen deutschen Energiemix ergibt sich für den Transrapid ein Nutzen-Kosten-Quotient von 1,36 und eine Nutzen-Kosten-Differenz von ca. + 465 Mio. €. [593]

Für das Teilprojekt II – NRW wurden folgende Ergebnisse abgeleitet:

- Unter Berücksichtigung des durchschnittlichen deutschen Energiemix weist der Metrorapid einen Nutzen-Kosten-Quotienten von 1,51 und eine Nutzen-Kosten-Differenz von ca. + 1.178 Mio. € auf.
- Unter Berücksichtigung des regionalen Energiemix Rhein-Ruhr ergibt sich für den Metrorapid ein Nutzen-Kosten-Quotient von 1,41. [594]

Zur Abschätzung der potenziellen Projektauswirkungen auf die Umwelt wurden für beide Teilprojekte Umweltverträglichkeitsstudien (UVS), FFH-Prüfungen und Raumverträglichkeitsuntersuchungen (RVU) durchgeführt. Die Umwelt- und Entlastungswirkungen auf die betroffenen Schutzgüter wurden auf Basis der ermittelten Projektwirkungen und Wirkungsfaktoren abgeleitet. Die Ermittlung und Beurteilung der Auswirkungen auf die Schutzgüter erfolgte in einer modifizierten, schutzgutbezogenen ökologischen Risikoanalyse differenziert nach anlage-, betriebs- und baubedingten Umweltauswirkungen. [595]

Für das Teilprojekt I – Bayern wurden folgende zentralen Ergebnisse ermittelt:

- Die aktuell existierende Verkehrsinfrastruktur entlang der geplanten Strecke (West 1) weist durch die A 92 und das dichte Straßennetz ein sehr bedeutendes Verkehrsaufkommen und eine hohe Vorbelastung bezüglich des Schalls auf.
- Die Emissionen der Magnetschnellbahn liegen im Schnitt 10 dB unter der der Autobahn und sind deshalb nicht pegelbestimmend (siehe Abschnitt 5.5.2).
- Die Lärmsituation wird durch die erforderlichen Schallschutzmaßnahmen in den meisten der vorbelasteten Flächen verbessert (siehe Abb. 5.38).
- Die geplante Bündelung zur A 92 hat zum Großteil eine Inanspruchnahme von Flächen zur Folge, die bereits eine Vorbelastung durch den Straßenverkehr aufweisen. Außerdem werden Biotope, wertvolle ökolo-

---

593 Planungsgemeinschaft Metrorapid-Transrapid: Machbarkeitsstudie Bayern und NRW – Teil II. Seite 256 f

594 Planungsgemeinschaft Metrorapid-Transrapid: Machbarkeitsstudie Bayern und NRW – Teil III. Seite 318

595 Planungsgemeinschaft Metrorapid-Transrapid: Machbarkeitsstudie Bayern und NRW – Teil I. Seite 39

gische Lebensräume nur in geringem Umfang und Naturschutzgebiete gar nicht tangiert.
- Eine Trassierung ohne jegliche Eingriffe in ökologische Flächen lässt sich aber nicht vollends vermeiden. [596]

Für das Teilprojekt II – NRW kommen die Verfasser der Machbarkeitsstudie zu folgenden zentralen Ergebnissen:

- Der Metrorapid sollte zu ca. 95 % in enger Bündelung zu beziehungsweise auf vorhandenen Bahnanlagen geführt werden.
- Die Flächenbeanspruchungen sowie Trenn- und Barriereeffekte wurden auf ein Minimum reduziert. Die städtebauliche Einordnung wäre günstig gewesen.
- Es wurden keine zulassungsversagenden oder -verzögernden Sachverhalte bezüglich Umweltauswirkungen festgestellt.
- Die Einhaltung der gesetzlichen Grenzwerte hinsichtlich Umweltschutz und Gesundheitsvorsorge wären durch aktive/passive Schallschutzmaßnahmen problemlos möglich gewesen. Sie hätten teilweise zur Verbesserung der bestehenden Lärmsituation beigetragen.
- Nachhaltige Schädigungen auf die Umwelt durch den Metrorapid über die zu erwartenden Belastungen der anderen Verkehrsträger hinaus waren nicht zu unterstellen. [597]

8.5 Entwicklung einer multikriteriellen Methode

8.5.1 Randbedingungen für den Systemvergleich

Im Laufe der 30-jährigen Forschungs- und Entwicklungszeit des Transrapid wurden wiederholt Versuche unternommen, die beiden Verkehrssysteme Transrapid und Eisenbahn miteinander zu vergleichen. Vielfach ging man dabei jedoch von unterschiedlichen Voraussetzungen aus und stützte die Argumentationen auf einzelne vorteilhafte Teilaspekte, die aus dem Gesamtzusammenhang herausgelöst wurden. So werden z. B. bevorzugt die Investitionskosten beider Systeme miteinander verglichen oder einzelne technische Parameter, wie Energieverbrauch, Schallemissionen oder Trassierungsparameter herangezogen. Dieses Vorgehen ist problematisch, weil beim Transrapid Fahrzeug-, Fahrweg-, Antriebs-, Leit-, und Siche-

[596] Planungsgemeinschaft Metrorapid-Transrapid: Machbarkeitsstudie Bayern und NRW – Teil I. Seite 39

[597] Planungsgemeinschaft Metrorapid-Transrapid. Machbarkeitsstudie Bayern und NRW – Teil I. Seite 39 f

rungstechnik wesentlich stärker funktional miteinander verknüpft sind als bei jedem anderen Verkehrssystem. [598] Außerdem ist es wissenschaftlich sehr fragwürdig, für Bewertungen der absoluten Vorteilhaftigkeit eines Gesamtverkehrssystems ausschließlich einzelne Teilsysteme oder -aspekte zu betrachten. Es besteht die Gefahr, die gebotene Objektivität durch eine Überbewertung subjektiver Empfindungen zu verfehlen, so dass letztlich falsche Schlüsse gezogen und falsche Erwartungen geschürt werden. Einer solchen Vorgehensweise kann man deshalb nur äußerst kritisch gegenüberstehen.

Als eine weitere Form für den Vergleich zwischen der Magnetschnellbahn und Rad-Schiene-Hochgeschwindigkeitsbahnen können die Untersuchungen für potenzielle Anwendungsstrecken für das Magnetschnellbahnsystem angesehen werden. Dabei wurden Bewertungsverfahren aus der Verkehrsplanung, wie z. B. die Kosten-Nutzen-Analyse angewendet, die für Verkehrsprojekte von Straße, Schiene und Luft gleichermaßen gelten. Wie bereits in Abschnitt 8.2 bemerkt, weisen diese jedoch erhebliche methodische Probleme auf.

Im Gegensatz zu diesen beiden Vorgehensweisen bestand das Ziel von Breimeier bei seinem Vergleich darin, die generelle Vorteilhaftigkeit und Überlegenheit des Rad-Schiene-Systems projektunabhängig zu demonstrieren. [599] Er wählte hierfür technische, wirtschaftliche und ökologische Einzelaspekte und Annahmen aus und argumentierte quantitativ aber auch qualitativ. Er kam zum Ergebnis, dass das Rad-Schiene-System ICE besser sei. Betrachtet man diesen Vergleich zwischen den beiden Hochgeschwindigkeitssystemen genauer, so offenbart dies methodische Defizite und teilweise kritisch zu hinterfragende Aussagen. Ein gesamtheitlicher Systemvergleich, der den Anspruch erhebt, so objektiv wie möglich zu sein, erfordert ein differenzierteres Vorgehen.

Ziel eines Vergleichs zwischen den beiden Alternativen ist es, zu einer Erkenntnis über die Vorteilhaftigkeit einer Alternative zu gelangen. Jede Erkenntnis basiert dabei auf einer Abbildung der objektiven Realität, ist jedoch grundsätzlich subjektiv geprägt. Dies ist auf die begrenzten kognitiven Fähigkeiten des Menschen zurückzuführen, die trotz Vorliegen umfassender Informationen zu einem Sachverhalt immer zu einer Selektion von Informationen führen. [600] Hinzu kommt, dass sich die einzelnen Betrachtungsfelder nur schwer voneinander trennen lassen und in Diskussionen durch Interessengruppen gelegentlich zweifelhafte Argumente ins Feld

[598] Rausch: Systemtechnik der Magnetschnellbahn Transrapid. Seite 18
[599] Breimeier: Transrapid oder Eisenbahn.
[600] Hübner et al.: Technikwirkungsanalyse für den Transrapid. Seite 16

geführt, Auseinandersetzungen polemisiert und mit fehlenden oder falschen Quellen geführt werden.

Sollen die beiden Hochgeschwindigkeitssysteme miteinander verglichen werden, so erfordert dies zunächst aufgrund ihrer großen gesellschaftlichen, politischen und volkswirtschaftlichen Bedeutung eine Bewertung vielfältiger Kriterien. Diese gehen weit über eine reine betriebswirtschaftliche Betrachtung hinaus. Diese Notwendigkeit zieht eine Gegenüberstellung und Beurteilung technischer, wirtschaftlicher, verkehrspolitischer, volkswirtschaftlicher, ökologischer und industriepolitischer Aspekte nach sich. Das hat zur Folge, dass monetäre und nicht-monetäre Kriterien verglichen werden müssen.

Als zentrale Randbedingung kommt hinzu, dass hier ein Systemvergleich zwischen Transrapid und Rad-Schiene-Hochgeschwindigkeitsbahnen unabhängig von einem konkreten Anwendungsprojekt vorgenommen werden soll. Dieses Ziel steht im Gegensatz zu den Bewertungsverfahren, die im Rahmen der Verkehrsplanung praktiziert werden. Die grundsätzlichen Schwierigkeiten für einen gesamtheitlichen Systemvergleich liegen somit unter anderem in:

- dem projektunabhängigen Bezugsrahmen bei gleichzeitiger Betrachtung unterschiedlicher Anwendungsfälle,
- der Notwendigkeit zur Einbeziehung technischer, wirtschaftlicher, verkehrspolitischer, volkswirtschaftlicher, ökologischer und industriepolitischer Aspekte,
- der Berücksichtigung quantitativer und qualitativer Kriterien,
- der Quantifizierbarkeit nicht monetärer und intangibler Kriterien,
- der Subjektivität bei den Bewertungsmaßstäben und Entscheidungen,
- den Unsicherheiten bei Prognosen von Verkehrsaufkommen, Erlösen, Kosten und Langzeitwirkungen,
- der Betrachtung unterschiedlicher Typen und Variationen der Systeme.

Die Entwicklung einer geeigneten Methode für einen gesamtheitlichen, projektunabhängigen Vergleich der Hochgeschwindigkeitsverkehrssysteme ICE und Transrapid induziert deshalb eine Reihe von Anforderungen. Ein entsprechender Anforderungskatalog wird in Abschnitt 8.5.2 entwickelt.

8.5.2 Methodische Vorgaben für den gesamtheitlichen Systemvergleich

Für einen gesamtheitlichen Systemvergleich zwischen dem Transrapid und Rad-Schiene-Hochgeschwindigkeitsbahnen gelten eine Reihe von Besonderheiten. Folgende Anforderungen und Randbedingungen können festgestellt werden:

- Projektunabhängigkeit: Im Gegensatz zu den bei Bewertungsverfahren in der Verkehrsplanung sonst üblichen konkreten Projektbezug wird hier ein globaler Vergleich zweier spurgebundener Hochgeschwindigkeitssysteme durchgeführt.
- Auswahl geeigneter Bewertungskriterien: Ein gesamtheitlicher Systemvergleich muss eine breite Facette an Bewertungsfaktoren berücksichtigen. Dabei darf die Übersichtlichkeit jedoch nicht leiden.
- Integration mehrerer Zielkriterien: In eine gesamtheitliche Bewertungsmethodik sollen neben den technischen, wirtschaftlichen und volkswirtschaftlichen auch gesamtgesellschaftliche Zielvorstellungen der Verkehrs-, Industrie- und Umweltpolitik einfließen. Dies erfordert eine simultane Berücksichtigung aller Ziele in Form eines integrierten Bewertungsverfahrens.
- kriterienspezifische Bezugsmaßstäbe: Die vielfältigen Bewertungskriterien weisen unterschiedliche Bewertungsmaßstäbe auf. Für einen Vergleich jeweils einzelner Bewertungskriterien bei Transrapid und Rad-Schiene-Hochgeschwindigkeitsbahnen sind geeignete Bezugsmaßstäbe wünschenswert.
- Transparenz und Nachvollziehbarkeit: Um die Diskussion um Vor- und Nachteile der beiden Systeme zu versachlichen, sind die einzelnen Verfahrensschritte transparent und nachvollziehbar zu gestalten. Der Systemvergleich soll deshalb strukturiert und offen geführt werden.
- Objektivität: Die Beurteilungsmethodik für den gesamtheitlichen Systemvergleich soll so objektiv als möglich und systemneutral erfolgen.
- Anlehnung an bekannte Bewertungsverfahren: In der Verkehrsplanung werden verschiedene Methoden zur projekt- und verkehrsträgerübergreifenden Bewertung von Verkehrsinfrastrukturinvestitionen angewendet. Diese sind wissenschaftlich fundiert, standardisiert und weit verbreitet, weisen jedoch unterschiedliche methodische Schwächen auf. Eine Methodik für den gesamtheitlichen Systemvergleich sollte sich an bekannte Verfahren anlehnen. Sie muss jedoch die speziellen Randbedingungen des Systemvergleichs berücksichtigen.
- Genauigkeit und Eindeutigkeit: Auch bei einer systematischen und effizienten Vorgehensweise und Anwendung geeigneter Instrumente bei der Bewertung können Unsicherheiten nur verkleinert, jedoch nicht vollständig eliminiert werden. Dennoch sollen die Ergebnisse des Systemvergleichs möglichst genau eingegrenzt werden und eindeutig sein.
- Handhabbarkeit und Praktikabilität: Dem bei Bewertungsverfahren der Verkehrsplanung bestehenden Konflikt zwischen hoher Abbildungsge-

nauigkeit realer Sachverhalte und dem damit verbundenen Aufwand soll durch eine praktikable Methodik begegnet werden.

8.5.3 Klassifikation und Eignung der vorgestellten Verfahren

Unter Beachtung der besonderen Rahmenbedingungen des gesamtheitlichen Systemvergleichs und der methodischen Vorgaben sollen die in Abschnitt 8.2 vorgestellten Bewertungsverfahren aus der Verkehrsplanung hinsichtlich ihrer Eignung beurteilt werden.

Es bleibt zunächst festzuhalten, dass Kritik an den Ergebnissen von Wirtschaftlichkeitsuntersuchungen und Machbarkeitsstudien alles andere als die Ausnahme sind. [601] Dies gilt insbesondere bei konfligierenden Interessen zwischen den verschieden motivierten Beteiligten, Betroffenen und Bedenkenträgern. Streitpotenziale für die Durchsetzung eigener Interessen lassen sich in der Verkehrsplanung aufgrund der systematischen Unsicherheiten, methodischen Schwächen und komplexen Wirkungszusammenhänge relativ einfach finden. Dies betrifft beispielsweise die Ermittlung der Verkehrsaufkommen oder die Bewertungsebene. Bei letzterer werden einerseits eindimensionale und mehrdimensionale Bewertungsmaßstäbe sowie monetäre und nicht monetäre Bewertungsgrößen gegenübergestellt. Andererseits kann das Bewertungsverfahren rein monetär ausgestaltet oder über eine Punkte-Bewertung realisiert werden. Subjektive, auslegungsbedürftige Einflüsse sind dabei unvermeidbar.

Die Kosten-Nutzen-Analyse, die Kosten-Wirksamkeits-Analyse und die Nutzwertanalyse werden vielfach sehr kritisch beurteilt. Sie besitzen unterschiedliche Anwendungsschwerpunkte und Aussagemöglichkeiten und unterscheiden sich mehr oder weniger in ihrem methodischen Aufbau und ihrer Durchführung. Deshalb gibt es keine „einzig richtige" und streng abgrenzbare Methode, die für alle Fragestellungen gleich gut geeignet wäre. Ihnen haftet das grundsätzliche Problem an, dass für eine abschließende Bewertung und Entscheidung ein einheitlicher Beurteilungsmaßstab auf die in unterschiedlichen Dimensionen vorliegenden Wirkungen zu Grunde gelegt werden muss. Bei Kosten-Nutzen-Analyse ist dieser monetärer Natur, bei Nutzwertanalyse und Kosten-Wirksamkeits-Analyse ein Punkte- oder Notensystem.

Der Kosten-Nutzen-Analyse, der Nutzwertanalyse und der Kosten-Wirksamkeits-Analyse wird vorgeworfen, dass sie eine Genauigkeit vortäuschen, die faktisch nicht existiert. Heimerl versucht diesem Vorwurf zu begegnen, indem er die Zielbeiträge zunächst in originären Messgrößen

[601] Haßheider, Malina: Die Genesis des Metrorapid. Seite 76

nach Maß und Zahl darstellt und dann in transparenter Form bewertet. Dennoch lässt sich die Problematik der Skalentransformation, das heißt die Umsetzung und Gewichtung der originären Messgrößen in ein einheitliches Bewertungsschema [€/a oder Punkte], damit nicht lösen. Daher empfiehlt Heimerl Sensitivitätsanalysen zur Kontrolle der Auswirkungen unterschiedlicher Bewertungs- und Gewichtungsansätze. [602] Das Problem der Subjektivität bei der Ermittlung der Bewertungsgrößen und deren Gewichtung kann damit zwar reduziert, aber eben nicht vollends beseitigt werden.

Das Treffen von Entscheidungen verlangt eine Beurteilung und Einbeziehung aller monetären und nichtmonetären Kriterien der mit der Infrastrukturmaßnahme verbundenen Auswirkungen. Die Modellierung und die Aufbereitung der Datenbasis werfen jedoch Probleme auf, welche mit den in der Verkehrsplanung angewandten Bewertungsverfahren für Verkehrsinfrastrukturprojekte kaum zu beherrschen sind. [603] Hinzu kommt, dass in den im Rahmen der Verkehrsplanung angewandten Bewertungsverfahren mittlerweile Ansätze existieren, um die Auswirkungen auf die Umwelt zu ermitteln und in die Entscheidungsfindung einzubinden. Diese sind jedoch umstritten, erfordern einen erheblichen Aufwand und können grundsätzliche Unsicherheiten bezüglich der Annahmen und Ergebnisse nicht verhindern.

Für das Magnetschnellbahnsystem ist durch die stärkere Gewichtung und Berücksichtigung ökologischer Zielvorstellungen in den Bewertungsmethoden ein Nachteil kompensiert worden. So hat Rath kritisiert, dass sich die bessere Umweltverträglichkeit des Transrapid nicht unmittelbar auf das monetäre Bewertungsergebnis ausgewirkt hat, da eine nichtadäquate Berücksichtigung der Umweltauswirkungen erfolgt ist. Der Transrapid wird gegenüber dem ICE tendenziell benachteiligt, wenn die Erhöhung der Nachfrage durch seine Überlegenheit nicht angemessen berücksichtigt wird und nur die Investitionskosten über die Rentabilität entscheiden. Die Qualität des Verkehrsangebots ist entscheidend für die Nachfrage, da sie sowohl die Geschwindigkeit als auch den Modal-Split entscheidend beeinflusst. [604]

Es bleibt im Ergebnis festzuhalten, dass keines der angeführten Bewertungsverfahren alle methodischen Vorgaben des gesamtheitlichen Systemvergleichs (siehe Abschnitt 8.5.2) erfüllen kann. Eine Anwendung der ökonomischen Bewertungsverfahren Kosten-Nutzen-Analyse, Kosten-Wirksamkeits-Analyse oder der im Rahmen der Bundesverkehrswegepla-

---

[602] Heimerl, Meier: Multikriterielle Beurteilung von Verkehrsinvestitionen. Seite 46

[603] Hübner et al.: Transrapid zwischen Ökonomie und Ökologie. Seite 62

[604] Rath: Durchsetzung neuer Verkehrstechnologien. Seite 305

nung und der Standardisierten Bewertung von Verkehrswegeinvestitionen im ÖPNV angewandten Methoden scheidet aus. Dies liegt darin begründet, dass das Fehlen eines projektspezifischen Bezugsrahmens für den gesamtheitlichen Systemvergleich eine Quantifizierung relevanter Wirkungen der Systeme schon an sich unmöglich macht. Dies gilt sowohl für die zu quantifizierende Kostenseite als auch für die Nutzenseite.

Die grundsätzliche Struktur der Nutzwertanalyse weist vor dem Hintergrund der spezifischen Besonderheiten des gesamtheitlichen Systemvergleichs jedoch die größten Vorzüge aus. Aufgrund ihres dimensionslosen Bewertungsmaßstabes soll sie deshalb als Grundkonzept ausgewählt und im Folgenden hinsichtlich der speziellen Zielstellung modifiziert werden. Auch Schuh (siehe Abschnitt 8.3.1) kommt bei der von ihm durchgeführten zusammenfassenden Bewertung von Entscheidungsverfahren zum Ergebnis, dass sich die Nutzwertanalyse als vorteilhaftestes Entscheidungsverfahren für die von ihm betrachtete Problemstellung erweist. [605]

8.5.4 Varianten von Nutzwertanalysen

Für den gesamtheitlichen Systemvergleich sind grundsätzlich mehrere methodische Ansätze der Nutzwertanalyse denkbar. Diese unterscheiden sich hauptsächlich hinsichtlich ihrer Abhängigkeit vom Bewertungsmaßstab und der Berücksichtigung von Unsicherheiten und Risiken. Es lassen sich folgende Möglichkeiten unterscheiden:

- Nutzwertanalyse mit nominalem Bewertungsmaßstab: Eine Bewertung der Nutzwerte erfolgt nominal einerseits hinsichtlich der Kategorien „positiv“ beziehungsweise „negativ“ und andererseits vergleichend zwischen „besser“ oder „schlechter“.
- Nutzwertanalyse mit klassenskaliertem Bewertungsmaßstab: Eine Bewertung der Nutzwerte erfolgt durch Zuordnung in abgestufte Klassen, z. B.: „++“ „+“ „±“ „-“ „- -“ oder in Form eines Schulnotensystems, z. B. mit den Noten 1 bis 5.
- Nutzwertanalyse mit ordinal skaliertem Bewertungsmaßstab: Eine Bewertung der Nutzwerte erfolgt in Form eines ordinal skalierten Zahlensystems, das auch reelle Zahlen zulässt, z. B. 1,33 oder 3,7.

Darüber hinaus sind Verfeinerungen zum ordinal skalierten Bewertungsmaßstab möglich, z. B. mit Angabe von Bandbreiten oder stochastischen Bewertungen, die jedoch hier nicht weiter vertieft werden sollen.

---

[605] Schuh: Entscheidungsverfahren zur nachhaltigen Entwicklung. Seite 27

8.5.5 Grundkonzept der multikriteriellen Methode für den gesamtheitlichen Systemvergleich

In Anlehnung an das von Heimerl entwickelte multikriterielle Entscheidungsverfahren (siehe Abschnitt 8.2.2) und das Standardisierte Bewertungsverfahren für den ÖPNV (siehe Abschnitt 8.2.3) wird für den gesamtheitlichen Systemvergleich der Hochgeschwindigkeitssysteme des Transrapid und der Rad-Schiene-Hochgeschwindigkeitsbahnen ein multidimensionales und multikriterielles Beurteilungsverfahren entwickelt. Das Verfahren ist multidimensional, da gleichzeitig verschiedene Zielperspektiven vier unterschiedlicher Interessengruppen berücksichtigt werden. Und es ist multikriteriell, da technische, wirtschaftliche, verkehrspolitische, volkswirtschaftliche und industriepolitische Bewertungskriterien einfließen.

Die Grundlage für den Systemvergleich bildet ein hierarchisch strukturiertes Zielkriteriensystem. Die Zielkriterien repräsentieren die unterschiedlichen Zielvorstellungen der vier Interessengruppen Benutzer, Betreiber, Gesellschaft und Politik. Die einzelnen Interessengruppen verfolgen teilweise gemeinsame Interessen, teilweise unterschiedliche und teilweise sogar konträre Vorstellungen. Die Beurteilung der Zielkriterien muss deshalb auf den Fokus der jeweiligen Zielgruppe abstellen. In Tabelle 8.3 ist das Zielsystem für den gesamtheitlichen Systemvergleich dargestellt.

Tabelle 8.3 Zielsystem des gesamtheitlichen Systemvergleichs

Nr.	Zielkriterien
1	**Benutzer**
1.1	Reisezeit (Reisegeschwindigkeit/Fahrzeit, Haltepunkte, Zugfrequenz)
1.2	Kosten (Fahrpreis, flankierende Kosten)
1.3	Komfort (Zugangs-/Abgangszeiten, Pünktlichkeit/Systemverfügbarkeit, Sitzplatzfläche, Ein-/Ausstieg, Klimatisierung, Innenschall, Gepäck, Fahrempfinden, Innenraum, Attraktivität/Image, Sicherheitsempfinden, Komfortklassen, Bordeinrichtungen)
1.4	Erreichbarkeiten (Stadtzentren, Flughäfen, Autobahnen/überregionale Straßen)
2	**Betreiber**
2.1	Maximierung der Erträge (Fahrgeldeinnahmen, Parkplatzbereitstellung, Nutzflächen in Bahnhöfen)
2.2	Minimierung der Investitionen (Fahrweg (Kurvenradius, Steigungsfähigkeit), Fahrzeuge (Reisegeschwindigkeit, Beschleunigungsvermögen, Gewicht), Betriebsanlagen, mittelbare Kosten (Planungssicherheit und Planungsrisiken), Grunderwerb

2.3 Minimierung der Betriebskosten (Fahrweg, Fahrzeuge, Personal, Energie)

2.4 Maximierung der Sicherheit (Automatisierungsgrad, Bremsen, Führungsprinzip, Brandvorkehrungen, Evakuierung, Konstruktion Fahrweg, Kollisionspotenzial)

2.5 Maximierung der Verfügbarkeit, Image und Zuverlässigkeit (Ausfallverhalten, technische Verfügbarkeit, Attraktivität, Image)

3 Gesellschaft

3.1 Verminderung negativer Umweltauswirkungen (Schadstoffemissionen, Lärmemissionen, Erschütterungen, Flächenverbrauch, Wasserhaushalt, Landschaftsbild, Stadtbild, Trennwirkungen/Zerschneidung)

3.2 Erhöhung der Unfallsicherheit (Verminderung von Toten, Schwerverletzten, Leichtverletzten sowie Sachschäden)

3.3 Verbesserung der Raum- und Siedlungsstruktur (Verbindung Metropolen/ Ballungszentren, Erschließung peripherer Regionen, Netzbildung Deutschland und Europa)

4 Politik

4.1 Verkehrspolitik (Mobilität, Wirtschaftsstandort, Verkehrswachstum/ Mobilität, Verkehrsicherheit, Ressourcenverbrauch, Emissionen, europäische Integration, Gesamtverkehrssystemkonzeption)

4.2 Volkswirtschaft (Produktivität/Arbeitsteilung, regionale Wirtschaftsstrukturen, Raum-/Siedlungsstruktur, Konjunktur/Wachstum, externe Kosten)

4.3 Industriepolitik (Arbeitsmarkt/Beschäftigung, Innovationscharakter, Exportchancen, Entwicklungspotentiale, Strukturwandel)

Wie in Abschnitt 8.5.3 erläutert, wird für das Bewertungsverfahren des gesamtheitlichen Systemvergleichs die grundsätzliche Struktur der Nutzwertanalyse adaptiert, da diese aufgrund ihres dimensionslosen Bewertungsmaßstabes und ihrer Modifizierbarkeit am geeignetsten erscheint. Auf eine Gewichtung der Zielkriterien und Aggregation von Teilnutzwerten wird jedoch verzichtet. Wie in Abschnitt 8.1.4 beschrieben, ist dieser Teilschritt der Nutzwertanalyse aufgrund der Subjektivität bei der Gewichtung als kritisch anzusehen. Letztlich kann auch durch Gewichtung und Aggregation die Entscheidungsfindung durch den Entscheidungsträger nicht adäquat ersetzt werden. Die Bewertungsergebnisse der vier Perspektiven bleiben deshalb nebeneinander bestehen. Eine abschließende Wertung bleibt dem Betrachter überlassen.

Als Maßstab für die gesamtheitliche Beurteilung der Zielkriterien wird entsprechend dem Vorgehen der Nutzwertanalyse mit klassenskaliertem Bewertungsmaßstab (siehe Abschnitt 8.5.4) eine Zuordnung des Grades der Zielerfüllung in folgende Klassen vorgenommen:

+ + Zielkriterium vollständig erfüllt

\+ Zielkriterium nahezu vollständig erfüllt

± Zielkriterium teilweise erfüllt

\- Zielkriterium kaum erfüllt

\- - Zielkriterium nicht erfüllt

p Erfüllung des Zielkriteriums projektspezifisch

8.6 Ergebnis des gesamtheitlichen Systemvergleichs

Projiziert man die Aussagen aus den Kapiteln 5, 6 und 7 auf die Zielkriterien des in Abschnitt 8.5.5 entwickelten Bewertungsverfahrens für den gesamtheitlichen Systemvergleich der Verkehrssysteme Transrapid und Rad-Schiene-Hochgeschwindigkeitsbahn, so gelangt man zu Aussagen bezüglich der Vorteilhaftigkeit der beiden Systeme hinsichtlich des jeweils betrachteten Zielkriteriums. In Tabelle 8.4 ist das Bewertungsergebnis für die Perspektive „Benutzer", in Tabelle 8.5 das Bewertungsergebnis für die Perspektive „Betreiber", in Tabelle 8.6 das Bewertungsergebnis für die Perspektive „Gesellschaft" und in **Tabelle 8.7** das Bewertungsergebnis für die Perspektive „Politik" dargestellt.

Die vorgenommenen Bewertungen bleiben trotz der sehr intensiven Auseinandersetzung mit der Thematik der unterschiedlichen Aspekte subjektiv geprägt. Der Leser, der die Wertungen nachvollziehen will, wird insbesondere darauf hingewiesen, dass er die vier Sichtweisen bei seiner Meinungsbildung immer berücksichtigen muss.

Tabelle 8.4 Bewertungsergebnis der Perspektive Benutzer

Nr.	**Zielkriterien**	**Bewertung**	
1	**Benutzer**	**Trans-rapid**	**Rad-Schiene**
1.1	**Reisezeit**		
1.1.1	hohe Reisegeschwindigkeit/geringe Fahrzeit	++	±
1.1.2	Zahl der Haltepunkte	+	±
1.1.3	hohe Zugfrequenz	±	±
1.2	**Kosten**		
1.2.1	Fahrpreis	-	±
1.2.2	flankierende Kosten (ÖPNV-/Parkplatzgebühren)	p	p
1.3	**Komfort**		
1.3.1	Zugangs-/Abgangszeiten	±	±
1.3.2	Pünktlichkeit/Systemverfügbarkeit	+	±

1.3.3	Sitzplatzfläche	±	±
1.3.4	niveaugleicher Ein- und Ausstieg	±	±
1.3.5	Klimatisierung im Fahrzeug	±	±
1.3.6	Innenschall	±	±
1.3.7	Gepäcktransport- und -ablagemöglichkeiten	p	±
1.3.8	Fahrempfinden (Ruck, etc.)	±	±
1.3.9	Innenraumgestaltung	p	+
1.3.10	Attraktivität und Image	+	±
1.3.11	Sicherheitsempfinden	±	±
1.3.12	Komfortklassen (1./2.)	p	±
1.3.13	Bordeinrichtungen	p	±
1.4	**Erreichbarkeiten**		
1.4.1	von Stadtzentren	p	++
1.4.2	von Flughäfen	p	p
1.4.3	von Autobahnen/überregionalen Straßen	p	p

p projektspezifisch

Tabelle 8.5 Bewertungsergebnis der Perspektive Betreiber

Nr.	Zielkriterien	Bewertung	
2	**Betreiber**	**Trans-rapid**	**Rad-Schiene**
2.1	**Maximierung der Erträge**		
2.1.1	Erlöse aus Fahrgeldeinnahmen	+	±
2.1.2	Einnahmen durch Parkplatzbereitstellung	p	p
2.1.3	Einnahmen durch Nutzflächen in Stationen	p	+
2.2	**Minimierung der Investitionen**		
2.2.1	Investitionen Fahrweg (inklusive Langstator)	-	±
2.2.1.1	Kurvenradius	+	±
2.2.1.2	Steigungsfähigkeit	++	-
2.2.2	Investitionen Fahrzeuge	-	±
2.2.2.1	Reisegeschwindigkeit	++	±
2.2.2.2	Beschleunigungsvermögen	++	-
2.2.2.3	Gewicht	±	±
2.2.3	Investitionen Betriebsanlagen	-	±
2.2.4	Investitionen mittelbare Kosten	+	-
2.2.4.1	Planungssicherheit und Planungsrisiken	+	±
2.2.4.2	Grunderwerb	+	±
2.3	**Minimierung der Betriebskosten**		
2.3.1	Unterhaltung Fahrweg	+	±
2.3.2	Unterhaltung Fahrzeuge (mechanische Verschleiß)	+	±
2.3.3	Personalkosten	+	±
2.3.4	Energiekosten	-	±
2.4	**Maximierung der Sicherheit**		
2.4.1	Automatisierungsgrad	+	±
2.4.2	Bremsen	+	±
2.4.3	Führungsprinzip	+	±
2.4.4	Brandvorkehrungen	±	±
2.4.5	Evakuierung	-	+
2.4.6	Konstruktion des Fahrwegs	+	±
2.4.7	Kollisionspotential	++	±
2.5	**Maximierung Verfügbarkeit/Image/Zuverlässigkeit**		
2.5.1	Ausfallverhalten und technische Verfügbarkeit	+	±
2.5.2	Attraktivität und Image	+	±

p projektspezifisch

Tabelle 8.6 Bewertungsergebnis der Perspektive Gesellschaft

Nr.	**Zielkriterien**	**Bewertung**	
3	**Gesellschaft**	**Trans-rapid**	**Rad-Schiene**
3.1	**Verminderung negativer Umweltauswirkungen**		
3.1.1	Schadstoffemissionen	±	±
3.1.2	Lärmemissionen	-	--
3.1.3	Erschütterungen	±	-
3.1.4	Flächenverbrauch	±	-
3.1.5	Wasserhaushalt	±	-
3.1.6	Beeinträchtigung des Landschaftsbildes	±	±
3.1.7	Beeinträchtigung des Stadtbildes	-	-
3.1.8	Trennwirkungen und Zerschneidungseffekte	±	-
3.2	**Erhöhung der Unfallsicherheit**		
3.2.1	Verminderung der Anzahl von Verkehrstoten	+	±
3.2.2	Verminderung der Anzahl von Schwerverletzten	+	±
3.2.3	Verminderung der Anzahl von Leichtverletzten	+	±
3.2.4	Verminderung von Sachschäden	+	±
3.3	**Verbesserung der Raum- und Siedlungsstruktur**		
3.3.1	Verbindung Metropolen/Ballungszentren	+	±
3.3.2	Erschließung peripherer Regionen	-	-
3.3.3	Netzbildung Deutschland	-	+
3.3.4	Netzbildung Europa	±	±

p projektspezifisch

Tabelle 8.7 Bewertungsergebnis der Perspektive Politik

Nr.	**Zielkriterien**	**Bewertung**	
4	**Politik**	**Trans-rapid**	**Rad-Schiene**
4.1	**Verkehrspolitik**		
4.1.1	Gewährleistung hoher Mobilität	±	±
4.1.2	Stärkung des Wirtschaftsstandortes Deutschland	+	±
4.1.3	Bewältigung des Verkehrswachstums und Erhöhung des Modal-Split-Anteils	+	-
4.1.4	Verbesserung der Verkehrssicherheit	+	±
4.1.5	Verringerung von Ressourcenverbrauch	+	±
4.1.6	Reduktion von Emissionen	±	±
4.1.7	Förderung der europäischen Integration	±	±
4.1.8	Integration in eine Gesamtverkehrskonzeption (Vernetzung)	±	+
4.2	**Volkswirtschaft**		
4.2.1	Steigerung der Produktivität und Arbeitsteilung	+	±
4.2.2	Förderung der regionalen Wirtschaftsstruktur	±	±
4.2.3	Verbesserung der Raum- und Siedlungsstruktur	±	±
4.2.4	Förderung von Konjunktur und Wachstum	+	±
4.2.5	Verminderung der externen Kosten des Verkehrs	+	+
4.3	**Industriepolitik**		
4.3.1	Förderung von Arbeitsmarkt und Beschäftigung	+	±
4.3.2	Innovationscharakter	++	±
4.3.3	Exportchancen	++	±
4.3.4	Entwicklungspotenziale	++	±
4.3.5	Strukturwandel	+	-

Bei der Betrachtung der Ergebnisse des gesamtheitlichen Systemvergleichs der beiden Hochgeschwindigkeitssysteme wird deutlich, dass der Transrapid der Rad-Schiene-Hochgeschwindigkeitsbahn vielfach, teilweise sogar deutlich überlegen ist. Er erweist sich vor den aufgestellten Zielkriterien für den Hochgeschwindigkeitsverkehr in allen vier Perspektiven in der Summe wesentlich vorteilhafter. Seine technischen Vorteile, seine Wirtschaftlichkeit und seine ökologischen Vorzüge machen den Transrapid einzigartig in der Welt.

Trotz dieser Überlegenheit hat es der Transrapid wie in der Vergangenheit auch heute noch schwer, sich gegenüber der Vormachtstellung der Rad-Schiene-Systeme zu behaupten und sich als alternatives Verkehrssystem durchzusetzen. Das vorhandene Netz der Eisenbahnen in Europa stellt bisher ein unüberwindbares Hindernis dar und wird von seinen Unterstützern verteidigt. Dabei wird jedoch häufig übersehen, dass mit den historisch gewachsenen Strukturen die sich verändernden Mobilitätserwartungen immer weniger zu erfüllen und langfristig nicht sicherzustellen sind. Der Straßen- und Luftverkehr, insbesondere von Gütern, wachsen überproportional. Die Mobilitätsraten und die Entfernungen steigen. Das Gesamtverkehrsnetz stößt zunehmend an seine Grenzen und führt zu negativen Wirkungen für die Umwelt und die Gesellschaft. Um den Anteil der Schiene am Verkehrsaufkommen zu steigern, sind spurgebundene Hochgeschwindigkeitssysteme notwendig, die eine echte Konkurrenz zum Pkw und zum Flugzeug darstellen. Erhebliche Investitionen in die Verkehrsinfrastruktur und die Verkehrssysteme für den Aus- und Neubau des Hochgeschwindigkeitsverkehrs sind unumgänglich. Dies gilt für ICE und Transrapid gleichermaßen. Der ökonomische und ökologische Sachverstand gebietet jedoch die größtmögliche Effizienz der eingesetzten Mittel, insbesondere vor dem Hintergrund der langfristigen Wirkungs- und Betrachtungshorizonte. Und genau an dieser Stelle kann der Transrapid den Rad-Schiene-Systemen „davon schweben“, da er aufgrund seiner Vorteile prädestiniert ist, diese Forderungen besser zu erfüllen.

Abschließend können aus den Ergebnissen des gesamtheitlichen Systemvergleichs die nachfolgenden zentralen Aussagen für den Hochgeschwindigkeitsverkehr und bei spezifischen Anwendungen z. B. als Flughafenanbinder formuliert werden. Ein Teil der Kernaussagen bestätigt die bereits von Rath aufgestellten Bedingungen für die volkswirtschaftlich fundierte Durchsetzung und Einführung der Magnetschwebetechnik. [606] Die zentralen Ergebnisse lauten:

1. Mit dem Transrapid steht ein innovatives Hochgeschwindigkeitsverkehrssystem bereit, das den Rad-Schiene-Hochgeschwindigkeitsbahnen überlegen und weltweit einzigartig ist.

2. Der Transrapid ist dem Rad-Schiene-System technisch überlegen. Der Er besitzt ein deutlich höheres Leistungsvermögen, kann anpassungsfähiger trassiert werden, ist nahezu verschleißfrei, sicherer und besitzt große Entwicklungspotenziale.

3. Neubaustrecken für den Hochgeschwindigkeitsverkehr, insbesondere in der typischen deutschen Mittelgebirgstopografie, sind beim Transrapid mit vergleichbaren Investitionskosten gegenüber Neubaustrecken für den ICE verbunden.

[606] Rath: Durchsetzung neuer Verkehrstechnologien. Seite 308 ff

4. Im Vergleich mit allen anderen Bodenverkehrsmitteln besitzt der Transrapid die höchste Umweltverträglichkeit. Er ist deshalb unter ökologischen Gesichtspunkten gegenüber der Rad-Schiene-Hochgeschwindigkeitsbahn vorzuziehen.

5. Der Transrapid und die Rad-Schiene-Hochgeschwindigkeitsbahn können aufgrund ihrer Leistungsvermögen große Transportkapazitäten bereitstellen. Die Konkurrenzfähigkeit des Transrapid zum Pkw und Flugzeug ist höher als bei der Rad-Schiene-Hochgeschwindigkeitsbahn.

6. Die Magnetschwebetechnik und der Transrapid versprechen aufgrund des Innovationscharakters und der Entwicklungspotenziale weltweit größere Exportchancen als die ICE-Technik.

7. Spurgebundene Hochgeschwindigkeitsverkehrssysteme können ihre Vorzüge nur als Bestandteil eines Gesamtverkehrssystems voll ausspielen. Sie sind auf komplementäre Verkehrssysteme wie den ÖPNV angewiesen.

8. Das Hochgeschwindigkeitsverkehrssystem Transrapid weist im Entfernungsbereich von ca. 150 km bis 700 km die größte Attraktivität auf. Die Rad-Schiene-Hochgeschwindigkeitsbahn stellt nur zwischen ca. 150 km bis 300 km eine gewisse Konkurrenz zum Pkw dar. Magnetschnellbahnen sind deshalb besser geeignet, die Metropolen und Ballungsräume in einem europäischen Hochgeschwindigkeitsnetz zu verbinden.

9. Die Entscheidung zwischen Transrapid und Rad-Schiene-Hochgeschwindigkeitsbahn ist unter Einbeziehung von technischen, wirtschaftlichen, verkehrspolitischen, volkswirtschaftlichen und industriepolitischen Kriterien zu treffen. Politik und Gesellschaft müssen sich an diesem gesamtheitlichen Ansatz orientieren.

10. Mit der ausstehenden Entscheidung der Politik über die Realisierung der ersten Anwendungsstrecke des Transrapid in München kann und muss die Politik ein Signal für die Innovations- und Zukunftsfähigkeit Deutschlands setzen. Hierbei ist sowohl gesamtwirtschaftlichen als auch gesamtgesellschaftlichen Aspekten Beachtung zu schenken.

11. Mit Magnetschnellbahnen können die Fahrgäste in einem attraktiveren und sicheren Verkehrsmittel bei moderaten Kosten und deutlich kürze-

ren Reisezeiten gegenüber Rad-Schiene-Hochgeschwindigkeitsbahnen reisen.

12. Für den Betreiber einer Magnetschnellbahn ergeben sich gegenüber einer Rad-Schiene-Hochgeschwindigkeitsbahn Vorteile durch die höhere Wirtschaftlichkeit, Trassierbarkeit, Planbarkeit und Sicherheit. Hinzu kommen Zuverlässigkeit und Attraktivität, die insgesamt ein positives Image erwarten lassen.

13. Magnetschnellbahnen können die Zielvorstellungen der Politik besser unterstützen als Rad-Schiene-Hochgeschwindigkeitsbahnen. Sie versprechen einen größeren Nutzen für ihre verkehrspolitischen, volkswirtschaftlichen, industriepolitischen und ökologischen Zielsetzungen.

9 Zusammenfassung und Ausblick

Mit dem Magnetschnellbahnsystem Transrapid ist in Deutschland die Entwicklung des innovativsten spurgebundenen Verkehrssystems gelungen. Nach rund 30-jähriger Forschungs- und Entwicklungsarbeit steht ein High-Tech-Produkt zur Verfügung, das die Potenziale besitzt, den Hochgeschwindigkeitsverkehr zu revolutionieren. Die Anwendungsstrecke in Shanghai, die Erfahrungen aus Forschung und Entwicklung auf der Transrapid Versuchsanlage Emsland sowie zahlreiche Projektstudien zeugen von der Anwendungsreife des Magnetschnellbahnsystems und dem Knowhow deutscher Ingenieure und Unternehmen.

Trotz seines revolutionären Charakters ist die Anwendung der Magnetschwebetechnik im kommerziellen Betrieb in Deutschland nach wie vor in der Schwebe. Bereits in der 1971 veröffentlichten Studie für ein Schnellverkehrssystem wurde erkannt, dass die künftige Verkehrsentwicklung mit den traditionellen Verkehrsmitteln nicht mehr zu beherrschen ist. Unter verschiedenen technischen Möglichkeiten kristallisierte sich die Magnetschwebetechnik heraus. Bund und Industrie konzentrierten ihr Engagement und investierten fortan in Forschung und Entwicklung. Trotz der Beteuerungen und der wechselnden Unterstützung der Politik gleicht die Erfolgsgeschichte des Transrapid dennoch eher einem Auf und Ab als einem, technisch möglichen, steilen Aufstieg. Die Magnetschwebetechnik und der Transrapid mussten sich von Anfang an an den Maßstäben und mit den Regeln des Rad-Schiene-Systems messen lassen, dem es durch Weiterentwicklungen immer wieder gelang, die Messlatte nach oben zu legen. Die Vorteile und Potenziale der Magnetschwebetechnik und des Transrapid ermöglichen es jedoch nach wie vor, die Maßstäbe der Rad-Schiene-Technik im Hochgeschwindigkeitsverkehr zu erreichen und zu übertreffen.

In einem Wettkampf zwischen gleichberechtigten Spielern um den Einsatz im spurgebundenen Hochgeschwindigkeitsverkehr müssten die Magnetschwebetechnik und der Transrapid eigentlich als klare Sieger hervorgehen. Es wird jedoch mit harten Bandagen um Investitionen und die Gunst der Politik gekämpft. Um den potenziellen Sieger auszubremsen und Hindernisse in den Weg zu rollen, sind auch unfaire Mittel legitim. Subjektive Empfindungen werden thematisiert und in den Stand von Spielregeln erhoben. Auch wenn die Entwicklung und Realisierung für Magnetschnellbahnstrecken gelegentlich ins Stolpern geraten ist, so konnte sie jedoch nicht endgültig zu Fall gebracht werden. Dem Zuschauer bleiben Hintergründe allerdings meist verborgen oder werden zu gegebenem Anlass scheibchenweise ins Bewusstsein gerufen. Sie lösen deshalb Verwunderung aus und lassen den Ausgang dieses Wettkampfs dann doch wieder offen erscheinen. Es fehlt an objektiven Bewertungsmaßstäben, die alle Facetten dieses Spiels offenbaren.

Im vorliegenden Fachbuch werden Informationen zur Magnetschwebetechnik, zum Transrapid und den Rad-Schiene-Hochgeschwindigkeitsbahnen zusammengetragen und für einen gesamtheitlichen Systemvergleich wissenschaftlich aufbereitet. Die Betrachtungen schließen technische, wirtschaftliche, verkehrspolitische, volkswirtschaftliche und industriepolitische Faktoren ein und erfolgen systemoffen und unabhängig von konkreten Projekten. In einem gesamtheitlichen Systemvergleich der beiden Hochgeschwindigkeitsverkehrssysteme erfolgt eine Bewertung an wichtigen Zielkriterien von Benutzern, Betreibern, Gesellschaft und Politik.

In Kapitel 1 werden erstaunliche Parallelen der historischen Entwicklung der Magnetschwebetechnik zur Entwicklung der elektrischen Eisenbahnen im 18. und 19. Jahrhundert nachgezeichnet. Analog zu Forschung und Entwicklung von neuartigen Antriebssystemen mit der Magnetschwebetechnik gingen auch bei den elektrischen Antrieben der Eisenbahn wesentliche Entwicklungen von Deutschland aus. Mangels Mut zum Risiko wurde die technische Umsetzung aber dann von ausländischen Unternehmen dominiert.

Nach einer Einführung in die Problematik des Vergleichs von Hochgeschwindigkeitsverkehrsystemen werden in Kapitel 2 das Rad-Schiene-System und in Kapitel 3 das Magnetschnellbahnsystem beleuchtet. Schwerpunkte sind historische Entwicklungsschritte, technische Funktionsprinzipe, Tendenzen der Verkehrsentwicklung, technische Grenzen des Rad-Schiene-Systems und Stationen für die künftige Entwicklung. Wie die Ausführungen in Kapitel 2 verdeutlichen, hat das Rad-Schiene-System eine lange Tradition im Verkehrswesen. Es ist jedoch inzwischen an seine Grenzen gestoßen und kann mit den Mobilitätsanforderungen immer weniger mithalten. Der wichtigste Hinderungsgrund besteht im technischen Zusammenspiel von Rad und Schiene. Der in den letzten beiden Jahrzehnten im Hochgeschwindigkeitsverkehr vollzogene Sprung in Geschwindigkeitsbereiche bis 300 km/h hat beachtliche Entwicklungen bei Fahrweg und Zügen hervorgebracht. Systembedingt sind jedoch überproportionaler Verschleiß und enorme Investitions- und Betriebskosten unvermeidlich. Weitere Steigerungen der Reisegeschwindigkeiten beim Rad-Schiene-System sind deshalb nicht zu erwarten.

Im Gegensatz dazu kann der Transrapid durch sein einzigartiges, verschleißfreies Antriebsprinzip wie in Kapitel 3 erläutert, in andere Dimensionen vorstoßen. Auch wenn die 30-jährige Entwicklungsgeschichte im Vergleich zum Rad-Schiene-System sehr kurz ist, zeugen die Anwendungsstrecke in Shanghai und die Entwicklungen auf der TVE vom erreichten hohen Niveau der Anwendungsreife. Nicht ohne Grund werden dem Transrapid und der deutschen Magnetschwebetechnik weltweite große Chancen zugetraut, wie die in Kapitel 4 vorgestellten Projekte und Projektstudien verdeutlichen. Der Startschuss hierfür fällt allerdings in München.

Der hier vorgestellte gesamtheitliche Systemvergleich erhebt den Anspruch, zwei unterschiedliche Hochgeschwindigkeitsverkehrssysteme mit den gleichen Maßstäben und ohne einen konkreten Projektbezug bewerten zu wollen. Hierfür sind beim Leser Fakten und Hintergründe notwendig, die in den Kapiteln 5, 6 und 7 aufgearbeitet werden. Die Betrachtungen in Kapitel 5 zeigen, dass der Transrapid durch sein hohes Beschleunigungsvermögen und seine großen Reisegeschwindigkeiten ein enormes Leistungsvermögen aufweist und hohe Transportleistungen erreicht. Dies macht ihn im Zusammenspiel mit seinen günstigen Trassierungsparametern und der aufgeständerten Fahrweggestaltung gegenüber dem Rad-Schiene-System äußerst flexibel. Den Transrapid zeichnen darüber hinaus Umweltverträglichkeit und Sicherheit aus. Ressourcenverbrauch und Emissionen sind deutlich geringer, die systembedingte, konstruktive und betriebliche Sicherheit für die Reisenden deutlich höher.

Wie in Kapitel 6 gezeigt wird, können dem Transrapid auch in puncto Wirtschaftlichkeit klare Vorzüge gegenüber dem Rad-Schiene-System attestiert werden. Vergleichbaren Investitionskosten für Fahrweg und Fahrzeuge stehen deutlich geringere Betriebskosten gegenüber. In Verbindung mit den langen Nutzungszeiten für Verkehrssysteme sind Transrapid-Projekte somit auch für potentielle Betreiber und Investoren interessant. Ein fiktives Beispiel einer für Deutschland typischen Hochgeschwindigkeitsstrecke durch ein Mittelgebirge unterstreicht dies, da die Baukosten des Fahrwegs für den Transrapid vergleichbar ausgefallen sind. Wie die leidvollen Erfahrungen bei den für das Rad-Schiene-System realisierten Hochgeschwindigkeitsstrecken zeigen, sind Verkehrsinfrastrukturprojekte regelmäßig mit erheblichen Unsicherheiten und Risiken behaftet, die in der Vergangenheit häufig zu beträchtlichen Mehrkosten geführt haben. Die traditionellen Methoden der Investitionsrechnung greifen hier zu kurz und können die tatsächlichen Gegebenheiten nur bedingt abbilden. Das vorgestellte stochastische Investitionsrechenverfahren verspricht hier mehr Erfolg.

Neben technischen und wirtschaftlichen Aspekten sind für einen gesamtheitlichen Systemvergleich weitere Kriterien einzubeziehen. In Kapitel 7 werden deshalb verkehrspolitische, volkswirtschaftliche und industriepolitische Aspekte betrachtet. Von Bedeutung sind dabei insbesondere die Entlastungsmöglichkeiten im Straßen- und Luftverkehr, die sich durch den Hochgeschwindigkeitsverkehr erreichen lassen. Hier bietet der Transrapid gegenüber Rad-Schiene-Hochgeschwindigkeitsbahnen deutliche Vorteile. Ziel der Verkehrspolitik kann nur ein integriertes Gesamtverkehrssystem sein, das auf die unterschiedlichen Entfernungsbereiche und Verkehrsträgeranteile abstellt und ökologische Kriterien einbezieht. So ist im Personenfernverkehr der Pkw, abgesehen von Ballungszentren, bei Entfernungen bis ca. 200 km trotz der großen Bemühungen auf der „Schiene" nahezu unschlagbar. Bis etwa 400 km Entfernung konkurrieren der Transrapid und das Rad-Schiene-System. Dabei dominiert heute noch das Rad-Schiene-System durch das vorhandene Streckennetz, der Transrapid stellt aufgrund seiner Vorzüge jedoch eine echte Alternative dar. Bei größeren Entfernungen haben nur noch das Flugzeug und der Transrapid ihre Berechtigung. Bis zu einer Entfernung von ca. 1.000 km könnten mit dem Transrapid allerdings bedeutende Verkehrsträgeranteile aus der Luft auf die „Schiene" verlagert werden.

Auch unter volkswirtschaftlichen Gesichtspunkten ist dem Transrapid seine Berechtigung nicht abzusprechen. Einerseits können durch seine Umweltverträglichkeit die externen Kosten des Verkehrs in stärkerem Maße als beim Rad-Schiene-System kompensiert werden. Andererseits sind ebenso positive Signale für die regionale Wirtschaft, Konjunktur und Wachstum zu erwarten. Darüber hinaus können der deutschen Magnetschwebetechnik und dem Transrapid auf dem Weltmarkt größere Exportchancen zugeschrieben werden als der deutschen Rad-Schiene-Hochgeschwindigkeitsbahn ICE. Industriepolitisch ist die politische Unterstützung des Transrapid weiterhin unverzichtbar, um die positiven Effekte für Arbeitsmarkt und Beschäftigung sowie den Standort Deutschland zu fördern.

Den Abschluss der Einzelbetrachtungen bildet dann Kapitel 8, in dem die Ergebnisse zusammengeführt und verdichtet werden. Für den gesamtheitlichen Systemvergleich werden angewandte Bewertungsverfahren aus der Verkehrsplanung und Bewertungsverfahren für Magnetschnellbahnen aus der Literatur vor dem Hintergrund der besonderen Rahmenbedingungen beurteilt. Keine der betrachteten Verfahren erweist sich jedoch als zufriedenstellend. Es wird deshalb eine Methode entwickelt, die sich an der Nutzwertanalyse und dem Standardisierten Bewertungsverfahren für den ÖPNV orientiert. Die Bewertung der Hochgeschwindigkeitsverkehrssysteme erfolgt anhand der vier Perspektiven Benutzer, Betreiber, Gesellschaft und Politik. Eine abschließende Aggregation der Vorteile des Transrapid und des Rad-Schiene-Systems erscheint jedoch vor dem Hintergrund der subjektiven Empfindungen der Entscheidungsträger und Leser nicht als zielführend. Eine abschließende Bewertung bleibt dem Betrachter überlassen.

Abschließend kann festgehalten werden, dass die Entwicklung und Realisierung von Verkehrssystemen schon immer einen langen und starken Atem brauchte. Wie die Geschichte zeigt, wurden allseits verbreitete Verkehrssysteme durch die technischen Weiterentwicklungen im Laufe der Zeit, im wahrsten Sinne des Wortes, unaufhaltsam überholt. Gewinner waren diejenigen, die diese Entwicklung erkannten und auf das „richtige Pferd“ setzten.

Mit der Rad-Schiene-Hochgeschwindigkeitsbahn sind in den letzten Jahrzehnten beachtliche Leistungen und Fortschritte im Hochgeschwindigkeitsverkehr erreicht worden. Dennoch wird die „Schiene“ von anderen Verkehrsträgern bei steigendem Verkehrsaufkommen und immer größeren Entfernungen immer weiter abgehängt. Der notwendige Strukturwandel im Verkehrswesen ist damit nicht zu erreichen. Mit dem Bau der ersten kommerziellen Transrapidstrecke in Deutschland könnte ein neues Kapitel in der Verkehrsgeschichte aufgeschlagen werden. Sie stellt die zwingende Notwendigkeit und zugleich die nächste Hürde dar, um das Know-how der deutschen Magnetschwebetechnik in Deutschland langfristig zu halten und weltweit zu vermarkten. Gleichzeitig könnte damit ein positives Signal für die Leistungsfähigkeit des Industriestandortes Deutschland und ein Hoffnungsschimmer für Innovationsvermögen und die Zukunft ausgehen.

Literatur

Aberle G (2000) Transportwirtschaft – einzelwirtschaftliche und gesamtwirtschaftliche Grundlagen. Oldenbourg, München Wien

Aleff H-J (1995) Beschäftigungseffekte infolge der Magnetschnellbahn Transrapid. Institut für Straßen und Schieneverkehr der Technischen Universität Berlin, Berlin

Alscher H (1989) The Vehicle/Guideway Dynamics. In: Heinrich K, Kretschmar R (Hrsg) Transrapid MagLev System. Hestra, Darmstadt

Antlauf W (2003) Realisierung der hybriden Fahrwegtechnologie – weltweit erste Anwendung in Shanghai. In: Schach R (Hrsg) Tagungsband 3. Dresdner Fachtagung Transrapid, Dresden S 145-154

Appelt V (2003) Aktiver Entwurf des Transrapid-Fahrwegs im Raum. In: Schach R (Hrsg) Tagungsband 3. Dresdner Fachtagung Transrapid, Dresden S 175-184

Armbrecht H, Hartwig K-H (2005) Volkswirtschaftliche Effekte unterlassener Verkehrsinfrastrukturinvestitionen – Kurzbericht. Institut für Verkehrswissenschaft, Universität Münster. http://www.wiwi.uni-muenster.de/ivm/forschen/-projekte/unterlassene.html: 15. 06. 2005

Bach S, Gornig M, Stille F, Voigt U (1994) Wechselwirkungen zwischen Infrastrukturausstattung, strukturellem Wandel und Wirtschaftswachstum – Zur Bedeutung wirtschaftsnaher Infrastruktur für die Entwicklung in den neuen Bundesländern. In: Deutsches Institut fur Wirtschaftsforschung (Hrsg) Beiträge zur Strukturforschung. Heft 151, Duncker & Humblot, Berlin

Barsikow B, Hellmig M (2003) Bestimmung der Einfügungsdämpfung einer Schallschutzwand. Umweltforschungsplan des Bundesministeriums für Umwelt, Naturschutz und Reaktorsicherheit, Forschungsbericht 200 51 201

Baum H (1999) Die Bedeutung des Verkehrs für Wachstum und BEschäftigung. In: Nymphenburger Gespräche 1999 – Mobilität und Verkehrswirtschaft im nächsten Jahrtausend. http://w4.siemens.de/FuI/de/archiv/nymphenburg/-nymphenburg1999/nymphenburg03/: 16. 06. 2005

Baum H, Esser K, Höhnscheid K-J (1998) Volkswirtschaftliche Kosten und Nutzen des Verkehrs. In: Forschungsgesellschaft für Strassen- und Verkehrswesen e.V. (Hrsg) Forschungsarbeiten aus dem Strassen- und Verkehrswesen. Heft 108, Kirschbaum, Bonn

Baum H, Höhnscheid K-J (1999) Volkswirtschaftliche Kosten der Personenschäden im Straßenverkehr. In: Bundesanstalt für Straßenwesen (Hrsg) (1999) Mensch und Sicherheit, Berichte der Bundesanstalt für Straßenwesen Heft M 102, Wirtschaftsverlag, Bremerhaven

Bayerisches Staatsministerium für Wirtschaft Infrastruktur und Technologie, Deutsche Bahn AG (Hrsg) (2004) Zur Sache – Die Magnetschellbahn zwischen Hauptbahnhof München und Flughafen München. München Berlin

Belter B, Sternath R, Dauth S (2002) Tunnelbauwerke – Ausschreibung, Vergabe und Technik. In: Heinisch R, Klumpp D, Siegmann J, Stuchly H (Hrsg) ICE Neubaustrecke Köln-Rhein/Main. Hestra, Darmstadt S 48-57

Berliner Morgenpost: Stolpe schlägt vor – Im Eiltempo von Berlin nach Paris. 23. 01. 2003 http://morgenpost.berlin1.de/content/2003/01/23/berlin/ 578834.-html

Blank K, Engel M, Hellinger R, Hoke D, Nothaft J: Antrieb und Energieversorgung des Transrapid. Glasers Annalen Sonderheft Transrapid 127:70-87

Bongiovanni A (2000) Das Neigesystem und die Drehgestelle der BR 411 und 415. In: Kurz H, Weschta A (Hrsg) ICE T BR 411, 415 und 606. Hestra, Darmstadt S 72-77

Brecher A (2004) TR08 Maglev Electromagnetic Fields (EMF) and Radiation (RMR) Characteristics and Safty Standards. In: Maglev 2004 Proceedings, 18th International Conference on Magnetically Levitated Systems and Linear Drives, Shanghai S 668-675

Breimeier R (2002) Transrapid oder Eisenbahn – Ein technisch-wirtschaftlicher Vergleich. Minrex AG, Luzern

Buethe H, Daugny F, Fastabend H, Steinbrink D, Zamzow P (2004) New Long Stator Winding (LSW) Cable with Aero-Z Conductor for High Speed Up with Short Round-Trip Time. In: Maglev 2004 Proceedings, 18th International Conference on Magnetically Levitated Systems and Linear Drives, Shanghai S 776-782

Büllingen F (1997) Die Genese der Magnetbahn Transrapid. Deutscher Universitätsverlag, Wiesbaden

Bundesamt für Bauordnung und Raumwesen (Hrsg) (2001) Raumentwicklung und Raumordnung in Deutschland – Kurzfassung des Raumordnungsberichts 2000. Bonn

Bundesministerium für Verkehr (Hrsg) (1993) Gesamtwirtschaftliche Bewertung von Verkehrswegeinvestitionen – Bewertungsverfahren für den Bundesverkehrswegeplan 1992. Heft 72, Bonn

Bundesministerium für Verkehr, Bau und Wohnungswesen (Hrsg) (2000) Verkehrsbericht 2000 – Integrierte Verkehrspolitik: Unser Konzept für eine mobile Zukunft. Berlin Bonn

Bundesministerium für Verkehr, Bau und Wohnungswesen (Hrsg) (2002) Verkehr in Zahlen 2002/2003. Deutscher Verkehrs-Verlag, Hamburg

Bundesministerium für Verkehr, Bau und Wohnungswesen (Hrsg) (2003) Bundesverkehrswegeplan 2003 – Grundlagen für die Zukunft und Mobilität in Deutschland. Berlin Bonn

Bundesministerium für Verkehr, Bau und Wohnungswesen (Hrsg) (2003) Bundesverkehrswegeplan 2003 – Grundzüge der gesamtwirtschaftlichen Bewertungsmethodik. Berlin Bonn

Bundesministerium für Verkehr, Bau und Wohnungswesen (Hrsg) (2004) Verkehr in Zahlen 2004/2005. Deutscher Verkehrs-Verlag, Hamburg

Bundesministerium für Verkehr, Bau und Wohnungswesen (Hrsg) (2005) Bundesverkehrswegeplan 2003 – Die gesamtwirtschaftliche Bewertungsmethodik. Berlin Bonn

Bundesverband Güterkraftverkehr Logistik und Entsorgung (BGL) e.V. (Hrsg) Modal-Split im Güterverkehr 1959-2008. http://www.bgl-ev.de/web/daten/-verkehr_modalsplittonnen.htm 19. 07. 2005

Bundesverband Güterkraftverkehr Logistik und Entsorgung (BGL) e.V. (Hrsg) Modal-Split im Güterverkehr 1959-2008. http://www.bgl-ev.de/images/-daten/verkehr/modalsplittonnen_tabelle.pdf 19. 07. 2005

Burkert S (2002) Magnetschwebebahn Transrapid – Technische Voraussetzung für kurze Zugfolgezeiten. Signal + Draht 6:36-40

Cassat A, Espanet E (2004) Swissmetro – Combined Propulsion with Levitation and Guidance. In: Maglev 2004 Proceedings, 18th International Conference on Magnetically Levitated Systems and Linear Drives, Shanghai S 747-758

Culemeyer J (1987) Die Eisenbahn ins Haus. VDI, Düsseldorf

Curtius E, Kniffler A (1950) Neue Erkenntnisse über die Haftung zwischen Triebrad und Schiene. Elektrische Bahnen 9:201-210

Darr E, Fiebig W (1999) Feste Fahrbahn – Konstruktion, Bauarten, Systemvergleich feste Fahrbahnen – Schotterbau. Tetzlaff, Hamburg

Deutsche Bahn AG (Hrsg) (2000) Magnetschellbahn, Streckenauswahl, Vorstudie. Berlin

Deutsche Bahn AG (Hrsg) (2003) Die Bahn mit Zukunft – Zahlen, Daten, Fakten. Berlin

Deutsche Bahn AG (Hrsg) (2002) Kostenermittlungsbuch (KEB). Modul 808.0210. Berlin

Deutsche Bahn AG (Hrsg) (2002) Kostengruppenkatalog (KGK). Modul 808.0211. Berlin

Deutsche Bahn AG (Hrsg) (2002) Kostenkennwertekatalog (KKK). Modul 808.0212. Berlin

Deutsche Bahn AG (Hrsg) (2005) Schallschutz – eine Investition in die Zukunft der Bahn. Berlin

DIN (2003) Fachbericht 101 – Einwirkungen auf Brücken. 2. Aufl Ausgabe 2003 Beuth, Berlin Wien Zürich

Dörries W (2003) Zukunftssicherung der deutschen Magnetschwebebahntechnik durch die Deutsche Bundesregierung. In: Schach R (Hrsg) Tagungsband 3. Dresdner Fachtagung Transrapid, Dresden S 17-27

Droese S, Sperling D (2004) Bauwerksprüfung an Fahrwegen der Magnetbahn Transrapid. In: Schach R (Hrsg) Tagungsband 4. Dresdner Fachtagung Transrapid, Dresden S 165-182

Ebersbach D, Grohmann H D (1998) Die Erhöhung der Fahrwegverfügbarkeit durch Optimierung der Schieneninstandhaltung. Eisenbahntechnische Rundschau 4:205-214

Eckey H-F, Stock W (2000) Verkehrsökonometrie – Eine empirisch orientierte Einführung in die Verkehrswissenschaften. Gabler, Wiesbaden

Eisenbahn-Bundesamt: Anforderungen des Brand- und Katastrophenschutzes an den Bau und den Betrieb von Eisenbahntunneln. Richtlinie Stand 01. 07. 1997

Englmeier B (2003) ICE und Transrapid – Vergleichende Darstellung der beiden Hochgeschwindigkeitsbahnen. Books on Demand, Norderstedt

Eppendorfer C (1999) Die staatliche Transrapid-Förderung. Vorträge und Studien aus dem Institut für Verkehrswissenschaft an der Universität Münster, Vandenhoeck & Ruprecht, Göttigen

Feix J (2002) Bau der weltweit ersten Transrapid-Anwendungsstrecke in Shanghai. In: Freunde des Bauingenieurwesens der Technischen Universität Dresden e.V. (Hrsg) Tagungsband 2. Dresdner Fachtagung Transrapid, Dresden S 89-106

Feix J, Brylka R, Klinger D, Antlauf W (2003) Fahrweg in Hybridbauweise – Entwicklung und Einsatz auf der weltweit ersten Anwendungsstrecke. In: Glasers Annalen Sonderheft Transrapid, Berlin S 96-105

Feix J, Brylka R (2004) Informationen zu aktuellen Planungsprojekten. In: Schach R (Hrsg) Tagungsband 4. Dresdner Fachtagung Transrapid, Dresden S 199-208

Feix J, Brylka R (2004) The German Transrapid guideway – Conclusions on the Guidway´s First Use in Shanghai. In: Maglev 2004 Proceedings, 18th International Conference on Magnetically Levitated Systems and Linear Drives, Shanghai S 468-479

Fengler W (2004) Trassierung von Hochgeschwindigkeitsstrecken für die Magnetschwebebahn Transrapid und die Eisenbahn im Vergleich. In: Schach R (Hrsg) Tagungsband 4. Dresdner Fachtagung Transrapid, Dresden S 131-152

Fichtner K, Pichelmeier F (2004) The Transrapid Guideway Switch – Test and Verification. In: Maglev 2004 Proceedings, 18th International Conference on Magnetically Levitated Systems and Linear Drives, Shanghai S 624-631

Fiedler J (2005) Bahnwesen – Planung, Bau und Betrieb von Eisenbahnen, S-, U-, Stadt- und Straßenbahnen. Werner, München

Flessner H (2001) Transrapid-Fahrwegträger – Konstruktion in Modulbauweise, Träger als Fertigteil aus vorgespanntem Schleuderbeton. In: Freunde des Bauingenieurwesens der Technischen Universität Dresden e.V. (Hrsg) Tagungsband 1. Dresdner Fachtagung Transrapid, Dresden S 69-82

Foege T, Flatschacher T (2005) Feste Fahrbahn Rheda 2000 auf der NBS Nürnberg-Ingolstadt. Eisenbahntechnische Rundschau 1/2:44-54

Frankfurter Allgemeine Zeitung: Verkehrsclub gegen Schienenabbau. 11. 01 2005, S 12

Frankfurter Allgemeine Zeitung: Brandgefahr in Bussen gering. 22. 02 2005, S 12

Frankfurter Allgemeine Zeitung: Mehdorn bekennt sich zum Verlustbringer Güterbahn. 27. 05. 2005, S 17

Frankfurter Allgemeine Zeitung: ICE auf Eis – Das ungewisse Schicksal des glücklosen Neigetechnikzugs. 27. 07. 2005, S T 1

Friedrich H-P (2002) Die Versuchsstrecke der MVP im Emsland. In: Bayerische Magnetbahnvorbereitungsgesellschaft mbH (Hrsg) Transrapidsymposium 2002. München

Fürst R (1999) Energiebedarf für die Magnetschnellbahn Berlin-Hamburg. Glasers Annalen 4:153-158

Fürst R (2003) Transrapid Shanghai – Von der Planung bis zur Inbetriebnahme. ZVErail Glasers Annalen Sonderheft, Georg Siemens, Berlin S 46-55

Gackenholz L (1971) Ergebnisse neuerer Untersuchungen zum Luftwiderstand von Fahrzeugen im Zugverband. Elektrische Bahnen 12:266-271

Gers V, Hübner H, Otto P, Stiller H (1997) Zur Ressourcenproduktivität von spurgeführten Hochgeschwindigkeitsverkehrssystemen – Ein Vergleich von ICE und Transrapid. Kurzfassung, Wuppertal Institut für Klima, Umwelt, Energie, Wuppertal

Girmscheid G (2000) Baubetrieb und Bauverfahren im Tunnelbau. Ernst & Sohn, Berlin

Glück H (1985) Aerodynamik der Schienenfahrzeuge. In: Mitschke F (Hrsg) Fahrzeugtechnische Schriftenreihe. TÜV Rheinland, Köln

Göbel C, Lieberenz K (2004) Handbuch der Erdbauwerke der Bahnen. Eurailpress Tetzlaff-Hestra, Hamburg

Götze U, Bloech J (2004) Investitionsrechnung – Modelle und Analysen zur Beurteilung von Investitionsvorhaben. Springer, Berlin Heidelberg New York

Götzke H (2002) Transrapid – Technik und Einsatz von Magnetschwebebahnen. Transpress, Stuttgart

Grandjot H-H (2002) Verkehrspolitik – Grundlagen, Funktionen und Perspektiven für Wissenschaft und Praxis. Deutscher Verkehrs-Verlag, Hamburg

Grassmann E (1961) Handbuch des Eisenbahnbauwesens. Carl Röhrig, Darmstadt

Gresser K, Kessel P (1985) Entwicklung von Verfahren zur Bewertung von Magnetbahnsystemen. Freiburg

Grossert E, Kretschmer M (2004) Actual developements in Guideway Constructions at the Example of the Transrapid Munich Project. In: Maglev 2004 Proceedings, 18th International Conference on Magnetically Levitated Systems and Linear Drives, Shanghai S 486-503

Hardt D, Ablinger P, Vogt L (2004) Innovative Feste Fahrbahn auf der NBS Nürnberg-Ingolstadt im Überblick. Eisenbahntechnische Rundschau 9:584-594

Haßheider H, Malina R (2003) Die Genesis des Metrorapid – Eine ökonomische Analyse. In: Hartwig K-H (Hrsg) Verkehrsmärkte im Spannungsfeld zwischen Reformdruck und Interessenpolitik – Luftverkehr und Metrorapid. Vorträge und Studien aus dem Institut für Verkehrswissenschaft an der Universität Münster, Vandenhoeck & Ruprecht, Göttingen S 69-103

Hauff V (Hrsg) (1987) Unsere gemeinsame Zukunft. Der Brundtland-Bericht der Weltkommission für Umwelt und Entwicklung. Greven

Hauptverband der Deutschen Bauindustrie, Bundesverband der Deutschen Zementindustrie (2005) Verkehrsinvestitionen schaffen Arbeitsplätze – Bauindustrie warnt vor Verzögerung und Stillstand. Gemeinsame Presseerklärung 31. 05. 2005.

Hegel D, Peter B (2003) Der Metrorapid – Sinnvolles Zukunftsprojekt oder Milliardengrab? Internationales Verkehrswesen 9:400-405

Heilmeier E, Rogg D (1999) Magnetschwebebahnsysteme für hohe Geschwindigkeiten in Deutschland und Japan – Vergleich der Entwicklungsverläufe und der technischen und ökonomischen Merkmale. In: Energietechnische Gesellschaft im VDE (ETG), Deutsche Maschinentechnische Gesellschaft (DMG) 2. International Conference – Electric Railway Systems. VDE-Verlag, Berlin Offenbach S 331-336

Heimerl G, Meier W (1985) Multikriterielle Beurteilung von Verkehrsinvestitionen. Schienen der Welt 7:41-48

Heinisch R (2002) Der ICE 3 auf der NBS Köln-Rhein/Main – Ein Technologiesprung im System Eisenbahn. Eisenbahntechnische Rundschau 12:761-766

Heinisch R, Klumpp D, Siegmann J, Stuchly H (Hrsg) (2002) ICE Neubaustrecke Köln-Rhein/Main. Hestra, Darmstadt

Heinrich K, Kretzschmar R (1989) Magnetbahn Transrapid. Hestra, Darmstadt

Hering E, Schröder B (2004) Springer Ingenieurtabellen. Springer, Berlin Heidelberg

Hering E, Martin R, Stohrer M (2005) Taschenbuch der Mathematik und Physik. Springer, Berlin

Herzberg S (2001) Das Weiterentwicklungsprogramm Transrapid des Bundesministeriums für Verkehr, Bau und Wohnungswesen. In: Schach R (Hrsg) Tagungsband 4. Dresdner Fachtagung Transrapid, Dresden S 21-37

Hillgers D, Schambeck H (1989) The Concrete Guideway. In: Heinrich K, Kretschmar R (Hrsg) Transrapid MagLev System. Hestra, Darmstadt

Holmer P (2003) Faster than a speeding Bullet Train. IEEE Spectrum 8:30-34

HSB-Studiengesellschaft (Hrsg) (1971) HSB: Studie über ein Schnellverkehrssystem – Systemanalyse und Ergebnisse. München

Hübner H, Dunkel T, Gers V, Höft J, Jahnes S, Kleinkauf U, Schotter A (1997) Transrapid zwischen Ökonomie und Ökologie – Eine Technikwirkungsanalyse alternativer Hochgeschwindigkeitsverkehrssysteme. Deutscher Universitäts-Verlag, Wiesbaden

INFRAS, IWW (2004) Externe Kosten des Verkehrs – Aktualisierungsstudie. Zürich/Karlsruhe

International Road Union (IRU), Bundesverband Güterkraftverkehr Logistik und Entsorgung (BGL) e.V (Hrsg) (2002) Energieverbrauch und CO_2-Emissionen. http://www.bgl-ev.de/images/daten/umweltstudie.pdf 14. 07. 2005

Intraplan Consult, Heimerl G (2000) Standardisierte Bewertung von Verkehrswegeinvestitionen des ÖPNV und Folgekostenrechnung. Version 2000. München Stuttgart

Jäger K (2003) Neue Erkenntnisse bei der Bewertung von Schienenverkehrslärm. Eisenbahntechnische Rundschau 7/8:469-475

Jänsch E (1998) Die Magnetschnellbahn aus Betreibersicht. Eisenbahntechnische Rundschau 12:746-754

Kaiser B (1994) Bauen für eine neue Bahn. Eisenbahntechnische Rundschau 3:129-134

Käppel J G (2003) Transrapid Shanghai – Betriebliche Aspekte und Erfahrungen der Inbetriebsetzungs- und Testphase. In: Schach R (Hrsg) Tagungsband 3. Dresdner Fachtagung Transrapid, Dresden S 77-86

Kerkloh M (2003) Der Transrapid als attraktiver Flughafenzubringer. In: Glasers Annalen Sonderheft Transrapid 127:136-139

Knothe K, Stichel S (2003) Schienenfahrzeugdynamik. Springer, Berlin Heidelberg

Köberlein C (1997) Kompendium der Verkehrspolitik. Oldenbourg, München Wien

Kommission der Europäischen Gemeinschaften (Hrsg) (2001) Die europäische Verkehrspolitik bis 2010: Weichenstellungen für die Zukunft. Brüssel

Kommission der Europäischen Gemeinschaften (Hrsg) (2002) Technische Spezifikationen für die Interoperabilität des Teilsystems „Infrastruktur". In: Amtsblatt der Europäischen Gemeinschaft (12. 09. 2002). Brüssel S 146 ff

Kratz G (1999) Umweltfreundliche Fahrzeuge für den Fernverkehr der Bahn – Veränderungen des Modal-Split der Verkehrsträger. Glasers Annalen 123:93-106

Krell K (1990) Handbuch für Lärmschutz an Straßen und Schienenwegen. Otto Elsner, Darmstadt

Kruschwitz L (2005) Investitionsrechnung. Oldenbourg, München Wien

Kurz H, Weschta A (2000) ICE T BR 411, 415 und 605. Hestra, Darmstadt

Kutter E (1995) Verkehrstechnologien kontrovers: Optimale Verkehrsfunktion oder höchster Nutzen für das Gesamtsystem. In: Rade A, Rosenberg W (Hrsg) Transrapid in der Diskussion. Kooperationsstelle Wissenschaft/Arbeitswelt an der Zentraleinrichtung Kooperation der TU Berlin, Berlin S 11-17

Lacote F (1997) 15 Jahre TGV. ZVErail Glasers Annalen, Georg Siemens Verlag, Berlin, 2/3:249-259

Lehmann U (2001) Erfahrungen bei der schall- und erschütterungstechnischen Planung. In: Freunde des Bauingenieurwesens der Technischen Universität Dresden e.V. (Hrsg) Tagungsband 1. Dresdner Fachtagung Transrapid, Dresden S 83-90

Lichtenberger B (2003) Handbuch Gleis – Unterbau, Oberbau, Instandhaltung, Wirtschaftlichkeit. Tetzlaff, Hamburg

Lindlar H-G (2003) Machbarkeitsstudie für Metrorapid Rhein-Ruhr und Transrapid München. Eisenbahntechnische Rundschau 5:285-295

List F (1833) Über ein sächsisches Eisenbahn-System als Grundlage eines allgemeinen deutschen Eisenbahn-Systems und insbesondere über die Anlegung einer Eisenbahn von Leipzig nach Dresden. A. G. Liebeskind, Leipzig

Lobach H, Köb G (2003) Transrapid-Fahrzeuge für Shanghai. Glasers Annalen Sonderheft Transrapid 127:56-69

LOK Report: ICE-Reihungen, Versuchs-ICE. http://www.lok-report.de 19. 07. 2005

Löser F (2004) Betriebserfahrungen beim Transrapid in Shanghai. In: Schach R (Hrsg) Tagungsband 4. Dresdner Fachtagung Transrapid, Dresden S 101-114

Loos U (2003) Transrapid als viertes Verkehrssystem. In: Schach R (Hrsg) Tagungsband 3. Dresdner Fachtagung Transrapid, Dresden S 27-38

Loos U (2004) Transrapid als „Viertes Verkehrssystem“ und seine volkswirtschaftliche Bedeutung. In: Schach R (Hrsg) Tagungsband 4. Dresdner Fachtagung Transrapid, Dresden S 81-92

Maier J, Atzkern H-D (1992) Verkehrsgeographie – Verkehrsstrukturen, Verkehrspolitik, Verkehrsplanung. Teubner, Stuttgart

Martinsen W, Rahn T (1997) ICE – Zug der Zukunft. Hestra, Darmstadt

Matthews V (2002) Bahnbau. Teubner, Stuttgart Leipzig Wiesbaden

Meine K, Rebentisch J (2002) Gesetzlich vorgeschriebene Genehmigungsverfahren für Magnetschwebebahnen in Deutschland. In: Freunde des Bauingenieurwesens der Technischen Universität Dresden e.V. (Hrsg) Tagungsband 2. Dresdner Fachtagung Transrapid, Dresden S 83-88

Merkel E (2003) Projekt Flughafenverbindung München. Glasers Annalen Sonderheft Transrapid 127:130-135

Merkel E (2003) In 10 Minuten alle 10 Minuten vom Münchner Hauptbahnhof zum Flughafen – aktueller Planungstand. In: Schach R (Hrsg) Tagungsband 3. Dresdner Fachtagung Transrapid, Dresden S 131-136

Merkel E. (2004) Magnetschnellbahnprojekt München Hauptbahnhof-Flughafen. In: Schach R (Hrsg) Tagungsband 4. Dresdner Fachtagung Transrapid, Dresden S 183-197

Miller L (2004) Entwicklungspotential des Transrapid für zukünftige Einsatzfelder. In Schach R (Hrsg) Tagungsband 4. Dresdner Fachtagung Transrapid, Dresden S 43-54

Mnich P (1991) Magnetschnellbahn Transrapid – Beschäftigungseffekte in den neuen Bundesländern. Institut für Bahntechnik, Berlin

Mnich P, Marx H-J, Stöckl R (1992) Trassierung von Transrapidstrecken – Systemfragen und Grunddaten. Glasers Annalen 11/12:444-451

Müller M (2003) Das funkbasierte Datenübertragungssystem für den Transrapid. Glasers Annalen Sonderheft Transrapid 127:106-113

Nieß H J (1998) Neue Shinkhansen-Züge. Eisenbahntechnische Rundschau 5:284-290

Nieters W (2004) Guideway Monitoring during Operational Use on the First Transrapid Line in Shanghai. In: Maglev 2004 Proceedings, 18th International Conference on Magnetically Levitated Systems and Linear Drives, Shanghai S 480-485

NN (2003) Erfolgreiche Jungfernfahrt in Shanghai. Kurzbericht, Eisenbahntechnische Rundschau 3:147

Nothaft J (2003) Transrapid Shanghai – Energieversorgung und Antriebssystem für Anwendungsstrecken. In: Schach R (Hrsg) Tagungsband 3. Dresdner Fachtagung Transrapid, Dresden S 95-106

Nothaft J, Hoke D (2004) Transrapid Antrieb – Anwendungserfahrungen und Weiterentwicklung. In: Schach R (Hrsg) Tagungsband 4. Dresdner Fachtagung Transrapid, Dresden S 153-164

Otto W (2004) Gesamtbegutachtung der Transrapid-Anwendung Shanghai. In: Schach R (Hrsg) Tagungsband 4. Dresdner Fachtagung Transrapid, Dresden S 93-99

Otto W (2004) System Saftey Verification of the Shanghai Maglev Line. In: Maglev 2004 Proceedings, 18th International Conference on Magnetically Levitated Systems and Linear Drives, Shanghai S 649-655

Planungsgemeinschaft Metrorapid-Transrapid (2002) Machbarkeitsstudie für Magnetschnellbahnstrecken in Bayern und Nordrhein-Westfalen, Gesamtprojekt – Abschlussdokumentation, Kurzfassung.

Planungsgemeinschaft Metrorapid-Transrapid (2002) Machbarkeitsstudie für Magnetschnellbahnstrecken in Bayern und Nordrhein-Westfalen, Gesamtprojekt – Abschlussdokumentation Teil I – Allgemeines, Erläuterungsbericht.

Planungsgemeinschaft Metrorapid-Transrapid (2002) Machbarkeitsstudie für Magnetschnellbahnstrecken in Bayern und Nordrhein-Westfalen – Abschlussdokumentation Teil II – Bayern, Erläuterungsbericht.

Planungsgemeinschaft Metrorapid-Transrapid (2002) Machbarkeitsstudie für Magnetschnellbahnstrecken in Bayern und Nordrhein-Westfalen – Abschlussdokumentation Teil III – Nordrhein-Westfalen, Erläuterungsbericht.

Platzer G (2004) Herausforderungen der Verkehrspolitik in Ostmitteleuropa. In: Schach R (Hrsg) Tagungsband 4. Dresdner Fachtagung Transrapid, Dresden S 55-57

Preuß E (2004) Eisenbahnunfälle bei der Deutschen Bahn. Transpress, Stuttgart

Proske D (2004) Katalog der Risiken – Risiken und ihre Darstellung. Dresden

Rade A (1995) Der Transrapid: Konfliktfelder – Konfliktlinien – Positionen. In: Rade A, Rosenberg W (Hrsg) Transrapid in der Diskussion. Kooperationsstelle Wissenschaft/Arbeitswelt an der Zentraleinrichtung Kooperation der TU Berlin, Berlin S 21-67

Rade A, Rosenberg W (Hrsg) Transrapid in der Diskussion. Kooperationsstelle Wissenschaft/Arbeitswelt an der Zentraleinrichtung Kooperation der TU Berlin, Berlin

Raschbichler H G (1998) Magnetschnellbahn Berlin-Hamburg – vom Versuchsträger HMB 2 zum Vorserienfahrzeug Transrapid 08 (TR 08). Eisenbahntechnische Rundschau 12:731-736

Raschbichler H G (1999) Vortrag beim Forum Unternehmer und Wissenschaft. In: Wissenschaftliche Gesellschaft für Marktorientierte Unternehmensführung e. V. (WGMU) (Hrsg) Transrapid – Deutsche Bahn auf der Überholspur? Schriftenreihe der WGMU, Dresden S 21-35

Raschbichler H G (2003) Entwicklungslinie Magnetschnellbahn Transrapid. In: Glasers Annalen Sonderheft Transrapid 127:11-16

Raschbichler M (2003) Die Auswirkungen von Hochgeschwindigkeitsverkehr auf die Erreichbarkeit der Regionen in Deutschland. Dissertation, Universität Kassel

Rath A (1993) Möglichkeiten und Grenzen der Durchsetzung neuer Verkehrstechnologien dargestellt am Beispiel des Magnetbahnsystems Transrapid. Duncker & Humblot, Berlin

Rausch C (2003) Systemtechnik der Magnetschnellbahn Transrapid. In: Glasers Annalen Sonderheft Transrapid 127:18-32

Rausch C, Janssen T, Kokott J (2004) The Transrapid Munich Airport Link – Operation, Safety and Approval. In: Maglev 2004 Proceedings, 18th International Conference on Magnetically Levitated Systems and Linear Drives, Shanghai S 649-655

Rebentisch M (2003) Erfahrungen aus dem Shanghai-Projekt aus Sicht des Eisenbahnbundesamtes. In: Schach R (Hrsg) Tagungsband 3. Dresdner Fachtagung Transrapid, Dresden S 87-94

Rickert T (2001) CARD/1 – Planungssoftware für den Fahrweg des Transrapid. In: Freunde des Bauingenieurwesens der Technischen Universität Dresden e.V. (Hrsg) Tagungsband 1. Dresdner Fachtagung Transrapid, Dresden S 91-94

Ringenberger R M (2002) Europäisches Streckennetz für den Transrapid. In: Freunde des Bauingenieurwesens der Technischen Universität Dresden e.V. (Hrsg) Tagungsband 2. Dresdner Fachtagung Transrapid, Dresden S 43-48

Röhling W (2003) Nachfragepotentiale einer transeuropäischen Hochgeschwindigkeitsverbindung im Europäischen Korridor 4. In: Schach R (Hrsg) Tagungsband 3. Dresdner Fachtagung Transrapid, Dresden S. 49-76

Rogg D, Mayer W, Witt M (2003) Zum technisch-wirtschaftlichen Vergleich von Hochgeschwindigkeitsbahnsystemen. Anmerkungen zu Publikationen des Dr. Rudolf Breimeier. Dornier Consulting Stand: 06. 10. 2003

Rogg D, Witt M (2005) Objektivierung technisch-wirtschaftlicher Vergleiche von Hochgeschwindigkeits-Bahnsystemen. Eisenbahningenieur 1:49-57

Rühl T, Huhn G, Steinort E, Kopowski W (2003) Anforderungen an das Magnetschnellbahnsystem Transrapid und Einsatzfelder aus Betreibersicht am Beispiel der Weiterentwicklung des Fahrzeugs Transrapid 08. Glasers Annalen Sonderheft Transrapid 127:148-165

Ruppel J (2004) Spezielle Aspekte der Fahrdynamik für die Magnetschnellbahn im Projekt München. In: Schach R (Hrsg) Tagungsband 4. Dresdner Fachtagung Transrapid, Dresden S 209-222

Schach R (2001) Investitionskosten der Verkehrswege Transrapid und ICE. In: Freunde des Bauingenieurwesens der Technischen Universität Dresden e.V. (Hrsg) Tagungsband 1. Dresdner Fachtagung Transrapid, Dresden S 57-68

Schach R (2003) Vorwort zur 3. Dresdner Fachtagung Transrapid. In: Schach R (Hrsg) Tagungsband 3. Dresdner Fachtagung Transrapid, Dresden S 5-6

Schach R, Sperling W (2001) Baukosten, Kostensteuerung in Planung und Ausführung. Springer, Berlin

Schellhase R (1998) Der Transrapid im Verkehrsmarkt – Eine Szenario-Analyse. Deutscher Universitäts-Verlag, Wiesbaden

Schlegel C, Ritzau H-J (2002) Schatten der Eisenbahngeschichte. Bd 6: Eisenbahnunfälle in Sachsen, Ritzau-Verlag Zeit und Bahn

Schmitz, Hebbelmann (2002) Predictions for sound emissions of Transrapid. In: Technical Report T – TM 20 – 02 001, IABG, Lathen

Schneider K-J (Hrsg.) (1994) Bautabellen für Ingenieure. 11. Aufl, Werner, Düsseldorf

Schönharting J (2001) Schweben und Vernetzen, Optimierung des Zu- und Abgangs beim Transrapid. In: Freunde des Bauingenieurwesens der Technischen Universität Dresden e.V. (Hrsg) Tagungsband 1. Dresdner Fachtagung Transrapid, Dresden S 99-102

Schroeder-Baumgart R (1995) Strategisches Instrumentarium zur Bewertung von Oberbaukosten (SBO) – ein Einflussgrößenverfahren. Eisenbahntechnische Rundschau 3:165-171

Schuh H (2001) Entscheidungsverfahren zur Umsetzung einer nachhaltigen Entwicklung. Dresdner Beiträge zur Betriebswirtschaftslehre Nr 45/01. Technische Universität Dresden, Fachgruppe BWL, Dresden

Schulte C (1996) Lexikon des Controlling. Oldenbourg, München

Schulte G (1999) Investition – Grundlagen des Investitions- und Finanzmanagements – Investitionscontrolling und Investitionsrechnung. Kohlhammer, Stuttgart Berlin Köln

Schultheiß H (1984) Die Schiene – Entwicklungsstand und zukünftige Anforderungen. Eisenbahntechnische Rundschau 10:773-779

Schünemann F (2003) Die Betriebsleittechnik des Transrapid. In: Glasers Annalen Sonderheft Transrapid 127:88-95

Schwanhold E (2002) Der Metrorapid in der Gesamtverkehrsplanung für Nordrhein-Westfalen. Eisenbahntechnische Rundschau 9:519-520

Schwindt G, Gaede P-J (1989) The Bending Switch. In: Heinrich K, Kretschmar R (Hrsg) Transrapid MagLev System. Hestra, Darmstadt

Schwindt G, Kindmann R (1989) The Steel Guideway. In: Heinrich K, Kretschmar R (Hrsg) Transrapid MagLev System. Hestra, Darmstadt

Schwindt G (2003) Die Systemtechnik des Transrapid-Fahrwegs. In: Glasers Annalen Sonderheft Transrapid 127:34-44

Schwindt G, Hauke U, Fried A (2004) Interaction Vehicle / Guideway – Guideway Design Aspects for the Munich Airport Link. In: Maglev 2004 Proceedings, 18th International Conference on Magnetically Levitated Systems and Linear Drives, Shanghai S 504-514

SCI Verkehr GmbH (2004) Marktentwicklungen im Hochgeschwindigkeitsverkehr – Projekte, Trends und Fahrzeugbeschaffungen weltweit. http://www.-sci.de: 26. 04. 2005

Segerer H (2003) Systemauslegung der Magnetschnellbahn Transrapid im Rahmen von Planungs- und Genehmigungsverfahren. In: Schach (Hrsg) Tagungsband 3. Dresdner Fachtagung Transrapid, Dresden S 121-130

Siemens AG Transportation Systems (2002) We move the future – Antriebstechnik und Energieversorgung der Magnetschnellbahn Transrapid. Erlangen

Stephan A (2004) Erfahrungen aus der Zulassung von Antrieb und Energieversorgung beim Transrapid Shanghai. In: Schach (Hrsg) Tagungsband 4. Dresdner Fachtagung Transrapid, Dresden S 115-129

Stockert L v (1975) Eisenbahnunfälle 1871 – 1912. Roland Volz, Velbert

Tank H (1995) Magnetschnellbahn Transrapid – Die Fakten und ihre Bewertung. Tagung der Friedrich Ebert Stiftung, Berlin

Tao, W (2004) Safety Assessment & Approval System of Shanghai Maglev Demonstration Line and its Practice. In: Maglev 2004 Proceedings, 18th International Conference on Magnetically Levitated Systems and Linear Drives. Shanghai S 640-648

Thyssen (1992) Magnetschnellbahn Transrapid – Anwendungsstrecke Hamburg-Berlin. München

Transrapid International (2001) Hochtechnologie für den Flug in Höhe 0. Berlin

Transrapid International (2003) Magnetschnellbahn Transrapid – Richtlinie zum Trassieren von Magnetschnellbahnfahrwegen (Entwurf). Fachausschuss Fahrweg, Stand 01. 12. 2003

Tuchfeldt E (1982) Wirtschaftspolitik. In: Albers W et al (Hrsg) Handwörterbuch der Wirtschaftswissenschaft. Bd 9, Vandenhoeck & Ruprecht, Stuttgart

Umweltbundesamt (Hrsg) (1997) Was Sie schon immer über Lärmschutz wissen wollten. Kohlhammer, Stuttgart

Union Internationale des Transport Publics (UITP) (1989) Kriterien für die Wahl von Stadtbahnsystemen. Eisenbahntechnische Rundschau 7/8:507 f

Verband der Bahnindustrie in Deutschland (2003) Zahlen Bahnindustrie & Bahnen 2003. http://www.bahnindustrie.info/filebin/1065552571_Zahlen_Bahnindustrie_Bahnen_2003.pdf 21. 07 2005

Versuchs- und Planungsgesellschaft für Magnetbahnsysteme (MVP) (1988) Referenzstrecken für das Magnetbahnsystem.

Versuchs und Planungsgesellschaft für Magnetbahnsysteme (MVP) (2001) Schlussbericht Zulassung der Magnetschnellbahn TR 1996-1999. München.

Vieregg M (1995) Effizienzsteigerung im Schienenpersonen-Fernverkehr. Akademischer Verlag, München

Vieregg, Rössler, Bohm (1997) Untersuchung zur Wirtschaftlichkeit des Transrapid-Vorhabens Hamburg-Berlin http://www.vr-transport.de/transrapid-wirtsch/n001.html 21. 07 2005

Volz R (1975) Eisenbahnunfälle 1871 – 1912. Roland Volz

Wackers M (1986) Ergebnisse der Anwendbarkeitsstudien über die Magnetbahn. Eisenbahntechnische Rundschau 1/2:21-26

Wackers M (2004) Transrapid – Verkehrsentwicklungen, Anwendungsbereiche und internationale Projekte. In: Schach (Hrsg) Tagungsband 4. Dresdner Fachtagung Transrapid, Dresden S 59-76

Wagner R (1997) Technologische Perspektiven für Fahrzeuge im spurgeführten Hochgeschwindigkeitsverkehr. Glasers Annalen 121:2-3

Walter W (2001) ICE InterCityExpress – Geschichte, Technik, Typen. GeraMond, München

Weber H, Zachlehner A (2004) Feste Fahrbahn Bögl – Erster Einbau in großen Baulängen. Eisenbahntechnische Rundschau 1/2:21-29

Wellner D (2004) Die deutsche Magnetbahn – Anwendungsfall Hauptbahnhof-Flughafen München. In: Schach R (Hrsg) Tagungsband 4. Dresdner Fachtagung Transrapid, Dresden S 39-42

Wende D (2003) Fahrdynamik des Schienenverkehrs. Teubner, Wiesbaden

Wende D, Gralla D (1999) Die Zugfahrt unter dem Einfluß der Widerstandskraft, Eisenbahntechnische Rundschau 1/2:55-59

Wenty R (2003) Wirtschaftlichkeit braucht Fortschritt – Neue Maschinen für die Fahrweginstandhaltung. Eisenbahntechnische Rundschau 6:339-348

Werth A, Kretschmer M (2004) Magelv Requirements for Tunnels. In: Maglev 2004 Proceedings, 18th International Conference on Magnetically Levitated Systems and Linear Drives, Shanghai S 611-620

Witt M, Herzberg S (2004) Technical-economical System Comparison of High Speed Railway Systems. In: Maglev 2004 Proceedings, 18th International Conference on Magnetically Levitated Systems and Linear Drives, Shanghai S 86-105

Wu X, Li J, Xu B (2004) Guideway Bearing Technology used in Shanghai Maglev Demonstration Line. In: Maglev 2004 Proceedings, 18th International Conference on Magnetically Levitated Systems and Linear Drives, Shanghai S 455-461

Wu X, Huang J (2004) Guide-way Research for Shanghai Maglev Demonstration Line. In: Maglev 2004 Proceedings, 18th International Conference on Magnetically Levitated Systems and Linear Drives, Shanghai S 462-467

Zangemeister C (1976) Nutzwertanalyse in der Systemtechnik. Technische Universität Berlin, 4. Aufl, München

Zeiselmaier J, Mehdorn H, Wahl G, Friedrich H, Miller L, Feix J, Antlauf W, Kerkloh M, Rothkopf M, Fechner H, Dinglreiter A (2002) Transrapidsymposium 2002. Dokumentation der Bayerischen Magnetbahnvorbereitungsgesellschaft mbH, München

Schlagwortverzeichnis

GPSR Compliance

The European Union's (EU) General Product Safety Regulation (GPSR) is a set of rules that requires consumer products to be safe and our obligations to ensure this.

If you have any concerns about our products, you can contact us on ProductSafety@springernature.com

In case Publisher is established outside the EU, the EU authorized representative is:

Springer Nature Customer Service Center GmbH
Europaplatz 3
69115 Heidelberg, Germany

Batch number: 10627741

Printed by Printforce, the Netherlands